现代仔猪培育与疾病防治技术

◎ 李观题 编著

中国农业科学技术出版社

图书在版编目（CIP）数据

现代仔猪培育与疾病防治技术／李观题编著 .—北京：中国农业科学技术出版社，2019.2

ISBN 978-7-5116-3954-7

Ⅰ.①现… Ⅱ.①李… Ⅲ.①仔猪-饲养管理②仔猪-猪病-防治 Ⅳ.①S828②S858.28

中国版本图书馆 CIP 数据核字（2018）第 288845 号

责 任 编 辑	张国锋
责 任 校 对	马广洋

出 版 者	中国农业科学技术出版社
	北京市中关村南大街 12 号　邮编：100081
电 话	（010）82106636（编辑室）　（010）82109702（发行部）
	（010）82109709（读者服务部）
传 真	（010）82106631
网 址	http://www.castp.cn
经 销 者	各地新华书店
印 刷 者	北京富泰印刷有限责任公司
开 本	787mm×1 092mm　1/16
印 张	14.5
字 数	384 千字
版 次	2019 年 2 月第 1 版　2019 年 2 月第 1 次印刷
定 价	68.00 元

前　言

现代养猪生产中，仔猪培育是关键环节。换言之，现代养猪生产中很重要的一环就是仔猪的培育。仔猪的培育是现代养猪生产中的一个"瓶颈"，科学而合理的仔猪培育是现代养猪成功的关键环节之一，此环节不仅影响本阶段的生长，还严重影响以后的生产性能发挥。猪场生产水平和效益首先要看母猪群的繁殖效率，其结果就是仔猪的培育效果。母猪群提供了一个可能实现的指标，而最终的生产效益要通过成功培育仔猪来实现。评价仔猪生产的好坏有很多指标，但在实际生产中通常主要看两个具体指标：生长速度和死淘率。前者反映猪群生产水平，后者反映猪群的整体健康状态。现代养猪生产为提高母猪的年生产力，常采用早期断奶技术，将断奶日龄提前到 21~28 日龄，以缩短母猪的哺乳期；但同时也导致仔猪产生应激。因生长发育快、物质代谢旺盛、对环境变化敏感性强等特点，仔猪断奶时，由于生理、心理、环境及应激影响，常表现为食欲差、消化功能紊乱、腹泻、生长迟滞、饲料利用率低等所谓的仔猪早期断奶综合征。因此，既能保证仔猪顺利地早期断奶，又能缓和克服因此而对仔猪造成的强烈应激，是现代养猪与动物营养学所关注的问题。放眼当今的世界养猪业，许多新的理念与技术得到了迅速的应用，养殖效益和产品质量也不断提高。随着现代养猪生产理念的更新和技术的进步，传统与落后的仔猪饲养方法也在不断地改进。尤其是仔猪早期隔离断奶（SEW）技术已为欧美地区一些养猪业发达国家所推崇，并从试验阶段转入普及阶段，被称为"21 世纪的养猪体系"和养猪业的"第二次革命"。SEW 技术已成为当今养猪业的热点，我国部分养猪发达省份已经开始这方面的研究和应用，这对推动我国现代养猪业的发展将有非常积极的促进作用。随着遗传学和育种技术的发展，猪的遗传性状已发生了较大的改变，因此，养猪的格局和养殖方式也必须改变，尤其是对仔猪的培育，要对各个环节反思和修正。应该承认我国养猪模式和生产水平与养猪发达国家相比仍有相当大的差距。目前，我国多数规模猪场仔猪死亡率为 8%~15%，其原因也是多方面的。因此，仔猪的饲养管理水平，将直接影响到仔猪的成活率和今后的生产性能，进而影响到一个猪场仔猪的育成率、断奶个体重以及生产效益。从某种意义上讲，仔猪的饲养管理技术包括哺乳母猪的饲养管理、饲料与营养、环境卫生、兽医防疫等各方面的一门综合性技术。作者在编著《现代种猪饲养与高效繁殖技术》时，无论从理论和实践上，认识到还必须有一本仔猪培育技术书相配套，于是，作者在编著《现代养猪技术与模式》《现代猪病诊疗与兽药使用技术》《现代种猪饲养与高效繁殖技术》的基础上，又参阅了大量的科技文献和资料，并到一些猪场调研，在本人现有的生产实践经验与专业知识上，又编著了这本《现代仔猪培育与疾病防治技术》。本书分为 6 章，重点阐述了哺乳仔猪、保育仔猪饲养和仔猪常见疾病的防治技术等方面的知识，也对 SEW 技术进行了介绍，力图把此书编著成一本科学实用、通俗易懂的现代仔猪生产与技术专著。因作者综合知识与专业水平有限，此书中可能会存在一些错误和不足，欢迎专家和读者指正。在编著本书过程中，参考并引用了一些专家与学者的研究成果，在此表示感谢！最后，愿本书能对现代养猪生产者们有所帮助。

编著者　李观题

2018 年 5 月 26 日

目 录

第一章　哺乳仔猪的培育技术

现代仔猪生产中，仔猪分哺乳和保育两个阶段，即依靠母乳生活阶段和由母乳过渡到独立生活的阶段，通常也指从出生至 70 日龄左右的仔猪。哺乳期是仔猪出生后最重要的生长发育阶段，也是规模猪场难以管理的时期。生产中应根据仔猪的生长发育特点，采取科学的饲养管理和综合配套技术，减少仔猪的发病率和死亡率，提高仔猪育成率和断奶个体重。

第一节　母猪的分娩及初生仔猪的护理技术

一、母猪分娩的护理技术

（一）母猪分娩阶段

母猪的分娩是一个连续完整的过程，目前人为地将其分成 3 个阶段，即准备、胎儿产出和胎衣排出阶段，其目的是可以针对各阶段母猪的生理状况，处理有关问题。

1. 准备阶段

据观察，母猪在准备阶段初期，子宫每隔 15 min 左右收缩一次，每次持续 20 s，随着时间的推移，收缩频率、强度和时间增加，一直到每隔几分钟重复收缩。收缩迫使胎膜连同胎水进入已松弛的子宫颈，促使子宫颈扩张，此时胎儿和尿膜绒毛膜被迫进入骨盆入口处，尿膜绒毛膜在此处破裂后，尿膜液顺着阴道流出阴户外，此时准备阶段结束，进入胎儿产出阶段。生产中如没观察到临产母猪准备阶段的阵缩表现，可判断为难产，就要采取措施。

2. 胎儿产出阶段

在此阶段子宫颈完全开张到排出胎儿。据观察，临产母猪在这一阶段多为侧卧，有时也站起来，但随即又卧下努责。母猪努责时伸直后腿，挺起尾巴，每努责 1 次或数次产出 1 个胎儿。一般情况下，每次只排出 1 个胎儿，少数情况下可连续排出 2 个胎儿，偶尔有连续排出 3 个胎儿的。第 1 个胎儿排出较慢，产出相邻 2 个胎儿的间隔时间，我国地方猪种平均 2~3（1~10）min，引进猪种平均 10~17（10~30）min，杂种猪 5~15 min。当胎儿数较少或个体较大时，产仔间隔时间较长。但如果分娩中胎儿产出的间隔时间过长，应及时检查产道，必要时人工助产。一般母猪产出全窝胎儿需要 1~4 h。

3. 胎衣排出阶段

指全部胎儿产出后，经过数分钟的短暂安静，子宫肌重新开始收缩，直到胎衣从子宫中

1

全部排出。一般在产后 10~60 min，从两个子宫角内分别排出一堆胎衣。如发现胎衣未排出，就要采取措施。

（二）难产的处理及相关工作

1. 难产的处理

（1）难产的原因　难产在生产中较为常见，当今的规模猪场大都采取全程限位栏饲养，母猪缺乏足够的运动，导致难产比例较高；也由于母猪骨盆发育不全、产道狭窄（早配初产母猪多见）、死胎多、分娩时间拖长、子宫弛缓（老龄、过肥、过瘦母猪多见）、胎位异常或胎儿过大等原因所致。如不及时救治，可能造成母仔双亡。

（2）难产的判断和处理方法　关于难产的判断，主要靠接产员的经验和该母猪的档案记录（有无难产史）。一般母猪破羊水半小时仍产不出仔猪，即判断可能为难产。难产也可能发生于分娩过程的中间，即顺产几头仔猪后，却长时间不再产出仔猪。接产中如果观察到母猪长时间剧烈阵痛，反复努责不见产仔，呼吸急促，心跳加快，皮肤发红，应立即人工助产。对老龄体弱、娩力不足的母猪，可肌内注射催产素 10~20 单位/头，促进子宫收缩，必要时同时注射强心剂和维生素 C 注射液，注射药物半小时后仍不能产出仔猪，即应手术掏出。具体操作方法是：术者剪短并磨光指甲，先用肥皂水洗净手和手臂，用 2% 来苏尔或1% 的高锰酸钾水溶液消毒，再用 7% 的酒精消毒，涂以清洁的无菌润滑剂（凡士林、石蜡油或植物油）；将母猪阴部也清洗消毒；趁母猪努责间歇将手指合拢成圆锥状，手臂慢慢伸入产道，抓住胎儿适当部位（下颌、腿），随母猪努责慢慢将仔猪拉出。但对破羊水时间过长、产道干燥及狭窄或胎儿过大引起的难产，可先向母猪产道内注入加温的生理盐水、肥皂水或其他润滑剂，再按上述方法将胎儿拉出。对胎位异常的胎儿，矫正胎位后可能自然产出。助产过程中，尽量避免产道损伤和感染。助产后必须给母猪注射抗生素，防止生殖道感染。一般对难产后的母猪连续 3 d 静脉滴注林可霉素+葡萄糖液+肌苷+地塞米松。若母猪出现不采食或脱水症状，还应静脉滴注 5% 葡萄糖生理盐水 500~1 000 mL，维生素 C 0.2~0.5 g。

难产母猪要做好记录，以免下一胎分娩时采取相应措施。淘汰助产时产道损伤、产道狭窄或剖宫产的母猪。

2. 登记分娩卡片

接产工作中，分娩记录工作也很重要，从母猪临产“破羊水”，就开始记录时间，接下来，每产下 1 头仔猪（包括死胎、木乃伊、胎衣）和每进行一次操作（擦黏液、断脐带、剪犬齿、吃初乳、助产和称重等）都记录相应的时间和项目。记录有利于技术人员对整个接产过程的评估和接产工作的交接，还可以准确地统计出产仔数量，清楚地了解母猪的繁殖性能。分娩结束后，还要把分娩卡片中记录情况及时地存入电脑档案中。在一定程度上讲，搞好分娩卡片记录也是猪场精细化管理的一项重要工作，从一定程度上反映出该猪场的科学管理水平。

3. 清洗和清理产后母猪及产圈或产床

产仔结束后，接产人员应及时将产圈或产床打扫干净，并将排出的胎衣按一定要求处理，以防母猪由吃胎衣到吃仔猪的恶癖。胎衣也可利用，将其切碎煮汤，分数次喂给母猪，以利母猪恢复和泌乳。污染的垫草等清除后换上新垫草。同时还要将母猪阴部、后躯等处血污清洗干净后擦干。

二、初生仔猪的护理技术

仔猪的接产程序比较繁杂，有些发达国家对母猪分娩不存在接产，让临产母猪完全处于生态与自然状况下产仔，但中国千百年来一直遵守一定的接产程序，对保证母仔安全和提高仔猪成活率也有一定作用。生产中也要认识到新生仔猪刚出生很脆弱，经不起人过多的“折腾”，比如打耳缺、称重、打针、灌药、超前免疫等，这些对刚出生的仔猪伤害都很大，不符合福利养猪的要求，应该尽量避免。生产中对出生仔猪护理的工作重点应该是以下几项。

（一）擦干仔猪黏液

仔猪从阴道产下后，接生员首先用消毒过的双手配合把脐带从阴道理出来（不可强拉扯），中指和无名指夹住脐带，可防止脐带血流失，用拇指和食指抓住肷部（其他部位容易滑掉）倒提仔猪，用干燥卫生毛巾掏净仔猪口腔和鼻部黏液，再用干净毛巾或柔软的垫草迅速擦干其皮肤，这对促进仔猪血液循环，防止体温过多散失和预防感冒非常重要。最好在分娩母猪臀部后临时增设一个保温灯，提高分娩区的温度，可防止仔猪出生后因温差大而发生感冒或受冻。

（二）断脐带

生产中要注意的是，用手指断脐带不是用剪刀剪断脐带。仔猪出生后，一般脐带会自行扯断，但仍拖着 20~40 cm 长的脐带，此时应及时人工断脐带。正确方法是，断脐带之前，先将脐带内血液往仔猪腹部方向挤压，在距仔猪腹部 4~5 cm 处，用手指钝性掐断，这样就不会被仔猪踩住或被缠绕。断脐后用 5% 碘酊，将脐带断部及仔猪脐带根部一并消毒。

（三）剪犬牙

目前多数猪场对新生仔猪都提倡剪犬齿，因未剪犬齿的仔猪在 10~20 日龄时，大部分都会因打架导致腹外伤，而我国一些猪场的环境较差，易感染病菌和导致“仔猪渗出性皮炎”的高发率。剪牙后的仔猪还有利于在日后饲养上的口服给药操作。特别是犬齿十分尖锐，仔猪会因争抢乳头而争斗时极易咬伤母猪的乳头或同伴，故应将其剪掉为益。仔猪出生就有 4 枚状似犬齿的牙齿，上下颌左右各 2 枚，剪齿时，只剪犬齿的上 1/3，不要剪至牙齿的髓质部，以防感染，对弱仔可不剪牙，以便有利于乳头竞争，也有利于其生存。还要注意的是，牙钳一定要锋利，每剪牙一头仔猪，都要将牙钳放在消毒水浸泡一下。

（四）慎重断尾

有些猪场把不留作种用的仔猪出生后及时断尾，也有些猪场考虑到猪群会出现咬尾现象而把生后的仔猪及时断尾。断尾的方法常用的是钝性断法和烙断法，将其尾断掉 1/2 或 1/3。但从目前一些情况看，猪尾还是有相当的价值和作用，不断尾的猪有利于对其健康状况的观察和判断，也有利于猪的捕捉和出栏时的操作，而且市场对猪尾的消费需求量也大。猪群发生咬尾现象，反倒是一个良好的信号，提示注意营养是否平衡，微量元素是否满足需要，密度是否过大，环境条件是否良好等。倘若没有咬尾现象，表示饲养管理良好。因此，在养猪生产中不断尾的利大于弊。

（五）打耳号

一般可对留作种用的仔猪生后及时打上耳号，通常有耳缺和耳孔。

（六）保温

新生仔猪保温是关键环节，也由于新生仔猪的体温是 39 ℃，且体表又残留有胎水、黏液，皮下脂肪薄，体内能量储存有限，体温调节能力差，因此对刚产下的仔猪经过断脐带、剪犬齿等处理后，就应立即放入预先升温到 32 ℃ 的保温箱内。生产中要明白的是，保温工作的重点不是把产房或保温箱的温度升高到多少，而是从接产、吃初乳开始，就要训练仔猪进保温箱，不让其在产床上或母猪身边睡觉，这样可以减少仔猪被压死或被踩伤，还可有效防止仔猪"凉肚"引起腹泻。

（七）及时吃上初乳

母猪的初乳对新生仔猪有着特殊的生理作用，因其含有白蛋白和球蛋白，能提高仔猪的免疫力，使初生仔猪吃足初乳，可获得均衡的营养和免疫抗体，能提高成活率。生产中母猪产仔完毕后，应让所有仔猪及早吃上初乳，一般不超过 1 h。如果母猪产仔时间过长时，应让仔猪分批吃。可让弱小的仔猪优先吃乳，也可将已吃到初乳的仔猪先关入保温箱内，让弱小的仔猪在无竞争状态下，吃上 2~3 次初乳。吃初乳之前，应该用消毒水把母猪的乳头、乳腺擦一遍，并用干净毛巾擦干，并挤掉乳头前几滴奶水。仔猪吃初乳还可以促进母猪分泌催产素，有效缩短母猪产程，促使子宫复原。

（八）固定乳头和寄养

一般来讲，固定乳头和寄养都是为提高仔猪的成活率、断奶整齐度及断奶重。生产中的仔猪吃初乳的过程中，就要开始固定乳头的训练。固定乳头的重点是让相对弱小的仔猪吸吮第 3、第 4 对乳头，理论上让弱仔吃靠前面的乳头行不通，因为前面的乳头太高，弱仔猪根本就够不着。寄养的方法是把弱仔猪集中给母性好、奶水足的母猪哺乳。寄养时只需把寄养的仔猪在"妈妈"旁边保温箱内关 1 h，无需涂抹母猪尿液或刺激性药物，这可以减少饲养人员的劳动强度。当然，当被寄养的仔猪被"妈妈"拒哺时，可采取涂奶水或尿液等措施。

（九）假死仔猪的急救

假死是指仔猪产下来不能活动，奄奄一息，没有呼吸，但心脏和脐带有跳动，此种情况称为仔猪假死。造成仔猪假死的原因较多，有的是母猪分娩时间过长，有的是黏液堵塞气管，有的是仔猪胎位不正，在产道内停留时间过长引起。接产中对假死仔猪的急救有以下几个方法。

1. 刺激法

用酒精或白酒等擦拭仔猪的口鼻周围，刺激仔猪呼吸。

2. 拍打法

倒提仔猪后腿，并用手拍打其胸部，直至仔猪发出叫声。

3. 浸泡法

将仔猪浸入 38 ℃ 温水中 3~5 min 后可恢复正常，但仔猪的口和鼻要露在水外。

4. 憋气法

用手把假死仔猪的肛门和嘴按住，并用另一只手捏住仔猪的脐带憋气，发现脐带有波动时立即松手，仔猪可正常呼吸。

日常生产中发现被母猪压着的仔猪出现假死，也可采取以上方法抢救。对假死弱仔猪无需抢救，因其生活力很低，基本无饲养价值，应丢弃为好。

三、母猪分娩和仔猪护理不当及常见问题的正确处理方法

(一) 母猪分娩障碍产生的原因

科学合理饲养管理分娩母猪能够极大地提高母猪繁殖力，从而也提高了整个猪场的生产能力。然而，在旧的养殖模式下，忽视了对分娩母猪的正确饲养管理和一些易发疾病的防治，从而造成分娩后母猪健康水平低下，繁殖障碍增多，淘汰率升高，猪场经济效益差。其中原因是一些猪场没认识到分娩是母猪围产期（产前 7 d 和产后 7 d）最重要的一个环节，更没认识到分娩是母猪体力消耗大、极度疲劳、剧烈疼痛、子宫和产道损伤、感染风险大的过程，是母猪生殖周期的"生死关"。现代高产瘦肉型猪种的母猪不同于国内地方猪种的母猪，若护理不到位、护理知识与专业知识水平低、加上护理责任心不强和缺乏护理经验等，最容易发生母猪分娩障碍。

(二) 母猪分娩护理上常犯的错误

1. 没有正确掌握母猪分娩障碍的临床判断标准

据调查，一些猪场的分娩母猪产程过长或难产现象普遍存在，这虽然与集约化的限位栏饲养方式有一定的关系，但人为因素也是其中一个方面。按猪场的管理规定，母猪分娩要加强重点监控，细致观察分娩的情况，详细记录产仔间隔时间，及时发现分娩障碍。但在实际工作中，一些接产员在处理母猪产程过长或难产类似问题时，由于没有正确掌握分娩障碍的临床判断标准，有时在母猪出现分娩障碍后 3~4 个小时才发现，错失了最佳处理时间，常引起严重的后果。母猪分娩时间超过 8 h，会造成母猪产道脱出或子宫脱出，胎儿在产道内憋死甚至母猪由于大出血发生死亡等。资料表明，一般经产母猪（以分娩 12 头仔猪计）正常分娩的时间为 3~4 h，其正常分娩的平均间隔时间为 10~20 min，其分娩胎儿成活率可达97.86%。而产程从 3 h 延长到 8 h，每窝死胎率由 2.14%提高到 10.53%，给猪场造成了一定的损失。母猪的分娩过程中，只要观察到母猪努责时伸直后腿，挺起尾巴，每努责 1 次或数次会产出 1 个胎儿，一般每次排出 1 个胎儿，从母猪起卧到排出第 1 个胎儿需 10~60 min，产出相邻两个胎儿的间隔时间，以我国地方猪种需要时间最短，平均 2~3 min，引进猪种平均 10~17 min，也有短至 3~8 min，杂种猪介于二者之间需要 5~15 min。当胎儿数较少或个体较大时，产仔间隔时间较长。也就是说，按母猪分娩过程中产仔间隔推算，一般平均间隔 15~20 min 产 1 个胎儿，相当于 3~4 h 产 1 窝仔猪，任何产仔间隔达到或超过30 min，相当于 6 h 产 1 窝，这就是母猪分娩障碍的判断标准。临床上，凡是母猪产仔间隔达到或超过 30 min，接生员就要意识到分娩母猪可能出现了分娩障碍，应及时检查产道，必要时人工助产。因此，掌握好这个分娩障碍的判断标准，就能及时发现分娩母猪产程过长或难产预兆，可及时采取措施，以避免严重后果。

2. 没有正确掌握和分辨出母猪产程过长或难产不同的分娩障碍症状

(1) 产程过长　指分娩母猪由于产力不足（即子宫阵缩力不大），腹壁收缩无力使腹压不高，胎儿在子宫内停留时间过长引起胎儿没有进入产道的一种分娩障碍。产程过长在一定程度上说也可能是分娩母猪的准备阶段和胎儿产出阶段的问题。分娩母猪准备阶段的内在特征是血浆中孕酮含量下降，雌激素含量升高，垂体后叶释放大量催产素；表面特征是子宫颈扩张和子宫纵肌及环肌的节律性收缩，收缩迫使胎膜连同胎水进入已松弛的子宫颈，促使子宫颈扩张，由于子宫颈扩张而使子宫和阴道间的界限消失，成为一个连续的筒状管道，胎儿

和尿膜绒毛膜被迫进入骨盆入口处，尿膜绒毛膜在此处破裂，尿膜液顺着阴道流出阴门外，此时进入胎儿产出阶段。在此期内，子宫的阵缩更加剧烈，频繁而持久，同时腹壁和膈肌也发生了强烈收缩，使腹壁内的压力显著提高，此时胎儿受的压力达到最大，最终把胎儿从子宫经过骨盆口和阴道挤出体外。由于产力不足致使分娩产程过长的分娩障碍，与分娩母猪的体质虚弱、缺乏运动、肢蹄不结实、心肺功能低下或夏季天气炎热致血氧浓度低等因素有关，集约化猪场的限位栏饲养的母猪及夏季炎热而防暑降温条件较差猪场的母猪尤为突出。此时的分娩母猪表现精神差，体力不支，看不到子宫和腹部收缩的迹象，这种现象常出现在老龄、瘦弱、缺乏运动及炎热季节产仔的母猪。

（2）难产　指由于产道狭窄、胎儿过大、羊水减少等因素引起胎儿进入产道后不能正常分娩的一种分娩障碍。宫缩无力是引起难产的最主要原因之一，内分泌失调、营养不足、疾病、胎位不正或产道堵塞而致分娩持续时间加长，都会引起宫缩无力。母猪子宫畸形、产道狭窄或后备母猪配种、妊娠小于 210 d 是难产的另一个原因。分娩母猪便秘、膀胱肿胀、产道水肿、骨盆挫伤和骨盆周围脂肪太多、阴道瓣过于坚韧、外阴水肿而引起产道堵塞也可发生难产。此外，胎儿过大、畸形、胎位不正、木乃伊也能引起难产。临床上母猪难产表现妊娠期延长，超过 116 d；食欲不振、不安、磨牙；从阴门排出分泌物是褐色或灰色、恶臭；乳房红肿，能排出乳汁；母猪努责、腹肌收缩，但产不出胎儿或仅产出 1 头、几头胎儿而终止分娩；产程延长，最后母猪沉郁、衰竭，若不及救活，可能引起死亡。

（3）产程过长和难产的处理方法　在一些猪场由于接生员水平有限，没有正确掌握和分辨出母猪产程过长和难产不同的分娩障碍症状，更有人把分娩母猪产程过长和难产混为一谈，混淆处理。由于难产和产程过长的分娩障碍机理不同，临床上处理方法也不一样。临床上一旦发现分娩母猪产仔间隔超过 30 min 就要意识到母猪可能出现分娩障碍，应立即向子宫内先灌注宫炎净 100 mL，强力止痛、快速消肿，并要准确判断母猪分娩障碍是产程过长还是难产，分别采取相应的处理方法。

① 产程过长的处理方法。一般来说，分娩母猪产程长短与分娩产力和分娩阻力有关，母猪分娩时产力不足，阻力过大，或产力不足和阻力过大同时发生，就可引起分娩障碍，表现为产程过长。产程过长中的产力不足其原因是母猪长期使用抗菌药物，饲料中长期使用脱霉剂，都会导致母猪消化能力下降、便秘、贫血、健康受损、体质虚弱；天气炎热、呼吸困难能导致血氧不足；老龄母猪体质虚弱等，均可造成分娩时子宫收缩无力或根本不收缩、腹压过低等产力不足状况。阻力过大与羊水不足导致产道润滑度下降，胎儿过大以致通过产道困难（一般第一胎母猪容易出现胎儿过大），这与产道狭窄或畸形等也有直接关系。临床上对产程过长处理方案为：缩短产程靠增加产力和降低阻力双管齐下；增加产力的方法有乳房按摩、踩腹部增加腹压、静脉输液补充能量、恢复体力、缓解疲劳。处理程序为：产道内没有胎儿，是由于子宫阵缩无力、腹压不高等产力不足引起，可立即输液缓解母猪疲劳，并按摩乳房（增加子宫阵缩的方法，可用热高锰酸钾水在母猪乳房清洗消毒，并向前向后推拿乳房或把先产出的仔猪放出来吮吸乳头刺激乳房），引起母猪宫缩使腹部鼓起和踩踩肚子（在腹部鼓起时将一只脚固定在产床上控制重心，另一只脚小心地踩在腹肋部，向下用力要均匀，可增加腹压）增加产力，促进胎儿进入产道，此时，胎儿受到的压力达到最大，一般会从子宫经过骨盆口到阴道被挤出体外。对产程过长的处理严禁将手或助产钩直接伸入子宫助产，也慎用缩宫素助产，可采取输液护娩助产。输液的目的是缓解母猪分娩时疲劳，防止应激。输液的原则是先盐后糖（先输生理盐水，后输葡萄糖溶液）、先晶后胶（先输入一

定量的晶体溶液如生理盐水和葡萄糖液来补充水分，后输入适量胶体溶液如血浆等以维持血浆胶体渗透压，稳定血容量）、先快后慢（初期输液要快，以迅速改善缺水缺钠状态，待情况好转，应减慢输液速度，以免加重心肺负担）、宁酸勿碱（青霉素类、磺胺类、大环内酯类和碳酸氢钠均为碱性药物，应避免在分娩中使用，以免加重分娩过程中的呼吸性碱中毒）、宁少勿多、见尿补钾、惊跳补钙。

② 难产的处理方法。难产发生时，必须立即处理，一旦错过最佳处理时机，后果不堪设想。临床上针对单纯性的宫缩无力，每 30 min 注射 50 万单位催产素；针对产道堵塞的原因，分别采取措施；胎儿原因和母猪子宫畸形、产道狭窄等引起的难产要助产；助产时先检查阴道，然后消毒手臂和外阴部，并润滑，必要时借助产科器械，应在母猪努责没有停止前立即掏出胎儿。

3. 没有正确掌握辅助分娩技术

母猪分娩障碍在一些猪场普遍存在，已经成为猪场管理的关键性难题之一，为此，使用缩宫素缩短产程或掏胎儿助产等辅助分娩方式，得到了广泛应用。然而，有些猪场不分情况，不分缘由就使用缩宫素；有些猪场优先使用缩宫素来解决母猪产程过长问题；有些猪场在母猪分娩困难时使用缩宫素助产；有些猪场在母猪分娩间隔超过 1~2 h 甚至更长的时间没有胎儿产出时才使用缩宫素助产。很多情况下即使注射了缩宫素后，母猪仍然没有产出胎儿，此时只好将手深入产道内甚至子宫内掏胎儿助产。临床实践已证实，过分强调辅助分娩措施如滥用生殖激素（延期分娩使用氯前列烯醇、产程过长使用缩宫素），在阴道深处甚至子宫内掏胎儿等，忽视了母猪自身的分娩产力，最终会造成不良后果，加快母猪淘汰。

（1）使用缩宫素要注意的问题 缩宫素的使用虽然增加了子宫收缩能力，同时也增加了产道的阻力，会引发一系列问题。如果仔猪产出现问题，不具体认真分析和检查产道，就注射缩宫素，弊多利少。其一，轻者造成胎儿与胎盘过早分离，或在分娩前脐带断裂，使胎儿失去氧气供应而窒息死亡；重者，如果母猪骨盆狭窄，胎儿过大，胎位不正，会造成子宫破裂；其二，增加了子宫和产道的疼痛，加快了子宫和产道的水肿，进一步加大产道的阻力；其三，产道的痉挛性收缩、疼痛、水肿等，给人工助产掏猪也带来了极大的困难，加重了掏猪造成对产道的损伤，使产后出血严重，也加重了产后感染；其四，缩宫素具有催乳作用，能引起母猪初乳的损失。能不用缩宫素尽量不用缩宫素，其原因是缩宫素由于剂量不同而呈现不同作用。小剂量兴奋子宫平滑肌，呈现催产甚至流产作用；中剂量有催产作用；大剂量呈现止血作用。因此，非专业兽医不容易把握其剂量，而且机体器官易产生依赖性，特别是由于子宫平滑肌在缩宫素作用下呈现阵发性、强直性甚至痉挛性收缩（正常情况下呈现节律性收缩），易引起子宫疲劳、弹性降低、子宫老化、收缩无力等，造成母猪早淘。因此，过度使用缩宫素催产其后果会造成母猪早淘。此外，临床上分娩母猪产道阻塞、胎位不正、骨盆狭窄及子宫颈尚未开放时忌用缩宫素催产。

（2）临床上可用缩宫素（催产素）的情况 一是在仔猪出生 1~2 头后，估计母猪骨盆大小正常，胎儿大小适度，胎位正常，从产道分娩出没问题，但子宫收缩无力，母猪长时间努责而不能产出仔猪时（间隔时间超过 45 min），可考虑使用缩宫素，使子宫增强收缩力促使胎儿娩出。可在皮下、肌内注射，一次量 20~40 单位，隔 30 min 后可再注射 1 次。二是在人工助产的情况下，进入产道的仔猪已被掏出，估计还有仔猪在子宫角未下来时可使用缩宫素。三是胎衣不下。产仔后 1~3 h 即可排出胎衣，若 3 h 以后仍没有胎衣排出则为胎衣不下，可注射缩宫素。四是恶露不净。母猪产仔后 2~3 d 内可排净恶露，如果超过 2~3 d，见阴户还有褐色或灰色恶露，表示是子宫炎，在抗菌消炎和服中药的同时，可注射 1~2 次缩宫素促使恶露排净，有利于子宫恢复正常。

（3）人工助产要注意的问题　母猪分娩正常时不需要助产，因为助产会增加产道感染的危险性；但如果分娩过程不顺利，则必须及时助产。临床上对难产和产程过长要分别处理。产程过长是产道内没有胎儿，是由于母猪极度疲劳，血氧不足引起子宫收缩无力，腹压不高或骨盆狭小，产道狭窄等。处理产程过长要耐心等候，以缓解母猪疲劳，引起子宫收缩，增加腹压的助产方式为主。难产是母猪破羊水半小时后，但已超过 45 min 仍产不出仔猪，多由母猪骨盆发育不良不全、产道狭窄（早配初产多见）、死胎多、分娩时间延长、子宫弛缓（老龄、过肥或过瘦母猪多见）、胎位异常、胎儿过大等原因所致。临床上见母猪阵缩加强，尾巴向上卷，呼吸急促，心跳加快，反复出现将要产仔的动作，却不见仔猪产出的难产，应实行人工助产。人工助产尽量通过保守助产方式加快胎儿的产出，如通过保守方法不能将胎儿产出，必须立即用手伸入产道将胎儿掏出。临床上首先用力按摩母猪乳房，再按压母猪腹部，帮助其分娩。若反复按压 30 min 仍无效，可肌内注射缩宫素，促进子宫收缩，用量按每 100 kg 体重 2 mL 计算，必要时可注射强心针，一般经过 30 min 即可产仔。若注射缩宫素仍不见效，则应实行手掏法助产。

（4）手掏法助产操作要注意的事项

① 助产操作者应用温水加消毒剂（新洁尔灭、洗必素等）或温肥皂水彻底清洗母猪阴户及臀部。

② 助产操作者手和胳膊消毒清洗后最好戴经过消毒的长臂手套并涂上润滑剂（如液体石蜡），将手卷成锥形，要趁母猪努责间歇、产道扩张时伸入手臂。如果母猪右侧卧，就用右手，反之用左手。

③ 将手用力压，慢慢穿过阴道，进入子宫颈，子宫在骨盆边缘的正下方。

④ 手一进入子宫常可摸到仔猪的头或后腿，要根据胎位抓住仔猪的后腿或头或下巴慢慢将仔猪拉出。但需注意不要将胎衣和仔猪一起拉出。

⑤ 如果两头仔猪在交叉点堵住，先将一头推回子宫，抓住另一头拖出。但动作要轻，避免碰伤子宫颈和阴道。

⑥ 如果胎儿头部过大，母猪骨盆相对狭窄，用手不易拉出，可将打结的绳子伸进仔猪口中套住下巴慢慢拉出。

⑦ 对于羊水排出过早，产道干燥，产道狭窄，胎儿过大等原因引起的难产，可先向母猪产道中灌注生理盐水或洁净的润滑剂，再根据仔猪情况，按上述方法其中一种将仔猪拉出。

⑧ 对胎位异常的难产，可将手伸入产道内矫正胎位，待胎位正常后将仔猪拉出。

⑨ 有的异位胎儿矫正后即可自然产出，如果无法矫正胎位或因其他原因拉出有困难时，可将胎儿的某些部分截除，分别取出，以救母为先。助产过程中，必须小心谨慎，尽量防止损伤产道。

⑩ 实行手掏法助产，如果检查发现子宫颈口内无仔猪，可能是子宫阵缩无力，胎儿仍在子宫角未下来，助产者不能把手伸入子宫内或更深处。在母猪难产的助产中，只允许将手伸入产道和子宫颈口，引起阴道炎没关系，引起子宫炎会导致母猪屡配不孕而淘汰。临床上如检查子宫颈口无胎儿，这时可用缩宫素，促使子宫肌肉收缩，帮助胎儿尽快娩出。临床上可试用阴唇外侧一次量注射 20 单位缩宫素，效果较好，不仅发挥作用快，还能节省用量。

如果 1 h 仍未见效，可第 2 次注射缩宫素，如果仍然没有仔猪娩出，则应驱赶母猪在分娩舍附近平地走一段时间，可使胎儿复位以消除分娩障碍，一般能使分娩过程顺利进行。

⑪ 人工助产后必须给母猪注射抗菌消炎药物，防止生殖道感染引起泌乳障碍综合征。

4. 仔猪护理中断脐和剪牙操作不规范的问题

（1）先捋脐带血后断脐是规范的操作方法　仔猪出生后应先将脐带的血向仔猪腹部方向挤压，其方法是：一只手紧捏脐带末端，另一只手自脐带末端向仔猪体内捋动，每秒 1 次不间断，待感觉不到脐动脉跳动时，在距仔猪腹部 4 指处用拇指指甲钝性掐断脐带，并在断端处涂上 5%碘酊（不要用 2%的人用碘酊），可再在断端处涂布"洁体健"等，有利于干燥。要注意的是，在距脐孔 3 ~ 5 cm 断脐，不要留太短或太长；更不能用剪刀直接剪断脐带，否则血流不止。用手指掐断，使其断面不整齐有利于止血，而有些书籍中提出用剪刀直接剪脐带是错误的。还要注意的是，如无脐带出血，不要结扎，因结扎脐带后，断端渗出液排不出去，不利于脐带干燥，反而容易导致细菌感染。仔猪出生后一定要及时断脐，否则脐带拖于地面，很容易被踩踏而诱发"脐疝"。

（2）剪断仔猪 4 颗犬齿而非 8 颗　剪牙的主要目的是防止较尖的牙齿刮伤母猪乳房，造成乳房外伤而引发乳腺炎。有些猪场剪牙操作不规范，如有剪 8 颗牙齿的，其实乳猪生下来只有 4 颗最尖的牙齿，即上下左右 4 颗犬齿，这就是要剪的牙齿。剪断这 4 颗犬齿即达到了剪牙的目的，其他牙齿不需要剪。剪牙钳一定要锐，否则会把牙齿剪得不齐有尖，达不到剪牙的目的，而且不锐的剪牙钳剪牙时能引起牙根出血。这都是在剪仔猪牙时需要注意的问题。

5. 围产期抗菌消炎的管理并不科学

围产期指母猪产前 7 d 至产后 7 d，是由分娩急转到哺乳的过渡期。临床上，母猪分娩后也容易出现产后感染、产后高热、产后乳腺炎和子宫内膜炎等。因此，国内许多猪场在围产期的管理上坚持以控制产后感染和产后护宫（冲洗子宫）为主。其实产后感染是由于延期分娩、产程过长、助产操作时损伤阴道或子宫颈口以及分娩护理不到位等原因引起的胎产诸病之一。因此，单纯以解决产后感染为主要目标的做法并不科学。产后感染过分强调使用抗菌药物消炎，忽视了母猪的分娩疲劳、剧烈疼痛和代谢紊乱等应激状况，最终造成围产期顽症，加快母猪淘汰。还有人提出产后应彻底清洁子宫，避免胎衣、死胎滞留子宫，消肿止痛，加快恶露排出，避免细菌繁殖，促进母猪产后恢复。为强化子宫和阴道的局部消炎，产后向子宫灌注宫炎净 50 ~ 100 mL，并加青霉素、链霉素或其他对厌氧菌敏感的药物（直接溶解在宫炎净内）直接消炎，其实这种做法并不科学。在母猪正常分娩下，产后尽量不要冲洗子宫，猪的子宫与产道直通，冲洗过程操作不当，易造成损伤、扭转、嵌顿甚至穿孔。母猪生殖道内环境及菌群平衡具有强大的自洁作用，冲洗液也有污染和压力，会造成新的感染和对产道与子宫有新的损伤。一般来讲，抗菌消炎效果不佳时才可进行子宫冲洗，可母猪到了冲洗子宫的地步，其后果可想而知，宜早淘为宜。生产中对正常分娩的母猪，要强化产后阴户清洗消毒，可使用温热的高锰酸钾水消毒，连续 5 ~ 7 d 清洗消毒产后母猪阴户，现用现配为宜。这样可阻止病原或其产生的毒素侵入而导致全身感染，此外，要保持圈舍的卫生清洁。但在临床上对恶露排净时间延长（2 ~ 3 d 后）的产后母猪，则标志母猪产后可能受病原感染。临床上对于产后恶露不尽，可连续 3 d 注射缩宫素，并在饲料中加些益母草粉或硫浸膏，以利于恶露排尽，消炎同时进行，但不可使用氨苄青霉素，以免引起母猪乳房胀疼而拒绝哺乳。在此法无效下，可使用 0.1%的高锰酸钾生理盐水等溶液冲洗子宫。冲洗时应注意小剂量反复冲洗，直到冲洗液透明为止，在充分排出冲洗液后，可向子宫内投入抗生素药物，如青霉素粉，但必须使用产科器械。还要注意，必须对母猪采取站立灌注（可用输精管灌药），灌完继续站 15 min 为止。缓慢灌注（3~5 min），防止输药管内残留药液，输药管要留在子宫内 15~20 min。此操作方法必须是有经验的兽医或接生员才行。

第二节　哺乳仔猪的生理特点及饲养管理技术

一、哺乳仔猪的生理特点

哺乳仔猪又称新生仔猪，是指从出生到断奶期间的仔猪。目前的规模化猪场中，条件较好的对哺乳仔猪实行 28 日龄或 21 日龄断奶，一般 35 日龄断奶，少数猪场还实行隔离式早期断奶技术（SEW）。新生仔猪从母体中分娩出来后，生存和生活环境发生了根本性变化，通俗讲即从"水生"到"陆生"。胚胎发育成胎儿后，仔猪在母猪羊水中通过胎盘获取营养和氧气，温度恒定，还处于无菌状态的生长发育环境；而仔猪出生后要靠肺部呼吸氧气，主动吸取母乳才能满足生长需要，且过渡到独立生活，加上生存环境发生了根本变化，对初生仔猪是一个严峻的考验。适者生存，对任何动物都一样。因此，在生产中，了解新生仔猪的生理特点，猪场饲养与管理者可采取相应措施，为仔猪创造一个良好的生活与生存的环境条件，实行科学的饲养与管理措施。

（一）物质代谢旺盛，生长发育快，需要的营养多

哺乳期是仔猪生长发育最快，物质代谢最旺盛的阶段。仔猪初生重小，不到成年体重的 1%，与其他家畜相比最小，但出生后生长发育最快，物质代谢旺盛，需要的营养多。一般仔猪出生重 1 kg 左右，30 日龄增长 5~6 倍，60 日龄可增长 10~13 倍，高的则可达 30 倍。一般初生个体重约 1.3 kg 的仔猪，到 60 日龄约 22 kg，增长 15 倍以上，而 60 日龄后到出栏（90~100 kg），生长体重只增加 8~9 倍。

仔猪生长发育快，系因其物质代谢旺盛，特别是蛋白质、钙、磷、氯和铜、铁等矿物质元素的代谢比成年猪强。一般生后 20 多天的仔猪，每千克体重每天沉积蛋白质 9~14 g，而成年猪每千克体重只沉积蛋白质 0.3~0.4 g，相当于成年猪的 30~35 倍。研究表明，1 头 10 kg 的仔猪，每千克体重每天约需钙 0.48 g、磷 0.36 g、铁 4.8 mg、铜 0.36 mg；而 1 头 200 kg 体重的泌乳母猪每千克每天约需钙 0.22 g、磷 0.14 g、铁 2 mg、铜 0.13 mg。可见，仔猪对营养物质的需要较高，对营养物质的供给不全的反应特别敏感，营养结构不平衡，往往容易引起营养缺乏症，导致生长发育受阻或发病死亡。这就增加了养猪生产的饲养难度，这也是部分养猪人特别是技术水平较低的人感叹仔猪难养的原因。

（二）消化器官不发达，消化机能不完善，但发育迅速

猪的消化器官在胚胎期已经形成，但发育不完全，出生时重量小，但发育快。如初生仔猪胃重 4~8 g，60 日龄就会增长 25~30 倍，即 200 g 左右。初生仔猪的消化机能不完善，主要表现在以下几个方面。

1. 消化酶分泌不全，活性低

初生仔猪胃内仅有凝乳酶，游离胃蛋白酶很少，且因胃底腺不发达，还不能大量分泌游离盐酸（35 日龄后），胃蛋白酶不能被激活，不能消化蛋白质，这时只有肠腺和胰腺的发育

比较完善，胰蛋白酶、肠淀粉酶和乳糖酶活性较高，食物主要在小肠内消化。因此，初生仔猪只能吃奶而不能利用植物性饲料。虽然新生仔猪消化液不完善（缺乏盐酸、胃蛋白酶等），消化机能差，但在饲料的适宜刺激下，其消化器官能迅速发育，这也是提倡对初生仔猪提早补饲的原因。但初生仔猪对葡萄糖不需分解，概括仔猪对糖类的适应性为：葡萄糖不需消化，适合任何日龄段仔猪；乳糖适于幼猪，不适于 5 周龄仔猪；麦芽糖适于任何日龄仔猪，但不及葡萄糖；蔗糖极不适于幼猪，渐进到 9 周龄始宜饲喂；果糖不适于幼猪；木聚糖不适于 2 周龄前的仔猪。淀粉要熟食。了解仔猪从出生后到 7 周龄的消化酶的发生发展及对糖类的适应性，有助于合理安排仔猪科学饲养。

2. 胃液缺乏

由于仔猪胃和神经系统之间的联系还没有完全建立，缺乏条件反射性的胃液分泌，仔猪的胃液只有当饲料直接刺激胃壁时才能分泌，但量也很少。

3. 食物在胃肠的滞留时间短，排空速度快

有研究表明，食物在仔猪胃内滞留的时间，随日龄的增长而明显加长。15 日龄为1.5 h，30 日龄 3~5 h，60 日龄 16~19 h。因此，仔猪日龄越小，对饲料的消化利用率越低。

（三）体内铁源不足，易患贫血病

新生仔猪出生时体内含铁少，仅 45~50 mg，只够其 1 周所需，且母乳含铁量极低（每天只能向仔猪提供 1 mg 左右）。铁元素又是血红蛋白的重要组成部分，因此，对生长发育快、物质代谢旺盛的新生仔猪来说，及时补充外源性铁尤为重要，否则 7~10 d 即会出现贫血现象。

（四）缺乏先天性免疫力，容易患病

仔猪出生时，因为母猪血管之间被多层组织隔开，限制了母猪抗体通过血液转移到胎儿，特别是母体内大分子的 r-球蛋白无法通过胎盘血液进入胎儿，因此新生仔猪没有先天免疫力，必须及时吃上初乳，才能获得被动免疫。初乳中免疫球蛋白高，但降低也快。初生仔猪必须在生后 2 h 以内吃上初乳，对 r-球蛋白的吸收率 99%以上，3~9 h，即下降 50%的吸收能力。一般仔猪 10 日龄开始产生抗体，35 日龄前还很少，因此 3 周龄内是免疫球蛋白的青黄不接阶段，各种病原微生物都易侵入，引发疾病，如仔猪黄白痢等。这时仔猪已开始吃料，胃液中又缺乏游离盐酸，对随饲料、饮水而进入胃内的病原微生物没有抑制作用，因而容易引起仔猪下痢，甚至死亡。但仔猪免疫能力也不断发育，直至 4 周龄甚至更久才真正拥有自身的免疫力。仔猪应激可降低循环抗体水平，抑制细胞免疫力，引起仔猪抗病力下降，导致腹泻和疾病发生等，这也是仔猪断奶后死亡率高的一个原因。

（五）调节体温的机能不完善，对外界环境的应激应对能力弱

初生仔猪大脑皮层发育不全，通过神经调节体温的能力差；又因仔猪体内能源的贮存较少，遇到寒冷，血糖很快降低，如不及时吃到初乳，就很难成活，因此初生仔猪对外界环境的应激应对能力弱。仔猪调节体温的能力随着日龄增大而增强，日龄越小，调节体温的能力越差。仔猪的正常体温是 38.5 ℃，而初生仔猪的体温较正常的体温低 0.5~1 ℃。据试验，生后 6 h 的仔猪，如放在 5 ℃的环境条件下 1.5 h，其直肠温度就要下降 4 ℃，即使将初生仔猪放入 20~25 ℃的气温中，也要 2~3 d 内才能回复到正常的体温。初生仔猪如在 13~24 ℃的环境中，体温在生后第 1 h 可降低 1.7~7.2 ℃，尤其在生后 20 min 内，由于体表羊水的蒸发，温度降低更快。因此，在接生时要迅速擦干仔猪羊水，马上放入保温箱。一般来讲,仔猪体温下降的幅度与仔猪体重大小和环境温度有关。吃上初乳的健壮仔猪,在18~24 ℃的环境中,约2 d后可恢复到正常体温;在0 ℃(-4~2 ℃)左右的环境条件下,经10 d也尚难达到正常体温。有试验表明,初生仔猪如果裸露在1 ℃环境中2 h,可冻昏冻僵,甚至冻死。初生仔猪出生时所需要的环境温度为30~32 ℃,当环境温度偏低时,仔猪体温开始下降,下降到一定范围开始回升。但仔猪生后体温下降的幅度及恢复的时间以环境温度而变化,环境温度越低,则体温下降的幅度越大,恢复时间越长,而当环境温度低到一定范围时,仔猪就会被冻僵而死亡。

生产实践中,常发现初生仔猪往往堆叠在一起,即所谓的"扎堆"现象,不仅在寒冷季节,夏季出生的仔猪亦有此表现,这说明初生仔猪是怕冷的。因此,对初生3~5 d内的仔猪要特别注意保温取暖,以免因受冻而死亡。

二、哺乳仔猪死亡的类型与原因

(一)哺乳仔猪死亡的类型

仔猪从母体中出生后,其生存环境发生了巨大变化。一是靠母乳或人工乳供应营养,二靠本身呼吸得到氧气。这些变化对初生仔猪来说是很大的应激,如环境不良、营养不足,加上各种病菌的侵袭,仔猪很容易发生疾病而引起死亡。据调查,在国内的一些猪场,仔猪从出生至断奶,死亡率20%左右。根据陈清明调查,哺乳仔猪的死亡可归结为疾病死亡和非疾病死亡两类,如表1-1所示。

表1-1 哺乳仔猪死亡原因分析

死亡原因	出生至20日龄		20~60日龄		合计	
	死亡数(头)	死亡率(%)	死亡数(头)	死亡率(%)	死亡数(头)	死亡率(%)
压死、冻死	128	94.8	7	5.2	135	12.8
白痢死亡	315	95.5	15	4.5	330	31.3
肺炎死亡	130	86.7	20	13.3	150	14.3
其他死亡	332	75.8	106	24.2	433	41.6
合计	905		148		1 053	100

资料来源:赵书广主编《中国养猪大成》(第二版),2013。

注:其他死亡原因为发育不良死亡86头(8.16%),贫血死亡90头(8.54%),畸形死亡80头(7.59%),心脏病死亡75头(7.14%),寄生虫死亡55头(5.23%),白肌病和脑炎死亡52头(4.95%),合计433头,占死亡总数的41.61%。

(二)仔猪死亡原因分析

从表1-1可见,在死亡的1 053头仔猪中,死亡比例较大的3类为:患仔猪白痢病死亡330头,占死亡总数的31.3%,列第一位;因肺炎死亡150头,占死亡总数的14.3%,列第二位;冻死和压死共135头,占死亡总数的12.8%,列第三位。分析仔猪死亡的时间可见,从出生至20日龄之间死亡率最高,从21~60日龄死亡率较低。从哺乳仔猪因患仔猪白痢死亡和压死、冻死两项来看,出生后20日龄内死亡数均占死亡总数的95%,而以后的40 d死亡仅占5%。因肺炎死亡的,20日龄内约占87%,以后的40 d仅占13%。其他原因引起死亡的，20日龄内约占76%，以后40 d约占24%。可见，哺乳仔猪生后前20 d是最容易死亡的时期。据河南省某猪场的资料分析，3日龄以内死亡的仔猪占死亡总数的26.63%，4~7日龄29.27%，8~15日龄20.21%，16~20日龄9.92%，21~25日龄7.27%，26~35日龄2.17%，36~45日龄1.15%，46~60日龄3.02%。加拿大对6 890头仔猪分析结果表明，从出生到20日龄，仔猪死亡率为25.6%，其中分娩时死亡占死亡总数的15.3%，7日龄以内死亡占43.7%。从以上数据可见，仔猪日龄越小，死亡率越高。据有关资料分析，仔猪初生重0.5 kg以下，哺乳期间死亡的占死亡总数的80%以上，0.6~1.0 kg的占13%，1.1 kg以上的占6%。可见，仔猪初生重越小，死亡率越高。另据有关资料表明，体大膘肥的母猪易造成临产胎儿死亡，死亡占出生仔猪总数的9.2%，占哺乳仔猪死亡总数的69.2%。又据赵式文对3 062头仔猪死亡原因的统计分析，如表1-2所示，非病因死亡总数2 342头，占总死亡数的75.9%；因病死亡738头，占死亡总数的24.1%。在非病因死亡中，因压踩死亡的仔猪1 013头，占死亡总数的33.1%，列第一位；先天发育不良死亡的有529头，占死亡总数的17.3%，列第二位；因仔猪白痢死亡仔猪421头，占死亡总数的13.7%，列第三位。对仔猪死亡原因的分析，说明该猪场管理水平较差。其中因先天发育不良和缺奶死亡的仔猪共有704头，约占死亡总数的23%，其原因主要是对母猪饲养管理不当。而且踩死、淹死、冻死和咬死4项共计1 345头，占死亡总数的43.9%。如能加强对哺乳母猪的管理，改善饲养条件，可减少仔猪死亡数，提高仔猪的成活率。

表1-2 哺乳仔猪非疾病与疾病死亡原因分析

类别	死亡原因	死亡数（头）	占死亡数的比例（%）
非疾病死亡	踩死	1 013	33.1
	先天发育不良	529	17.3
	缺奶	175	5.7
	淹死	84	2.7
	冻死	87	2.8
	咬死	161	5.3
	其他	275	9.0
	小计	2 324	75.9
疾病死亡	白痢	421	13.7
	小计	101	3.3
	肺炎	216	7.1
	其他	738	24.1
合计		3 062	100.0

资料来源：赵书广主编《中国养猪大成》（第二版），2013。

哺乳仔猪的死亡与其生理特点有密切关系。仔猪消化机能不完善，免疫能力差，易因病菌的侵袭而引起下痢死亡。又由于仔猪调节体温的能力差，怕寒冷，常因环境温度变化不适，患感冒引发肺炎死亡。此外，初生仔猪身体软弱、活动能力差，如果防护不当，常会被母猪压踩而死。还有的猪场环境卫生条件差，如仔猪感染黄痢病，则往往会引起全窝死亡，并能迅速扩散至其他母猪而引起感染。从表1-1、表1-2可以看出一个规模猪场的饲养条件和管理水平。一般来说，对母猪和仔猪采用传统的平地饲养方式，仔猪死亡率高，其中冻死、咬死、踩死的仔猪会多，而且仔猪最易发生下痢、肺炎等疾病。但如果采用高床饲养，有仔猪保育箱，随着产房温度的改善，非病因死亡逐渐减少，则可大大减少仔猪的死亡数。相反，如环境条件差，加上饲养管理不善，会加大仔猪因病死亡的概率。如引起仔猪下痢的原因可归纳如下：因母猪奶水不足或过浓，母乳品质差或乳质突变，易造成仔猪下痢甚至死亡；新生仔猪铁贮量少，乳汁中铁的含量低，仔猪常因缺铁造成食欲减退、贫血、抵抗力下降、生长停滞，严重的导致下痢、死亡；分娩舍内卫生条件差、天气骤变或舍内潮湿、没有严格消毒或场内有传染性腹泻的病史，仔猪易下痢、死亡。

三、哺乳仔猪饲养的关键技术措施

（一）吃足初乳

初乳指母猪分娩后36 h内分泌的乳汁，严格地讲应是母猪分娩后12 h内的乳汁，其含有大量的母源性免疫球蛋白。让初生仔猪出生后1 h内吃到初乳，是初生仔猪获得抵抗传染病抗体的唯一有效途径，推迟初乳的吸食，会影响免疫球蛋白的吸收。初生仔猪若吃不到初乳，则很难成活。因此，在仔猪出生后，应让仔猪在1 h内尽早吃足初乳。

（二）补铁、铜和硒

给初生仔猪补饲铜、铁可有效预防仔猪贫血。铁是造血和防止营养性贫血必需的元素，每100 g母乳中含铁0.2 mg，仔猪每日从乳中获得的铁约1 mg，为需铁量的1/7，远不能满足仔猪生长发育的需要量。因此，应在仔猪出生后2~3 d内补铁，否则，仔猪体内铁的贮量很快耗尽，从而生长停滞并发生缺铁性下痢导致死亡。铜也是造血和酶必需的原料，据研究，高铜可抑制肠道细菌，有明显的促进生长的作用，因此，补铁的同时应补铜。具体方法为：每头仔猪在出生后3日龄内一次性肌内注射血多素0.1 mL/头或皮下注射右旋糖苷铁1 mL/头；3 d以后用硫酸铜1 g，硫酸亚铁2.5 g，1 000 mL凉开水制成铜铁合剂，用奶瓶饲喂，每日2次，1次10 mL，或把铜铁合剂滴于母猪乳头处让仔猪同乳汁采食，每天4~6次。在缺硒地区，还应同时注射0.1%亚硒酸与维生素E合剂，每头0.5 mL，10日龄时每头再注射1 mL。

（三）供给饮水

水是动物血液和体液的重要组成成分，是消化、吸收、运送养分、排出废物的溶剂，对调节体液电解质平衡起着重要作用。由于新生仔猪体温高、呼吸快、生长迅速、物质代谢旺盛，加之乳汁较浓，母乳中含脂肪量高达7%~11%，因此需水量较多。由于母乳和仔猪补料中蛋白质和脂肪含量较高，若不及时补水，就会有口渴之感。生产中一般从3日龄开始，必须供给清洁的饮水，否则会造成食欲下降、失水、消化能力减弱，常因口渴后仔猪喝脏水或尿液，导致下痢。补水方式可在仔猪补料栏内安装自动饮水器或适宜的水槽，随时供给仔猪清洁充足的饮水。使用自动饮水器饮水的方法：在仔猪饮水器内插一根小棍，使水呈滴状可训练仔猪提前学会饮用饮水器饮水。据试验，在仔猪生后吃初乳之前，应喂一次葡萄糖盐水以清理胃肠道，并清除胎粪，其配方为：食盐3.5 g，葡萄糖20 g，碳酸氢钠2.5 g，氯化钾1.5 g，维生素C 0.06 g，温开水1 000 mL。另据相关试验报道，3~20日龄仔猪可补给

0.8%盐酸水溶液，20日龄后改用清水，其作用是弥补仔猪胃液分泌不全的缺陷，具有活化胃蛋白酶和提高断奶重的功效，能大大提高饲料报酬，且成本也较低。

（四）诱食和补料

仔猪培育阶段，关键在于抓好3个阶段的饲养和管理工作，即抓好出生后的"奶食"关；训练吃料，过好"开食"关；抓好补料"旺食"期，过好断奶关。

1. 提早诱食补料的作用

给仔猪提早诱食补料，是促进仔猪生长发育、增强体质、提高成活率和断奶重的一个关键措施。由于仔猪出生后随着日龄的增长，其体重及营养需要与日俱增，一般从第2周开始，单纯依靠母乳已不能满足仔猪生长发育的要求。如不及时诱食补料，弥补营养的不足，就会影响仔猪的正常生长发育。而且及早诱食补料，还可以刺激胃肠分泌消化液，也锻炼了仔猪的消化器官及其功能，促进胃肠道发育，能有效防止仔猪下痢。可见，对仔猪提早诱食补饲，不仅可以满足仔猪快速生长发育对营养物质的需要，提高日增重，而且能刺激仔猪消化系统的发育和功能完善，可防止断奶后因营养性应激而导致腹泻，为仔猪断奶的平稳过渡打下基础。在一定程度上讲，提早对仔猪诱食补料，是仔猪生产中一个关键性技术措施，此项工作抓好后，对仔猪进入旺食期有很大作用。

2. 仔猪诱食补料法

仔猪出生7 d后，前臼齿开始长出，喜欢啃咬硬物以消除牙痒。为此，对仔猪的开食时期是5~7日龄。仔猪诱食料要求香、甜、脆，这时可向料槽中投入少量易消化的具有香甜味的教槽料，供哺乳仔猪自由采食。此外，也可用炒熟的玉米、大麦、大米拌少量糖水，撒些切细的青饲料，撒入饲槽内让仔猪采食。为了有效保证诱食成功，可将仔猪和母猪分开，在仔猪吃奶前，令其先吃诱食料后再吃奶。奶、料间隔时间以1~2 h为宜。对泌乳量多的母猪所产仔猪可采用强制诱食，即先将教槽料调成糊状，涂于仔猪的嘴唇，让其舔食，重复几次后，仔猪能自行吃料。从开始训练到仔猪认料，约需1周。对仔猪诱食认料，可有效地解除仔猪牙床发痒，防止乱啃乱咬脏物而致下痢，并为补饲打好基础。

3. 抓好仔猪旺食期补饲

经过早期诱食认料，哺乳仔猪到20日龄后，由于生长发育加快，采食量增加，而进入旺食期。但由于母乳已不能满足生长发育的需要，为此，应补饲乳猪全价料。旺食期仔猪的饲养标准为：仔猪体重3~8 kg阶段每千克饲料养分含量为消化能14.02~14.3 MJ，粗蛋白质18%~22%，赖氨酸0.8%~1.2%，蛋氨酸+胱氨酸0.7%，钙0.88%，磷0.74%。每天采食量300 g左右，预计日增重250 kg以上。

仔猪旺食期补饲的次数要多，以适应胃肠能力，根据仔猪日龄一般每天4~6次，尽量少喂勤添，可利用仔猪抢食行为刺激猪只食欲和采食量。生产中要注意的是仔猪往往一次过量采食会发生消化不良性腹泻，所以无论自由采食或是分次饲喂要有足够的料槽面积，使一窝仔猪能同时采食到饲料。实践中注意观察仔猪粪便即可知仔猪采食量状况，饲料喂得少时粪便成黑色串状，喂得多时粪便变软或成稀便，仔猪一次性采食饲料过多会发生消化不良性腹泻。饲料应香甜、清脆、适口性好，还应清洁、卫生、新鲜、无霉变。在补料期要补充充足的清洁饮水。仔猪补料可以使用自动饲槽，使用自动饮水器饮水。

第三节　提高哺乳仔猪成活率和断奶重的综合配套技术措施

一、母猪饲养的关键技术措施

仔猪成活率并非取决于出生以后的阶段，其实早在出生之前的胚胎发育期，营养、环境、疾病、管理等因素就已经开始对其生命力造成影响。因此，如果母猪在怀孕阶段的饲养管理上出现问题，必定对出生后的仔猪带来一些不良影响。因此，提高哺乳期仔猪成活率和断奶重首先要对妊娠母猪实行科学的饲养管理。

（一）母猪怀孕期的饲养管理重点

1. 对怀孕母猪分阶段饲养

母猪的怀孕天数为 114 d，应分 3 个阶段饲养。母猪怀孕 0~30 d 是提高胚胎成活率的关键阶段。空怀母猪在配种之前，可采取短期优饲，即通过提高能量水平促进母猪的发情和排卵。自配种之日起，应降低饲喂量，每头母猪每天采食量不超过 2 kg。在此阶段，还要为母猪创造相对安静以及温度、湿度、通风和卫生状况均良好的环境，并避免采食过程中的争抢和打斗。母猪怀孕 31~84 d，适度恢复体重，使母猪得到适当的体脂储备，每头母猪每天采食 2~2.5 kg。母猪怀孕 85~111 d，胎儿生长迅速，对营养的需求量增加，每头母猪每天采食 3~3.5 kg。生产中，具体的饲喂量还应视母猪膘情和体重情况做相应调整。

2. 防制母猪出现便秘

便秘是怀孕母猪很容易发生的一个症状，临床上会引起母猪厌食，由于排便不良，易引起内毒素增加而导致乳房炎、子宫内膜炎，加上行为异常、烦躁不安，会影响胎儿生长发育，严重者造成流产或产死胎。便秘是多种因素共同作用的结果，诸如营养、管理、环境、应激等，因此，生产中应采取多方面的措施进行综合防制。

（1）适当增加母猪运动量　工厂化全程的限位饲养尽管可以相对准确地控制母猪的给料量，并能避免母猪群的争抢和打斗，但因母猪的活动受到限制，会加重母猪便秘症状。因此，可对怀孕母猪群养，或者怀孕的前 35 d 限位饲养，而后群养。

（2）确保怀孕母猪喝进足够多的清洁饮水

（3）适当增加饲料中的粗纤维含量　如适当提高饲粮中麸皮的添加量或添加 5% 优质草粉，有条件的猪场可饲喂一定量的青绿饲料，均可在一定程度上减轻或防止便秘。

（4）添加适量缓泻剂或专用防治便秘的制剂　以调整体内渗透压平衡，消除乳房水肿，促进肠道蠕动，从而预防或消除便秘。

3. 做好母猪的免疫接种

免疫接种不仅是为了母猪的健康，更是为胎儿提供良好的保护。应根据猪场情况，因地制宜、因时制宜、因场制宜制定免疫程序。其中，猪瘟、伪狂犬病、细小病毒病、乙型脑炎、口蹄疫等，猪场应纳入防疫程序必须接种。为有针对性地降低哺乳仔猪腹泻的发病率，有必要在母猪怀孕后期接种大肠杆菌疫苗以及传染性胃肠炎和流行性腹泻二联苗。

（二）母猪围产期的管理重点

围产期指母猪产前 7 d 至产后 7 d，是由分娩急转到哺乳的过渡期。对母猪围产期进行科学饲养与管理，可提高仔猪成活率。生产中主要抓好以下几项工作。一是产前 7 d，对母猪驱虫，可有效防止母猪将皮肤病或者其他寄生虫病传染给仔猪。二是产前 5~7 d 将母猪转入产房，用温水加一定比例的消毒剂清洗母猪体表，可降低病原微生物传给仔猪。三是产前 3 d 适当减少母猪的喂料量，产仔当天可不喂料，但无论何时，必须保证母猪有充足清洁饮水。四是母猪产仔后逐渐增加喂料量，至产后 7 d 每头母猪日采食量达到 5 kg 以上，高产母猪泌乳高峰期应达到 6~7 kg。母猪采食量偏低，其泌乳量肯定也偏低，这将导致仔猪成活率低、生长速度慢。因此，提高母猪的泌乳力对仔猪生长发育和哺育率关系重大。

（三）哺乳期母猪的管理重点

哺乳仔猪主要靠母乳维持生存和增重，因此，提高母猪的泌乳力对仔猪生长发育和哺育率的影响很大。饲料品质和营养成分、饮用水数量和质量是影响泌乳量的重要因素。生产中，对哺乳期母猪必须按饲养标准科学饲养，蛋白质饲料种类要多，必需氨基酸含量要高，有条件的可适当增加青绿多汁饲料的喂量。哺乳母猪必须要有一定的采食量，可适当增加日喂次数，切忌突然变更饲料，并要供给清洁饮水。管理程序还要有条不紊，以保证母猪的正常泌乳。此外，还要创造安静的环境，保证圈舍清洁干燥，注意母猪乳房的消毒。

二、做好产房环境控制工作

产房环境控制对母猪和仔猪同等重要，这对控制母猪和仔猪发生疾病，提高仔猪培育率相当重要。生产中主要做好以下工作。

（一）温度适当

产房大环境的温度控制在 20~25 ℃，有利于促进母猪的采食和泌乳。但这个温度对于哺乳仔猪偏低，仔猪容易受凉而引发腹泻。生产中为解决这个矛盾，必须设置护仔箱。护仔箱小环境的温度宜控制在 30 ℃左右，仔猪刚出生时应在 33~35 ℃，可以通过护仔箱下部铺电热板、上部悬挂红外线灯来实现。仔猪只在吮乳、喝水或吃教槽料及排便时在外面活动，其他时间多在护仔箱内，这对于 10 日龄之前的初生仔猪特别重要，可以有效减少仔猪腹泻。

（二）湿度适中

产房应保持相对干燥，相对湿度为 65%~75%。

（三）通风良好

产房通风良好，对于母猪和仔猪的健康非常重要。产房内通风不良，意味着有害气体浓度大和病原微生物含量高，易诱发疾病。生产中，应根据具体情况，适当打开门窗或用排风扇进行通风换气。

（四）卫生状况良好

产房内应保持清洁卫生，地面、墙壁、顶棚等都不应有污物，粪便和污水应及时清理干净。

三、哺乳期仔猪培育的关键技术措施

哺乳仔猪是指从出生至断奶前的仔猪。这一阶段是仔猪发育快、物质代谢旺盛、消化和体温调节机能不完善、免疫力差和对营养不全最敏感的时期，也是幼猪培育的关键环节。因此，在生产中，要根据哺乳仔猪的生理特点，进行科学的饲养管理，以减少仔猪的死亡率，提高断奶个体重。

（一）加强 1 周龄以内仔猪的管理

一般，哺乳仔猪大约有 70% 的死亡发生在 1 周龄以内，如受凉、腹泻、吃不上奶以及被母猪压死、踩死等。因此，加强这一敏感期的饲养管理，可以显著提高仔猪成活率。生产中必须做好以下工作。

1. 固定乳头，吃足初乳

初乳是指产仔母猪产后 2~3 d 分泌的乳汁，其特点是含有较多的免疫球蛋白和镁盐，可以增强仔猪的免疫力，同时也有刺激肠蠕动，加快胎便排出的功能。由于母体抗体在胚胎期不能通过血液进入胎儿体内，因而仔猪出生时没有先天性的免疫力，自身也不能产生抗体，因此，只有吃过初乳获得母体的抗体，才能提高仔猪的抵抗力。一般在 2 h 内让仔猪吃足初乳，实践证明初生仔猪吃不到初乳则很难成活。哺乳母猪不同乳头的泌乳量也不相同，一般是靠前的几对乳头泌乳量比后面的多。为了保证仔猪发育整齐，在母猪分娩结束后应尽快对初生仔猪固定乳头吮乳，实行产一头哺一头，低于 1.2 kg 的初生仔猪要人工哺乳。其方法是：先让初生仔猪自由选择乳头，再根据仔猪大小、强弱人为调整，强壮仔猪固定在后面，弱小仔猪放在前面位置的乳头上吃奶，调教 3~4 d 后，仔猪便可固定吮乳位置，一般不会改变，直到断奶。

2. 补铁和补硒

铁是造血原料，初生仔猪体内铁的储存量少，只有 30~50 mg，母乳中含铁量也少，而仔猪每天需要铁的量较多，正常生长每天需 7~8 mg 铁，而仔猪每天从母乳中得到的铁不足 1 mg。如果不给仔猪补铁，其体内储备铁将在 1 周内耗尽，易患贫血症，出现精神萎靡，皮肤和可视黏膜苍白，被毛蓬乱无光泽，下痢，生长停滞，此后逐渐消瘦、衰弱，血液中血红蛋白含量减少，严重会导致死亡。为了防止仔猪缺铁性贫血，应在出生后 1~3 d 内补铁。补铁还能提高仔猪日增重，降低腹泻率。目前补铁最常用的方法是肌内注射右旋糖苷铁、富铁力等或产后 3 d 在仔猪食槽内放置一些红黏土、骨粉、木炭末等补喂。注射铁制剂量为 1.5 mL/次，2 日龄、10~15 日龄各 1 次。铁制剂不可注射在腿部肌肉，应在颈部肌肉分两点注射。对于弱小仔猪可补充 3 次铁剂。

初生仔猪极易缺硒，表现为腹泻、肝坏死和白肌病。补充方法为在仔猪出生 3 d 肌内注射 0.1% 亚硒酸钠 0.5 mL，30 d 再注射 1 次。

3. 补水和补料

在现代集约化养猪模式下，仔猪仅靠母乳很难满足快速生长发育需要。3 日龄就要训练仔猪通过自动饮水器喝水，其方法是在仔猪饮水器内插一根小棍，使水呈滴状，可训练仔猪提前学会饮水。为了促进哺乳仔猪消化道的发育，适应由液体饲料（母乳）向固体饲料过渡的过程，必须在仔猪出生 5 日龄就开始教槽，通过训练、诱导、往嘴里抹等方式，让仔猪对教槽料产生兴趣，在断奶前学会主动采食并达到较高的采食量。这对于减少仔猪断奶后的腹泻、防止断奶后第 1 周体重负增长，具有非常重要的意义。补料方法：将开口料直接放入仔猪口内或拌成糊状涂抹在仔猪口内；也可在仔猪补料槽或保温箱内撒少许教槽料让其自由拱食。一般补饲的日粮应接近母乳的营养水平。此外，给仔猪补饲有机酸可提高消化道的酸度，激活消化酶，提高饲料的消化率，抑制有害微生物，降低仔猪消化道疾病的发生率。

4. 保温防压

尽管许多猪场的养殖技术得到改善，但仍有约 20% 的初生仔猪死亡发生在出生后几天内，与直接或间接受寒有关。因新生仔猪皮薄毛稀，仅含有 1%~2% 的脂肪，体温调节机能不健全，特别在低温环境里，仔猪散发大量体热，往往发生低血糖病，严重时会大批死亡。据试验，刚出生的仔猪在 1 ℃ 环境下经过 2 h 即昏迷；在 5~7 ℃ 环境下经过 2 h 体温下降 4~6 ℃；在 -23~-6 ℃ 环境下经 16 h 冻僵、经 17 h 全部冻死。仔猪遇冷后体温下降，无力吮乳，表现呆滞，呈半昏迷和昏迷状态、衰弱无力、抵抗力下降，很容易被压死、踩死、饿死、受冻引起下痢及其他疾病而死亡。相对稳定的生活环境是仔猪快速生长发育所必需的，因此要为仔猪创造适宜的环境温度：初生后 6 h 为 30 ℃ 以上，2~4 日龄大于 27 ℃；7 日龄后开始降低保温区温度，一般为 25~30 ℃，但要注意温差的变化，仔猪的床面温差不能超过 1 ℃，分娩舍温差不得超过 2 ℃。最好的办法是在产圈内添加红外线灯和电热板或 40~60 W 灯泡及取暖器取暖，但整个大环境的温度不得低于 20 ℃。无论是何种方法取暖，都要力求温度平衡稳定，避免忽高忽低，以防仔猪感冒和受冻下痢。生产实践中，对刚出生仔猪吃完初乳后，应立即放入保温箱中，每隔 1~2 h 放出哺乳 1 次，这样可以使仔猪及早地出入保温箱。为了防止仔猪被压、被踩，最好采用母猪高床分娩栏，因为分娩栏的中间部分为母猪限位区，两侧为仔猪活动区，这样可大大减少仔猪被母猪压死、踩死的几率。对于普通圈舍可另设防压架。此外，要保证产房环境安静，防止母猪烦躁不安，起卧不定，夜晚要加强值班护理。

（二）预防腹泻

仔猪易患腹泻，尤其是出生 1 周内的仔猪发生腹泻时死亡率高，引起腹泻的原因主要是仔猪红痢、黄痢和白痢等。对仔猪腹泻的预防可采取对产前 40 d 的妊娠母猪分别肌注仔猪腹泻二联六价基因工程苗，同时为了预防细菌性疾病的早期感染，新生仔猪可在出生后的几天口服抗生素，如土霉菌片等，这比注射更有效。预防仔猪腹泻主要是做好仔猪保温，及时清理保温箱和产床上的粪便，以及做好日程规定的消毒工作。同时为了消除分娩舍湿气、异味及有害气体，必须保证分娩舍内空气流通、新鲜。

（三）实行全进全出的生产方式，并加强各项消毒工作

不论哪个阶段、哪个环节，以栋舍为单位的全进全出都是控制疾病的关键措施，应严格执行。在母猪产前 7~10 d 将产房打扫干净，用 2%~5% 来苏尔或其他消毒剂消毒地面，用 10% 石灰乳消毒墙壁，保持产房干燥和温暖。母猪临产前用 0.1% 新洁尔灭喷洒体表。在潮湿寒冷的季节不要随意冲洗产房地面。消毒重点为高床下的地板和漏缝地板，不要喷湿仔猪身体，尤其是气温较低时。

第二章　仔猪的营养需要与饲料配制关键技术

仔猪培育是猪场生产的基础，而仔猪饲料的营养水平是培育好仔猪的先决条件。由于仔猪消化器官尚未发育完全，消化酶的种类与活性也未发育完善，而且免疫力较低，如果营养不良，仔猪的生长发育会受到影响。由此可见，仔猪独特的营养生理特点决定了仔猪饲料必须营养丰富，才能保证生长发育快、育成率高、断奶体重大。

第一节　仔猪的营养生理特点与营养物质

一、仔猪的营养生理特点

(一) 消化器官、消化液的种类与活性也未发育完善

1. 酶系统发育不健全

早期胃液中只有凝乳酶，只能消化乳汁，到 3 周后才能消化乳蛋白以外的蛋白质和淀粉。从出生至 8 周龄，乳糖酶的活性逐渐减弱，脂肪酶、蛋白酶和淀粉酶的活性逐渐加强，8 周龄后消化道酶系统趋于正常。

2. 胃酸分泌不足

6 周龄以前，胃酸的分泌不足，胃中 pH 值偏高，对胃中酶原的激活效果差，影响对养分的消化。但早期给仔猪补料，有助于刺激胃液成分的变化。

3. 蛋白质消化不良

在后肠中产生一种腐败产物，如尸胺、腐胺、组胺等，刺激肠黏膜，损害小肠绒毛膜，引起肠内容物渗透压升高，肠道脱水而导致腹泻。

4. 对植物蛋白过敏

8 周龄以前的仔猪，对植物蛋白易过敏。过敏引起肠黏膜受损，影响对养分的吸收，细菌容易入侵。

(二) 出生后吃到初乳才能获得免疫球蛋白而增加抗病力

初生仔猪抗病力差，只有吃到初乳后才能获得免疫球蛋白增加抗病力。母猪的初乳中蛋白质含量很高，其中 60%~70% 是运载免疫抗体的球蛋白，但随着时间推移免疫球蛋白含量快速下降，因此，仔猪在出生后 1~1.5 d 内必须吃到初乳。初乳中除免疫球蛋白外，维生素的含量也很丰富，对仔猪也有特殊的保护作用。

（三）蛋白质沉积快并对矿物质吸收量大

一般出生后 20 d 的仔猪每天每千克体重可沉积 9~14 g 蛋白质，相当于成年猪的 30 多倍。同时钙和磷的吸收量也大，特别是对铁的需要量大。仔猪每天生长需要 7 mg 的铁，母乳只能提供其需要量的 1/10，因此，仔猪出生 3~4 d 后就要补铁。

（四）断奶后吸收能力下降

哺乳期仔猪肠绒毛发育良好，能充分发挥消化吸收功能。由于能量水平能显著影响断奶仔猪小肠绒毛高度和绒毛萎缩后的恢复过程，断奶时仔猪往往会停食 1 天。断奶后，肠绒毛损害，表面积显著下降，导致吸收能力下降。

（五）采食和饮水不足

采食不足是限制仔猪生长潜能发挥的主要因素，足够的采食量才可获得良好的生长性能。采食量受日粮消化率的影响，日粮消化率轻微下降能导致生长性能大幅度下降。仔猪饮水不足一直是容易被猪场生产者忽视的一个问题，特别是断奶前，仔猪必须学会由吸吮母乳转化为采食干饲料，并要学会饮水。饮水器安装的高度、饮水流速等能影响仔猪的饮水。

二、仔猪的营养物质

（一）脂肪

仔猪料中添加必需脂肪酸有利于仔猪的生长，有助于脂溶性维生素的吸收利用。

（二）粗蛋白质

由于仔猪蛋白质沉积快，生长中急需富含赖氨酸、蛋氨酸的蛋白饲料。因此，在选用仔猪饲料时应重视蛋白质品质，如在使用玉米饲料时应加豆饼、赖氨酸、优质鱼粉、喷雾干燥血浆蛋白粉和乳清粉等，使氨基酸平衡。

（三）矿物质

矿物质包括常量元素和微量元素，前者有钙、磷、钠、钾、氯和镁等，后者有铁、铜、锌、锰、碘、硒和钴等。其中铁对于仔猪十分重要，母乳中的铁在仔猪出生后第 14 d 左右急速下降，仔猪常发生缺铁性贫血，应补充铁和铜。猪饲粮中微量元素缺乏会引起各种缺乏症，过量时又会引起猪体中毒。因此，在生产中通常按猪的饲养标准添加。美国 NRC（2012）给出了猪的几种主要微量元素需要量，见表 2-1。

表 2-1 猪的几种主要微量元素需要量和最高限量（每千克日粮）

微量元素	需要量（mg）					最高限量（mg）
	生长猪体重（kg）				母猪（妊娠、泌乳）	
	3~10	10~20	20~50	50~120		
铜	6.00	5.00	4.00	3.50	5.00	250
铁	100	80	60	50	80	3 000
碘	0.14	0.14	0.14	0.14	0.14	400
锰	4.00	3.00	2.00	2.00	20	400
锌	100	80	60	50	50	2 000
硒	0.30	0.25	0.15	0.15	0.15	4.00

（四）维生素

维生素 A、B、C、D、E、K 对仔猪都很重要，在饲料中应补充。

（五）水

水维持着动物许多生命必需的生理功能，也是仔猪不可缺的重要营养物质。猪体内水的含量随着年龄而改变，对于体重约 1.5 千克的新生仔猪，水的比例占空腹体重（总体重减去胃肠道内容物的质量）高达 82%，随后含量逐渐下降。由于猪机体的含水量在任何特定的年龄阶段都是相对恒定的，猪每天必需摄取足够的水用于补充水的流失，以达到机体水的平衡。由于乳汁中含有约 80% 的水，人们通常认为哺乳仔猪通过摄入乳汁便能完全满足它们对水的需要而不需要饮水。然而，事实上哺乳仔猪会在出生后的 1~2 d 开始饮水。此外，因为乳汁是一种含有高浓度蛋白质和矿物质的食物，乳汁的摄入会增加尿液的排泄，从而可能导致事实上水的缺乏。因此，仔猪每天必需有充足、洁净的饮用水供给。

第二节 仔猪的营养需要

一、仔猪的能量需要与脂肪营养

（一）仔猪的能量需要

初生仔猪能量贮存有限，体脂肪只有 1%~2%，可动员脂肪低于 10 g/kg，糖原是主要的能量贮存物质，占可利用能的 60%；外来能源以初乳中的乳脂和乳糖为主，但初乳中乳脂和乳糖含量较低。初乳干物质占 26%，其中乳脂占 42%；常乳中干物质占 19%，其中乳脂占 42%。由于母猪在分娩后最初几天内，泌乳能力又尚未完全发挥，加之初生仔猪在出生后两天内不能有效地代谢脂肪（主要是长效脂肪），从而导致能量摄入不足。美国 NRC（1988，1998）仔猪能量需要见表 2-2，不同国家和地区仔猪能量需要见表 2-3。

表 2-2 美国 NRC（1988，1998）仔猪能量需要

项目	仔猪体重阶段（kg）					
	NRC1988			NRC1998		
	1~5	5~10	10~20	3~5	5~10	10~20
消化能（MJ/kg）	14.22	14.20	14.15	14.23	14.23	14.23
代谢能（MJ/kg）	13.47	13.56	13.60	13.66	13.66	13.66
采食量（kg/d）	0.25	0.46	0.95	0.25	0.50	1.00

表 2-3 不同国家和地区仔猪能量需要

项目	国家或地区						
	中国大陆	中国台湾	日本	苏联	英（ARC）	法（AEC）	澳大利亚
阶段划分（kg）	1~5	1~5	1~5	<6	0~3*		
	5~10	5~10	5~10	6~12	3~8	5~10	5~20
	10~20	10~20	10~20	12~20	15~50	10~25	20~50

（续表）

项目	国家或地区						
	中国大陆	中国台湾	日本	苏联	英（ARC）	法（AEC）	澳大利亚
消化能（MJ/kg）	16.74	15.90	17.07		13.00		
	15.15	14.64	15.48		13.00	14.64	14.02
	13.85	14.23	14.27		13.00	14.64	14.02
代谢能（MJ/kg）	16.07			15.52			
	14.56		14.39			13.81	
	13.31		13.31			13.81	

注：* 表示周龄。

（二）仔猪的脂肪营养

脂肪可提高断奶仔猪日粮能量浓度，还能延缓食糜在胃肠道中的流速，增加碳水化合物和蛋白质等营养物质在消化道内的消化吸收时间，从而提高其吸收利用效率；脂肪也是体内必需脂肪酸的来源和维生素 A、D、E、K 消化吸收的载体。因此，仔猪的饲粮添加脂肪特别重要。有试验报道，在断奶仔猪日粮中添加 6% 的动物脂肪，断奶后 5 周内日增重提高 21.4%，饲料转化率明显改善。也有研究表明，仔猪断奶后第 1 周添加脂类效果不明显，甚至影响生长，因为仔猪断奶后胰脏和消化道内的胰脂肪酶活性分别降低 30%～60%，限制了脂类的利用。虽然初生仔猪脂肪酶活性较高，但胆汁分泌不足，缺乏对脂肪的乳化作用，从而限制了仔猪对植物油脂和动物脂肪的利用。

二、仔猪的碳水化合物营养

早期断奶仔猪日粮简单碳水化合物如乳糖，复杂的碳水化合物如淀粉，利用率均较高。因此，乳清粉和乳糖在早期断奶仔猪中应用广泛。乳清粉中含 65%～75% 的乳糖，12% 粗蛋白质，是乳制品工业中的副产品，质量好的乳清粉中乳糖含量均为 70%～85%。研究表明，断奶仔猪对添加乳清粉反应良好，能明显改善 3～4 周龄断奶仔猪最初 2 周的生产性能。乳清粉含天然乳香味，既能促进仔猪的食欲，提高采食量，促进胃内产生乳酸降低断奶仔猪胃内 pH 值，有利于食物蛋白的消化。乳糖是配制过渡料中碳水化合物（CHO）的重要来源。仔猪在 2.5～5.0 kg、5.0～7.0 kg、7.0～11.0 kg 体重阶段，乳糖的添加量分别为 18%～25%、15%～20%、10%。幼龄仔猪务必喂给易被水解和吸收的碳水化合物，否则未被消化的碳水化合物饲料移到盲肠和结肠内，被微生物区系发酵，会导致仔猪腹泻和脱水。近年来研究开发的易消化的 CHO 来源有甘露寡糖、果寡糖、半乳聚糖、β-葡聚糖等。不同碳水化合物来源对 3 周龄仔猪生产性能的影响见表 2-4。

表 2-4 不同碳水化合物来源对 3 周龄仔猪生产性能影响

	淀粉	乳糖	葡萄糖	蔗糖	乳清粉
日增量（g）	241.4	294.0	258.6	291.7	286.0
日采食量（g）	297.7	329.4	316.0	338.8	333.7
料重比	1.22	1.11	1.21	1.15	1.16

资料来源：邵水龙等《仔猪早期断奶后第一周饲养技术（二）》，2006。

三、仔猪的蛋白质与氨基酸营养需要

(一) 仔猪的蛋白质需要

由于仔猪的消化系统尚未完善，对饲料中蛋白质的消化利用能力较低，因此，饲料中蛋白质含量不宜过高。研究表明，断奶仔猪饲粮粗蛋白质达25.5%时，氮的回肠消化率下降，所以这一阶段的断奶仔猪日粮蛋白质含量不超过21%。董国忠等（2000）报道，给仔猪饲喂低蛋白（含量17.8%）氨基酸平衡饲粮与常规粗蛋白质（含量21.8%）饲粮相比，可显著降低仔猪肠内腐败产物与腹泻率。杨映才等（2001）研究表明，饲粮蛋白质水平从16%升高到20%，仔猪平均日增重和饲料转化率显著提高；饲粮蛋白质水平从20%升高到24%，仔猪平均日增重和饲料转化率趋于降低。所以仔猪饲料中适宜蛋白含量为17%~20%，可消化蛋白质以15%~16%为宜，但必须通过平衡多种必需氨基酸。蛋白质需要应与能量挂钩，按兆焦消化能表示：0~3周龄为16 g粗蛋白质；3~8周龄为14 g粗蛋白质。降低饲粮蛋白质水平可有效地减少仔猪断奶后腹泻，可使饲粮抗原作用降低，也可使大肠蛋白质的腐败作用降低。在原料选择上，要选用消化率高、品质好的动物蛋白质，如奶制品（脱脂奶粉、乳清粉等）、优质鱼粉、血浆蛋白粉、肠膜蛋白粉等。仔猪补料中蛋白质饲料与能量饲料的建议用量范围见表2-5。

表2-5　仔猪补料中蛋白质饲料与能量饲料的建议用量范围

饲料名称	占混合（完全）饲料（%）	饲料名称	占混合（完全）饲料（%）
鱼粉	0~5	玉米粉	0~80
脱脂奶粉	0~5	大麦	0~30
乳清粉	0~20	高粱	0~80
肉骨粉	0~5	小麦	0~80
大豆粉（处理过）	0~25	燕麦	0~20
血粉	0~3	猪油（牛油）	0~5
亚麻油饼	0~5	小麦麸粉	0~10
喷雾干燥血浆粉	0~8	脱水苜蓿粉	0~5

资料来源：邵水龙等《仔猪早期断奶后第一周饲养技术（二）》，2006。

(二) 仔猪对几种氨基酸的需要

蛋白质营养实际是氨基酸营养，仔猪对氨基酸的需要包括数量和比例两个方面。仔猪能耐受一定水平的过量氨基酸而不影响生产性能；只有当氨基酸严重不平衡时，才影响仔猪采食量与生长速度。在实用饲粮中，氨基酸的拮抗作用不易发生。所以实用饲粮只需注意满足限制性氨基酸，不必考虑其他氨基酸的微小过量，但尽量保持氨基酸平衡。近些年，对仔猪的蛋白质需要量和氨基酸模式进行了广泛的研究，并取得了一定成果。

1. 赖氨酸

赖氨酸是玉米-豆粕型仔猪饲粮的第一限制性氨基酸，也是早期断奶仔猪的第一限制性氨基酸。不同的猪种、体重和不同的日粮类型影响仔猪对赖氨酸的需要量。杨映才等（2001）研究表明，满足3.8~8 kg超早期断奶仔猪生长的总赖氨酸需要量为1.45%；杨映

才等（1995）试验表明，5~19 kg 断奶仔猪赖氨酸需求量为饲粮的 1.15%；侯永清等（1999）报道，采用玉米-豆粕-鱼粉型日粮的仔猪 25~35 日龄，体重 6.78~8.92 kg，对蛋白质和赖氨酸的需求量分别为 20% 和 1.3%；36~53 日龄，体重 8.98~17.52 kg，可采用较低营养水平，即粗蛋白 18% 和赖氨酸 1.0%。Nelssen（1986）提出的"三阶段饲养体系"认为，仔猪饲养三阶段中，各阶段日粮的赖氨酸含量分别为 1.5%、1.25% 和 1.10%。很多研究推荐早期断奶仔猪的日粮总赖氨酸含量为 1.65%~1.85%，其他氨基酸按理想氨基酸模式配制。

自从 ARC（1981）提出理想氨基酸模式以来，理想氨基酸模式一直受到动物营养学家们极大的关注。理想氨基酸模式是以相对于赖氨酸的含量来确定其他各氨基酸需要量。因此，使用理想氨基酸模式的日粮配方首先需要确定赖氨酸的量，可以通剂量-滴定方法研究获得的资料建立，然后，根据赖氨酸规格和理想氨基酸模式计算日粮规格的其他必需氨基酸（表 2-6）。

表 2-6 保育仔猪日粮的理想氨基酸模式[1]

氨基酸	母猪乳[2]	USA（NRC, 1998）	UK（ARC, 1981）	法国（ITP, 1998）	荷兰（CVB, 2001）
赖氨酸	100	100	100	100	100
蛋氨酸	33	26	—	30	
蛋氨酸+半胱氨酸	56	56	50	60	60
苏氨酸	55	64	60	65	59
色氨酸	16	18	15	18	19
异亮氨酸	55	54	55		
缬氨酸	73	68	70		

注：[1]可以用于总或真可消化氨基酸浓度；[2]真回肠可消化计算（Mavromichalis 等，2001）

2. 蛋氨酸

蛋氨酸是猪的一种必需氨基酸，在含喷雾干燥血制品的高营养浓度饲粮中，蛋氨酸很可能是第一限制性氨基酸。有试验报道，在含血浆蛋白粉及赖氨酸为 1.6% 的日粮中，应含 0.41%~0.42% 的蛋氨酸。

3. 异亮氨酸

有报道指出，仔猪断奶后可消化异亮氨酸需要量不超过赖氨酸需要量的 60%，10~20 kg 的仔猪不超过 50%。

4. 谷氨酰胺

近几年来，谷氨酰胺的作用引起人们的关注，这种氨基酸与仔猪的肠绒毛萎缩密切相关，是断奶仔猪的一种条件性必需氨基酸。在早期断奶仔猪饲粮中添加谷氨酰胺能够改善空肠中段肠绒毛的生长发育状况，减少粪中水分的含量，缓解仔猪因饲喂大豆而导致腹泻。有试验报道，在玉米-豆粕型饲粮中添加 1% 的谷氨酰胺，可在仔猪断奶后第 7 d 防止空肠绒毛萎缩。

5. 色氨酸

色氨酸是一种在仔猪饲粮中易缺乏的必需氨基酸，在玉米-鱼粉饲粮、玉米-肉骨粉饲粮和低蛋白-豆粕型饲粮中往往是第二限制性氨基酸。色氨酸可通过神经递质作用调节猪的采食量，色氨酸缺乏将导致猪的采食量降低、生长速度减慢，还可导致血清胰岛素浓度降低，并引起蛋白质合成下降。杨映才等（1999）报道，8~20 kg仔猪获最佳生产性能的色氨酸需求为0.205%，饲粮中赖氨酸和色氨酸比例为100:18，相应的表观可消化色氨酸需求量为0.163%。杨映才等（2001）报道，3.6~3.8 kg仔猪对色氨酸的需求量分别为0.23%和0.25%。

四、仔猪的矿物质与微量元素营养需要量

（一）钙和磷

钙和磷具有很多重要的生物学功能，是构成骨骼的主要成分。所有矿物元素中磷的生物功能最多，它具有参与能量代谢、促进营养物质吸收、保证生物膜完整和作为遗传物质DNA、RNA的结构成分等功能。钙是猪骨骼发育、牙齿生长和体内代谢所需的重要常量矿物元素。在猪钙磷营养中，确定其比例十分重要，对于猪的生产性能而言，饲粮钙磷比例比钙磷水平更加重要。研究表明，饲粮钙与可消化磷的比例过低或过高，可导致甲状旁腺激素的水平提高，降低肾小管对磷的重吸收，使磷排泄量提高。而且钙磷比例不当还促进消化道中不溶性磷酸三钙的形成，降低钙磷的吸收率。NRC（1988）确定，5~10 kg仔猪钙需要量为0.80%，10~20 kg为0.70%。蒋宗勇（1998）研究了饲粮中不同有效磷水平对8~20 kg仔猪的生长性能、骨骼发育和血清生化指标的影响，结果表明，8~20 kg仔猪有效磷需要量为0.36%，总磷0.58%，钙磷比例1.21:1，钙与有效磷比例为1.94:1。NRC（1998）建议以玉米、豆粕为主的仔猪饲粮钙与磷比为（1~1.25）:1，钙与有效磷之比应为（2~3）:1；法国与苏联仔猪饲粮钙与总磷比为（1.2~1.4）:1；我国仔猪营养需要建议值为仔猪（5~20 kg）饲粮钙与总磷比为1.2:1，钙与非植酸磷比为2:1。当饲粮磷水平超过需要量时，仔猪能耐受较高的钙磷比。由于猪的品质、生产条件和饲粮组成的不同，不同国家和地区的仔猪钙磷需要量存在差异，如表2-7、表2-8所示。

表2-7　仔猪钙需要量（%）

国家或地区	仔猪体重阶段（kg）			干物质（%）	公布年份
	1~5	5~10	10~20		
美国（NRC）	0.90	0.80	0.70	90.0	1998
美国（NRC）	0.90	0.80	0.70	90.0	1988
英国（ARC）	1.10	1.10	0.90	风干	1981
中国大陆	1.00	0.83	0.64	87.5	1987
中国台湾	1.00	0.90	0.80	90.0	1990
日本	0.90		0.65	绝干	1987
苏联	1.20		0.90	风干	1985
法国（AEC）		1.20	1.00	风干	1989
澳大利亚（SCA）		1.03	0.82	风干	1990

表 2-8　仔猪磷需要量（%）

| 国家或地区 | 仔猪体重阶段（kg） | | | 干物质（%） | 公布年份 |
	1~5	5~10	10~20		
美国（NRC）	0.70（0.55）	0.65（0.40）	0.60（0.32）	90.0	1998
美国（NRC）	0.70（0.55）	0.65（0.40）	0.60（0.32）	90.0	1988
英国（ARC）	0.90	0.90	0.70	风干	1981
中国大陆	0.80	0.63	0.54	87.5	1987
中国台湾	0.85（0.65）	0.70（0.55）	0.60（0.35）	90.0	1990
日本	0.70	0.60	0.55	绝干	1987
苏联	0.90	0.80	0.72	风干	1985
法国（AEC）		0.90（0.45）	0.80（0.40）	风干	1989
澳大利亚（SCA）		0.82	0.63	风干	1990

注：括号内数据为有效磷。

（二）微量元素

在大多数断奶仔猪日粮中都以预混料的形式添加微量元素。使用的主要微量元素有铁（Fe）、锌（Zn）、铜（Cu）、锰（Mn）、碘（I）和硒（Se），还包括钴（Co）。对这些微量元素含量的上限大多数由法律加以规定。

1. 铁

（1）铁的生理功能　铁是仔猪出生后快速发育及维持自体代谢与生理作用所必需的重要元素。仔猪出生时体内铁很少，只有 40~50 mg，每天从母乳中只获得 1.0~1.3 mg 的铁，而其生长发育每天需 7~15 mg。可见，仔猪在出生后 5~7 d 时体内已缺铁，从而引起缺铁性贫血。另外，初生仔猪生长强度大，血液总量迅速增加，为维持血液中血红蛋白的正常水平和铁的生理生化功能的正常发挥，必须对仔猪进行补铁，否则，仔猪易发生缺铁性贫血。仔猪贫血是现代仔猪生产的一个大的疾患，研究证实，仔猪在产后第 4 d 就已出现缺铁症状，导致白痢，增重慢，发病率高达 30%~50%，死亡率 15%~20%。因而，很多猪场常因仔猪缺铁性贫血造成巨大经济损失，因此，现代仔猪生产必须把仔猪补铁作为一个常规性工作来做。

（2）仔猪补铁物的分类及特点

① 仔猪补铁物的分类。

根据补铁物的形状分，一类是固体补铁，如红土、舔砖、硫酸亚铁固体；另一类是液体补铁物，如葡萄糖铁、延胡索酸铁、柠檬酸亚铁、氨基酸螯合铁等。

根据铁的化学组成不同将补铁物分为有机补铁物、无机补铁物和氨基酸螯合铁。

② 仔猪补铁物的特点。

有机铁制剂的特点：有机铁制剂主要由人工合成，在仔猪补铁上应用比较广泛的有机铁制剂是葡萄糖铁，也叫右旋糖苷铁。各生产厂家生产的此铁制剂，每毫克含铁量从 25 mg 到 200 mg 不等。与无机铁相比，有机铁的生物学利用率高，残留低，对环境污染小。

无机铁制剂的特点：饲料工业中常用的铁源是碳酸亚铁和一水硫酸亚铁。在无机铁源中，硫酸亚铁效价较高，基本可达 100%。碳酸铁、硫酸铁、氯化铁的效价均不及硫酸亚铁。

氨基酸螯合铁的特点：20 世纪 70 年代后期，美国爱必旺（ALBION）实验室首次以动植物蛋白和铁元素为原料合成蛋白铁复合物，由此开展了氨基酸螯合铁的研究和开发。氨基酸螯合铁的生物学利用率高，对饲料中其他元素的吸收和代谢影响小，属于绿色饲料添加剂，有利于环境保护，是一种极有应用前途的补铁制剂。氨基酸螯合铁因其结构的优越性，易于吸收，生物学利用率比无机铁和有机铁制剂都要高，其化学结构符合微量元素吸收的原始模式。而且氨基酸螯合铁稳定常数适中，在胃中酸性环境中不易被解离，所以不受日粮中其他影响铁吸收因子的干扰，有利于十二指肠对铁的吸收运转，从生产实践来看，氨基酸螯合铁的生物学利用率明显高于硫酸亚铁、碳酸亚铁等无机铁制剂。

（3）仔猪补铁的方法

水中添加补铁制剂法：仔猪补铁可以通过在水中添加一些补铁制剂，方法是仔猪出生后几小时内，在饮水中添加一定量的硫酸亚铁、碳酸亚铁等无机铁制剂，但效果并不十分理想。因为规模化猪场在水中添加无机铁会遇到一些问题，比如在蓄水池中添加，无机铁的添加量大，成本较高。因此，此法只能在一些小型猪场采用，而且在饮水槽饮水采用此法比较适宜。

投放红土法：投放红土是补充无机铁的另一种方法。红土中含有较多的氧化铁，向圈舍内投放红土，让仔猪自由舔食，可达到补铁的目的。但也看到所投放的红土容易被仔猪的粪便污染，这种补铁方法还增加了仔猪感染寄生虫的机会，而且氧化铁的相对生物学效价仅为硫酸亚铁的 12%，吸收率更低，因此效果也不十分理想。

奶瓶补铁铜合剂法及乳头涂抹法：仔猪生后 3 d 可补铁铜合剂，将 2.5 g 硫酸亚铁和 1 g 硫酸铜溶于 1 L 热水，过滤，装入奶瓶内喂服。用于预防缺铁时，分别在 3、5、7、10、15 日龄时每日 2 次，每头每天 10 mL；用于治疗贫血时，20 日龄前，每日 2 次，每次 10 mL。也可在仔猪吮乳时涂抹于母猪奶头上令其吸食，每天 1～2 次。这两种方法比较烦琐，吸收率也不高，适合小型猪场采用。

饲料中添加铁制剂法：目前规模化猪场在仔猪出生后 3 d 开始进行诱食补料，但仔猪的采食量很少，有的甚至不采食，因此，饲料中添加硫酸亚铁对初生几天仔猪补铁效果不太理想。而随着仔猪日龄增长，采食量增加，特别是断奶仔猪以饲料为主要营养来源，此时在饲料中添加铁制剂，补铁的效果就比较好些。

肌内注射法：20 世纪 50 年代，已证明肌内注射右旋糖苷铁是预防仔猪贫血的有效措施。仔猪出生后，在第 2 d 或第 3 d 肌内注射 100 mg 右旋糖苷铁足以保证仔猪在哺乳期体内血红蛋白正常。目前，规模化猪场应用最广泛的补铁方法是给仔猪肌内注射葡聚糖铁制剂，即右旋糖酐铁注射液，补铁效果明显。一次大剂量（150～200 mg）注射，对防治仔猪贫血效果较好。

母猪补铁法：对妊娠和哺乳期的母猪补铁，至今已经历了 3 个阶段，相应的有 3 代产品。第一代为无机盐类，常用的有硫酸亚铁、碳酸亚铁，其价格低，至今仍得到广泛应用；第二代为简单的有机盐类，如柠檬酸亚铁、富马酸亚铁等；第三代为螯合铁，氨基酸螯合铁就是其中的一种。研究表明，在妊娠母猪和哺乳母猪饲粮中添加氨基酸螯合铁，可增加初生仔猪体内铁贮，能有效预防仔猪贫血。Llose（1988）研究指出，妊娠母猪饲粮中添加 0.02%氨基酸螯合铁后，胎盘和胎儿中的铁含量增加，可降低仔猪死亡率。康才（1990）报道，母猪产前 2 周每头每天服 4 g 蛋氨酸铁，可使新生仔猪红细胞和血红细胞明显升高。许丽（1994）研究表明，母猪产前 2 周和产后 3 周饲喂甘氨酸铁的日粮（150 mg/kg），仔猪生后不补任何铁，也可获得与肌内注射右旋糖苷铁相同的增重和防贫血效果。目前，对母猪补铁法普遍采用对母猪分娩前 7 d 至分娩后 14 d 补喂氨基酸铁，每吨饲料加入 2.27 kg（纯度 98.6%）；或者在母猪配种前 10 d 开始至整个妊娠期内，每头每天补给氨基酸螯合铁（含125 mg 铁），即可达到预防仔猪贫血。

（4）补铁注意的事项

① 正确掌握剂量。仔猪对铁元素的需求有一定数量限制，在整个哺乳期（约 50 d）补充铁元素 150~200 mg 即可。许振英（1990）推荐在饲料中添加 100 mg/kg 的铁即可满足仔猪的生长需要，超过剂量会造成不良后果。

② 注意其他营养素的影响。补铁的同时，要注意其他营养素和铁之间的协同和拮抗作用，应适当补充。

2. 铜

（1）铜的生理功能　铜最重要的生理作用之一是体内关键酶——亚铁氧化酶、细胞色素 c 氧化酶等酶的辅助因子，是凝血因子 V 和金属硫蛋白的组成成分，是葡萄糖代谢调节、免疫机能、红细胞生成和心脏功能等机能代谢所必需。

（2）铜的缺乏和需要量　铜的缺乏会减少铁的吸收和血红素的形成，发生与缺铁类似的贫血。猪对铜的需要量为 5~6 mg/kg（NRC，2012）。在实际饲养条件下，一般正常生长的猪很难发生缺铜。饲料中增加铜的用量主要是为了促进饲料转化吸收，提高抗菌效果，从而促进生长。一般来说，日粮含铜 6 mg/kg，就可满足仔猪的需要。

（3）高剂量铜的作用机理与使用效果　以硫酸铜形式提供的铜 125~250 mg/kg 对猪的促生长效果得到养猪界的一致公认，尤其在仔猪断奶后和早期生长阶段效果更加明显。其因是高铜能促进内分泌，提高某些消化酶活性，还有抑菌和缓解应激及促进生长的作用。试验报道，高剂量铜与青霉素、泰乐菌素等合用，比单用效果显著，可能是两者抗菌谱不同或抗菌方式不同而起互补作用。还有试验报道，高剂量铜有利于提高断奶仔猪对脂肪的利用率。高铜制剂促生长效果的机理，有学者认为铜离子能活化胃蛋白酶和提高胃液性水解，有驱虫作用。高铜代谢效应降低了维持需要，从而能够促进生长，改善饲料报酬。此外，过量铜还影响激素分泌系统的活性。冷向军等（2001）报道，饲料中添加 250 mg/kg 的铜，可使仔猪日增重提高 15.1%，采食量提高 10.2%，降低了腹泻发生率。高原等（2002）报道，日粮中添加 100~300 mg/kg 铜均能促进仔猪的生长，其中以饲料中添加 250 mg/kg 效果最佳。高剂量铜在养猪业中广泛使用必然会引起环境污染问题。寻找生物学效价高的铜源以降低铜在饲粮中的添加水平成为解决铜污染的有效途径。夏枚生（2000）研究了硫酸铜、酪蛋白铜、奶蛋白铜和大豆蛋白铜等同化学形式的铜对仔猪的影响，结果表明，50 mg/kg 酪蛋白铜的作用与 240 mg/千硫酸铜相当。Lee 等（2001）报道仔猪饲料中使用 170 mg/kg 的氨基酸螯合铜与 170 mg/kg 的硫酸铜相比，可显著提高日增重和降低粪便的铜含量。铜与钙、铁、锌、硫等元素相互影响，使用高铜时可能会降低铁和锌的吸收，或引起缺铁和缺锌的不良反应，所以断奶仔猪日粮中添加高铜时必须同时补充适当的铁和锌，保持铜、铁、锌间的平衡，以发挥最好的促生长作用。由于锌和铜之间互相拮抗，铜又影响铁的吸收，所以使用高铜饲粮时，要提高铁和锌的用量。现普遍认为用 250 mg/kg 的铜饲喂生长育肥猪，饲料中必须含有 130 mg/kg 的锌和 150 mg/kg 的铁，对初生仔猪则需要 270 mg/kg 的铁，以抵消铜的毒性。过量添加铜（300 mg/kg）会导致猪中毒致死。

（4）铜中毒　饲料中铜添加不均或过量会导致铜中毒，猪摄入过量的铜会在组织特别是在肝脏蓄积。铜在肝脏蓄积过程中，并不表现临床症状，但以后会发生溶血现象，其特征是突然出现严重的溶血和伴有重度黄疸的血红蛋白溶血症，以及肝和肾脏损伤并很快死亡。日粮中钼缺乏则加重铜中毒，适当补充含硫氨基酸、锌和铁可缓冲铜中毒。但高铜在肝内积累，对人的食用不利。美国食品药物管理局不允许猪日粮中的铜超过 15 mg/kg。而且通过粪尿排出的大量铜，引起的环境污染问题已受到世界各国的重视。因此，考虑到高铜、高锌的安全性及环境污染问题，国际上倾向于禁止在生长猪中使用高铜、高锌日粮。我国农业部公告第 2625 号《饲料添加剂安全使用规范》，对高铜、高锌日粮的使用作了严格的限制，使用时一定要符合此《规范》要求与规定。

3. 锌

（1）锌的分布与生理作用　锌分布于机体的所有组织中，其中以肌肉、肝脏、皮毛等器官组织中锌的浓度较高。锌在维持动物生长发育、物质代谢及免疫机能等方面均有十分重要的作用。

（2）仔猪对锌的需要量　哺乳期间每头仔猪每天吮乳约 0.5 kg，日增重 0.1~0.2 kg，乳含锌量 4.94 mg/kg，一般能够满足仔猪的正常生长需要。但要注意在此阶段仔猪无自我调节锌吸收与排泄的能力，添加时要防中毒。仔猪对锌的需要量目前报道不一，多在 80~100 mg/kg 间。徐孝义等（1995）认为，7~20 kg 仔猪对锌的需要量为 98 mg/kg，许振英（1994）建议为 100 mg/kg，英、美、法、日、中等国标准的平均为 82.6 mg/kg。

（3）锌的缺乏和过量　猪对锌的需要量受饲料中钙、磷、铁、铜、植酸等影响。仔猪对锌的吸收率在 40%~60%。造成猪对锌需要量不足的原因很多，主要是饲料中锌有效含量过低和近些年来高铜的使用；蛋氨酸和半胱氨酸也会加快锌的外排；肝病也会造成锌不足。因此，猪很容易出现锌缺乏，尤其是刚断奶的仔猪，症状表现为食欲和生长率显著降低，患不完全角化症，骨骼变形。锌不足和锌过量同样会给仔猪带来危害。过量的锌可致仔猪的胸腺、骨髓及脾脏的 T、B 淋巴细胞 DNA、RNA 和蛋白质下降，降低细胞的繁殖力。过量的锌可致铁和铜继发性缺乏，造成仔猪贫血和生长缓慢。

（4）高锌的应用　近些年来的许多报道证实，高锌（3 000 mg/kg，以氧化锌形式提供）饲粮降低了断奶后仔猪腹泻的发生，并可提高断奶仔猪的采食量和生长速度，已在仔猪生产中推广应用。但要注意的是，高剂量锌与高铜一起加入日粮时，二者在促生长方面并无加性效应。还有报道指出，在玉米-豆粕型日粮中添加 2 000~4 000 mg/kg 碳酸锌来源的锌，会导致生长猪出现锌中毒。还有学者试验，在开食料中添加 250 mg/kg 来源于蛋氨酸锌的锌，与添加 2 000 mg/kg 来源于氧化锌中的锌相比，仔猪生长性能有同等的改善。根据我国《饲料添加剂安全使用规范》，锌的使用也有一定的限制范围。

4. 硒

（1）硒的生物学功能　硒作为一种必需微量元素，在动物体内具有十分重要的生物学功能。其一，防止细胞膜的脂质结构遭到破坏，保护细胞膜的完整性；其二，在保护细胞膜免受氧化损伤方面，硒对维生素 E 起着补偿和协调作用；其三，硒是线粒体中某些酶类的组织成分，对于硫化物或巯基化合物所引起的肿胀有明显的抑制作用；其四，硒能促进抗体的形成，增强机体的免疫力。

（2）硒的缺乏和过量　缺硒能引起动物的多种病症，如饮食性肝坏死、肌营养不良症、渗出性素质症、胰变性、桑葚心脏病等。仔猪缺硒会发生贫血、白痢及白肌病，表现为仔猪突然发病，病猪多为营养状况中上等的或生长快的，体温正常或偏低，叫声嘶哑，行走摇摆，进而后肢瘫痪，有的病猪排出灰黄色或灰绿色的稀粪，皮肤和可视黏膜苍白，眼睑水肿；剖检可发现肝坏死，肠系膜淋巴结水肿、充血或出血，肌肉萎缩等病变；病猪食欲减退，增重减缓，严重者死亡。硒的毒性很强，各种动物长期摄入 5~10 mg/kg 可产生慢性中毒，其表现是消瘦贫血，关节强直，脱毛等症状。王兴佳（1995）研究发现，幼猪饲粮含硒 0.018 mg/kg 即可导致死亡。

（3）仔猪对硒的需要量　仔猪对硒的需要量受母猪硒营养状况及仔猪出生后补硒状况的影响，在正常饲料条件下，含 0.24 mg/kg 硒的饲粮基本可以满足仔猪代谢及其生长发育的需求。一般讲，不是缺硒的地区，一般不会出现缺硒症。王康宁等（1995）研究认为，以肝脏谷胱甘肽过氧化物酶活性为判别指标，仔猪硒的需要量是 0.3 mg/kg，与许振英（1990）的推荐量相一致。NRC（2012）标准中对体重 20 kg 以内的仔猪日粮中硒的最高添加量为 0.3 mg/kg。我国规定在配合饲料或全混合日粮中的推荐添加量（以元素计）为 0.1~0.3 mg/kg，最高限量（以元素计）为 0.5 mg/kg。

5. 锰

（1）锰的生物学功能　锰是若干酶类的组成成分，参与碳水化合物、脂肪、蛋白质三大营养物质的代谢。

（2）锰的缺乏和过量　当仔猪食入锰不足时，引起生长骨化过程受阻；锰过量，仔猪生长也会受阻、贫血和胃肠道损害，有时出现神经症状。

（3）仔猪对锰的需要量　仔猪对锰需要量的报道差异悬殊，体重 5~20 kg 的仔猪，锰的需要量：美国和日本为 3~4 mg/kg，法国和苏联为 100 mg/kg，中国为 2~20 mg/kg。

6. 碘

（1）碘的生物学功能　碘是猪营养中的重要微量元素，其功能是在甲状腺内合成甲状腺素，调节体内物质与能量代谢。

（2）碘的缺乏　妊娠母猪缺碘，则导致死胎的增加，其后代发育受阻，仔猪甲状腺肿大，被毛粗乱或无毛。

（3）仔猪对碘的需要量　日粮中碘浓度为 0.2~0.3 mg/kg 时，则可满足仔猪的需要。

7. 钴

钴以维生素 B_{12} 的形式影响蛋白质、核酸、糖元、磷脂酸的合成。钴需要量的研究报道不多，一般认为日粮中含钴 1 mg/kg 就可避免缺钴现象，400 mg/kg 钴能引起仔猪中毒。硒和维生素 E 对钴中毒有防护作用。

8. 铬

（1）铬的生物学功能　铬是近些年研究的重点之一，铬的主要生理功能是进入体内的铬主要是以三价铬的形式构成葡萄糖耐量因子活性成分，作为胰岛素的增强剂，影响糖类、脂类、蛋白质和核酸的代谢以及内分泌系统，作用于动物的生殖、生长和免疫。

（2）铬的需要量　有学者研究报道，对 7.3 kg 的断奶仔猪，日粮中添加 200 μg/kg 吡啶酸铬，对仔猪的生长有正效应。张洪友（1998）报道，在断奶仔猪饲料中添加 0.2 mg/kg 铬，能促进仔猪增重，提高饲料利用率，减少仔猪腹泻。铬的需要量有推荐 200 μg/kg 的趋势（Page，1993；John，1996），虽然这一数值目前还未被各国饲养标准所采纳，但这一数据已获美国食物药品监管局（FDA）1996 年批准。

9. 钠和氯

研究表明，仔猪断奶后可以从日粮中额外摄入的钠（Na）和氯（Cl）能获得明显的优势。虽然钠可以引起部分的积极反应，但是，更多的积极反应是氯引起的。因此，对于低于10 kg重的仔猪，建议日粮应含有0.4%~0.5%的钠和至少同样多的氯。

五、仔猪的维生素营养

（一）维生素的生物学功能

维生素作为酶的重要协同因子，以辅酶形式在淋巴细胞和巨噬细胞功能和活性上发挥重要作用。抗氧化性维生素（维生素E、维生素C）对动物免疫功能尤其重要，主要通过清除免疫细胞内自由基来保护重要免疫细胞结构的完整性，增强免疫系统功能。维生素A对于免疫细胞的结构和功能有一定的影响。董志岩（2003）研究表明，在饲粮中添加3倍和6倍NRC（1998）推荐量的多种维生素时，断奶仔猪血清IgG、淋巴细胞比例极显著升高。在基础日粮上添加2 200 IU/kg的维生素A可使体重为4~9 kg的早期断奶仔猪获得较好的生长性能，添加11 000 IU/kg维生素A时，仔猪各免疫功能较高（林映才等，2003）。其他几种维生素如泛酸、吡哆醇和核黄素也与猪的免疫有关。可见，近年来对仔猪维生素营养的研究主要集中在维生素对其机体免疫机能和生长性能的影响。

（二）仔猪日粮中添加维生素要注意的事项

饲养标准中的维生素推荐量多是防止维生素临床缺乏症的最低需要量，为了满足猪的最佳生产性能或抗病能力等，实践中都在饲粮中超量添加维生素。由于维生素本身的不稳定性和饲料中维生素状况的变异性，使得合理满足仔猪维生素需要的难度较大，其影响因素主要包括饲粮类型、饲粮营养水平、饲料加工工艺、贮存时间与条件、仔猪生长遗传潜力、饲养方式、食欲和采食量、应激与疾病状况、药物使用、体内维生素贮备等。因此，多数动物营养学家认为，科学审查委员会（SRC）建议的维生素含量过于保守和实际应用有限。最近的研究也清楚表明，NRC（2012）建议的维生素水平过低。美国研究表明，向保育仔猪日粮中添加超过建议含量的维生素并不能提高仔猪的生长性能。由于在储存和饲料生产期间所有的维生素稳定性不一致，也无法使添加维生素的适宜含量有一个明确的标准。因此，实际生产中，多数维生素添加的水平比建议的水平都高。从脂溶性维生素看，添加维生素E的水平常常达到250 IU/kg。Kessler等（1999）推荐大白猪仔猪每千克饲料维生素A、维生素D和维生素C的适宜添加量分别为：4 000~8 000 IU、500~1 000 IU和15 mg。Cadogan（2001）报道，将B族维生素的水平提高到NRC（1981）推荐量的6倍，可提高仔猪的生长性能和应激能力。House等（2003）报道，5~10 kg仔猪对维生素B_{12}的最适需求为NRC（1998）推荐量的两倍，即添加35 μg的结晶维生素B_{12}可以获得最佳效果。Woodworth等（2000）报道，仔猪断奶后0~14 d内饲料中加入3.3 mg/kg的维生素B_6可显著提高仔猪平均日增重和采食量，但添加维生素B_1不能起到促生长的效果。赵君梅等（2001，2002）在对照日粮的基础上添加300 mg/kg的维生素C，研究其抗断奶应激，对28日龄断奶仔猪生长性能、免疫机能的影响，结果表明，维生素C可显著增加全血红蛋白，仔猪免疫机能增强，血浆铁和总铁结合力有升高的趋势，表明维生素C有改善肠道铁吸收的能力。多数动物营养学家对维生素D的研究多偏重于其对钙、磷代谢及动物生长性能的影响，很少考虑其对机体免疫机能的调节作用。有研究表明，大剂量维生素D_3可以抑制细胞免疫功能。

（三）用最佳维生素营养理念来确定维生素的添加量

1. "最佳维生素营养概念"的基础

维生素分为脂溶性和水溶性两类，前者包括维生素 A、D、E 和 K，后者包括 B 族维生素和维生素 C。为使用方便，在猪饲粮中添加维生素时，通常使用维生素预混料即复合多维，但 14 种维生素并不是全部添加，通常需要添加的有维生素 A、D、E、K、B_2、B_6、B_{12}、泛酸、烟酸、生物素等，除应激状态外，一般情况下也不添加维生素 C。通常维生素添加量是根据猪对维生素的需要量确定，而把饲料原料中含的维生素作为"保证量"而不计在内，但也并非完全不考虑饲料中的维生素含量。虽然美国 NRC 和英国 ARC 都定期出版各种动物的营养推荐量，为发展维生素添加量指南做了大量工作，但 NRC 和 ARC 的推荐量大多是基于实验室条件下的受控研究成果给出的，因而这些添加量指南提供了预防临床维生素缺乏症和维持可接受的健康和生产性能所需要的饲粮最低维生素含量，而且他们也没有考虑在现代化生产饲养条件下影响猪维生素实际需要量的负面因素。NRC 维生素需要量水平在过去 40 年间仅有很小的变化，几十年前测定的维生素需要量很有可能已不适用于现代的猪种需要。事实上大多数动物营养学家都有这一看法，因为生产实践中多数维生素的超量添加可达到如下效果：能获得更大的遗传潜力、更快的生长速度、更好的饲料报酬等。虽然依据逻辑推断，几十年前确定的维生素添加量可能不再适合于现代遗传性能提高的猪种需要，但由于 NRC、ARC 和其他研究机构的添加量代表着动物维生素营养基础科学，所以这些推荐量被用作了"最佳维生素营养"概念的基础。

2. "成本-效益"核算的方式与维生素最佳水平的指导理念

饲养标准中的维生素需要量，只是最低需要量，而在实际应用中，考虑到各种不利因素会对维生素的损害，以及为适应高生产性能及抗应激作用的实际需要，通常维生素的添加量高于饲养标准的 5~10 倍。有经验的饲料配方师和生产者会注意到这些，并根据业内的饲养经验及广泛的研究成果来评估和调整维生素添加量水平。因此，在评估并提高猪饲料中维生素添加水平时应该考虑"风险与效益经济"，即考虑维生素添加成本时应该权衡缺乏症和非最佳生产性能及健康状况可能造成经济损失的风险。解决方法之一是找出可以获得最佳健康状况和最佳生产性能成本核算的维生素添加量，即采用"成本-效益"法应该作为饲料中维生素添加提供原动力的一个准则。在饲料中添加必要维生素所花费的成本，应相对于发生维生素缺乏导致生产性能下降所造成的损失来衡量。同时，也要避免维生素过量添加，找到添加成本和经济效益之间的平衡点。此外，确定一种"成本-效益"核算的方式添加最佳水平维生素的指导理念也是必要的，这就是指在饲粮中提供的所有已有维生素水平能够使猪达到最佳健康状况和最佳生产性能，使生产者能够提高回报。这个理念可推动维生素添加水平的不断修正更新，以便正确反映遗传、环境和生产影响因素方面的发展。它提出了一个动态的维生素营养概念，即最佳维生素营养的成本-效益概念，指维生素添加水平能安全地满足而不超过最佳健康和生产力水平的需要。"最佳维生素营养的成本-效益"其目的是保持现代养猪生产向日粮提供所有已知的维生素，使日粮维生素的水平能保证猪的最佳健康和最佳生产力，同时保证推荐的维生素总是具有最佳的成本-效益比。为达到"最佳维生素营养"所需的维生素添加水平一般高于 NRC 和 ARC 等饲养标准预防临床缺乏症所需的水平。最佳添加水平补偿了应激因素，不会发生摄入量不足导致猪健康水平和生产性能水平下降的情况。如 BASF 公司的维生素推荐量，大大高于 NRC 标准（表 2-9）。此推荐量考虑到各种不利因素会造成维生素的破坏，以及为适应高生产性能猪种及抗应激作用的实际需要，因此该推荐量高于 NRC 饲养标准，具有一定实际应用的参考作用。

表 2-9　BASF 公司的猪饲料中维生素推荐量（每千克饲粮中的含量）

维生素	乳猪料（补充料）	小猪料	生长育肥猪料[1]	种母猪料[2]
维生素 A（IU）	30 000	20 000	8 000	20 000
维生素基 D_3（IU）	3 000	2 000	1 000	2 000
维生素 E（mg）	60	45	30	35
维生素 K_3（mg）	3	2	1[3]	1
维生素 B_1（mg）	4	3	1	2
维生素 B_2（mg）	8	4	4	6
维生素 B_6（mg）	6	4	3	4
维生素 B_{12}（μg）	60	40	20	30
生物素（μg）	150	100	50	120
叶酸（mg）	1	0.6	0.5[4]	1[4]
烟酸（mg）	40	20	20	25
泛酸（mg）	18	12	8	12
胆碱（mg）	600	400	250	400
维生素 C（mg）	150	80	70[5]	200[5][6]

注：①指 35~100 kg 的猪，进入肥育阶段后，推荐量降低 20%，能量水平高时，推荐量提高 25%；②用于妊娠后期和泌乳期，如用于妊娠前期，应降低 20%；③用玉米穗饲养时，应为每千克饲料 2~3 mg；④为抗逆境安全用量，尤其在饲喂药物添加剂，特别是磺胺类药物时；⑤抗应激，提高免疫性；⑥指妊娠后期和泌乳期。

第三节　满足仔猪营养需要的措施

一、使用教槽料

随着遗传学和育种学技术的发展，猪的生产力不断得到改善，猪的遗传性状已发生了很大改变。因此，养猪生产者们不得不将饲养重点重新放在饲养模式调整方面。目前，无论在任何地方，对于最大限度发挥猪的遗传潜力和提高猪的生长性能来讲，正确的饲养方案都是从仔猪开食料即教槽料（乳猪料）开始的。因此，选择什么样的教槽料对仔猪的生长发育至关重要。

（一）教槽料的含义和使用目的

1. 教槽料的含义

仔猪的营养生理特点是，消化系统发育不完善，大部分消化酶的活性低，对植物蛋白和淀粉的消化率低，主要依靠母乳的营养。但仔猪断奶后，其食物就由母乳转变为固体饲料，因此仔猪受到营养、心理、环境等应激因素的影响就常出现腹泻、采食量低、生长受阻、免疫力降低、死亡率高等仔猪早期断奶综合征。此外，早期断奶应激使仔猪神经内分泌、免疫、消化酶活性、小肠黏膜形态结构、胃肠道微生物区系等发生一系列退行性变化。因而，为了适应仔猪的早期断奶，生产上就需要有一个过渡过程，使哺乳仔猪能够适应断奶后的固体饲料饲养，减少早期断奶所引起的一系列不良反应，此过程就是教槽。为了减少仔猪早期断奶综合征的发生，在教槽的过程中，应当采用相应的调控物质来配制仔猪饲粮，即教槽料或开食料，也称乳猪料。生产中教槽料是哺乳仔猪阶段的开食饲料产品，也就是乳猪从出生后至 4 周龄的一种含有高营养成分的专用高档乳猪料产品，它是猪一生中的第一个人工配制的饲料。

2. 使用教槽料的目的

哺乳仔猪使用教槽料目的有两个，其一是为了补充乳猪快速生长的营养需要，其二是适当使用开食料对促进仔猪消化道发育和消化机能的完善、减少仔猪早期断奶后完全使用固体饲料所造成的应激有重要意义。这一必要的教槽过程或过渡时期，对保证哺乳仔猪和早期断奶仔猪的食欲和营养是至关重要的。因此，教槽料的使用，可以减少仔猪早期断奶时生长速度下降和消化紊乱导致仔猪早期断奶综合征的发生。

（二）教槽料使用的影响因素及采取的措施

哺乳仔猪在断奶前使用开食料是必要的，但开食料的使用效果受到多方面因素的影响。不正确使用开食料，不仅达不到预期的目的，有时会引起不良的效果，还会影响仔猪断奶以后的生长性能和健康。其中最主要的 3 个因素必须要注意，即开食料的营养质量、仔猪对开食料的采食数量以及开食料的抗原性。高营养质量、易消化、饲料抗原性低以及保证一定的总摄入量，是使用开食料成功与否的关键。生产中对哺乳仔猪的开食料使用除要考虑影响因素，同时要采取相对措施。

1. 开食料要符合哺乳仔猪生理特点

开食料必须是哺乳仔猪喜欢并容易消化吸收的日粮，而且开食料的物理特性要适合仔猪的采食（片状、小颗粒或碎屑状比粉状饲料更适合仔猪采食）。

2. 设置符合仔猪采食的饲料槽（箱）

所使用的开食料饲槽必须适合仔猪接近和采食，一般圆形喂料器比长方形喂料器吃食多。开食料饲槽的位置应放在仔猪经常活动而且不容易发生拥挤碰撞的地方。保持饲槽的清洁卫生，并及时清理饲槽的剩料，剩料可投喂母猪。

3. 少量多次投放

哺乳仔猪开食料的投放应该是"少量多次"，可保证开食料新鲜，也减少浪费。

4. 适当采取多次短期隔离吮乳法

哺乳仔猪使用开食料的效果也与母猪哺乳的因素有关，如果乳猪有足够的机会吃到母乳，就会不愿意采食开食料。所以，适当把母猪与仔猪在一天中多次分隔一段时间，可以促进仔猪采食开食料。方法是仔猪在断奶前 2 周时间开始使用开食料，每天把母猪与哺乳仔猪多次分隔，使哺乳仔猪有充足的时间采食开食料。

（三）教槽料的作用

1. 缩短乳猪哺乳期

使用教槽料可以使仔猪断奶时间由传统的 45～60 d 减少到 21～28 d，可以解决由于母乳不足而导致仔猪断奶体重下降问题。现代养猪生产，由于育种、养殖和饲料技术的快速发展，许多规模猪场采用3~4周龄断奶，而在哺乳期内使用教槽料，不仅可以提高仔猪的断奶重，而且在一定程度上能避免或缓解仔猪断奶应激，基本上能做到平稳断奶过渡到保育阶段。其关键环节是由于在乳猪阶段采用了教槽料诱食，到20 d后的旺食期，为早期断奶打下了基础。一般来说，仔猪在20 d后进入采食旺期，可以实行早期断奶，缩短了母猪的哺乳期。

2. 能提高母猪的繁殖力

由于乳猪的哺乳期短了，仔猪实行了早期断奶，哺乳期母猪可以缩短繁殖间隔期，由原来的1年2胎提高到2.6胎。

3. 提高了养猪设施的利用率和劳动生产率

由于哺乳期仔猪使用教槽料后实行了早期断奶，使哺乳期母猪也缩短了哺乳期，使产房利用率提高，也提高了猪舍设备如产床的利用率，同时也提高了劳动生产率。

4. 提高了哺乳期仔猪的生长速度

从教槽料作为诱食和补饲目的来看，其饲料营养特点、外观物理特性、适口性和消化利用率都要与仔猪生理特点相适应，这样既可以大幅度提高断奶仔猪的日采食量和日增重，又有较高报酬的料肉比，在一定程度上提高了仔猪的生长速度。

（四）乳猪料的营养要求和饲料配方

1. 乳猪料的营养要求

乳猪料营养要求每千克饲料含有营养浓度为：消化能 14.0~14.3 MJ/kg，粗蛋白19%~21%，赖氨酸1.2%，蛋氨酸+胱氨酸0.7%，钙0.75%，磷0.65%。

2. 乳猪料的饲料配方

许振英教授等按我国中型和地方品种饲养标准研制的哺乳仔猪饲料配方见表2-10，美国大豆协会建议的哺乳仔猪饲料配方见表2-11。

表2-10 哺乳仔猪饲料配方

饲料种类	体重1~5 kg（7~30日龄）			体重5~10 kg（30日龄后）	
	1	2	3	4	5
全脂奶粉（%）	20.0	—	20.0		
脱脂奶粉（%）	—			10.0	
玉米（%）	15.0	43.0	11.0	43.6	46.3
小麦（%）	28.0		20.0		
高粱（%）			9.0	10.0	18.0
小麦麸（%）				5.0	—
豆饼（%）	22.0	25.0	18.0	20.0	27.8
鱼粉（%）	8.0	12.0	12.0	7.0	7.4
饲料酵母粉（%）	—	4.0	4.0	2.0	—
白糖（%）		5.0			
炒黄豆（%）	—	10.0	3.0	—	—

（续表）

饲料种类	体重 1~5 kg（7~30 日龄）			体重 5~10 kg（30 日龄后）	
	1	2	3	4	5
碳酸钙（%）	1.0	—	—	1.0	—
骨粉（%）	—	0.4	1.0	—	0.4
食盐（%）	0.4	—	—	0.4	0.4
预混饲料（%）	1.0	—	0.4	1.0	—
淀粉酶（%）	0.4	—	1.0	—	—
胃蛋白酶（%）	—	0.1	0.2	—	—
胰蛋白酶（%）	0.2	—	0.2	—	—
乳酶生（%）	—	0.5	—	—	—
消化能（MJ/kg）	15.272	14.874	15.564	13.598	14.435
粗蛋白（%）	25.2	25.6	26.3	22.0	20.3

表 2-11　哺乳仔猪（体重 4.5~11 kg）饲料配方（%）

饲料配比	1	2
黄玉米	48.75	38.4
脱壳燕麦粉	—	10.0
黄豆粉（44%）	28.5	31.0
乳清粉	20.0	10.0
糖	—	5.0
油脂	—	2.5
碳酸钙	0.65	0.75
磷酸二钙	1.5	1.75
食盐	0.35	0.35
维生素及微量元素预混剂	0.25	0.25

（五）优质教槽料应具备的特点

1. 宜于消化和营养吸收

教槽料中的抗营养因子、过敏因子含量要低，饲料消化率要高，这是提高哺乳仔猪采食量的关键。

2. 适口性好

哺乳仔猪喜欢吃、消化好（通过粪便观察），采食量才会大，才可能有良好的日增重指标。

3. 营养全面均衡

各种原料的营养成分不同，消化率也不同，因此，必须科学配制。乳猪料要达到如下标准：营养性腹泻率低于 20%，饲料转化率 1.2 左右，日均增重 250 g 以上，日均采食量 300 g 以上。

4. 仔猪发病率低

仔猪发病率低指能最大限度地降低营养性腹泻发生率。消化不良的饲料通过小肠进入大肠，就是大肠内细菌的良好培养基，从而导致大肠内细菌快速繁殖，这是造成哺乳仔猪腹泻的主要原因。一旦发生营养性腹泻，维生素、氨基酸等营养也都随着腹泻消耗掉。很多饲料企业企图通过在教槽料中添加抗生素来解决腹泻问题，结果是徒劳无功。其原因是腹泻的因素较多，也可能是日粮抗原的过敏反应，也可能是仔猪对饲料的消化吸收不良。腹泻除环境条件诱发，饲粮的可消化性及日粮的成分是直接原因，病原微生物是继发因素。抗生素在一定程度上只能解决仔猪腹泻的继发因素，而不能解决直接原因。

5. 教槽料的原料选择要求

教槽料是吸引乳猪自行采食的食物，可以诱导乳猪采食，可以克服乳猪出生后开食的难题。因此，早期使用的教槽料，除考虑原料的品质外，一定要注意尽量减少抗营养成分的含量，也可以加入少量的药物饲料添加剂，预防和减少仔猪早期断奶综合征。

6. 采用相应调控物质配制的饲粮

为了减少仔猪早期断奶综合征，在教槽的过程中，一般采用相应调控物质来配制教槽料。一般讲，高档乳猪配合料通常由四五十种之多的原料组成，除玉米、优质鱼粉、膨化大豆外，添加了喷雾干燥动物血浆蛋白粉、乳清粉、共轭亚油酸、大豆异黄酮、活性酵母、益生菌、甘露聚糖、复合酶制剂、谷胱甘二肽、维生素 A、维生素 E、维生素 C、诱食剂等营养物质。采用相应调控营养物质配制的教槽料，适合仔猪营养、生理和免疫要求，可减缓早期断奶刺激所引起的应激反应，还可减少仔猪早期断奶综合征的发生。

（六）如何选购教槽料

1. 生产教槽料的条件

一个好的乳猪教槽料配方，要有好的原料与品质控制和加工工艺技术做保证。一般讲，高档乳猪教槽料没有一定的技术力量和先进的饲料加工设备等条件是难以配制的，也就是说，一般的饲料加工厂难以生产出高档乳猪教槽料。近十年来，由于教槽料的研制开发和普及，也为养猪生产者带来了一定的经济效益，由此市场上出现了很多品牌的教槽料，质量和价位参差不齐，差别很大。因此，判断使用高质量、高营养、高消化率和适口性好，并能提供免疫保护的教槽料，是保证仔猪早期断奶成功的必要条件之一。

2. 判断教槽料的标准

判断教槽料的好坏或如何选择教槽料，首先要对教槽料生产厂家和品牌进行了解和调查。一定要选用有信誉、产量大、质量好、价位合适厂家的产品。一般讲，生产厂家在教槽料的开发生产时非常关注 4 个关键技术。一是原料的可消化率比营养参数更重要，如高档教槽料使用的是膨化玉米和膨化大豆，消化吸收率高，效果好。二是采食量是关键，采食量高低取决于适口性，而高档教槽料用膨化玉米、膨化大豆、乳清粉及诱食剂等，能提高教槽料的适口性，香、甜、脆的饲料，乳猪适口性强，喜欢采食。三是精选蛋白质、碳水化合物等原料，高档乳猪料中添加优质鱼粉、血浆蛋白粉、乳清粉等。四是通过科学调制减少营养性下痢，高档乳猪料中采用相应调控营养物质，可减少仔猪采食后腹泻。简单地讲，饲喂教槽料的乳猪要实现"爱吃料、不拉稀、长得快"，这也是判断乳猪教槽料好坏的最低标准。

（七）教槽料的使用时间和方法

1. 使用时间

使用教槽料的时间是从仔猪出生 7 d 到断奶后 14 d（体重 10 kg）。仔猪生后 7~14 d，每天少量投喂诱食，14 d 至断奶前每天适量投喂 4~5 次，通过这两个阶段的诱食和补饲可保证仔猪开食教槽成功。进入旺食期至断奶后 10~14 d 逐渐过渡到保育阶段而使用保育期料。

2. 使用方法

（1）开食前的诱食方法　采用适当的诱食方法可促使哺乳仔猪采食教槽料。仔猪从 7 日龄就要开始进行诱食。一般在 8：00—11：00 点，14：00—16：00 对乳猪诱食，此时间段乳猪活动频繁，精神活跃，利于诱食，其方法如下。

方法一：糊状饲料引诱法。可将乳猪料调成糊状，饲养人员将糊状料涂在母猪乳房上，乳猪吮乳时便接触到饲料，促进开食；或者将糊状料塞到乳猪嘴里，反复几次可以使乳猪开食。

方法二：以大带小法。仔猪有模仿和争食的习性，可让已会吃料的仔猪和不会吃料的仔猪放在一起吃料。不会吃料的仔猪经过模仿和争食，很快便能学会吃料。

方法三：以母教仔。在仔猪没有补料间的情况下，可将母猪料槽放低，母猪料槽内沿的高度不超过 10 cm，让仔猪在母猪采食时拣食饲料，训练仔猪采食。

方法四：滚筒诱食。将炒熟的香甜粒料放入 1 个周身有孔两端封好的滚筒或竹筒内，作为玩具放入仔猪补料箱，让仔猪拱着滚动，筒中落入地上的粒料让仔猪随意捡食，诱导开食。

（2）开食后的补料方法　仔猪诱食后一般 20 日龄以上正常开食，此时采取适宜的补料方法可促使仔猪进入旺食期，为早期断奶打下采食基础，其方法如下。

方法一：自由采食。一般采用自动圆形喂料器，让仔猪自由采食。自由采食的优点是省时、省力，仔猪采食均匀，生长发育相对均匀度好。缺点是饲料浪费较高，生产中常见到产床补料槽下被仔猪拱撒的饲料，尤其是对补料设备要求高，也不容易及时观察乳猪采食情况。

方法二：少喂勤添、分次饲喂。仔猪具有"料少则抢，料多则厌"的特点，所以，少喂勤添，分次饲喂便会造成互相争食的气氛，有利于采食。一般哺乳仔猪每天 4~6 餐，尽量少喂勤添。采用此法的优点是利用仔猪抢食行为刺激食欲而增加采食量，而且分次饲喂饲料新鲜，便于观察仔猪采食。缺点是人工成本较高，仔猪均匀度稍差，另外时间把握不好也易造成一次过量的采食而发生营养性腹泻。

二、满足仔猪的采食量

（一）采食量对仔猪的影响

1. 采食量对断奶前仔猪的影响

采食量不足是限制仔猪生产性能发挥的主要因素，而足够的采食量可以使仔猪获得良好的生产性能。生产中，没有经过诱食而补开食料的仔猪，不可能实现平稳过渡断奶。因为不通过诱食补料的仔猪，断奶后不仅需要识别特殊的日粮，而且还需要决定采食时间和采食量；同时，它们要通过不同的采食器具学习如何采食。这些问题加上仔猪的消化系统发育不完善，消化能力有限，限制了仔猪的生长潜力。由此可见，哺乳仔猪诱食教槽料，对断奶平稳过渡至关重要，特别是哺乳仔猪旺食期的采食量是仔猪生长的主要决定性因素，对早期断奶仔猪至关重要。

2. 采食量对断奶后仔猪的影响

生产中仔猪断奶后一般会出现采食量下降，养猪生产者都希望仔猪在断奶后立即采食固体饲料，并能迅速增加采食量以维持肠道的健康。虽然仔猪断奶后最大采食量主要取决于是否使用具有较高消化率的优质原料，然而，由于刚断奶，仔猪采食量低，消化率和吸收能力降低，加上营养应激反应，有时甚至下痢等，使生长发育受到影响。一般来说，断奶后仔猪食欲下降与日粮抗原引起的过敏反应造成胃肠道上皮损伤有关，这必然导致营养性腹泻和营养吸收不良。仔猪断奶后一般 24 h 之内可能拒绝采食，随后的 2~5 d，当饥饿的仔猪开始采食时，干燥的固体饲料会迅速增加发育尚不完善的消化系统负担，还将促进肠道中微生物的繁殖并发生致病性腹泻，最常见的是大肠杆菌引起的腹泻。可见，在现实条件下，不正常的采食方式可能会导致仔猪断奶后消化紊乱。断奶后采食量下降的主要影响是造成仔猪生长发育受到一定影响，因为在仔猪断奶早期阶段，采食是仔猪生长的主要决定性因素。研究表明，在断奶后的第 1 周，如果仔猪每天多摄入 0.1 kg 饲料，在断奶后的第 4 周末，仔猪体重可以增加 1.5 kg，而且在断奶后第 1 周的高采食量还可以促进整个生长育肥期的生长和健康。目前，在断奶后第 1 周，保持断奶前的生长速度可以使仔猪断奶受到的影响最小，除非在延长哺乳的期间内，仔猪能够得到足够数量的补充日粮。一般把 200~250 g/d 的平均采食量被用来作为断奶前生长速度的标准，在断奶后的第 1 周，每天保证有 200 g 的采食量就可以取得令人满意的效果。实际上，在非限制饲喂条件下，仔猪的最佳采食量可以用 Whittemore 博士的方程合理地预测：采食量（g/d）= 120×体重 0.75，通过此公式可以计算出仔猪每天的最佳采食量。公式中，120 为计算系数，体重为仔猪的体重。

（二）满足仔猪采食量的措施

生产中，为了保证仔猪的营养需要，唯一的途径是满足其采食量。为此，可采取以下措施。

1. 提高哺乳期仔猪开食料的采食量

一般，断奶前开食料采食量越高，断奶后仔猪越容易适应断奶日粮，使仔猪从原来的母乳（液体料）和开食料（人工乳）迅速习惯完全的配合饲料，即保育期饲料。尽管哺乳期使用开食料对仔猪胰腺的发育或刺激消化酶合成方面没有明显的效果，对防止仔猪断奶后下痢也没有多少作用，但是，使用开食料或乳猪料的仔猪对维护断奶后小肠壁的完整性（如小肠绒毛的高度）有帮助。在哺乳仔猪断奶前 2 周开始使用开食料或乳猪料，可以促进仔猪采食固体饲料采食行为的建立，并在 20 d 后抓好仔猪旺食期的采食量，有利于仔猪采食行为尽快适应早期断奶后完全采食固体饲料的变化。这可能是应用开食料诱食和抓好旺食期仔猪采食量的一个好处。

2. 控制断奶后几天仔猪的采食量及营养水平

控制断奶后几天的采食量，其目的是缩短仔猪断奶后消化适应时间，尽快提高早期断奶仔猪的采食量。由于仔猪在与母猪断奶分离后的 24 h 一般拒食，这会导致仔猪随后大量采食，使胃过度充满，扰乱小肠功能和消化过程，往往会发生营养性腹泻。因此，断奶后适量的饲料采食量非常重要，在断奶后最初几天，应控制仔猪的采食量不超过 25 g/kg 体重。过多的饲料不能消化，会在大肠内发酵，产生有害物质，导致仔猪下痢。此外，日粮的蛋白质水平不宜过高，这一适应阶段的日粮蛋白质水平不要超过 20%，否则会产生大量的胺，刺激消化道。也由于仔猪刚断奶时会产生一系列的应激反应，导致采食量低，消化率下降和吸收能力降低，有时甚至下痢等，使生长发育受到影响，这种生长速度的"损失"如不采取一定的措施加以缓解，可能会延续到第 14 d，与哺乳期比较，生长速度会减少 4%~25%。21 日龄仔猪体增重一般 280 g/d，需要 7.8 MJ 的消化能，如果仔猪断奶以后要维护这一生长速度，则必须采食 475 g/d 的典型断奶仔猪日粮（含 16.5 MJ 消化能/kg）才能满足，这在实际生产中难以做到。从目前的水平看，使用高档乳猪料的猪场哺乳仔猪在 21 日龄时增重水平多在 200~250 g/d，如果以这一水平计算需要的饲料量为 320~400 g/d，即使 21 日龄断奶以后的第 1 周，如果仔猪要维持这一增重水平，每天采食量也必须在 320~400 g/d。然而，仔猪在断奶以后最初几天的采食量无法满足维持能量需要，研究表明，21 日龄断奶的仔猪，直到断奶第 5 d 都不能满足仔猪的维持需要；断奶仔猪由于采食的营养有限，体重下降，断奶仔猪在最初的第 2 或第 3 周以前，采食量和生长速度都不能达到断奶以前的水平。因此，如果断奶时的营养应激对采食的影响可以克服，仔猪从母乳转到固体饲料的采食不良影响将会减少，仔猪的生长将会增加。可见，在仔猪刚断奶稍适应一二天以后，设法迅速提高采食量，而且提高断奶仔猪的采食量，可以刺激小肠黏膜的生长和功能，对提高饲料消化吸收有很大作用。

3. 采取营养调控措施解决断奶后的营养应激

生产中为了解决断奶仔猪的营养应激，可在其日粮中加入高水平的脂肪，促进断奶后仔猪小肠胰脂肪酶的合成和脂肪的消化。此外，如果在断奶仔猪日粮中提高蛋白质水平，不管是通过提高鱼粉或者大豆粕的水平，都会降低胰蛋白酶和胰凝乳酶的活性。因此，日粮的蛋白质水平会延迟仔猪断奶后的消化适应时间，而且这种消化生理反应的原料对配制断奶仔猪最初阶段日粮是重要的。生产中为了解决断奶仔猪营养应激，可采取营养调控措施，如在断奶后仔猪日粮中增加脂肪，降低蛋白质水平，适当使用非淀粉多糖成分（如甜菜渣等），使用膨化玉米、膨化大豆、乳清粉、喷雾干燥血浆以及添加高铜、高锌和添加免疫增强剂等营养调控物质，有利于小肠的消化适应，也有利于提高仔猪免疫力，还有利于降低仔猪的下痢。可见，仔猪断奶后第 1 周的饲养应是整个仔猪饲养的关键环节，它的生长速度直接影响以后的增重和上市的饲养天数。因此，应尽可能缩短仔猪断奶的消化适应时间，尽快提高仔猪的采食量。

三、重视仔猪的饲养管理技术和饲养模式

（一）重视仔猪饲养管理技术和饲养模式

仔猪生产中如果忽视饲养管理技术和饲养模式，生产者将会失去提高饲料质量中获得的效益。目前，我国的养猪模式根据品种和区域化地方特点而有所不同，规模化猪场仔猪在哺乳期到断奶再到保育期，饲养模式一般都采用分阶段饲养方法。阶段饲养是目前公认的成熟养猪技术，理论上猪的阶段和对应的营养规格越多，饲料营养与猪的需求越匹配。目前，一般将生长育肥猪分为哺乳仔猪、断奶仔猪、小猪（15~30 kg）、中猪（30~80 kg）、大猪（80~110 kg），相匹配的饲料为乳猪料（教槽料）、保育猪料、小猪料、中猪料、大猪料。其中，哺乳期乳猪料（教槽料）、断奶仔猪料和保育猪料是关键。在一定程度上讲，阶段饲

养和阶段饲喂方法及分阶段饲喂的日粮，也就是标准化养猪。

（二）重视仔猪饲养管理技术和饲养模式的作用

对仔猪实行阶段划分、阶段饲养的模式而采取不同的饲养管理技术，可减少仔猪应激反应，而且高营养水平和易消化饲料能够满足早期断奶仔猪的营养需要。如针对哺乳仔猪生长发育快、营养需求量高、消化系统结构和功能发育不完善、消化、体温调节、抗病力弱等生理特点，应在仔猪出生 7 d 到断奶前饲喂高品质的"教槽料"，锻炼胃肠功能，提高消化力和抗病力，补充了 3 周后母乳营养不足，为断奶和采食以谷物为主的固体饲料作准备。而在断奶后采取营养调控措施，降低日粮蛋白质水平，添加营养调控物质，可有效防止和降低早期仔猪断奶综合征的发生。此后，仔猪断奶后生活环境、饲料都发生了变化，是仔猪独立生活的开始，应激反应严重，断奶后 8 d 至 15 kg 体重期间应饲喂高品质"保育期料"，帮助仔猪从母乳顺利过渡到断奶后饲料，减少断奶应激，控制腹泻为主要饲养措施。因此，仔猪的正确饲养方法是分阶段饲养，从使用优质开食料开始，为生长育肥猪的全期理想生产性能奠定基础。同时，也必须将优质开食料的使用与科学的管理技术和饲养模式及先进的工艺技术配套结合起来，通过营养、饲养、工艺和管理的融合，可实现标准化养猪生产水平。

第四节　仔猪饲料的配制与加工技术

一、配制仔猪日粮应遵循的原则

猪的生长速度，除了受遗传潜力的影响外，不同断奶日龄及断奶后饲喂体系是重要的决定性因素。研究表明，早期断奶仔猪是否腹泻以及腹泻程度如何与开食料的蛋白质抗原性有关。当开食料抗原高时，断奶换料则会导致腹泻。反之，用低抗原性饲料开食时，断奶后一般不会导致严重腹泻。因此，一般要求断奶后仔猪使用低抗原性的开食料。生产中，如何选择最佳的仔猪营养源，并合理配制，使之符合仔猪的生理特点是配制仔猪饲料的关键。根据仔猪断奶前后的肠道形态结构和消化功能发育的规律，在具体配制仔猪日粮时应遵循的原则：其一，选用对肠道形态、酶活及其他消化功能发育阻碍小的原料；其二，选用含有能促进肠道消化酶分泌、能保持肠道上皮完整性的各种活性物质；其三，添加有利于肠道形态和功能发育的物质如谷氨酰胺等；其四，合理使用免疫增进剂和抗生素；其五，采用酸制剂和酶制剂提高消化道中酶的总活性；其六，日粮的营养平衡；其七，在选用一些原料时要考虑到供应稳定、品质保证、价格适中。

二、仔猪饲料配制技术

（一）设计合适的仔猪饲料配方

1. 仔猪饲料配方设计重点和方案

（1）断奶仔猪及保育猪的全价饲料配方设计重点　断奶仔猪（3~5 周龄以前）及保育猪（5~8 周龄以前）的全价饲料配方设计重点是消化能、粗蛋白、赖氨酸和蛋氨酸，及血浆蛋白粉等优质动植物蛋白质饲料的数量和质量。3~5 周龄以前的仔猪必须以高消化能、高蛋白质的配方设计原则；低于 50 kg 的猪，生长性能的 80%~90% 靠高消化能、高蛋白质这些营养物质发挥作用。另外，尽可能考虑使用与仔猪健康有关的保健剂，如益生素、酸化剂和微生态制剂，有利于最大限度提高仔猪及保育猪的生长速度和饲料利用率及健康水平。

（2）断奶仔猪及保育猪和生长猪的全价配合饲料的配方设计方案　制定断奶仔猪及保育猪和生长猪的全价配合饲料的配方，首先要了解哪些因素可能影响这个生理阶段猪的生长发育。现在人们已充分认识到猪不同品种之间生长率、成熟体重和组织生长模式各不相同，但它们都直接受日粮组成和饲喂方式的影响，虽然与环境及管理也有着一定关系。一般说，经过遗传改良的现代猪种，蛋白质沉积能力很高，有的可高达每天 210~240 g，高瘦肉沉积和低脂肪沉积相关，但不同肉脂率的仔猪和生长猪对养分的需要量和养分的平衡要求不同，现代的集约化猪场必须为仔猪至断奶后的生长猪至屠宰期间的生长育肥猪确定其生长及沉积模式后，才能确定猪的养分需要量，从而设计出适合的日粮来满足每一种情况下或每一生长阶段的特定需要量。在饲料配方设计中虽然可以用析因法计算出猪对能量和赖氨酸的需要量，但赖氨酸对代谢能的比率随猪体重增加而下降，日粮必须不断调整才能适应变化的需要量。一般，日粮越是精确地符合变化中的需要量，猪在其食欲范围内对饲料的利用就越有效。但是，在生产实践中很难采用这种多日粮，通常方法是进行折中。现在一种实用的方法是分阶段饲养，提供两种日粮。一种是高养分标准日粮（A 日粮），另一种是低养分标准日粮（B 日粮），分别满足仔猪断奶后 20 kg 体重和 100 kg 体重前时的营养需要，当其体重在 20~100 kg 范围内时，可对两种日粮的比率调整，20 kg 体重时为 85%A 日粮+15%B 日粮，40 kg 体重时 75%A 日粮 + 25%B 日粮，60 kg 体重时为 50%A 日粮 + 50%B 日粮，80 kg 体重时为 25%A 日粮+75%B 日粮，阶段的划分甚至可能更细，可把 A 日粮 100%用到 20 kg 体重以前的仔猪；另一种方法是提供 A、B 两种日粮供猪自由采食，但它们对氨基酸的进食标准却比需要量高 20%。以上饲喂方法猪只性能间没有显著差异，但选食猪的赖氨酸需要量比前一种单一日粮低 10%。猪的日粮配制按不同生理阶段设计配方更科学，这样可以实行分阶段饲养。

2. 按周龄配制日粮

（1）按周龄配制仔猪日粮的作用　由于仔猪生长快，体成分变化也较快，尤其是对蛋白质和氨基酸的需要，随着年龄增长，所需蛋白质和氨基酸在饲粮中的百分比下降速度较 20 kg 体重以后的猪快。同时，早期断奶仔猪的消化道功能也不健全，按其实际需要配制饲粮，有利于提高仔猪的生长速度和降低生产成本。

（2）按阶段饲养来配制仔猪日粮　现代仔猪生产中，为了有效消除早期断奶可能导致的生产性能受阻，如日增重下降、采食量降低、发病率和死亡率提高等，最先用高营养浓度的日粮来解决，但研究发现，收效不大。随后发展为断奶仔猪的三阶段饲养体系，即阶段饲喂法。

阶段 1（21~35 日龄）：用高营养浓度日粮。阶段 1 也是第一阶段日粮，日粮中包括高质量的乳制品（脱脂奶粉、乳清粉）和其他动物蛋白（血浆蛋白粉、喷雾干燥血粉、鱼粉），日粮蛋白质水平在 20%~22%，赖氨酸 1.5%~1.6%，乳制品及喷雾干燥血粉占 40%以上，最低的乳糖含量为 14%，用 20%乳清粉和其他乳糖制品来提供，用于仔猪从出生到 7 kg 体重阶段饲喂。目的是诱导仔猪采食固体饲料。

阶段 2（36~49 日龄）：用乳清粉过渡料。阶段 2 也是第二阶段的日粮，主要饲喂 7~12 kg 体重的仔猪，日粮包括乳清粉、喷雾干燥血粉，可用谷物、豆粕（饼）加乳清粉、喷雾干燥血粉或鱼粉，可不需要昂贵的血浆蛋白粉。此日粮蛋白质水平在 18%~20%，赖氨酸

1.25%，乳清粉用量比例最少10%。第二阶段日粮主要目的是防止仔猪腹泻和提高采食量，日粮应使用适口性好的原料，这有助于仔猪消化系统的发育成熟，随后的保育猪能大量地采食经济性饲料，从而产生最大的生长性能。

阶段3（50~70日龄）：玉米豆粕型料。阶段3即为第三阶段日粮，第三阶段的日粮原料仅选用玉米–豆粕型日粮，蛋白质16%~18%，赖氨酸1.15%即可。第三阶段主要饲喂12~23 kg体重的仔猪。

研究表明，这种营养体系能够消除断奶后生长受阻现象，能保证早期断奶仔猪生长快和采用"全进全出"技术，能够最大限度地提高生产性能，降低生产成本。各阶段日粮配方比例见表2-12。

表2-12　配方列举（按体重划分）

饲料原料	第一阶段日粮 （<7 kg）	第二阶段日粮 （7~12 kg）	第三阶段日粮 （12~13 kg）
玉米	47.30	62.06	70.79
膨化大豆	20.00	15.00	—
豆粕	—	13.50	14.00
血浆蛋白粉	5.00	—	—
鱼粉	5.00	3.00	2.00
乳清粉	20.00	3.00	—
玉米酒糟	—	—	10.00
赖氨酸	—	0.14	0.26
蛋氨酸	0.03	—	—
碳酸钙	0.50	0.50	0.66
磷酸氢钙	0.85	1.48	0.76
食盐	0.30	0.30	0.30
预混料	1.00	1.00	1.00
复合多维	0.02	0.02	0.02

注：引自段诚中主编《规模化养猪新技术》，2000。

3. 仔猪饲料配方主要原料组成

仔猪饲料配方中玉米等植物性能量原料一般15%~50%；大豆（豆粕）13%~27%，一般不用其他植物性蛋白质饲料原料；脱脂奶粉15%~40%；乳清粉0~20%；鱼膏0~2.5%；蔗糖5%~10%；矿物质、复合预混料（含药物饲料添加剂）1%~4%。

4. 仔猪饲料配方设计中要考虑的因素

（1）降低饲粮的蛋白质水平，添加限制性氨基酸　降低饲粮的蛋白质水平，可减轻仔猪肠道的免疫反应和蛋白质在大肠中的腐败作用。研究表明，17%~18%的低蛋白质、氨基酸平衡的日粮，可显著降低仔猪断奶后腹泻和提高仔猪的生长，特别是在配方中添加一些鱼粉、乳制品，饲养效果会更好。总的来说：5~10 kg、10~20 kg仔猪粗蛋白质水平保证在18%~20%、16%~18%，且保证限制性氨基酸如赖氨酸、蛋氨酸等的供应。

（2）能量饲料的合理使用 乳猪饲养的最终目的是获得最大的断奶重和提高群体整齐度。断奶体重较大的仔猪能够很顺利过渡到断奶饲粮，并降低营养性腹泻的发生率。结合仔猪的生理特点，仔猪日粮应维持较高的能量浓度和较低的粗纤维，一般为：消化能 14.7～15.5 MJ/kg，粗纤维不超过 4%。早期断奶仔猪常用的能量饲料有玉米、葡萄糖、乳清粉、油脂等。2～3 周龄以内的仔猪因其消化道中胰淀粉酶不足，不能大量利用淀粉作为其能量来源，要达到这样的高能低纤维水平，必须添加油脂和乳糖等成分。玉米的可利用能值高，但蛋白质含量低、品质差。玉米在早期断奶仔猪配合料占到 60% 左右，早期断奶仔猪对生淀粉的消化利用率差，若是颗粒料，饲料的加工调质最好采用二级或三级调质，使淀粉充分糊化，提高淀粉的利用率。若是配制粉状配合饲料，最好选用膨化玉米粉，不仅消化利用率高，膨化玉米粉的香味大大提高了饲料的适口性。早期断奶仔猪饲料的可利用能值水平要求较高，若饲料是以玉米豆粕型为主，则需要考虑油脂的添加，可添加 3%～5% 的脂肪，可配制成高能饲粮。研究表明，仔猪断奶后限制饲喂可降低腹泻，而采用高能日粮可起到限饲的目的。常采用添加脂肪的方法来配制高能日粮，从而改善适口性，提高仔猪增重和饲料利用率。仔猪日粮中添加脂肪的效果与脂肪的特性有关，一般来说，仔猪对植物油脂的利用率比动物油脂高，如玉米油、椰子油、大豆油等。一般生产上最好选用大豆油为宜，大豆油的脂肪酸构成以动物的必需脂肪酸亚油酸为主，添加效果远远优于猪油或菜籽油。仔猪料中添加 5%～6% 的大豆油不但有效地补充能量，而且在制粒时可以起到润滑作用。早期断奶仔猪饲料中不能添加反刍动物油，反刍动物油属于饱和脂肪，早期断奶仔猪不能消化，添加后易导致腹泻。初生仔猪胃酸分泌量低，仔猪断奶前，主要通过乳糖发酵产生的乳酸来维持胃内酸度。4 周龄左右断奶后，胃酸分泌量不足，饲料配方设计时就要充分考虑饲料酸度的问题，早期断奶仔猪日粮中可添加 10%～15% 的乳清粉。若饲料中乳清粉的添加量少或是未添加乳清粉，则饲料的配合中要考虑酸化剂的添加，如有机酸化剂或是复合酸化剂。

（3）选用适宜的蛋白质饲料 仔猪出生后生长快速、生理变化急剧，对蛋白质和氨基酸营养需要高。但仔猪消化系统发育不完善，在 5 周龄前仔猪对饲料蛋白尤其是植物性蛋白的消化吸收能力有限。目前，早期断奶仔猪饲料中普遍使用的蛋白质饲料原料主要有豆粕、鱼粉、血浆蛋白粉、膨化大豆等。豆粕总的来说蛋白质的品质较高，粗蛋白质含量高，一般 40%～48%，赖氨酸含量也高，但缺乏蛋氨酸。因此，配方中大量使用豆粕时要注意蛋氨酸的添加。因豆粕中含有抗原蛋白，因此，在仔猪料中的应用受到很大限制，通常在教槽料中的使用量在 5% 以下，就是对去皮豆粕，用量也应严格控制。由于发酵豆粕产品的质量参差不齐，目前还没有统一的行业标准，如果加工处理得当，是性价比较好的蛋白质来源，优质的发酵豆粕在教槽料中的用量可达 20% 左右。仔猪饲料最好是把饲粮膨化或大豆（豆粕）膨化加工，并降低大豆产品的用量或低于 20%，并适当添加喷雾干燥血粉、喷雾干燥血浆蛋白粉、奶粉与优质鱼粉等。选用这些蛋白质饲料，不仅可提高仔猪断奶后的生产性能，还可增强其免疫功能。但是要注意的是，虽然动物源性蛋白质饲料的优点是适口性好，其缺点则是容易腐败，产生毒性物质。其中鱼粉的缺点是容易产生生物胺类物质，对仔猪的消化道有不利影响，而且质量参差不齐，劣质鱼粉只有负效果。此外，鱼粉中盐分含量普遍较高，而且鱼粉的掺假问题严重，鱼粉中脂肪酸容易氧化酸败，易滋生病原微生物等因素，因此，鱼粉在早期断奶仔猪料的配比不是越高越好。综合成本因素等，一般在配方中优质鱼粉以 3% 左右为宜，最好不超过 5%。另外要注意的是膨化大豆。膨化可以进一步灭活热敏感性的抗营养因子，但是对抗原蛋白的消除作用并不明显，同时还存在热加工过度的问题，因此，膨化大豆在教槽料中使用的并不普遍。膨化全脂大豆在教槽料中的用量在 5%~15%。要注意的是，配方中膨化大豆的配比达 10% 左右时，可不必再添加大豆油。生产中，膨化大豆的质量不易控制，易酸败、氧化，新鲜与否在很大程度上影响其使用效果，通常认为干法膨化大豆的味道和适口性好，但是湿法膨化大豆对抗营养因子的灭活程度要好。在教槽料中使用膨化大豆要小心，控制不当会出现负效果。还要注意的是，血浆蛋白粉和肠膜蛋白粉，其最大问题是同源蛋白问题，由于在其加工过程中既要保留生物活性蛋白的活性，又要灭活其中可能存在的病原微生物，因此，此类产品的来源和加工工艺对其产品质量的影响很大。优质的产品可以促进仔猪的生长，劣质的产品则会明显影响仔猪的生长。因此，要对现场进行考察，慎重选择合格的厂家和产品。

（4）适当提高日粮粗纤维水平　饲粮中有一定量的粗纤维，可降低日粮养分浓度，提高饱腹感，使养分摄入量与仔猪消化能力平衡，并能促进胃肠蠕动、食糜流动，增加大肠杆菌及其毒素排除，促使粪便形成，降低腹泻的严重程度。饲粮中粗纤维量不超过 4%。

（5）添加免疫增强剂　通过添加维生素及免疫球蛋白等增强仔猪的免疫力。

（6）主要微量矿物元素的合理使用　早期断奶仔猪饲料中微量矿物元素常添加的有：铜、锌、铁、硒、碘。生产中普遍添加较高水平锌和铜。高铜的使用同时需要配合使用高铁和高锌。铁的添加量宜在 100~200 mg/kg 饲粮。以氧化锌的形式给断奶前期（14~28 d）仔猪日粮中添加 1 500~4 000 mg/kg 可缓解下痢，并具有促生长、减少死亡率的作用，但最多只能补充 14 d 的高锌。以蛋氨酸-铜的形式给断奶仔猪日粮中添加 150~250 mg/kg，可缓解仔猪断奶应激，并能促生长和增重，提高饲料转化率。每千克饲粮添加 0.05~0.1 mg 的硒，其他元素以添加够营养需要量为宜。

（7）添加助消化制剂　有机酸制剂，如乳酸或柠檬酸用量为 1%~2%，可降低消化道的 pH 值；乳酸菌、酵母等益生菌；仔猪用的复合酶制剂。

（8）添加诱食剂　可在开食料中添加甜味剂，如蔗糖等。

（二）优质蛋白质饲料原料的选择与使用

1. 优质蛋白质饲料原料选择与使用的作用

由于早期断奶仔猪消化道尚未发育完善，各种消化酶合成分泌水平低，加上胃酸分泌不足，对日粮蛋白质来源表现出很大的敏感性，多数植物蛋白源会引起仔猪过敏而导致腹泻，降低生长速度和提高死亡率。因此，仔猪日粮中的蛋白质来源是影响断奶仔猪生长性能的关键因素。现代仔猪生产中，为了有利于提高仔猪采食量和发挥最佳生长性能，在生产实践中可通过添加优质蛋白质饲料，同时降低大豆等植物性蛋白质饲料的用量来改善仔猪生长性能。目前，发达国家在仔猪日粮中应用了高品质的动物性蛋白，如喷雾干燥血浆蛋白粉、乳清粉、代乳粉、干燥血粉等，使仔猪断奶日龄不断提前，由早期的 35 日龄缩短到 28 日龄、21 日龄，甚至 14 日龄。仔猪早期断奶既缩短了母猪的哺乳期，又最大限度地发挥了母猪的生产性能，同时高品质的蛋白质原料弥补了乳猪单纯吸吮母猪乳导致的营养不足，充分促进了仔猪的生长性能。

2. 主要动物性蛋白质饲料原料

（1）血浆蛋白粉（SDPP）　SDPP 是由动物血液（主要是猪血或牛血）分离出红细胞后的血浆经喷雾干燥后而制成的粉状高蛋白饲料产品。其营养特点是：适口性好，蛋白质含量高（70%~80%），氨基酸含量高且平衡性较好，消化利用率高；富含多种功能蛋白，如白蛋白、营养结合蛋白、生长因子及免疫球蛋白，尤其是含有大量的 IgG；富含铁等物质，也是一种很好的铁强化剂，可防止仔猪发生贫血。此外，SDPP 还含有大量的未知因子、干扰素、溶菌酶等物质。由于其对断奶仔猪具有特殊的营养作用，已被广泛用于断奶仔猪的饲料中。国外的研究表明，在断奶仔猪日粮中添加 10% SDPP，断奶仔猪的日增重提高了28.44%，采食量提高了 17%；添加 6% SDPP，仔猪的日增重提高了 13.22%，采食量提高了 13.59%。国内樊哲炎（2000）研究了 SDPP 对 3 周龄断奶仔猪的饲喂效果，结果表明，添加 5% SDPP 可显著提高仔猪的采食量、日增重和饲料转化效率，并降低了仔猪腹泻；而2.5% SDPP 与对照组无显著差异。说明了 SDPP 的使用效果与添加量有关。研究证实，SDPP 可减少断奶后仔猪腹泻的发生，因仔猪的断奶应激、腹泻等断奶综合征主要发生在断奶初期，因此在断奶的 1~2 周使用 SDPP 的作用效果较好，断奶后 3~4 周可逐渐减少用量，直至不再使用。一般添加量为 2%~5%，具体添加量主要取决于其价格。

（2）肠膜蛋白粉（DPS）　DPS 为猪肠膜加工副产品，是猪肠黏膜水解蛋白，除含有丰富的氨基酸外，还含有数量较多的寡肽，其吸收速度更快，效率更高。尽管对 DPS 的作用机理尚不明确，但已被证实可改善仔猪生产性能。早期断奶仔猪饲喂 DPS 后，可提高仔猪的脂肪酶和胰淀粉酶的活性，能改善仔猪肠道形态结构。还有试验证实，断奶仔猪饲料中添加 DPS 与 SDPP 合并使用效果很好，并可节省 SDPP 的用量。高新（1999）的试验表明，在 28 日龄断奶仔猪中添加 DPS 与 SDPP 的效果，结果认为日粮中添加 2.5% DPS 可替代早期断奶仔猪饲料中的 SDPP。还有试验表明，仔猪饲喂 DPS，平均日增重和平均采食量比鱼粉高，而且还显著降低了仔猪下痢。多数试验认为，DPS 与 SDPP 合用效果更佳，一般用量为 2%~6%。

（3）奶粉　奶粉是牛奶经脱水（一般为喷雾干燥法）加工制成的干粉状产品，包括全脂、脱脂、部分脱脂奶粉和调制奶粉。在全脂奶粉中，除微量元素含量较低外，几乎可以说是仔猪最完美的食物。牛乳的成分十分复杂，含有上百种化学成分，主要包括蛋白质、脂肪、乳糖、矿物质、维生素等。由于牛乳中含有多种活性成分，对于幼龄动物的肠道发育、免疫机能的形成和发育，早期的生长，均具有不可替代的作用。因此，奶粉及乳清制品目前已广泛地应用于现代仔猪生产的仔猪饲粮。在奶粉产品中用于配制仔猪饲粮的主要是全脂奶粉。全脂奶粉营养浓度高，粗灰分含量低，乳中钙和磷等矿物质成分易消化吸收，具有鲜奶特有的腥香味，还具有高乳蛋白、中等乳脂、富含功能成分的特点，很适合配制幼龄仔猪日粮。给出生两周左右的哺乳仔猪补饲全脂奶粉有如下效果：一是营养全面均衡，易吸收，能明显增加采食量；二是因含有天然的功能性乳蛋白，如乳铁蛋白、免疫球蛋白以及其他具有生物活性的营养物质，能大大提高哺乳仔猪健康水平和成活率；三是因含有极易吸收的乳脂，可提高日粮能量浓度和日增重；四是因含有天然乳寡聚糖，能提高哺乳仔猪消化道的健康水平，还可大大减少腹泻的发生；五是因具有天然的牛奶香味，可提高饲料的适口性。全脂奶粉的使用方法：一是直接温开水（60~80 ℃）冲调给乳猪补饲；二是作为原料加入教槽料中，用量 10%~60%；三是作为开胃剂加入教槽料中，用量 20% 左右；四是在断奶仔猪饲料中，作为功能性产品在断奶前后各 1 周使用，用量 10%~15%。

（4）乳清粉　以制乳酪后的液体做成的产品称为乳清粉。乳清粉主要是从乳中除去乳脂、酪蛋白质，以乳糖为主要成分的产品。一般蛋白质含量低于 20%，为 12%~17%，不属于蛋白质饲料。属于乳制品类，品质好，含糖 70% 左右，特别是 B 族维生素丰富，矿物质成分与牛乳类似，尤其是乳清粉中含有高质量乳清蛋白，在小猪体内有高消化率、良好的氨基酸形态、无抗营养因子的优点，亦含有白蛋白及球蛋白，对肠道同样具有正面影响，特别是免疫球蛋白，对肠道具有保护效果，能对抗大肠杆菌。而且乳清粉中亦含有乳过氧化酶素及乳铁蛋白，具有杀菌及抑菌的功能。因此，乳清粉目前仍是乳替代品，也是蛋白质的来源。因其具有良好的适口性与可消化性，已成为仔猪饲粮的传统典型蛋白质原料，被用作人工乳和早期断奶仔猪饲料粮的原料。乳清粉的用量一般 6%～15%，随仔猪断奶时间不同变化较大。

（5）鱼粉　鱼粉是用全鱼或鱼下脚料（即头、尾和内脏等）加工制成的干燥粉状物，是一种优质的动物性蛋白质饲料。鱼粉含水量平均为 10%，蛋白质 40%～70%，其中进口鱼粉一般在 60% 以上，国产鱼粉 50% 左右。鱼粉最大的特点是氨基酸含量高，且比例平衡，氨基酸的组成适合于同其他饲料配伍，加上鱼粉的消化能含量较高（12.47～13.05 MJ/kg），钙、磷含量丰富，硒和锌较多，与其他饲料原料配合，可提高饲用价值，满足猪的营养需要。因此，在现代养猪生产中的饲料配方中都要添加一定量的鱼粉。鱼粉可应用于从仔猪至大猪及种猪的各个阶段，因价格高，在实际猪饲粮中，添加量一般为 2%～8%。由于鱼粉中含有一些抗营养因子，如肌胃糜烂素，且吸附酸量高，可使胃中 pH 值升高，加之成本等原因，仔猪日粮中鱼粉的添加量一般为 3%～7%。由于国产鱼粉蛋白质含量较低，在饲粮配方中，仔猪用量为 12%，若食盐含量高时，其用量应减少。

3. 主要植物性蛋白质饲料原料

（1）大豆与膨化大豆　大豆中粗蛋白质（35%～40%）和粗脂肪（14%～19%）均比其他豆类高，粗纤维含量低（15% 左右），故消化能值高，达 15.82～17.40 MJ/kg。大豆蛋白质中氨基酸组成良好，其中赖氨酸含量高（约 6.5%），与动物性蛋白质中的赖氨酸含量相近，因此，主要用作仔猪蛋白质饲料。但是大豆中蛋氨酸和半胱氨酸含量少，特别是生大豆中存在多种抗营养因子，如胰蛋白酶抑制因子、大豆抗原蛋白等。大豆抗原主要引起断奶仔猪的消化道过敏反应，表现为：肠绒毛萎缩、腺窝细胞增生、黏膜双糖分解酶的数量及活性降低、肠道吸收功能降低，从而导致仔猪腹泻及生长受阻。Wilson 等（1981）发现，3 周龄仔猪肠道虽然可以吸收抗原蛋白，但引起仔猪腹泻，因而用生大豆直接饲喂仔猪，容易引起其消化功能障碍，以及肠道过敏、损伤，进而导致仔猪腹泻，故大豆不宜生喂，可通过加热使脲酶等抗营养因子失去活性。因此，在任何情况下，大豆都应熟饲。研究发现，生大豆经过膨化加工等工艺处理饲喂仔猪，可以有效降低大豆中的抗营养因子和有害微生物含量，特别是通过物理作用能去除抗原蛋白，提高了大豆蛋白质和脂肪的消化率，从而充分发挥了大豆的营养功能。许多研究表明，用膨化大豆喂断奶仔猪，可以提高日增重、降低料肉比，降低粪中大肠杆菌和仔猪腹泻次数。Vandergrift 等（1983）研究表明，仔猪对膨化大豆饲粮中氮、氨基酸含量和能量的小肠表观消化率显著高于生大豆。仔猪饲粮中应用膨化大豆替代大豆或豆粕，可有效减缓仔猪腹泻，用膨化大豆替代豆粉或大豆浓缩蛋白也不影响仔猪生长。Faber 等（1973）研究表明，与豆粕组相比，饲喂膨化大豆的仔猪日增重提高 5.5%，饲料效率提高 11.59%，其生长效果也好于饲喂红外线处理大豆的仔猪。谯仕彦等（1997）报道，与豆粕加油日粮相比，饲喂干法挤压膨化加工大豆的仔猪日增重分别提高 2.9% 和 2.3%，饲料转化率分别提高 5.6% 和 3.0%。生产中在断奶仔猪日粮中使用 13.0%～20.0% 膨化大豆较适宜。膨化大豆用量过高时，也可引发仔猪腹泻。

（2）大豆饼（粕）　大豆饼（粕）是以大豆为原料取油后的副产品。因制油工艺不同，以压榨法生产的称豆饼，以溶剂提取法生产的称豆粕。由于大豆饼（粕）粗蛋白质含量高，一般 40%~50%，必需氨基酸含量也高，组成合理，赖氨酸与精氨酸比约为 100∶130，比例较为恰当，赖氨酸含量在饼（粕）类中最高，占 2.4%~2.8%，色氨酸与苏氨酸含量也很高，与谷实类饲料可起到互补作用。因大豆饼（粕）中蛋氨酸含量不足，在玉米-大豆饼（粕）为主的饲粮中，一般要额外添加蛋氨酸才能满足猪的营养需求。大豆饼（粕）中粗纤维含量较高，主要来自大豆皮。目前生产的去皮豆粕是一种粗纤维含量低、营养浓度比普通豆粕更高的蛋白质饲料，其蛋白质含量在 48%~50%，粗纤维含量低，一般在 3.3% 以下，营养价值较高。但由于价格较高，一般仅在高档乳猪料中使用。大豆粕与大豆饼相比，脂肪含量较低，而蛋白质含量较高，且质量稳定，因此，现代仔猪生产中以使用豆粕为多。

大豆饼（粕）消化能为 13.18~14.65 MJ/kg，适口性好，含有生长猪所需的平衡氨基酸，除蛋氨酸稍低外，没有特别限制的氨基酸，并能被哺乳仔猪（2~21 日龄）及所有年龄的猪很好地消化，仔猪用量为 10%~25%。在玉米-豆粕型饲粮中，最好适量再补充动物蛋白质饲料或合成氨基酸。虽然适当处理后的大豆饼（粕）是猪的优质蛋白质饲料，适用任何阶段的猪，但因大豆饼（粕）中粗纤维含量较多，多糖和低糖类含量较高，哺乳仔猪体内无相应消化酶，加上大豆饼（粕）中还存在一定量的抗原性蛋白质，如大豆球蛋白、伴大豆球蛋白，在乳猪的免疫系统尚未发育完善时，可引起过敏性肠黏膜损伤和腹泻，故在人工乳料或教槽料中，应限制大豆饼（粕）的用量，以小于 10% 为宜。乳猪宜饲喂熟化的脱皮大豆粕或去皮膨化豆粕为宜，可减缓腹泻，并能提高乳猪的生产性能和饲料利用率。目前研究认为，大豆饼（粕）经乙醇处理（70%~80%，75 ℃）或膨化处理可减少抗原活性，提高乳猪对大豆蛋白质的利用率。去皮膨胀豆粕是在去皮豆粕生产的溶剂浸提工艺前增加了一道膨胀工艺（利用膨胀机的水分、温度、压力和机械剪切力的综合作用，基本与膨化的作用相仿）所生产的一种豆粕。由于膨胀处理后的豆粕发生了一系列的物理、化学性变化，诸如蛋白质变性、有毒成分及微生物的失活等，从而提高了膨胀豆粕的消化率，降低了抗营养因子含量，还减少了饲料中携带细菌、霉菌及粉尘的数量，作为教槽料和断奶仔猪饲料使用，可提高仔猪的生产性能和饲料转化率。陈昌明等（2004）在 24 日龄断奶仔猪饲粮中添加去皮膨胀豆粕，制成去皮膨胀豆粕用量达到 29.36% 的无鱼粉饲粮，结果仍获得了与含 5%~6% 鱼粉相同或稍好的生产性能。

（3）发酵豆粕　发酵豆粕是利用微生物将豆粕发酵，将大豆蛋白分解为小分子蛋白和小肽，并将豆粕中的抗营养因子分解；同时，在发酵过程中可产生乳酸杆菌、酵母菌等多种益生菌，这些益生菌可以改善断奶仔猪的胃肠道微生物区系，促进肠道中有益菌的繁殖，能改善消化道的微生态环境。另外，酵母等微生物的细胞壁（葡聚糖）具有免疫增强作用，故可提高仔猪的免疫力，减少肠道疾病的发生。而且发酵豆粕具有天然的乳香味、醇香味和甜酸味，口感好，可提高采食量，有利于仔猪生长。所以发酵豆粕是一种比普通豆粕更优质的低抗原蛋白质饲料，尤其适合用作幼龄仔猪的蛋白质补充饲料，在饲粮中的用量为 1.8%~25%，可全部替代鱼粉（5%）或乳清粉（5%）或代乳粉而生产性能不下降，但如果部分替代鱼粉和乳清粉，则饲养效果更好，能提高饲料采食量（4.3%）、日增重（2.3%~10.8%）和经济效益（3.7%）。用 8% 发酵豆粕替代 4% 乳清粉和 4% 鱼粉（60%CP），仔猪的日增重和料肉比略优于对照组，不过差异不显著，但极显著地降低了增重的饲料成本。还有试验表明，当发酵豆粕的用量超过 10% 时，可适当减少抗生素类药物的用量。Kiers 等（2003）报道，在断奶仔猪日粮中用发酵豆粕替代 20% 普通豆粕，结果发现仔猪日增重、日采食量和饲料转化率分别提高了 20.96%、11.66% 和 8.33%，且仔猪的腹泻率明显降低。陈文静

（2004）报道，在仔猪日粮中添加17%发酵豆粕，结果发现仔猪小肠绒毛高度提高了3.73%，隐窝深度降低了14.67%，肠壁厚度降低了7.38%。由于生产发酵豆粕的工艺、菌种、用于生产的原料质量不同，发酵豆粕的蛋白质含量和氨基酸组成、益生菌的含量、小分子肽所占的比例、各种酶的构成和活性、维生素的含量及抗营养因子的残留等在不同的产品之间有很大差别，因此也影响其在饲粮中的最适比例和饲喂效果，使用者要选择生产工艺先进、质量稳定的厂家生产的发酵豆粕产品，并要在使用前做梯度试验以确定在不同饲粮中适宜的用量。此外，也要注意发酵豆粕的潜在安全问题，主要是原料豆粕是否发霉变质及在发酵过程中是否被有害杂菌污染。

（三）优质能量饲料原料的选择与使用

能量饲料是指干物质中粗纤维含量低于18%和粗蛋白低于20%的谷实类、油脂类及糠麸类等，现场养猪生产主要以谷实类饲料为主，其次是糠麸类和油脂类饲料。谷实类及糠麸类饲料，一般每千克饲料中含消化能在10 MJ以上，消化能高于12.5 MJ者属于高能量饲料，如油脂类饲料。谷实类饲料常用的有玉米、大麦、小麦、燕麦、稻谷和高粱等，现代养猪生产主要以玉米为主要原料用来配制饲粮。现代仔猪生产常用的能量饲料原料主要是玉米、乳糖和乳清粉及油脂类饲料等。

1. 玉米

（1）玉米的营养成分 玉米是现代养猪生产中最主要的一种能量饲料，具有很好的适口性和消化性。由于含淀粉多，消化率高，每千克干物质含代谢能13.9 MJ，粗纤维含量较少，且脂肪含量可达3.5%~4.5%，是大麦或小麦的2倍，所以玉米的可利用能高，是谷实类饲料中最好的能量饲料，常作为衡量某些能量饲料能量价值的基础。而且玉米中亚油酸含量也是谷实类饲料中最高的，可达2%，占玉米脂肪含量近60%。亚油酸（十八碳二烯脂肪酸）不能在动物体内合成，只能靠饲料提供，是必需脂肪酸。猪缺乏亚油酸时，繁殖机能受到破坏，生长受阻，皮肤发生病变。猪日粮中要求亚油酸含量为1%，如果玉米在猪日粮中的配比达到50%以上，则仅玉米就可满足猪对亚油酸的需要。此外，玉米蛋白质含量低，一般含量在8.6%左右，蛋白质中氨基酸组成不平衡，特别是赖氨酸、蛋氨酸及色氨酸含量低。玉米维生素A和维生素E的含量高，但几乎不含有维生素D、维生素K。水溶性维生素中以维生素B_1较多，维生素B_2及烟酸较少。玉米中还含有β-胡萝卜素、叶黄素等，主要是黄玉米含有较多的胡萝卜素及维生素E。玉米中80%的矿物质存在于胚芽中，其中钙仅为0.02%，磷为0.25%，其大部分为难以吸收的植酸态磷。

（2）使用玉米配合饲料时要注意的问题 玉米在饲料配方中使用量最大，一般大于50%，但饲用过多会使肉猪、种猪的脂肪加厚，降低瘦肉率和种猪的繁殖力。实际上由于玉米的蛋白质含量少、品质差，常量元素和微量元素及维生素等含量也很低，均不能满足猪的营养需要。尽管玉米主要用于提供能量，而且提供蛋白质占配合饲料中总蛋白质的1/3左右，但由于玉米的赖氨酸和色氨酸含量低，因此，玉米并非优质的蛋白质来源，故在配合饲料中应注意这些氨基酸的平衡，特别要注意补充赖氨酸等必需氨基酸。近些年，培育的高蛋白质玉米、高赖氨酸等饲用玉米，营养价值更高，饲喂效果更好。如中国农业科学院作物研究所选育的中单9409，解决了优质蛋白玉米的质优与高产、抗病力的矛盾问题，产量比普通玉米高8%~15%，赖氨酸与色氨酸含量提高50%左右，并提高了亮氨酸与异亮氨酸比值及总尼克酸、游离尼克酸含量。由于玉米含钙少，含磷偏低，饲喂时必须补充钙和磷。因此，在以玉米为主的配方中，应权衡各种矿物质微量元素的实际可利用量补充。

（3）提高玉米饲喂效果的措施 玉米经膨化处理后，其中的淀粉 α 化程度达 92% 以上，提高了玉米的消化率，特别对断奶仔猪具有提高采食量、消化率，减少下痢均具有良好效果。王潇等（2005）研究了 26~54 日龄断奶仔猪饲粮中不同添加量的膨化玉米，对其生长性能和消化率的影响，结果如表 2-13 所示。从表中可见，添加膨化玉米可以提高日粮粗淀粉和有机物的消化率，从而也提高了断奶仔猪的日增重，降低了料肉比，而且随着膨化玉米添加量的增加，效果更好。现代养猪生产中对断奶仔猪或哺乳期仔猪使用膨化玉米，虽然成本有所提高，但带来的效益是可见的。

表 2-13 不同添加量的膨化玉米对断奶仔猪（25~54 日龄）生长性能和养分消化率的影响

项 目	试验Ⅰ组	试验Ⅱ组	试验Ⅲ组	试验Ⅳ组
生玉米占配合饲料比例（%）	60	40	20	0
膨化玉米占配合饲料比例（%）	0	20	40	60
始重（kg）	6.91	6.93	6.90	6.90
平均日增重（g）	417	424	431	472
平均日采食量（g）	668	687	706	693
料肉比（0~14 d）	1.61	1.43	1.41	1.27
料肉比（2~28 d）	1.61	1.62	1.41	1.48
有机物消化率（%）	80.56	80.46	83.70	82.85
粗淀粉消化率（%）	84.56	85.96	86.63	88.12

资料来源：王潇等（2005）。

（4）霉变玉米的危害 玉米发霉变质的原因是玉米胚大，玉米胚部几乎占全粒体积的 1/3，吸湿性强，带菌量大，容易酸败。玉米胚部富含营养，并有甜味，可溶性糖含量较大，易感染虫害，也加快了玉米霉变的程度。在玉米收获季节，一般新收获玉米的水分在 20%~35%，玉米难以充分干燥，使储藏稳定性大大降低，极易导致霉变。

霉变玉米的霉菌生长需要适合的温度、湿度、氧气及能源。当湿度大于 85%，温度高于 25 ℃时，霉菌就会大量迅速生长，并产生毒素。霉变玉米产生的毒素主要有黄曲霉菌、赤霉烯酮、伏马霉素及呕吐霉素等。其危害主要表现在以下几个方面：一是产生有毒的代谢物，改变饲料的营养成分，降低猪对养分的利用，可使养分利用率最少下降 10%；二是造成饲料适口性差，猪采食量减少，呕吐、甚至拒食饲料；三是降低猪的生长速度和饲料利用率；四是造成猪免疫抑制，抗病能力下降；五是种猪生殖系统被破坏，繁殖力低下甚至失去生殖能力，中毒严重时母猪导致流产；而且中毒严重猪无论大小，可导致死亡。

2. 油脂类饲料

（1）油脂类饲料分类 能量通常是影响断奶仔猪生长的第一限制性营养因子，仔猪日粮应维持较高的能量浓度，一般为消化能 14.7~15.5 MJ/kg。要达到这样的高能水平，必须向仔猪饲料中添加油脂，或在饲料配方中使用较高比例的膨化全脂大豆（消化能 17.72 MJ/kg，代谢能 15.79 MJ/kg）。脂类包括脂肪和油，是一类具有相同一般化学结构和性质的化合物。

油脂是能量含量最高的饲料，其能值为淀粉或谷实饲料的 3 倍左右。饲用油脂有动物性和植物性油脂。与动物性油脂相比，植物性油脂含有较多的不饱和脂肪酸（占油脂的 30% ~ 70%），而且有效能值高，代谢能可达 37 MJ/kg。现代仔猪生产以植物性油脂为好，如大豆油、玉米油、花生油、椰子油等。

（2）脂肪的主要生物学功能　　脂类是生物膜的组成部分，是动物体内能量储存的形式。猪体内多数脂肪是作为长期的能量储备，摄入的能量超过需要时，多余的能量则主要以脂肪的形式储存在体内。生理条件下脂类含能是蛋白质和碳水化合物的 2.25 倍左右。直接来自饲料或体内代谢产生的游离脂肪酸、甘油酯，都是动物维持和生产的重要能量来源。现代仔猪生产中常基于脂肪适口性好、含能高的特点，用补充脂肪的高能饲粮来提高生产效率，即仔猪的成活率和断奶重。饲粮脂肪作为供能营养素，热增耗最低，而且消化能或代谢能转化为净能的效率比蛋白质和碳水化合物高 5% ~ 10%。在仔猪饲料中添加脂肪可提高小肠对碳水化合物和蛋白质的消化率。这是由于脂肪酸可直接沉积在体脂内，使得由饲粮脂肪合成脂肪的效率大于碳水化合物和蛋白质的效率，从而可减少消化过程中的能量消耗，使饲粮的净能增加。同时由于饲粮中添加脂肪后，能使食糜通过胃肠道的速度减慢，这样可提高小肠对碳水化合物和蛋白质的消化率。除简单脂类参与体组织的构成外，多数脂类，特别是磷脂和糖脂是包裹细胞和细胞器的生物膜的重要组成部分。此外，脂类可作为脂溶性维生素和类胡萝卜素的溶剂而有效促进其吸收与转运。磷脂分子中既含有亲水的磷酸基团，又含有疏水的脂肪酸链，因而具有乳化剂特性。动植物体中最常见的磷脂是卵磷脂，用作幼小哺乳动物代乳料中的乳化剂，有利于提高饲料中脂肪和脂溶性营养物质的消化率，促进生长。

（3）脂肪对幼猪的作用　　脂肪对哺乳仔猪正常生长和发育起着至关重要的作用，脂肪是哺乳仔猪能量的主要来源。仔猪出生时体脂肪储备很低，而此阶段合成脂肪又受到限制，母乳中的脂肪成为仔猪体脂肪沉积的唯一来源，哺乳仔猪体脂肪的增长完全依赖于所吸收的母乳脂肪量。饲料中的脂肪通常用乙醚浸出法测定，因为乙醚浸出除脂肪外，还包括能溶于乙醚的所有脂溶物质，称之为粗脂肪。粗脂肪可根据其结构不同分为真脂肪和类脂肪两大类。真脂肪即中性脂肪，含有碳、氢、氧 3 种元素，由 1 分子甘油和 3 分子脂肪酸组成，又称为甘油三酯。脂肪酸根据碳链的长度分为短链、中链和长链脂肪酸 3 种。中链脂肪酸由于其具有独特的营养代谢过程，为幼小动物能量不足的补充提供了可能，同时具有抗菌和改变消化道结构等的作用，近些年来受到动物营养学家及养猪生产者的关注。中链脂肪酸水溶性好，不需要胆盐乳化即可被胰脂酶水解。即使是缺乏胆盐或胰脂酶的初生仔猪，中链脂肪酸甘油三酯也可直接吸收进入小肠上皮细胞内，经脂肪酶完全水解成中链脂肪酸及甘油。中链脂肪酸具有在体内消化利用不受限制的特点，能被初生仔猪有效利用，同时还因其氧化供能效率高以及超能量效应等优势，故可作为仔猪的一个有效能源。谢世俊（1997）用 140 头仔猪的试验证明，仔猪出生后 12 d 内及 12 ~ 36 d 分别投喂中链甘油三酯各 4 mL（体重小的 2 mL），可提高仔猪增重与成活率。仔猪断奶的能量负平衡的重要营养措施是提高断奶日粮的能值。由于脂肪能量浓度高，适口性好，为此，动物营养学家将脂肪添加到断奶仔猪日粮中，以解决能量不足的问题。有些学者研究了脂肪添加的类型、添加量以及仔猪不同断奶日龄、断奶后不同时间的日粮中添加脂肪的效果。苏继影等（2006）总结了饲料中添加脂肪对仔猪增重效果的影响，见表 2-14。其中多数研究认为，日粮中添加脂肪可以提高断奶 2 周后仔猪的生产性能，但 2 周内的效果不明显。

表 2-14　不同类型脂肪及添加量的饲喂效果

脂肪类型及添加量	断奶日龄	效果			作　者	资料来源
		1~2周	3~4周	1~4周		
牛油8%	21	-	+	-	K. Pcera 等（1989）	J. Anim. sci. 67：2048-2059
豆油前期10%，后期5%；椰子油前期10%，后期5%；猪油前期10%，后期5%	21	-	+	+	李德发等（1990）	J. Anim. sci. 68：3694-3764
豆油前期10%，后期5%；牛油前期10%，后期5%	21	-	-	-	D. B. Jones 等（1992）	J. Anim. sci. 70：3473-3482
饲料级动物脂肪2.5%，5.0%	26	+	+	+	C. R. Dove 等（1992）	J. Anim. sci. 805-810
棕榈油、豆油、牛油各4%			+	25	陈匡辉等（1997）	江西农业大学学报，19（4）：25-28
豆油3%	38	-	-	-	石兆山等（1997）	山东畜牧兽医，3：12-14
猪油3%	28	+			石旭东（1997）	中国畜牧杂志，33（3）：46
动物脂肪5%	21				S. S. Brown（1998）	J. Anim. sci. 81：168

（4）影响仔猪日粮中添加脂肪生产效能的因素　关于断奶仔猪日粮中添加脂肪的效果的报道，结果不一致。多数研究认为，日粮中添加脂肪可以提高断奶2周后仔猪的生产性能，但2周内的效果不明显（表2-13）。有研究者认为，仔猪对油脂的消化率取决于脂肪酸碳链的长短和不饱和程度，断奶仔猪对短链不饱和脂肪酸消化率最高。Braude 等（1973）发现，脂肪酸的吸收速度与碳链长度呈负相关，碳链越短，越易消化吸收。Chiang 等（1990）认为，中短链脂肪酸比长链脂肪酸易吸收。在常见油脂中，椰子油含中链不饱和脂肪酸最多（8~12C占72%），豆油和玉米油主要是长链不饱和脂肪酸（18C：1，18C：2占76%~80%），猪油和牛油则以长链饱和脂肪酸为主（仅16C：0和18C：0就占30%~33%）。可见以上各油脂消化率以椰子油最高，豆油和玉米油次之，猪油和牛油最差。同时，脂肪的消化率也与其利用胆汁酸盐形成乳糜微粒的难易程度直接相关。短链脂肪酸对乳糜微粒的亲和力大，由甘油三酯水解而来的短链脂肪酸也能直接被快速吸收入血。长链不饱和脂肪酸亦容易形成乳糜微粒，后者又有助于富含长链饱和脂肪酸脂肪的乳化作用。因此，饲粮中添加动物、植物混合油的效果好于单独添加动物油。研究还证明，新生和断奶仔猪很难消化饲料脂肪，而哺乳仔猪能够很好地消化母猪乳脂，这是母乳中的磷脂在起作用。基于这些研究结果，在早期断奶仔猪饲料中开展使用富含短链不饱和脂肪酸，并经磷脂乳化的特制脂肪粉。此外，有试验证实，使用混合油脂比单一油脂效果好。仔猪对油脂消化还与周龄及断奶后时间有关。Joachim（1997）报道，22~25日龄仔猪对脂肪消化率只有50%~60%，在断奶后3~4周，随着消化道的发育和胆汁的分泌增多，脂肪消化率可达70%~80%。这说明随日龄增加，仔猪对油脂消化率增加。Mahan（1991）报道，在断奶仔猪饲粮中添加3%、6%、9%的椰子油和豆油，对前2周生产性能都没有影响，而能提高后2周及全期的日增重

和饲料利用率，且添加油的比例以 6% 为宜。由于仔猪在断奶后 2 周内不能有效利用油脂，在开食料中宜采用低水平油脂，目的是可提高制粒效果及改善适口性。

（5）提高饲料中脂肪利用率的几个措施　研究表明，为了提高饲料中脂肪利用率，可采取以下几项措施。其一，添加高剂量铜。研究证实，在仔猪日粮中加入高剂量铜，可改善仔猪对脂肪的利用，提高饲料转化率，促进仔猪的生长。目前认为，铜影响脂肪利用效果的作用机理有 3 个方面：一是铜可作为某些消化酶的激活剂，提高消化酶的活性。二是铜具有抑菌作用。铜可降低胃液 pH 值，抑制胃内病原菌的繁殖，提高胃肠消化吸收能力。三是铜可促进卵磷脂的合成。磷脂是脂肪酸吸收过程中必不可少的物质，铜缺乏时，磷脂的合成受到损害，影响脂肪的吸收利用。许梓荣（1999）发现，添加 240 mg/kg 的硫酸铜，仔猪日粮的消化率较对照组提高 31.0%，添加 50 mg/kg 酪蛋白铜组提高 29.1%。其二，添加肉碱。肉碱有 L 和 D 两种旋光异构体，在动物体内只有 L-肉碱具有生理活性。L-肉碱在哺乳动物脂肪酸代谢中起重要作用，将长链脂肪酸由线粒体外膜转运进线粒体内膜进行 β-氧化，所以仔猪体内肉碱的水平对脂肪的代谢至关重要。在动物体内 L-肉碱通过赖氨酸的甲基化合成，初生仔猪与断奶不久的仔猪也可以自身合成，但合成量不能满足自身新陈代谢的需要，可在仔猪料中适当添加 L-肉碱将有利于脂肪的消化。史清河（2001）向大白仔猪饲粮中添加 L-肉碱，结果表明，随肉碱添加量的增加，仔猪的日增重及饲料转化率均随之提高，对胃肠道疾病的抵抗力增强，死亡率下降。但也有试验表明，在仔猪日粮中添加肉碱时要考虑到日粮赖氨酸水平，其效果也与仔猪日龄或体重等有关。其三，添加胆碱。胆碱属于 B 族维生素，是动物细胞中磷脂的重要组成部分，能促进磷脂合成，在脂肪代谢过程中还起到提供甲基的作用。胆碱的缺乏会使脂肪代谢受到阻碍，降低脂肪的吸收利用效率。此外，胆碱还参与氨基酸的再构成，提高氨基酸尤其是蛋氨酸的利用率，具有促进动物生长的作用。林映才等（2002）试验发现，添加 350、500、650 和 850 mg/kg 的胆碱，断奶仔猪脂肪酶活性极显著高于基础日粮组（$P<0.01$），就是添加 200 mg/kg 组也显著高于基础日粮组（$P<0.05$），表明了各组仔猪的生产性能均高于基础日粮组。其四，脂肪的乳化和乳化脂肪的应用。饲料工业上常见的乳化剂主要有磷脂类、脂肪酸酯、氨基酸类和糖苷酯类，通常也使用胆汁酸盐类乳化剂。商品化的乳化剂产品通常将几种乳化剂按照合适的比率组成复合乳化剂。乳化剂除了可直接加入饲料以外，还可用于生产乳化油脂及脂肪粉，再用于饲料生产。乳化剂能将饲料中的油脂乳化，使油脂能溶解在动物肠道内的水环境中，从而促进其消化吸收。为此，添加乳化剂或直接使用乳化油脂已成为提高油脂消化率的一个手段。试验表明，仔猪饲料中同时添加脂肪和乳化剂，可明显提高饲料脂肪及能量的消化率、促进仔猪增重、改善饲料利用率。Reis S T 等（1995）研究表明，在仔猪含牛油日粮中添加卵磷脂和脑磷脂（添加量为牛油量的 10%）时，日粮中脂肪的消化率由 80.9% 分别提高到 88.4% 和 83.9%，提高了日粮能量的利用效率。断奶仔猪日粮中用 5% 的大豆卵磷脂代替 2.1% 的大豆油，在能量、蛋白质等主要营养成分含量相同的情况下，平均日增重可提高 6.8%，节约饲料 5.4%。

（6）饲料中添加脂肪应注意的事项　一是要防止饲料中的脂肪水解。微生物产生的脂酶可催化脂类水解，虽然这类水解对脂类营养价值没有影响，但水解产生的某些脂肪酸有特殊异味或酸败味，影响适口性。动物营养中把这种水解看成是影响脂类利用的因素。在油脂及饲料的储存中应注意防止此类水解发生。二是防止饲料脂肪的氧化酸败。氧化酸败既降低脂类营养价值，又产生不适宜气味。脂类氧化酸败会影响饲料适口性，破坏抗氧化剂和维生素 E，降低赖氨酸的利用率，还能损伤肠道，破坏细胞结构和功能，影响仔猪的免疫功能，降低仔猪的生产性能。因此，饲料贮存过程中应防止脂肪的氧化酸败，增加饲料中抗氧化物质的用量。三是要合理配用动植物脂肪。为提高固态脂肪的利用率，对生长育肥猪通常配合动物脂肪与植物脂肪，其比例以 1：（0.5～1）为宜。对玉米-大豆型含不饱和脂肪酸高的日粮，应侧重添加动物性脂肪，对大麦型和小麦型的基础日粮，应侧重增加植物油类。四是饲料中增加脂溶性维生素（维生素 A、维生素 D、维生素 E、维生素 K）时，必须相应地增加脂肪添加量，以保证脂溶性维生素被机体消化吸收。五是猪饲料中不宜长期添加高量脂肪。一般认为，饲料中脂肪含量 1.5% 即可满足猪对必需脂肪酸等的需要，若长期饲喂添加脂肪量超过 5% 的混合料，易引起腹泻甚至患病。

3. 乳糖和乳清粉

仔猪胃酸分泌能力弱，一般要到 8 周才能有较完整的胃酸分泌能力。由于乳糖可发酵产生乳酸，降低肠道 pH 值，抑制病原微生物，而且乳糖对断奶仔猪的作用在于其甜度高、适口性好、易于消化，更主要的是乳糖能被酵解产酸来维持仔猪的肠道健康。因此，乳糖以及能提供乳糖的乳清粉在仔猪日粮的设计中被大量使用。一般建议在 2.2～5 kg 仔猪日粮中乳糖的使用量为 18%～25%，5～7 kg 和 7～11 kg 添加 15%～20%。乳清粉的用量一般为 6%～15%。

（四）安全高效的饲料添加剂选择与使用

1. 抗菌类药物

（1）仔猪饲料中添加抗菌类药物的意义　抗菌类药物以低水平（亚治疗剂量）添加到饲料中，用以促进生长、降低发病率和死亡率。特别是实行早期断奶的仔猪由于应激反应的影响普遍产生生理机能紊乱现象，这对仔猪饲料提出了较高的要求。仔猪饲料必须能有效地增强仔猪对疾病的抵抗力和促进仔猪健康生长，在饲料中添加饲用抗生素是一个有效、直接、经济的方法。因此，科学地选择应用饲用抗生素是提高仔猪饲料质量的一个重要措施。

（2）抗菌类药物对仔猪的作用　自从 1949 年美国首次发现抗生素和杀菌剂对畜禽具有促生长作用后，迅速在全世界广泛应用。试验表明，抗菌类药物在幼龄动物饲料中添加，确实能产生明显的经济效益。尤其是在中等饲养管理水平条件下，猪、鸡饲料中每吨添加 10～30 g 饲用抗生素，增重效果比对照组提高 7%～15%，饲料转化率提高 6.6%～15%。抗菌类药物对仔猪的作用主要有两个方面。其一，能有效地降低仔猪患病机会，减少死亡率。抗菌类药物能干扰病原微生物的细胞壁合成，损伤菌体的细胞膜，影响菌体的蛋白质合成及影响核酸合成，从而能有效地抑制和杀灭病原微生物。仔猪对病原微生物的抵抗力差，抗菌类药物能有效地抑制和杀灭进入仔猪消化道中的病原微生物，增强仔猪的抵抗力，降低仔猪患病机会，并减少因病原微生物感染而导致仔猪死亡。一些试验表明，使用抗菌类药物，能降低仔猪腹泻率 50% 以上，减少死亡率 10%～30%。其二，促进仔猪生长发育，提高饲料利用率。抗菌类药物除能有效地抑制和杀灭病原微生物外，还能促进脑下垂体分泌激素，促进机体生长发育，并对仔猪的免疫系统有一定的激活作用；抗菌类药物还能使仔猪肠壁变薄，有利于营养物质的吸收；同时能促进仔猪的食欲，增加采食量，延长饲料在消化道中的消化吸收时间，从而能有效地提高饲料利用率。汪明等（1997）报道，在仔猪饲料中添加 100 mg/kg 泰乐菌素，比对照组日增重增加 34.4%，料肉比降低 12.7%。

（3）仔猪饲料添加抗菌类药物的选用要求　随着人们对食品安全和环境质量的要求越来越高，加上抗生素具有无法克服的弊端，在欧洲乃至全球呼吁反对使用抗生素的浪潮日益高涨。世界卫生组织成立抗生素慎用联盟，越来越多的国家采取立法手段禁止滥用抗生素，欧盟国家目前已开始使用无抗生素饲料。根据抗菌类药物几十年的使用情况，仔猪饲料抗菌类药物的合理使用有以下几条要求。其一，选用稳定、高效的抗菌类药物。由于仔猪饲料一般要求较高的调质温度，因此，选用的抗菌类药物应是化学成分稳定、不易分解且对病原微生物的作用敏感高效。特别是选用的抗菌类药物一定要符合我国《兽药管理条例》《饲料和饲料添加剂管理条例》等有关法规的使用规定。其二，选用抗菌谱广的药物。每种抗菌药物都有一定的抗菌谱，抗菌谱越广就对越多的病原微生物敏感和有效。仔猪由于其免疫系统不健全，免疫力较低，因而自身对多种病原微生物都缺乏抵抗力，而周围环境和饲料中多种病原微生物都可能同时存在，因此，选用抗菌谱广的药物，其抗菌范围较广，更能有效地保障仔猪健康生长发育。如能了解当地疫情，也可有针对性选用对该病原微生物高度敏感的广谱抗菌药物。生产实际中，一般情况还是选用广谱抗菌药物或联用以增大抗菌谱为好。其三，根据饲养环境选用。抗菌类药物对仔猪的作用效果与饲养环境和条件有密切的关系。一般饲养环境条件差的养殖场地比饲养环境好的场地作用效果显著。另外，病原微生物可能对经常性使用的抗菌药物产生耐药性，因而影响其作用效果。因此，在饲养环境较差的场地，应选用有较广抗菌谱和较强抗菌力的药物，才可能产生较好的作用效果。而饲养环境好的养殖场地，病原微生物的种类和数量都少，也较少有耐菌株存在，因而选用常规药物（如土霉素、金霉素等）就能产生较好的作用效果，而无需选用价高的药物。

（4）仔猪饲料中正确使用抗菌药物法　一是遵守法规规定，不可滥用抗生素。我国对使用饲用抗生素添加剂都有明确的法规规定及规范要求，而且对颁布的法规及规范等还不定期地进行修正，作为现代养猪生产者和管理者，除有一定的业务技术水平外，还要遵守国家有关法规和规范性文件的规定要求，严格按国家规定执行使用饲用抗生素添加剂，谨慎使用抗生素，限制使用对象、使用剂量、使用期限等，不可滥用抗生素，否则将会受到法律的惩罚。生产中尽量不用或少用兽医临床治疗用的抗生素作饲料添加剂，凡一种抗生素能控制病情的就不用两种；凡用窄谱抗生素有效的就不用广谱抗生素。所选的抗生素应该具有抗病原活性强、毒性低、安全范围大、无"三致"等副作用。二是严格规定和控制使用期及停药期。大多数抗生素在动物体内的代谢时间为3~6 d，因此严格按照停药期的规定停药，可以解决饲用抗生素残留的问题。在育肥猪后期应禁止使用抗生素，以避免药物残留。三是按规定使用剂量和使用范围。因为饲用抗生素的添加属低剂量长期使用，所以使用时应按规定剂量添加，不允许超量使用。四是轮换用药。在使用一种饲用抗生素一段时间后及时更换另一种抗生素，能有效地避免其产生耐药性。五是配合用药。根据不同抗生素的药物代谢特点，可将它们低剂量配合使用，充分发挥其协同作用，增强药效。但要注意的是，不能同时使用有拮抗作用的两种或两种以上的饲用抗生素，也不可在同一种饲料中，使用同一类的两种或两种以上的饲用抗生素。六是严禁使用人用抗生素。将饲用、兽用和人用抗生素区分开，做到饲用抗生素促进动物生长和预防疾病，兽用抗生素治疗疾病，严禁使用人用抗生素作饲用和预防治疗猪病。七是提高效果，综合使用。抗菌类药物和高浓度的铜（125~250 mg/kg）以及有机酸合用都有协同作用，能综合提高抗菌效果、促进仔猪生长发育以及提高饲料利用率。因此，在使用抗菌类药物的同时，应综合考虑与其他饲料添加剂合用，以最大限度发挥饲用药物添加剂的作用。八是稀释预混，均匀使用。抗菌类药物用量一般每吨饲料中添加都是几克到几十克，因此，在使用过程中一定要稀释均匀。使用抗菌类药物最好选用商品化的预混剂，如用原料先稀释预混后再添加。还要经常检查混合机的性能及定期检测饲料混合均匀度，以确保饲料混合均匀度达到规定的标准。

2. 饲用酶制剂

饲用酶制剂是一类以酶为主要功能因子，采用微生物发酵，通过特定生产工艺加工而成的饲料添加剂。在猪饲料中应用，其目的是提高营养物质的消化利用率，降低抗营养因子含量或产生对动物有特殊作用的功能成分。

（1）酶制剂的种类　酶制剂种类很多，根据组成特点，可分为单酶制剂和复合酶制剂。

① 单酶制剂。指特定来源催化一种底物的酶制剂，分为消化酶和非消化酶。消化酶，也称内源酶，畜禽体内能够合成，并非来自消化营养物质，但因为某种原因却需要强化和补充的酶类，主要包括蛋白酶、脂肪酶、β-淀粉酶和糖化酶等。

非淀粉酶，也称为外源酶，包括纤维素酶、半纤维素酶、β-葡聚糖酶、果胶酶等。

② 复合酶制剂。指能催化不同底物的多种酶混合而成的酶制剂。目前，国内外饲用酶产品主要是复合酶制剂。

（2）酶制剂的功能和作用

其一，提高饲料营养物质利用率，节约饲料。猪在不同时期对酶的需求和利用存在差异，仔猪断奶阶段，体内淀粉酶、胃蛋白酶和胰蛋白酶等含量较低，此时，外源消化酶可以补充内源酶的不足，降低腹泻率，增强仔猪对营养物质的消化和吸收能力，完善其消化道发育。研究表明，仔猪 49 日龄前，在日粮中添加酶制剂，可弥补其内源消化酶的不足，促进营养物质的消化吸收，减少因消化不良引起的腹泻现象。此外，酶制剂作为一类功能复杂的生物活性蛋白，能够打破细胞壁对营养物质的束缚，有利于细胞内容物淀粉、蛋白质和脂肪等养分从细胞中释放出来，使之能充分与相应的消化道内源酶相互作用，从而提高饲料的消化利用率，达到节约饲料的目的。由此可见，酶制剂能从饲料原料中释放出额外的营养物质，如果在设计饲料配方时，将此部分额外营养物质的量考虑进去，这无疑可以降低日粮本身的营养浓度，有可能降低排泄物中的营养物质浓度，也有可能降低饲料成本。但如何确定酶制剂释放营养物质的能力，直接制约着其在饲料配方时是否被考虑，都有待进一步深入研究。

其二，降解饲料中的抗营养因子和有毒有害物质，提高饲料营养价值。猪饲料中存在许多抗营养因子（ANFS），如植酸、植物凝集素、蛋白酶抑制因子等，均不能被猪内源酶降解，从而降低猪对饲料的利用率。几种饲料原料的抗营养因子或难于消化的成分如表 2-15所示。酶制剂可部分或全部消除抗营养因子造成的不良影响，促进饲料消化吸收，提高猪的生产性能。如植酸酶能分解植酸和矿物质形成的络合物，提高矿物质和蛋白质等的利用率。饲料中也存在多种有毒有害物质，脱毒酶可降低或消除部分毒性的作用；酯酶可裂解玉米赤霉烯酮的内酯环，生成无毒降解产物被消化或排出体外。

表 2-15　几种饲料原料中的抗营养因子或难于消化的成分

饲料原料	抗营养因子或难于消化的成分
小麦	β-葡聚糖、阿拉伯木聚糖、植酸盐

（续表）

饲料原料	抗营养因子或难于消化的成分
大麦	阿拉伯木聚糖、β-葡聚糖、植酸盐
黑麦	阿拉伯木聚糖、β-葡聚糖、植酸盐
麸皮	阿拉伯木聚糖、植酸盐
高粱	单宁
米糠	木聚糖、纤维素、植酸盐
豆粕	蛋白酶抑制因子、果胶、果胶类似物、α-半乳糖苷低聚糖、杂多糖
菜籽饼	单宁、芥子酸、硫代葡萄糖苷
羽毛粉	角蛋白
燕麦	β-葡聚糖、木聚糖、植酸盐
稻谷	木聚糖、纤维素
青贮饲料、秸秆	纤维素、木聚糖、果胶

注：引自陈代文主编《饲料添加剂学》，2003。

（3）饲用酶制剂在断奶仔猪饲粮中的应用　饲用酶制剂用于断奶仔猪，能够提高胃内消化酶的浓度，降低 pH 值，促进蛋白质的消化吸收，保持胃内酸度可促进机体酸菌的繁殖，保持机体健康，减少腹泻，增强机体抵抗力，具有显著的效果。

付广水等（2010）在杜长大三元杂种断奶仔猪的玉米–豆粕型基础饲粮中分别添加 0.05%、0.1%和 0.15%的复合酶制剂（含酸性蛋白酶、中性蛋白酶、α-淀粉酶、糖化酶、β-葡聚糖酶、β-甘露聚糖酶和木聚糖酶），平均日增重分别提高 8.82%、15.06%和 11.53%；料重比分别降低 6.77%、10.53%和 8.27%；仔猪饲料纤维和磷的消化率得到明显改善，腹泻率显著降低，综合分析，以 0.1%添加量效果最佳。

张民等（2010）在体重相近的 PIC 断奶仔猪玉米–豆粕型饲料中添加 100 g/t 复合酶，与对照组相比，日增重提高 8.65%，日采食量降低 5.33%；断奶仔猪腹泻率降低 81.3%；粗蛋白质、能量、粗脂肪、钙、磷的表观消化率分别提高 3.04%、0.99%、12.67%、13.06%、8.46%；粗纤维消化率与对照组相比差异不显著。

3. 酸化剂

酸化剂是指能够提高其他物质酸度的一类物质的总称，是主要用于幼畜日粮以调整消化道内环境的一种饲料添加剂。

（1）酸化剂的种类

① 有机酸化剂。有机酸作为饲料添加剂可分为两大类。第一类是通过降低环境 pH 值，间接降低细菌数量的有机酸，有延胡索酸、柠檬酸、苹果酸、乳酸等。这些有机酸添加到饲料中主要在胃中起作用。第二类是在降低环境 pH 值的同时还可破坏细菌细胞膜、干扰细菌酶的合成，影响细菌 DNA 复制直接抗菌的有机酸，有甲酸（蚁酸）、乙酸（醋酸）、丙酸和山梨酸等。

有机酸还可分为单一酸和复合酸，其中复合酸是几种有机酸和无机酸（多为磷酸）的混合物。不同的有机酸各有其特点，但使用最广泛而且最好的是柠檬酸（我国普遍使用）、延胡索酸（欧洲普遍使用）或甲酸。

② 无机酸化剂，包括强酸，如盐酸、硫酸，也包括弱酸，如磷酸。已有试验表明，硫酸使用基本无效，盐酸使用效果则取决于对日粮电解质平衡状况的影响，磷酸具有日粮酸化剂和作为磷来源的双重作用，因其用量和价格适当而受到生产者的重视。无机酸和有机酸相比，具有较强的酸性及较低的添加成本，但无机酸如果添加剂量较少，则达不到较好的效果，剂量较高，会损害动物的器官和腐蚀饲料加工机械设备。

③ 复合酸化剂，是一种应用较多的酸化剂。由于单一的有机酸和无机酸均有其特定的优缺点，加上各自作用机制有所不同，混合使用可产生互补协同效应来增强使用效果，利用几种特定的有机酸和无机酸混合产生了复合酸化剂。其中异位酸是较早应用在泌乳奶牛中的一种有机酸复合物，它是异戊酸、α-甲基丁酸、戊酸、异丁酸化剂的混合物。与单一酸化剂相比，复合酸化剂具有用量少、成本低等优点，通常添加量在 0.5% 以下，而单一酸化剂的用量在 1%~2%，因而复合酸化剂避免了酸化剂用量过大所引起的适口性下降及腐蚀饲料加工机械设备等问题。由于复合酸化剂能迅速降低 pH 值，保护良好的缓冲值和生物性能及最佳添加成本，优化复合酸是饲料酸化剂发展的趋势。

（2）酸化剂在现代养猪生产中的应用　猪饲料中酸化剂主要应用于仔猪生产，对育肥猪的效果不显著，在母猪饲料中应用可阻断母乳中的大肠杆菌的垂直传播。仔猪早期断奶，由于内源性酸分泌不足，饲料中的乳制品无法满足仔猪的营养需要，导致乳酸产生明显减少，使仔猪肠胃 pH 值升高，降低消化酶活性，胃肠微生物区系混乱，小肠壁形态改变等，从而出现"仔猪早期断奶综合征"。临床表现为食欲减退、消化功能紊乱、腹泻、生长迟缓、饲料转化率低等，死亡率较高。在仔猪饲料中添加酸化剂，可降低胃肠 pH 值，减少断奶应激，从而改善仔猪的生产性能。

早期添加酸化剂为无机酸，但无机酸的作用效果较差，甚至影响仔猪生长性能。研究表明，有机酸能提高仔猪平均日增重、平均日采食量和饲料转化率，并降低仔猪腹泻发生。Giesting 等（1998）在以大豆或以脱脂奶粉为蛋白源的仔猪开食料中添加 3% 的延胡索酸，添加组的采食量提高 5.2%~9.7%，日增重提高 14.2%~41.5%。在早期断奶仔猪日粮中添加柠檬酸、乳酸和磷酸，仔猪腹泻分别降低 12.7%、18.5% 和 11.6%。陈代文等（2005）在以玉米-豆粕为基础日粮的断奶 1~2 周和 3~4 周仔猪的日粮中添加酸化剂，日增重比对照组提高 6.68%~8.33%，料重比下降 4.76%~5.29%，提高了蛋白质、总能、有机物质以及干物质消化率，分别提高 2.08%、0.7%、0.29%、0.22%。邓跃林等（1993）在仔猪饲料中添加 1%、1.5% 和 2% 的柠檬酸，在 25 d 试验期内，使早期断奶仔猪平均增重分别提高 3.7%、6.7% 和 9.2%。研究还发现，日粮中添加有机酸，仔猪在断奶后 1~2 周内效果好，以后逐渐降低。

近些年对有机酸的研究集中在复合酸化剂的应用上，复合酸化剂是各种有机酸按一定比例混合在一起的酸化剂，在提高仔猪生长性能方面效果优于单一的有机酸。王杰等（2010）在 28 日龄断奶仔猪饲粮中添加 0.2% 的复合酸化剂（组成成分为：柠檬酸、延胡索酸、磷酸）进行 3 周的试验。结果表明，添加酸化剂的第 2 周仔猪采食量和日增重最大，添加酸化剂组均能提高仔猪的日增重，这与高山林等（2009）的研究结果相一致。景翠等（2009）在体重 7 kg 左右的断奶仔猪饲粮中添加 0.2%、0.4% 的酸化剂（磷酸、延胡索酸），试验期为 30 d。结果表明，与对照组相比，添加 0.2% 和 0.4% 组仔猪日增重分别提高了 0.75%、11.39%，料肉比降低了 4.27% 和 3.4%。

值得关注的是，仔猪可通过母猪的粪便感染大肠杆菌，引起腹泻或下痢。但母猪饲喂酸化剂饲料后，有助于控制肠道微生物菌群的平衡，母猪粪便中大肠杆菌的数量大幅度降低，从而可减少仔猪对大肠杆菌的感染。Clpeul（2001）报道，妊娠和哺乳期的母猪饲喂酸化日粮19周后，母猪粪便中大肠杆菌数量较未饲喂酸化日粮减少100倍，对仔猪感染大肠杆菌起到了良好的预防作用。

4. 益生素

（1）益生素（Probiotics） 也称活菌制剂、益生菌、生菌剂、饲用微生物添加剂或微生态制剂。其中文名称至今尚无统一规定，对其定义的解释也不尽一致。一般意义上所说的益生菌，与微生态制剂概念的提出密切相关（在国外仍称为益生素）。1965年，益生素一词首先由Lilley和Stillwell最先提出使用的，他们将益生素定义为：由一种微生物分泌刺激另一种微生物生长的物质。1974年美国PakerL提出，益生素是维持肠道内微生物平衡的微生物或物质。Fuller（1989）将其定义为能促进肠内菌群生态平衡，对宿主起有益作用的活的微生物制剂，强调益生菌必须是活的微生物。至今这种定义还被广泛接受。何明清教授（2001）将其定义为：在微生态理论指导下，采用有益的微生物，经培养、发酵、干燥等特殊工艺制成的对人和动物有益的生物制剂或活菌制剂。目前公认较为全面的定义是由Soggaard于1990年提出的，其定义为，益生素是指摄入动物体内参与肠内微生态平衡的，具有直接通过增强动物对肠内有害微生物的抑制作用，或者通过增强非特异免疫功能来预防疾病，而间接起到促进动物生长作用和提高饲料利用率的活性微生物培养物。

（2）益生素的种类和特点 目前应用于养猪业主要的益生菌主要是乳酸菌类、芽孢杆菌类和酵母菌类。

① 乳酸菌类。乳酸菌是一类可以分解糖类产生乳酸的革兰氏阳性菌的总称。在众多的益生菌添加剂中，乳酸菌应用最早、最广泛、种类最多，目前已发现的这一类菌在细菌分类学上有18个属，其中有益菌以乳酸杆菌属、双歧杆菌属为代表。目前应用的乳酸菌主要来源于乳酸杆菌属、乳酸链球菌属和双歧杆菌属的近30种微生物。乳酸菌属肠道正常菌群，厌氧或兼性厌氧，不耐高温，经80℃处理5s可损失70%~80%，但较耐酸，在pH值为3~4.5时仍可生长，对胃中的酸性环境有一定耐受力。乳酸菌能分解饲料中的蛋白质、糖类和合成维生素，对脂肪也有微弱的分解能力，能显著提高饲料的消化率和生物学效价，促进消化吸收。但该菌在生长过程中不形成芽孢，抗逆性差，易失活而难于保存，所以在饲料中添加使用时受到一定限制。目前，有些市场上销售的产品采用微胶囊技术包被，提高了其对环境的适应性和抗逆性，但成本也较高。

乳酸菌主要通过以下几种方式发挥其作用：一是通过脂磷壁酸及菌体分泌的表面蛋白对肠道黏膜细胞产生强大的黏附作用，与肠道厌氧菌共同形成生物屏障，阻止致病菌的入侵；二是与病原菌竞争黏附位点，抑制病原菌在肠道内定植；三是分泌胞外物质，产生抑菌代谢物阻止病原菌及毒素黏附于黏膜上皮；四是发生凝集反应，阻止病原菌入侵感染；五是竞争营养物质。此外，肠道乳酸菌对宿主还具有多种免疫调节作用，促进免疫器官发育，增强机体自身免疫力，刺激特异及非特异免疫应答，促进肠上皮细胞增生，加速损伤上皮的修复等。

乳酸菌通常厌氧或兼性厌氧生长，在动物体内通过生物拮抗、降低pH值、阻止和抑制病菌的侵入和定植，降解氨、蚓哚、粪臭素等有害物质，维持肠道中正常生态平衡。活菌体和代谢产物中含有较高的过氧化物歧化酶，能增强动物的体液免疫和细胞免疫；也能够产生氨基酸、淀粉酶、脂肪酶、蛋白酶等消化酶，从而提高饲料转化率。乳酸菌在动物肠道内的定植具有特异性。研究发现，乳酸菌在动物肠道系统定植，可以抵抗革兰氏阴性致病菌，增强抗感染能力，增强机体肠黏膜的免疫调节活性，促进生长。在哺乳和断奶仔猪饲料中使用能够防治其腹泻，维持肠道正常生态平衡。

②芽孢杆菌类。芽孢杆菌是好氧菌，在一定条件下产生芽孢，耐高温，其芽孢能迅速发芽，发芽率为20%~70%，具有高稳定性，易培养。芽孢杆菌在动物肠道内可迅速繁殖，消耗肠内氧气，使局部氧分子浓度下降，从而恢复肠道内厌氧性正常微生物间的微生态平衡。目前国内外用于畜禽生产的芽孢菌种类较多，主要应用的有枯草芽孢杆菌、蜡样芽孢杆菌、短小芽孢杆菌等。

芽孢杆菌具有以下优势：一是属于好氧菌，进入动物机体后消耗游离氧，利用厌氧微生物生长，从而保持肠道微生态系统平衡。二是芽孢菌能产生多种酶类，促进动物对营养物的消化吸收。其中枯草芽孢杆菌和地方芽孢杆菌具有较强的蛋白酶、淀粉酶和脂肪酶活性，同时还具有降解植物性饲料中复杂碳水化合物的酶，其中，很多酶是哺乳动物在体内不能合成的酶。由于芽孢杆菌具有多种酶活性，能降解饲料中某些较复杂的碳水化合物，而这对体内尚未健全的仔猪更重要。另外，芽孢杆菌的营养体可以分泌复杂的纤维素酶、蛋白酶、淀粉酶等胞外酶系，提高蛋白质和能量利用率。三是在动物体内生长繁殖能产生各种营养物质，如B族维生素，同时可产生有机酸和某些抗菌物质（如枯草菌素），对有害菌有抑制或杀灭作用，增强机体免疫功能。四是在肠道内产生氨基酸氧化酶及分解硫化物的酶类，从而降低血液和肠道中氨的浓度，从而也降低粪便和尿中氮的浓度，改善了饲养环境。五是耐高温、耐酸碱、耐挤压的特点，能够经受颗粒饲料加工的影响，满足饲料加工的要求。

③酵母菌类。酵母菌是一种来源广、价格低、营养丰富、氨基酸比较全面的单细胞蛋白，蛋白质含量高达42%，且富含动物所必需的多种维生素和微量元素。饲用酵母的种类主要有红色酵母、假丝酵母、酿造酵母和啤酒酵母等。

饲用酵母对猪的主要作用：一是具有促生长特性。饲用酵母细胞富含蛋白质、核酸、维生素和多种酶，具有提供养分、增加饲料适口性、加强消化吸收等功能，并可提高猪对磷的利用率。由于饲用酵母具有丰富的营养成分，因此可以部分或者全部替代猪饲料中的鱼粉。二是改善肠道微生态环境。酵母菌是肠道有益微生物，能促进胃肠道中纤维素分解菌等有益菌的繁殖，提高其数量和活力，从而提高动物对纤维素和矿物质的消化、吸收和利用。三是改进动物体免疫功能，增强抗病力。由于酵母细胞壁的主要成分是甘露聚糖、葡萄糖，对免疫有增强作用，能增强动物机体免疫力和提高抗病力。此外，甘露聚糖可与肠道病原菌的纤毛结合，阻止病原菌在肠道黏膜的定植，从而直接和肠道病原体结合，中和肠道中毒素，对防治猪消化道疾病起到有益作用。

（3）益生素的主要作用　其一，对病原菌的拮抗作用和对有益菌的促生长作用。这是益生素最主要的作用，也是人们使用益生素的初衷。使用益生素后，一方面人为地加大了肠道内有益菌的比例，降低有害菌的比例；另一方面是由于益生素所含的菌体对致病菌的拮抗作用而使致病菌的生长受到抑制，绝对数量降低，正常菌群状态得以恢复，维持了肠道菌群平衡，从而也减少和防治猪腹泻的发生。其二，提供营养素。益生素的有益菌群能在消化道繁衍，促进消化道内多种氨基酸、维生素等营养成分的有效合成和吸收利用，提供了营养素，从而改善了饲料利用率，促进了动物生长。其三，刺激机体的免疫机能。益生素是良好的免疫激活剂，直接饲喂动物可有效提高巨噬细胞的活性，增强机体的免疫功能。此外，由于益生素在动物饲养中往往作为饲料添加剂应用，这种低剂量的持续刺激可使动物机体的整体免疫机能得到调动和提高，因而提高其整体抗病能力。益生素能刺激宿主对病原菌的非特异性反应，因此能通过降低过敏反应来调整宿主对病原菌的免疫反应，从而提高机体免疫力。其四，净化肠道内环境。肠道内的大肠杆菌等腐败菌增多，会产生一些有害物质如氨、生物胺和吲哚等，这些物质具有潜在抑制生长和危害作用。益生素对这些有害物质有抑制作用，可降低肠道内细胞产生的氨气、毒胺等浓度，净化肠内环境。

（4）益生素在现代养猪生产中的应用　多数试验报道，益生素能促进仔猪增重，对降低仔猪腹泻的作用明显。但也有一些试验结果显示，益生素只降低仔猪腹泻率，不影响增重。这可能受多种因素影响，如饲养环境、饲喂方式、饲料配方等。

哺乳仔猪生长发育快，可塑性大，但由于此阶段仔猪消化器官不发达，消化腺机能不完善，缺乏先天免疫力，最易发生下痢和感染传染性疾病，所以死亡率高。近些年研究表明，应用益生菌对控制哺乳期仔猪病原菌感染和提高机体免疫力有显著效果。王士长等（2000）用不同益生菌乳剂在仔猪出生半小时灌服，使益生菌抢先占领肠道内环境，结果发现，1组使用活菌数为 10^9 cfu/mL 的复合菌乳剂（2 株蜡样芽孢杆菌，1 株地衣芽孢杆菌，1 株嗜酸乳杆菌，1 株保加利亚杆菌，1 株嗜热链球菌，1 株双歧杆菌），仔猪的腹泻率为 32.71%；2组使用活菌数为 10^9 cfu/mL 的植物乳杆菌乳剂，仔猪腹泻率为 25.71%，而且哺乳仔猪日增重比对照组提高 8%~13%。

断奶仔猪处在快速生长发育时期，其消化机能和抵抗力还没有发育完全，研究显示，在断奶仔猪日粮中添加益生菌制剂，对控制仔猪腹泻率，提高仔猪生产性能有良好效果。胡艳等（2013）为研究复合益生菌对断奶仔猪生长性能和养分利用率的影响，在 28 日龄断奶的杜大长三元杂种仔猪基础饲粮中添加复合益生菌 200 g/t。结果表明，复合益生菌组断奶仔猪平均日增重高于对照组，料肉比明显低于对照组；复合益生菌组饲料干物质、粗蛋白质和能量表观消化率也显著高于对照组。结果显示，断奶仔猪饲粮中添加复合益生菌可显著提高养分利用率，从而改善仔猪生长性能。陈丽仙等（2013）在 7.5 kg 左右的杜长大仔猪饲粮中添加 0.1% 益生菌制剂，结果显示，益生菌制剂能显著降低仔猪腹泻率，并促进仔猪生长。尚定福等（2008）研究地衣芽孢杆菌对仔猪生长性能和猪舍氨浓度的影响，在仔猪预混料按 10^{10} cfu/kg 添加地衣芽孢杆菌，试验期 15 d，结果显示，断奶 2 d 的仔猪日增重比对照组提高 12.67%，料肉比降低 1.47%，仔猪腹泻率减少 33.3%；断奶 10 d 的仔猪日增重比对照组提高 26.87%，料肉比降低 23.66%，仔猪腹泻率减少 70.37%，差异显著；而且添加益生菌组的粪便中氨含量显著下降，表明饲料中添加地衣芽孢杆菌能有效提高仔猪生长性能，减少猪场环境污染，提高仔猪抗病力。

5. 中草药饲料添加剂

（1）中草药饲料添加剂的定义　中草药饲料添加剂是指应用我国传统的中兽医理论（正气内存，邪不可干）、中草药的药性（阴阳寒凉温热）、五味（酸苦甘辛咸）及物间关系，在饲料中加入一些健脾、消食开胃、补气养血、滋阴生津、镇静安神等扶正祛邪、调节阴阳平衡的中草药。现代的中草药饲料添加剂概念更具有广泛的涵义，中草药添加剂是我国中兽医学和民间传统医学的瑰宝，是指以中兽医对天然中草药的药性、物味和物间关系的传统理论为主，辅之以饲养和饲料工业等学科的理论技术而制成的纯天然饲料添加剂。它们是取之于自然界的药用植物、矿物质及其他副产品的天然物质，具有多种营养成分和生物活性，并有营养和药用的双重作用，不但能直接抑菌，还能调节机体的免疫功能，具有非特异性免疫抗菌作用。由此可见，中草药饲料添加剂以全面的营养兼治疗的双向作用起到了独特的效果，同时还有着毒副作用小、无耐药性、不易残留等优点。

（2）中草药饲料添加剂的作用

① 营养作用。中草药一般均含有丰富的蛋白质、碳水化合物、维生素、脂肪、矿物质等营养成分，对动物起营养平衡、加速生长发育及调节生理机能等作用。如大枣肉中除含有蛋白质、糖、脂肪外，还含有维生素 A、维生素 C 及丰富的钙、铁、磷等动物生长发育所必需的各种有效成分；再如松针粉中含粗蛋白 7.5%、无氮浸出物 39.60%、粗脂肪 13.5%、粗纤维 26.96%、钙 0.5%、磷 0.14%；此外，每千克松针粉中含胡萝卜素 88.76 mg，维生素 C 541 mg，并含有 17 种氨基酸。

② 免疫调节作用。中草药作为免疫增强剂在养猪生产上的应用研究是动物营养研究学上的热点之一。许多中草药具有促进机体免疫器官发育和维持肠道正常菌群的平衡，刺激机体免疫活性细胞产生，激活巨噬细胞吞噬处理及递呈抗原功能，促进和调节补体、抗体及溶菌酶的功能产生等。研究发现中草药中的多糖、生物碱、皂甙、蒽类和有机酸、挥发油等都具有增强动物机体免疫功能的作用。多糖是中草物中主要的免疫活性物质，具有明显的免疫调节作用。因此，有人认为，中草药多糖类成分可能是"扶正固本"，增强免疫功能的物质基础，并促进干扰素的诱生作用；同时，多糖是低毒免疫促进剂，具有促进胸腺体液反应，刺激网状内皮系统，提高宿主对癌细胞的特异抗原免疫反应能力，提高机体抗病能力的作用。

③ 抗菌抗病毒和预防疾病的作用。许多中草药防治疾病是通过抗菌抗病毒作用和增强机体免疫来实现的。具有抗菌抗病毒作用的中草药有很多种，如大蒜、板蓝根、金银花、大青叶、野菊花等；具有增强免疫功能的中草药也有很多种，仅现在已知的就有 200 多种，如黄芪多糖能促进 T 淋巴细胞和 B 淋巴细胞的分化，诱生抗生素，有抗病毒作用；而人参皂甙则是人参调节免疫功能的主要活性成分之一。迄今为止，有很多有关中草药抑菌的报道，如用白花蛇草提取出的醌类化合物制成粉针剂治疗患细菌性痢疾的病猪，结果表明有效率 94%，治愈率 90%。

④ 促进猪的生长及提高生产性能。猪的食欲是其消化系统功能的体现和判定健康与疾病的指标，增进食欲也是促进猪生长发育和催肥的重要措施。中草药中有许多物质能散发出香气和改变饲料色泽或风味，从而刺激和增强猪的食欲。而且中草药中许多物质还能直接促进猪的生长，如"肥猪菜""催肥保健散""追肥散"等猪用催肥剂，千百年来受到广大养猪生产者认可而被广泛应用。这些中草药饲料添加剂以中药方剂通过对机体神经系统、内分泌系统及机体物质代谢等的影响，达到促进生长育肥猪增重的作用。而且中草药中除含有蛋白质、糖、脂肪外，还富含多种必需氨基酸、维生素和矿物质等营养物质，这也可以弥补饲料中一些营养成分的不足。

⑤ 抗应激作用。现代养猪生产在集约化饲养条件下，使猪的应激反应对生长和健康的影响越来越大，在饲料中添加中草药饲料添加剂预防应激反应是一种简便、实用而有效的办法，而且还能提高猪的生产性能。目前，在防治猪应激综合征的研究中发现，一些中草药（如人参、柴胡、延胡等）有提高机体防御抵抗力和调节缓和应激原作用；黄芪、党参等可对机体进行调节和提高生理作用，阻止应激反应。因此，中草药在抗应激方面表现出来的潜力和作用已引起了动物营养学家们的高度重视。

⑥ 激素样作用。由于外源激素的毒副、残留作用，因而国家禁止其作为饲料添加剂使

用。而天然中草药本身不是激素，但很多中草药的很多成分能起到与激素类似的作用，如人参、虫草等具有雄性激素样作用；大豆异黄酮等具有雌激素样作用。因此，合理选用中草药添加剂，可调节猪机体的生理机能。

⑦ 维生素样作用。天然中草药本身不含维生素成分，但却能起到维生素功能的作用。如小茴香有维生素 A 样作用；当归、川芎等具有维生素 E 样作用。

（3）中草药饲料添加剂在仔猪生产中应用效果 中草药添加剂也能够降低哺乳仔猪发病率、提高成活率、增强消化吸收功能、促进生长发育。候万文等（1994）对哺乳仔猪每次添加 0.3 g/kg 健长宝添加剂（以三十烷醇，刺五加及多种中草药组成），1 次/d，连喂 3 d，以后每 3 d 1 次，直至断奶，日增重提高 10.8%。李志强等（2002）分别在哺乳仔猪饲料中添加中草药、中草药加西药、西药，结果 35 d 断奶个体重分别比对照组提高 9.65%、9.18%和 9.64%；日增重分别提高 13.5%、12.5%和 12.67%；腹泻率分别降低 43.28%、42.44%和 44.54%；死亡率分别下降 48.97%、49.66%和 47.59%。

试验表明，中草药添加剂能够缓解断奶仔猪应激，促进断奶仔猪生长，减少腹泻发生。曹国文等（2003）对 40 日龄断奶仔猪添加中草药添加剂（用杜仲叶、山楂、黄芪研制）饲喂，服用中草药的 3 个组日增重分别比对照组提高 9.2%、5.5%和 13.32%，料肉比降低 9.8%、6.64%和 15.03%。赵红梅等（2008）在断奶仔猪饲料中添加 0.25%、0.5%和 1.0%超微粉复方中草药添加剂（党参、紫苏等），与添加抗生素的对照组相比，日增重分别提高 0.15%、21.65%和 11.96%，料肉比分别降低 4.58%、5.34%和 5.3%，腹泻率分别下降 84.5%、92.25%和 69.38%。可见，超微粉中草药添加剂可改善断奶仔猪的生长性能，添加水平为 0.5%时效果最佳。张世昌等（2010）在断奶仔猪基础饲粮中添加 0.125%和 0.25%复方中草药提取物（三颗针、黄芪、山楂）饲喂 35 d，平均日增重分别提高 4.42%和 2.65%，腹泻率分别下降 46.88%和 18.34%。结果表明，提高了仔猪血清免疫球蛋白浓度、补体含量和仔猪免疫器官指数，增强了仔猪免疫功能，可代替抗生素使用。周芬等（2011）在慢性冷应激的断奶仔猪饲粮中添加 0.5%、1.0%和 1.5%黄芪粉，仔猪体重和平均日增重均高于对照组，一氧化氮含量明显降低，谷胱甘肽过氧化物酶活性、白细胞和红细胞数量明显升高，表明中药黄芪对断奶仔猪有明显的抗应激和促生长作用。

目前，在仔猪生产中已普遍使用单味中草药饲料添加剂，对提高仔猪生产性能、免疫力和降低发病率及死亡率也有显著的效果，主要有黄芪多糖、糖萜素和大蒜素。

黄芪多糖具有调节免疫、抗病毒、抗应激等作用，在仔猪生产中可以预防疾病，促进生长，提高生产性能。黄芪多糖作为仔猪饲料添加剂可提高断奶仔猪成活率与断奶重，抑制肠道有害菌群，降低仔猪腹泻发生率。张波等（1999）报道，在母猪分娩前 4 d，颈部肌内注射黄芪多糖注射液 30 mL/头，第 2 天再注射 1 次；仔猪 2 日龄时，颈部肌内注射黄芪多糖注射液 2 mL/头，第 2 天再注射 1 次。结果表明，试验组黄痢、白痢、水肿、肺炎、链球菌病的发病率均比对照组低，且差异显著（$P<0.05$）。任敏等（2006）报道，在断奶仔猪日粮中添加 0.1%的黄芪多糖提取液，能够提高断奶仔猪的免疫功能。

糖萜素是从山茶属植物籽实饼粕中提取出的糖类、配糖体和有机酸组成的天然生物活性物质，呈棕黄色、粉末状结晶，味微苦而辣，具有增强动物免疫力、抗菌、提高动物生产性能等功能。吴秋珏等（2008）试验报道，选择 60 头 28 日龄的杜×长×大三元杂交商品代断奶仔猪，随机分为 3 个处理组，每组 20 个重复，自由采食和饮水。第 1 组即对照组喂以玉米和豆粕为主的基础日粮，第 2、第 3 组即试验组在基础日粮分别添加 300 和 500 g/t，以研究添加不同浓度的糖萜素，对断奶仔猪生产性能、腹泻率及经济效益的影响。结果表明，在仔猪 28~70 日龄阶段，在基础日粮中添加 0.05% 的糖萜素对断奶仔猪的增重、平均日增重有显著影响，其指标显著高于对照组。在基础日粮中添加 0.03% 和 0.05% 的糖萜素均能有效防止仔猪腹泻，以添加 0.05% 效果显著。

大蒜素属于百合科多年生宿根草本大蒜中所含的主要生物活性有效成分，它是从大蒜的球形磷茎中提取的淡黄色挥发性油状物，味辛辣，具有活血化瘀、清热解毒、杀菌抑菌等功效。近些年来，大蒜素以良好的防病治病效果和改善生产性能及免疫调节作用日益受到人们的关注。在断奶仔猪饲料中添加大蒜素能明显提高断奶仔猪日增重，显著降低料肉比。由于大蒜素会释放出特殊的气味，因此，刚开始饲用含大蒜素的饲料时，仔猪采食量会有所下降，但经 2~3 d 即逐渐适应。大蒜素的特殊气味可以改良饲料中一些原料的不适气味，增强饲料的适口性，提高断奶仔猪的采食量。在仔猪饲料中添加适量（100~150 mg/kg）的大蒜素有利于增强仔猪唾液分泌、胃肠蠕动和刺激仔猪的食欲，产生强烈的诱食作用，促进消化吸收。根据有关对断奶 15~24 d 的仔猪试验时发现，在断奶仔猪饲料中添加 100 mg/kg 含量为 25% 的大蒜素时，可使断奶仔猪日采食量提高 8.8 g 左右，日增重比对照组提高 6.97% 左右，料肉比较对照组降低 4.89%。从试验结果可以看出，在断奶仔猪饲料中添加大蒜素，能改善仔猪的日增重和料肉比，说明大蒜素对促进仔猪的生长增重和提高饲料转化率具有非常明显的效果。

6. 有机微量元素

（1）有机微量元素的定义　有机微量元素可分为金属络合物和螯合物两类。美国官方饲料监测局（MFCO，1996）确定了有机微量元素的定义：由某种可溶性金属盐中的一个金属元素离子同氨基酸按一定的物质的量比以共价键结合而成，水解氨基酸的平均相对分子质量为 150 Da 左右，生成螯合物的相对分子质量不得超过 800，一个中心离子可与多个氨基酸形成环状螯合物。

（2）有机微量元素在现代仔猪生产中的应用效果　有机微量元素与第一代的无机盐和第二代的简单有机盐相比，具有稳定性好、生物效价高、无毒性和适口性好等特点。许多研究表明，在仔猪日粮中添加微量元素氨基酸螯合物，有利于提高仔猪生长速度，增强机体免疫力及抗应激能力。徐建雄（1993）在 35~80 日龄断奶仔猪中添加 60 mg/kg 蛋氨酸铁，仔猪的日增重、饲料转化率分别提高 9.99%~12.98%、6.60%~10.61%。纪孙瑞（2002）向断奶仔猪饲料中分别添加有机微量元素、无机+有机微量元素，结果发现 2 处理组日增重分别比无机组提高了 15.6% 和 6.38%；饲料转化率分别提高了 8.33% 和 4.4%，且腹泻率降低。经有机铜和硫酸铜对猪促生长效果比较，低剂量有机铜即可发挥高剂量硫酸铜的促生长效果。CoHy 等（1994）的研究显示，100 mg/kg 赖氨酸铜和 200 mg/kg 硫酸铜对断奶仔猪的促生长效果相同。许梓荣等（1999）报道，50 mg/kg 酪蛋白铜对 20~40 kg 猪的促生长效果与 240 mg/kg 硫酸铜相同。长期以来，人们采用无机硒亚硒酸钠、硒酸钠作为猪的主要硒源添加剂。无机硒虽价格低廉，含硒量高，但毒性大，使用剂量难掌握且吸收转化率低。有机硒与无机硒比较，有机硒具有毒性小、易被动物吸收、环境污染小等优点，具有较高的实用价值。Huang 等（2004）利用断奶仔猪进行了饲养试验，比较了硒含量为 0.2 mg/kg 的亚硒酸钠型日粮和硒酵母型日粮对仔猪生长性能的影响。试验 21~42 日龄，结果表明，日粮添加硒酵母后，仔猪平均日增重从 274.1 g 显著提高到 290.9 g，腹泻发病率由 1.72% 下降至 1.32%，每千克增重所需饲料下降 11.0%。表明了使用有机硒比无机硒效果显著。

三、仔猪饲料的配制与加工工艺的关键技术

(一) 仔猪饲粮配制的关键技术

由于仔猪消化道发育不完善，对体温的调节能力差，以及对疾病抵抗力低，早期断奶仔猪由于断奶应激反应的影响，比哺乳期还难饲养，因此，日粮的配制很关键。根据仔猪消化道发育的情况和容易产生对植物蛋白过敏的特点，早期断奶仔猪饲粮配合不只是按饲养标准保证满足对各种养分的需要，还要考虑仔猪对植物蛋白的适应能力。总的来说，我国现阶段的规模养猪条件较差，难以与发达国家养猪条件相比，只能从以下几方面来考虑早期断奶仔猪应激饲粮的配合。

1. 添加合成赖氨酸

添加合成赖氨酸，其目的是改善饲粮氨基酸平衡，降低饲粮蛋白质水平，从而减少植物蛋白的用量，减少消化道的负担，避免或减轻植物蛋白引起的过敏和蛋白质消化不良在后肠产生大量的有毒有害物质，控制腹泻发生。影响早期断奶仔猪性能的主要氨基酸是赖氨酸。研究表明，随着饲料赖氨酸水平的提高，仔猪的生长速度和饲料利用率随之增强。

2. 添加脂肪

能量是影响早期断奶仔猪生长性能的关键要素。仔猪断奶后，由于饲料类型和管理条件的改变，使大脑皮质糖苷分泌增加，对饲粮中能量的要求有所增加。适当提高日粮中的能量水平，以保证仔猪每日所需能量的绝对摄入量，可减少应激。添加油脂通常是为了提高仔猪日粮能量水平。但也有研究发现，虽然饲喂高油脂日粮可使生长速度在断奶后迅速提高，但断奶后第1周添加脂肪的效果很小，甚至产生负效果。其因是胰脂肪酶活性在断奶后急剧下降，使油脂的利用受到影响。研究表明，仔猪断奶时胰脏和食糜中脂肪酶的浓度仅为断奶前的39%～60%，脂肪酶的浓度要恢复到断奶前的水平需要几天时间。尽管早期断奶仔猪利用脂肪的能力低，但仍需要添加一定油脂便于饲料在加工过程中制粒。由于断奶仔猪料中含较高乳源性成分难以制粒，乳制品添加比例较高的日粮中通常添加5%～6%脂肪，在制粒时可起到润滑作用，并能达到满意的制粒效果。但是，在选择油脂时应注意，仅那些能被仔猪消化利用的油脂才能用于仔猪。早期断奶仔猪利用短链饱和脂肪酸和中链不饱和脂肪酸的能力强于长链饱和脂肪酸。仔猪对脂肪利用率最高的是椰子油，其次是玉米油和大豆油，猪油和牛油最差。但一些研究表明，牛油与豆油（或玉米油）混合添加可改善早期断奶仔猪的日增重、日采食量和饲料转化率。50%牛油+50%的豆油或玉米油混合日粮对早期断奶仔猪的生长具有较好的促进作用，其机理在于促进了仔猪的采食量。

3. 添加乳清粉和乳糖

研究发现，早期断奶仔猪日粮添加碳水化合物如乳糖，复杂的碳水化合物如淀粉，利用率较高。乳糖对断奶仔猪的利用在于其甜度高、适口性好、易于消化，更主要的是乳糖能被酵解产酸，来维持仔猪的肠道健康。因此，乳清粉和乳糖在早期断奶仔猪日粮中应用广泛。由于乳清粉含65%～75%的乳糖、12%粗蛋白质，断奶仔猪对添加乳清粉反应良好，能明显改善3～4周龄断奶仔猪最初2周的生长性能。乳清粉含有天然乳香味，既能促进仔猪的食欲，提高采食量，进入胃内产生的乳酸又能降低仔猪胃内pH值，有利于食物蛋白的消化。因此，在仔猪日粮配制中尽可能用乳制品及淀粉。

4. 添加血浆蛋白粉或肠膜蛋白粉

日粮中添加血浆蛋白粉有利于改善断奶仔猪的平均日增重，提高饲料转化率。有学者认为，添加6%的血浆蛋白粉即可获得最佳生长性能，但综合考虑各项生产性能指标及饲料成本，血浆蛋白粉在断奶仔猪日粮中的添加比例以3%为宜。但是，血浆蛋白粉中蛋氨酸和异亮氨酸含量低，因此应注意补充。在国内乳清粉和血浆蛋白粉已应用于断奶仔猪日粮，但昂贵的价格限制了其广泛应用。有试验表明，用肠膜蛋白粉全部或部分替代乳清粉或血浆蛋白粉，能够在降低成本的同时，保持甚至提高断奶仔猪生产性能。

5. 添加酶制剂

饲料中碳水化合物、脂肪、蛋白质进入消化道被体内分泌的各种酶分解后才能被利用，而各种酶的分泌在仔猪阶段还不完全成熟，断奶仔猪体内淀粉酶、胃蛋白酶不足，断奶后应激反应更加抑制了消化酶的活性，加入外源酶可弥补早期断奶仔猪消化道酶活力的不足。仔猪饲粮中主要是补充胃、胰蛋白酶及淀粉酶，可选用市场销售的酶制剂产品。

6. 添加酸化剂

仔猪肠道酸碱度对日粮蛋白质消化十分重要。因为蛋白消化酶原需要在合适的pH环境中被激活，参与消化活动，同时胃内pH对控制进入消化道微生物的繁殖起不可忽视的作用。由于仔猪出生后4周内胃酸分泌严重不足，添加酸化剂可弥补仔猪胃酸分泌不足和诱导刺激胃、肠盐酸及消化酶的分泌，并可抑制大肠杆菌的繁殖，有利于乳酸杆菌的增殖，从而促进仔猪对饲料的消化和减少腹泻。因此，在早期断奶仔猪日粮中添加酸化剂必不可少。

7. 用膨化大豆代替豆粕

豆粕中含有大豆球蛋白和聚球蛋白等抗原，可导致早期断奶仔猪肠黏膜细胞发生过敏反应，进而降低其生产性能。因此，用膨化大豆替代或降低日粮中的豆粕用量，是目前早期断奶仔猪日粮配制的一个措施。膨化大豆较豆粕有利于仔猪消化，用膨化大豆代替豆粕，可减少早期断奶仔猪的腹泻率，提高日增重和料肉比，可使早期断奶仔猪的日增重提高40%，每千克增重耗料减少0.12 kg。对于断奶较早和较小的仔猪，膨化大豆取代豆粕的量可达100%，断奶晚和较大的仔猪可少用膨化大豆以降低饲粮成本，但不影响生长成绩。

（二）仔猪饲料的加工工艺要求

优质的仔猪料应该是适口性好、仔猪爱吃且不下痢、料肉比低且生长快，并可很好地解决断奶应激。它不仅要配方科学，而且要有良好的加工工艺。工艺核心是确保原料营养、卫生指标、气味、物质和化学性状适应仔猪的营养、采食、消化和代谢，确保熟化、防变质、防失效、防交叉污染、防变异等加工质量。仔猪料的主要成分是谷物淀粉（玉米）和已脱毒的大豆蛋白，加工的主要目的一是杀菌，二是使淀粉糊化，其关键是如何合理配置加工设备和加工工艺，以便在最大限度提高仔猪料淀粉糊化度的同时，又最大限度地降低其他营养成分的损失。自2003年以来，饲料工业开始尝试新的仔猪料加工工艺，并取得了巨大的成功。这一新的工艺是：玉米—粉碎—膨化—冷却—粉碎—与其他配料混合—制粒—冷却—计量包装。这种工艺加工仔猪料的优势是淀粉糊化（熟化）度高、仔猪采食后的消化率高，对其他添加剂不产生任何不利的影响，配方调整方便，提高了生产高档仔猪料的可行性。

（三）仔猪料加工的关键技术

1. 原料的质量控制关键点

所谓质量是指一种物质本身固有品质的优劣程度，即阐明饲料和饲料加工的优劣程度。

为了保证饲料原料和配合饲料产品质量，降低饲料成本，首先必须做好饲料原料的质量控制与评定。由于仔猪的肠道发育还不完善，容易受到饲料的物理磨损和过敏性物质的损伤，通过改善饲料养分消化率，可以促进肠道和免疫系统的发育，同时通过原料选择和加工处理减少抗营养因子和致敏性物质对小肠绒毛的损伤。对于仔猪饲料，主要对以下饲料原料进行质量评定与加工控制。一是用一级以上玉米。其要求为：一级玉米（容重 700 g/L 以上）、粉质、新鲜（当年或上年），无异味、虫蛀、霉变、黄曲霉毒素 B_1、呕吐毒素和赤霉烯酮，去净粗杂、表皮、粉尘和细沙，全膨化（淀粉糊化度 80%～90%）。二是用去皮豆粕。其要求为：去皮豆粕，轻微过熟（蛋白溶解度 72%～75%），机头机尾料全部返机搭配重新膨化。三是用进口优质鱼粉。其要求为：进口鱼粉新鲜，新鲜度（挥发性盐氮）小于或等于 100 mg/100 g，组胺小于或等于 300 mg/kg。四是原料第二次粉碎，细度过 20 目。五是维生素、酶制剂和乳制品空调库房低温保存，低温调质（60～65 ℃），防热敏物质失效。六是确保所有原料和添加剂新鲜、无结块、无氧化、无霉变。七是专线和集中生产，换品种时彻底清理设备残留料、机头机尾料，消除交叉污染。八是机头机尾料和超期返机料降级使用。九是制定原料和加工环节各指标的内控标准（设计值的上下限），消除原料和加工变异。

2. 粉碎的要求

仔猪的肠道发育还不完善，对饲料的消化能力较低，因此，对日粮原料微粉碎可提高日粮的消化率，减少到达后段肠道被病原微生物利用的养分，从而改善肠道健康和微生物菌群平衡。而且微粉碎还可减少粗糙饲料颗粒对小肠绒毛的物理性损伤。当然，粉碎过细也可导致动物胃肠道出现溃疡，对于乳仔猪日粮的原料一般建议 1 mm 的粉碎粒度。目前，国内知名的大型饲料机械制造商生产的粉碎机质量都不错，购买时只要选择与后续产能相匹配的机型。对筛片筛孔的要求一般选择直径 2～2.5 mm，如果筛孔小，则耗能高，不经济；筛孔大又不符合乳猪料加工要求。粉碎机的喂料装置（粉碎机出厂时一般不带此装置）非常重要，对于自动化不高的小型饲料厂，常采用手动闸门控制喂料器，而大型饲料厂常采用叶轮式或螺旋式自动控制喂料器，其转速可调，以改变转速进而改变喂料量。较先进的控制方式是采用负反馈电路，通过粉碎机的电流来控制喂量。粉碎机的出料方式大多采用螺旋输送加负压吸风的方式。一般设一台脉冲除尘器，置于出料绞龙出口反向端，兼有除尘与吸风两种功能。这种方式保证了粉碎系统的除尘，又可降低粉碎机的能耗。原料玉米经粉碎后提入仓中，待下一道加工工序——膨化加工。

3. 熟化和膨化的工序技术要求

熟化处理同样也可提高日粮中养分的消化率，同时热处理可以使日粮中的致敏物质灭活。欧洲的经验发现，如果使用得当，烘烤、挤压、膨胀等熟化工艺可以取得类似的效果。当使用植物蛋白时应注意饲料中的抗原过敏反应，这种抗原过敏多来自豆类蛋白质，可造成肠蠕动失调，小肠绒毛脱落，肠黏膜发炎，消化吸收功能下降、腹泻。因此，仔猪饲料使用豆类产品必须经深加工处理，能减轻过敏反应。热处理法是目前大豆产品加工的最佳方法。目前，豆类产品包括谷物等籽实饲料熟化主要采用焙炒熟化和膨化。焙炒可使谷物等籽实饲料熟化，一部分淀粉转变为糊精而产生香味，也有利于消化。豆类焙炒可除去生味和有害物质，如大豆的抗胰蛋白酶因子。焙炒谷物籽实主要用于仔猪诱食料和开口料，气味香也有利于消化。现代仔猪生产中，对豆类产品主要采用膨化，尤其是大豆产品。虽然热处理法是目前大豆产品加工的最佳方法，但许多研究表明，普通热处理的大豆产品仍会引起断奶仔猪的消化过程异常，包括消化物的运动和肠黏膜的炎症反应，这种变化由仔猪胃肠道对热处理大豆产品的抗原过敏反应引起。但膨化大豆和膨化加工的大豆粕能减轻仔猪对大豆蛋白引起的过敏反应程度。有试验表明，用膨化大豆代替豆粕，可使早期断奶仔猪的日增重提高 40%，每千克增重耗料减少 0.12 kg。目前的乳猪料和早期断奶仔猪中的豆类产品，包括豆粕，一般都要采用膨化处理后使用。

膨化工序是整个乳猪料生产中关键的工序之一，膨化加工是一种高温、高压、高剪切力的瞬时加工工艺。膨化的目的一是杀菌，二是使淀粉糊化，其中提高淀粉糊化度是关键。膨化处理的原理是在一定温度下，通过螺旋轴转动给一定压力，使原料从喷嘴喷出，原料因压力瞬间下降而被膨化，抗营养因子随之失活。挤压膨化处理分为干法和湿法两种。干法膨化是指将大豆粉碎后，不加水或蒸汽，仅依靠大豆挤压机外筒壁及螺杆之间的相互摩擦产生的高温高压加工。湿法膨化是将大豆粉碎后，先在调制机内注入蒸汽，提高水分和温度，再经过挤压机螺旋轴摩擦产生的高温高压加工。螺旋挤压式膨化机是适应性较强的加工设备，国内膨化技术自 20 世纪 90 年代以来有了长足发展，全国知名的大型膨化机生产企业也有好几家，其中不乏一些先进机型，可实现一机多能，既可膨化玉米、大豆、豆粕、米糠、棉粕等原料，也可直接膨化配合饲料。膨化机组虽然是膨化加工生产线中的重要设备，可以独立起动和运转，但其工艺效果直接受前、后处理设备工艺效果的影响，甚至当前一道工序处理不当时，膨化机往往无法正常运转。所以，一个合理的工艺设计，不仅要正确选用主机，而且生产线上各辅助设备的匹配和工艺参数的确定也同样不可忽视。螺旋（杆）式挤压膨化机，从机械的角度看并不是复杂的设备，但挤压膨化过程对操作参数的波动比较敏感，尤其是对膨化腔的工作湿度、喂料速度和物料成分（包括含水量）等的变化。操作参数的波动往往是人为的，所以操作人员工作岗位的相对稳定和工作素质提高，是保证生产稳定运转的重要条件。

4. 制粒工序技术要求

制粒是仔猪料生产工艺中又一重要环节。颗粒饲料具有营养分布均匀、便于贮存运输和不发生自动分离等优点，在现代仔猪生产中广泛应用。制粒机制粒性能的好坏直接影响饲料的质量。制粒机是传统的热加工设备，分环模和平模两种，目前环模制粒机使用较为普遍。但在选择时，一定要考虑物料的化学成分和物理特性。原料化学成分主要包括蛋白质、淀粉、脂肪、纤维素等；原料的物理特性主要包括粒度、水分、容重等。长期以来，人们忽视了这一问题，事实上制粒机的许多结构参数（如孔模长径比等）应纳入工艺设计考虑的范畴。过去饲料厂为提高制粒效率，降低能耗，常采用大模孔制粒，然后通过破碎机将大颗粒破碎。颗粒料破碎后，应进入分级筛分级，大颗粒返回破碎机再次破碎，细粉进入颗粒机进行二次制粒。这样的工艺既增加设备又烦琐。目前比较先进的方法是通过改变制粒机环模长径比，可以直接生产优质的颗粒料。可见，颗粒饲料的粒度是饲料加工研究的一个重要内容。研究表明，尽管仔猪的咀嚼能力强于生长育肥猪，将日粮中玉米或高粱用辊式磨或锤片粉碎机分别进行粗、细粉碎，对仔猪的日增重无明显影响，但对料肉比或饲料转化率来说，细碎的饲料有明显改善。日粮中原料的种类也可能会影响仔猪对饲料粉碎粒度的要求。对断奶仔猪饲料的最适粒度，断奶后 0~14 d 为 300 μm，14~35 d 为 500 μm。国内对乳猪料加工采用的粉碎筛片孔径一般为 1.5~2.0 mm，其平均粒度在 0.7~1.0 mm，可以进一步降低。但应当指出，由于目前关于仔猪饲料粉碎粒度的系统研究不多，还有待进一步研究。

四、仔猪饲料质量的评价

（一）仔猪饲料质量评价的方法

饲料的营养价值评定与质量控制就是用一定的方法和手段测定饲料产品的质量特性，并将测定结果与要求或标准比较，以判断其质量好坏、合格与否。它包括原料和成品两个层次，其中原料的质量控制和营养价值评定占主导地位。没有合格的原料，就不可能生产出合格的产品，或者说没有好的原料，再好的配合方法也不可能生产出优质配合饲料。反过来说，有了合格的原料，加上合理的配合方法，只要工艺合理，多数情况下，产品的质量就有保证。目前，根据评定与控制饲料质量方法的难易程度，评定饲料营养价值的方法可以分为感观检验、化学成分分析和生物学评价3个层次，即3种方法。

（二）饲料的感观质量检验内容

感观检验是饲料原料和饲料产品质量控制和营养价值评定的第一关，是检验员通过视觉、触觉、嗅觉等对饲料进行初步评价的方法。饲料产品感观质量常被人们用作判断产品内在品质的直觉性标志，产品感观质量的控制也相应地成为产品质量控制的一个重要部分。饲料的感观质量检验主要有以下几方面内容。

1. 整齐度与一致性

整齐度是指成品的所有组分在外观形态上的相似程度。一致性指不同批次、同一批次先后不同时间生产的产品在外观形态上的相似程度。整齐度取决于原料的组成、基本形态以及原料的粉碎。对于颗粒饲料来说，整齐度还取决于加工成型过程的工艺水平。整齐度和一致性可以反映产品加工的精细化程度，进而联想到产品的内在质量。因此，好产品的整齐度和一致性一定要好，而且要有一个合理的范围。

2. 气味和色泽

气味和色泽要求产品色泽一致，无发酵霉变、结块及异味、异臭。饲料产品的气味和色泽应是原料固有的。饲料产品的气味一旦确定，就以稳定为好，而且可以通过气味的变化，间接地判断配料有无问题。因此，无论从量上还是从敏感性上，气味都有条件成为产品内在质量的一个标志。与气味相联系的还有产品的味道。色泽一方面反应原料的新鲜程度，另一方面可以用来判断典型原料的用量多少。饲料加工企业对产品的色泽控制，总体上讲还是以自然和稳定为宜，可以通过调整原料使之更趋理想。

（三）饲料的化学成分检测内容

化学成分的检测是饲料原料和产品质量检验的中心环节。对有关原料和产品质量的检测项目、方法及标准，国家已制定了相应的产品质量标准和检验方法标准，包括原料标准、饲料产品标准、饲料卫生标准、加工质量标准，包括粉碎粒度、配料精度、混合均匀度和成形质量标准（容重、粉化率、硬度等）。其中饲料卫生标准为国家强制性执行标准，是从保证饲料的饲用安全性、维护家畜健康与生产性能出发，对饲料中的各种有毒有害物质以法律形式规定的限量要求。对饲料原料和产品除了检测质量标准外，饲料中的有毒有害物质是必须检测的项目。凡饲料中有毒有害物质超出了饲料卫生标准规定的指标，可判定为不合格产品。

（四）饲料效益是评定饲料产品质量的最终手段和结果

用感观、化学手段检验饲料产品质量，方法成熟、简便，能逐一剖析配合饲料的理化特性，速度快，人力物力耗费较小，因而能及时地对产品质量做出评价，是配合饲料产品质量控制不可缺少的手段。但是这些方法只是对配合饲料产品质量的化学特性做出评价，不能很好地反映它们在动物体内的营养特性。如要确切地反映蛋白质的生物学价值，只有通过动物试验。因此，配合饲料产品质量优劣，最终要由动物的饲养效果和被动物利用的效率来决定，即优质饲料必须是能提供畜群充足的养分，能取得良好的饲养效果。在实际生产中，生产者判断饲料优劣的一个有效途径就是计算饲料的效益，可以用以下公式来计算饲料的效益：饲料效益=总增重/（饲料单价×饲料用量）。现在有一定规模的猪场和有眼光的猪场管理者都倾向于用高质量的饲料养猪，他们认识到，随着饲养和经营管理水平的提高，饲料质量和营养水平的要求也要相应地改变和提高，特别是教槽料和过渡料的质量。因为即使使用高档教槽料和过渡料，由于使用量少，占生长育肥猪整个饲养阶段的饲料成本比重很小，高档乳猪料和过渡料可提高仔猪断奶时的体质，从而可以使肉猪出栏日龄提前 10 d 左右，可以大大降低肉猪阶段的饲料用量和成本。这样总体饲料成本和饲养成本还是不会升高，反而降低。从教槽料作为诱食和补饲的目的来看，其饲料营养特点和外观物理特性及适口性和消化利用率都要与仔猪生理特点相适应，既要可以较大幅度提高断奶仔猪的日采食量和日增重，又要有较高报酬的料肉比，这就是饲料效益。生产中，衡量商品猪的经济指标的核心是饲料转化率，即料肉比或生长速度。虽然商品猪的价格对效益有一定的影响，但若生长育肥猪生长慢，推迟出栏时间，饲料转化率低，所造成的效益差是巨大的。可见，评价配合饲料质量的优劣最有效的方法是看饲料效益。

第三章　仔猪早期断奶技术

仔猪早期断奶技术是现代仔猪生产中一项重要技术，它能提高母猪的繁殖率、栏舍和设备利用率，减少疾病由母猪向仔猪的垂直传播，并能提高仔猪生长期的生产性能。在养猪发达国家，仔猪早期断奶技术已得到普及应用。在国内，由于受到环境条件、饲料品质、管理水平等因素的制约，仔猪断奶时在生理、心理、环境及营养应激因素影响下，常表现出食欲差、消化功能紊乱、腹泻、生长迟滞、饲料利用率低等所谓的仔猪早期断奶综合征，所以未得到广泛推广，其因还是对仔猪早期断奶未能采取综合配套技术措施。因此，仔猪早期断奶技术的综合应用，是现代仔猪生产的一个关键技术措施。

第一节　仔猪早期断奶的优点及断奶日龄确定和措施与方法

一、仔猪早期断奶的优点

传统养猪的仔猪哺乳期较长，通常 45~60 日龄断奶，每头母猪年平均产仔 1.6~1.8 窝。为了提高母猪的年生产力，目前规模化猪场多采用早期断奶，28~35 日龄断奶，技术和设备等条件较高的集约化猪场采用超早期断奶，即 21 或 14 日龄断奶。仔猪早期断奶具有以下优点。

（一）提高了母猪年生产力

早期断奶可缩短母猪繁殖的繁殖周期，增加母猪的年产仔窝数。其计算公式如下：

$$母猪年产仔窝数 = 365 / （妊娠期 + 哺乳期 + 空怀期）$$

365 d 为 1 年，妊娠期、哺乳期和空怀期之和为 1 个繁殖周期，其中妊娠期为 114 d，变化小，而哺乳期和空怀期变化，后两者的长短直接影响繁殖周期的长短。其中缩短哺乳期可缩短产仔间隔（繁殖周期），能提高母猪年产仔窝（胎）数。一般母猪配种期为 1 周，妊娠期为 16.5 周，采用 7 周龄断奶，繁殖周期为 24.5 周，母猪年产窝数为 2.1 窝；如采用 3 周龄断奶，繁殖周期为 20.5 周，则母猪可年产 2.4 窝，能多提供 2~3 头仔猪。试验表明，仔猪生后 3~5 周龄断奶，一般不会引起母猪繁殖力下降。其因：一是母猪的生殖器官已经得到恢复，一旦断奶后发情配种便可获得较好的繁殖成绩；二是从生理角度上看，早期断奶还可减轻母猪的机能负担。据湖北省农业科学院畜牧兽医研究所试验结果表明，仔猪 35 日龄断奶，母猪哺乳期失重 14.60 kg；60 日龄断奶，哺乳母猪失重 44.75 kg。可见仔猪早期断奶可减轻母猪的机能负担，即泌乳过多和哺乳期过长而造成体重减少。陈隆等于 1980—1983 年利用北京黑猪 17 头与长白公猪交配，试验组 9 头母猪，仔猪 21 日龄断奶；对照组 8 头母猪，仔猪 42 日龄断奶。观察母猪连续 4~5 胎的繁殖成绩。结果表明，仔猪 21 日龄断奶的 9 头母猪，连续 5 胎的断奶后发情、配种、产仔数等均正常，且仔猪 21 日龄断奶，母猪平均年产 2.5 窝（胎），年生产断奶仔猪平均为 22.15 头。断奶后母猪能迅速再发情配种，这样又可进一步缩短繁殖周期，提高年产仔窝数，从而提高了母猪年产仔总数和断奶仔猪数。仔猪早期断奶母猪各胎繁殖力表现见表 3-1。

表 3-1　仔猪早期断奶母猪各胎繁殖力表现

组别	胎次	断奶至发情时间（d）	一次发情受胎率（%）	断奶至配种时间（d）	繁殖周期（d）	平均年产仔胎次	平均每窝产健仔数（头）*	哺育率（%）**	仔猪达 20 kg 育成率（%）	每头母猪年产断奶仔猪数
试验组	1	4.2	100	5.0	140.0		9.1	98(8.9)	93(8.5)	21.35
	2	4.2	80	16.0	151.0		8.9	100(8.9)	97(8.6)	21.50
	3	4.2	100	4.7	139.7		9.9	99(9.8)	95(9.4)	23.50
	4	5.3	100	5.5	140.5		9.6	98(9.4)	92(8.8)	22.00
	5	8.1	95	14.0	147.0		9.3	99(9.3)	97(9.0)	22.50
	平均	5.2	90		144.0	2.5	9.4	98(9.3)	95(8.9)	22.15
对照组	1	4.2	100	5.0	161.0		8.9	100(8.9)	97(8.3)	16.60
	2	4.8	100	37.5	193.5		9.3	100(9.3)	87(8.1)	16.20
	3	3.3	83	14.5	170.5		9.3	83(7.7)	74(6.9)	13.80
	4	4.7	100	51.0	207.0		8.3	94(7.8)	94(7.8)	15.60
	平均	4.3	91	27.0	183.0	2.0	9.0	94(8.4)	87(7.8)	15.60

注：* 指 7 日龄活仔数；** 括号内数字为实有数。资料来源，赵书广主编《中国养猪大成》第二版，2013。

（二）提高了饲料利用效率

在母猪哺乳情况下，仔猪对饲料的利用是通过母猪将饲料转化为乳汁后再利用，这时饲料的利用率为 20%~30%（能量每经过一次转换约损失 20%）。如采取仔猪早期断奶则可直接利用饲料中的营养，饲料利用率可达到 50%~60%，因而提高了饲料利用率。尤其是对规模化猪场来讲，实行仔猪早期断奶还可节约饲料，能获取更好的经济效益。辽宁省马三家机械化养猪试验场，通过试验证实了仔猪不同日龄断奶的经济效益，如表 3-2 所示。

表 3-2　仔猪不同断奶日龄的经济效益

断奶日龄	哺乳期母猪的饲料消耗量（kg）	56 日龄每头仔猪饲料消耗量（kg）	每头仔猪负担母猪的饲料消耗量（kg）	56 日龄内仔猪净增重（kg）	56 日龄内猪每增重 1 kg 所需饲料（包括母猪饲料，kg）
28	125	16.80	11.36	13.34	2.11
35	164	14.90	14.91	12.85	2.32
50	239	11.70	21.73	12.98	2.58

由表 3-2 可见，仔猪 28 日龄、35 日龄断奶比 50 日龄断奶，哺乳期母猪饲料消耗量分别少 114（239-125）kg 和 75（239-164）kg。1 个万头猪场饲养 500 头能繁母猪，1 年可节约饲料共 37.5~57 t。另据北京市试验猪场测定，仔猪实行 35 日龄断奶，每个繁殖周期要比 60 日龄断奶节省饲料 70~90 kg。可见仔猪早期断奶其效益所在。

（三）提高了仔猪的日增重和均匀度

母猪的泌乳量一般从仔猪 21 日龄起已不能满足仔猪的生长需要，这时根据断奶仔猪营养需要饲喂配制的全价平衡饲料，可促使仔猪生长潜力的发挥。而且早期断奶的仔猪能自由采食营养水平较高的配合饲料，得到符合自身生长发育所需的各种营养物质，并在人为环境控制中生活，有利于促使生长潜力的发挥，减少弱猪、僵猪的比例，从而获得体重大且均匀一致的仔猪。根据陈延济等试验，在仔猪生后分别于 28 日龄、35 日龄、45 日龄和 60 日龄断奶，仔猪的个体重与日增重情况如表 3-3、3-4 所示。由表 3-3、表 3-4 可见，28、35 和 45 日龄断奶的仔猪与 60 日龄断奶仔猪相比，在 60 日龄以内增重较慢，但 60 日龄以后增重高于 60 日龄断奶的仔猪，到 90 日龄时，各组仔猪平均个体重很接近且差别不大，表明了仔猪早期断奶有利于仔猪的生长发育。

表 3-3　不同断奶日龄仔猪的增重情况

断奶日龄	20 日龄		28 日龄		35 日龄	
	个体重（kg）	日增重（g）	个体重（kg）	日增重（g）	个体重（kg）	日增重（g）
28	4.70	175	6.28	195	6.69	78
35	4.36	166	5.66	174	7.00	192
45	4.32	160	5.90	207	6.50	91
60	4.55	175	6.55	250	7.53	180

注：资料来源，赵书广主编《中国养猪大成》第二版，2013。

表 3-4　不同断奶日龄仔猪的增重情况

断奶日龄	45 日龄		60 日龄		90 日龄	
	个体重（kg）	日增重（g）	个体重（kg）	日增重（g）	个体重（kg）	日增重（g）
28	9.46	227	15.97	434	32.84	559
35	9.07	207	15.45	425	32.22	582
45	10.26	376	16.40	409	31.40	512
60	10.75	322	17.90	476	32.90	503

注：资料来源，赵书广主编《中国养猪大成》第二版，2013。

（四）提高了工厂化养猪分娩猪舍和设备的利用率

工厂化猪场采取仔猪早期断奶，可以缩短哺乳母猪占用产仔栏的时间，从而提高每个产仔栏的年产仔胎数和断奶仔猪数，相应地提高工厂化养猪分娩猪舍和设备的利用率，而且还降低了生产 1 头断奶仔猪的产栏设备生产成本。如深圳市万丰猪场将 1 条年生产万头商品猪的生产线，由 4 周龄断奶改为 3 周龄断奶，每个产栏的年产断奶窝数和年产断奶的仔猪数提高了约 17%。

（五）能减少仔猪死亡率

哺乳期的仔猪死亡率高，据统计，20 日龄内死亡数均占死亡总数的 95%，其中压死和下痢是仔猪死亡的重要原因。母仔早期分离，可以减少母猪压死仔猪的数量，也减少了仔猪传染疾病和寄生虫病的机会，大大提高仔猪的哺育率。

二、早期断奶对仔猪的影响

仔猪早期断奶虽然有优点，但断奶对仔猪也会产生不良影响，尤其是早期断奶的仔猪，其影响表现主要是断奶应激。

（一）早期断奶对仔猪的应激

仔猪哺乳到一定日龄停止哺乳，称为断奶。断奶是仔猪生活的一次重大转折，不论断奶时间长短，均引起仔猪发生许多重大的改变。其最主要的改变表现在营养应激、心理应激和环境应激。这 3 种断奶应激中营养应激的影响最大，心理应激和环境应激影响较小。

1. 营养应激

母猪乳汁是哺乳仔猪最理想的营养来源，不仅可以为仔猪生长发育提供所必需的营养，还可以使仔猪获得一定的免疫力，刺激正常的生理发育。在 21 d 时，母猪的产乳量最高。如果不在 25~30 d 时断奶，此时母猪的产乳量开始降低。仔猪断奶后以吃人工配制的饲料为主，但离乳仔猪日粮与母乳之物理性状、化学组成差异大。虽然现今的饲料质量和消化率已经得到了极大的提高，但是，由于大多数仔猪一时还不适应新的饲料，如在 3 周龄断奶可给仔猪带来巨大的营养应激。据观察，当在 3 周龄断奶时，仔猪要在 1 周内适应新饲料。实际上，这一时期仔猪处于一种明显的"分解代谢状态"、生长缓慢、转化效率低和发生胃肠道的问题（主要是腹泻）。可见，日粮改变会造成仔猪营养应激。

2. 心理应激

心理应激会引起仔猪不安静，乱动乱叫，寻找哺乳母猪。主要由母猪与仔猪分开所引起，仔猪失去母猪爱抚和保护，而且断奶后仔猪大多需要并窝，会引起争夺位次的争斗。

3. 环境应激

环境应激是由于仔猪从产仔栏到保育栏所引起，周围环境、温度、伙伴、群体等发生了变化，使仔猪对陌生环境产生了恐惧和不安。

（二）断奶应激反应的表现

应激是指机体对外界或内部的各种非常刺激所产生的非特异应答反应的总和。仔猪早期断奶时，由于心理、环境及营养应激影响，常表现为食欲差、消化功能紊乱、腹泻、生长迟滞、饲料利用率低等所谓的仔猪早期断奶综合征，其引发因素主要是营养应激。早期断奶仔猪的应激反应主要表现在以下几个方面。

1. 采食量低和生长滞缓

断奶前的哺乳仔猪，其营养全部或部分由母乳提供，母猪乳中含有丰富的脂肪和易于消化的酪蛋白；其碳水化合物以乳糖为主，不含淀粉和纤维。而断奶后主要能量来源的乳脂由谷物淀粉替代，可以完全被消化吸收的酪蛋白变成了消化率较低的植物蛋白，并且饲料中还有仔猪几乎不能消化的纤维。因此，仔猪消化道酶系统和生理环境等均不适应，其结果表现为断奶仔猪采食量和饲料利用率降低，消化不良和腹泻。一般仔猪在断奶（3~4 周龄）后前两天几乎不采食，随着时间延长，仔猪体重下降，体脂消耗，饥饿感才使仔猪慢慢开始采食。一般断奶后 7 d 左右，仔猪仅采食 1.5 kg，出现生长滞缓状况。

2. 缺乏免疫力易发生疾病

母猪初乳中乳蛋白含量高达 7%，且主要是免疫球蛋白，由于初生仔猪肠壁通透性好，可完整地吸收初乳中的免疫球蛋白，从而获得被动免疫。但在以后 3 周内很快下降，而主动免疫要在 4~5 周才起作用。加上断奶应激可降低机体抗体水平，抑制细胞免疫力。因此，断奶仔猪的免疫力较低，容易发生疾病。

3. 肠道受到损伤使吸收能力减弱

肠道不仅是消化器官，也是体内最大的免疫和内分泌器官，肠道形态结构的完整性是肠道一切功能正常发挥的基础。哺乳仔猪小肠绒毛较长、隐窝较浅 [绒毛与隐窝比为 (8~10) :1]，营养物质的消化和吸收率都很高。早期断奶导致仔猪小肠黏膜萎缩，绒毛变短，隐窝加深。断奶后 1 周内肠绒毛萎缩变短，隐窝加深 [绒毛与隐窝比为 (4~5) :1]，吸收面积减少。其因是小肠黏膜萎缩与断奶后的过渡料有关，而且仔猪离开母猪和分栏也是主要因素之一。此外，仔猪补充不同类型的饲料蛋白质对 3 周龄断奶仔猪小肠黏膜形态结构的影响，目前认为，豆粕造成的损伤最严重。断奶后仔猪摄入低能量是造成黏膜损伤的主要因素。消化吸收受阻会导致小肠下段养分过剩，这可能会使栖居在肠道中的微生物发生变化，病原菌大量滋生繁殖为腹泻创造了条件。仔猪断奶后，由于肠道黏膜被某些饲料成分或病菌损伤，大肠杆菌黏附和入侵受损上皮；断奶短期内，仔猪由于消化酶活性低而造成消化不良，未被彻底消化的饲料为肠道大肠杆菌的增殖提供了养分，导致腹泻。

4. 泌酸能力降低

早期断奶仔猪不能分泌胃酸，仔猪断奶前，主要通过母乳中的乳糖发酵来维持胃内酸度。断奶后，由于乳糖降低，导致乳酸的生产下降使胃内的总酸度降低，这在断奶第 2 天表现尤为明显。由于胃 pH 对于防止外界细胞进入上消化道起重要作用，因此胃酸分泌不足可能导致消化功能紊乱。直到断奶后 3~4 周，盐酸可占胃内总酸度的 50%，此时胃内酸度仍较低。同时，饲料中的一些蛋白质，特别是无机阳离子与酸结合，使胃内总酸度下降，胃蛋白酶原不能被有效激活，不利于蛋白质的消化，造成蛋白质在肠内腐败，而给病原菌在其中安居提供较为适应的环境，促进病原菌繁殖，最终导致炎症、下痢和其他疾病发生。因此，仔猪胃内酸度低容易引起仔猪消化不良和大肠杆菌病发生，造成生长抑制。

5. 消化酶活性下降

仔猪胃肠道内消化酶活性随着周龄的增长而增强，但断奶对消化酶活性增强的趋势有倒退的影响。初生仔猪消化道内乳糖酶、脂肪酶和蛋白酶的活性高，在出生后 2~3 周龄达到高峰，但 4 周龄断奶后第 1 周内各种消化酶活性降低到断奶前水平的 1/3，需经 1~2 周恢复后才会重新增强。断奶时由于日粮的变化和应激反应，胃蛋白酶、胰蛋白酶、胰淀粉酶和糜蛋白酶等酶的活性显著下降，而肠脂肪酶、磷脂酶和胆固醇脂酶的活性一直保持很高。因此，早期断奶仔猪在断奶后两周内对可溶性淀粉的消化利用有限，对不溶性淀粉则很难消化，同时导致仔猪常不能适应以植物为主的饲料，这也是仔猪断奶后 1~2 周期间消化不良、生长受抑的重要原因。

6. 饮水不足

饮水不足是早期断奶仔猪断奶后期间的一个不良反应。饮水对早期断奶仔猪生产性能的影响很大，饮水不足会降低 3~6 周龄仔猪的采食量和生长速度。

三、仔猪断奶日龄的确定及综合考虑的因素和问题

（一）仔猪断奶日龄确定的重要性

仔猪早期断奶是集约化养猪生产者中普遍关注的先进技术，因能有效减少和阻断一些由母猪向仔猪传播的疾病，提高母猪繁殖率和栏舍利用率，降低仔猪的生产成本，可有效控制疾病，因此养猪生产者们希望让仔猪尽早断奶。但仔猪断奶时却面临着各种各样的应激，稍有不慎，便会造成仔猪腹泻、生长迟缓甚至死亡，带来巨大的经济损失。因此，仔猪何时断奶为宜，一直是养猪生产者和研究者关注和关心的问题。断奶过早，仔猪对断奶应激的抵抗力过弱，易发生各种疾病，甚至死亡，会严重影响猪场的经济效益；断奶过晚，影响母猪发情，降低母猪利用率，减少母猪年产仔数，同样会影响猪场经济效益。所以确定适宜的断奶日龄很重要。因适宜的仔猪断奶时间受仔猪生理、母猪生理、猪场的饲养管理条件等诸多因素的影响，也尚无确定的绝对合理可行的断奶日龄。近年来，随着生产设备的改进、饲养管理水平的提高以及对仔猪消化生理、免疫机能和应激能力等的深入了解，仔猪断奶日龄也在逐步提前。国内在 20 世纪 80 年代前仔猪的断奶日龄多为 7~8 周龄，目前多为 3~5 周龄；国外目前多为 2~3 周龄，早期隔离断奶（SEW）的仔猪则在 7~10 日龄断奶。但任何猪场具体断奶日龄的确定，要综合考虑有关因素和问题。

（二）仔猪断奶日龄的确定要考虑的因素

虽然现代养猪生产技术先进，养猪生产者们为了降低生产成本，都希望把仔猪断奶时间提前，如把 35 日龄奶断时间提前到 28 或 21 日龄，但当断奶日龄提前到一定范围时，许多因素会限制其实施。根据断奶日龄不断提前的趋势及在具体实施过程中遇到的问题，确定断奶日龄时，主要考虑以下因素。

1. 仔猪消化系统的成熟程度

一般来说，仔猪消化系统是否成熟是以胃肠道的吸收能力、消化酶和胃酸的分泌能力作为指标来衡量的。因此，仔猪断奶日龄的确定也要考虑这些因素。

（1）消化器官的发育特征　在仔猪生长阶段，胃肠道组织的生长发育快于其他组织。仔猪达到 10 日龄时，胃的重量和容积是 1 日龄时的 3 倍，而小肠和大肠的长度和容积是 1 日龄时的 1.5 倍和 2 倍。10 d 内仔猪小肠的吸收面积增加 1 倍，达 20 日龄时，胃和小肠的增长明显超过大肠。消化道发育最快的阶段是在 20~70 日龄。消化道的迅速生长预示着吸收能力在逐渐增强。虽然仔猪在断奶后一段时间内因日粮改变，其小肠绒毛变短，隐窝加深，消化过程中的吸收和分泌能力有所下降，但仔猪的胃、肠和胰腺等消化器官断奶后生长速度明显快于哺乳仔猪，从此意义上说，仔猪的断奶应在 20 日龄以后。

（2）主要消化酶活性的变化　仔猪消化酶活性随着日龄的增长而增强。Bailey 和 Wood（1956）报道，仔猪消化淀粉的能力差，21 日龄的淀粉酶分泌量很少。尽管乳糖酶在 0~25 日龄活性很高，但麦芽糖酶和蔗糖酶分泌量少且活性低。3 周龄后淀粉酶和麦芽糖酶活性开始上升，5 周龄时其浓度和活性明显提高，直至 8 周龄（lnborr，1989）。Lindemann（1986）发现，4 周龄断奶仔猪在断奶后 1 周内各种胰酶（胰脂酶、胰蛋白酶、胰淀粉酶和糜蛋白酶）活性均显著下降，除胰脂酶外其他酶在 2 周时可恢复至断奶前水平。因此，从消化酶活性的角度上看，3 周后断奶更有利一些。但也要看到，日龄不是影响酶变化的唯一因素，仔猪断奶日粮的组成及形态变化也影响到消化道的发育及消化酶的合成。

（3）胃内酸度（pH）变化　仔猪出生后胃酸的分泌较少，一般8周龄以后才能有较为完善的分泌功能，胃酸分泌不足，胃蛋白酶原不能激活，因此，影响8周龄以前断奶仔猪对日粮蛋白的充分消化。目前，为了适应仔猪早期断奶的需要，在其日粮中添加酸制剂已成为生产中实施早期断奶的重要程序。日粮加酸能提高仔猪的生长速度和饲料转化率，并降低腹泻率。另外，断奶后的采食可有效地刺激胃的发育，促进胃酸的分泌。可见，早期断奶对仔猪胃酸的分泌具有一定促进作用。

2. 仔猪免疫系统的成熟程度

初生仔猪没有主动免疫功能，出生后通过母猪初乳中所含的抗体（大部分是IgG和IgA）获得被动免疫。新生仔猪对免疫球蛋白的最大吸收在吸吮初乳后4~12 h，随后吸收很快下降。并且随着时间的推移，母乳质量下降，这些免疫球蛋白也会迅速减少，而仔猪主动免疫系统中的黏膜免疫系统产生白细胞介素和对分裂原反应的功能在3周龄才逐渐成熟，从8周龄开始，所有免疫指标才达到成年值。但断奶应激可降低仔猪体循环中的抗体水平，抑制细胞免疫能力。Blecha（1993）报道，与自然吮乳仔猪相比，2~3周龄断奶仔猪表现出显著的免疫抑制，抗病力低。5周龄断奶，则与自然吮乳仔猪没有显著差异。张宏福等（2000）报道，28日龄前断奶的仔猪如不采取特殊的营养和护理措施，其免疫机能的正常发育会受到严重阻滞，直到45日龄时也很难赶上正常哺乳仔猪。虽然28日龄、35日龄断奶的仔猪断奶后的免疫能力也会严重受抑，但受抑的程度较14日龄、21日龄组轻一些。

（三）仔猪断奶日龄的确定要考虑的问题

1. 是否符合母猪的生理特点，有利于提高母猪繁殖效率

母猪的繁殖力主要以其提供的年断奶仔猪数或上市肉猪数来评价。欲使母猪1年内尽可能多地提供仔猪，撇开遗传因素，唯一的办法是可通过早期断奶缩短母猪的泌乳期及断奶至再发情配种的间隔来缩短繁殖周期，从而增加年产胎次，提高年供断奶仔猪数。不同的仔猪断奶日龄，母猪年供断奶仔猪数也不同，仔猪断奶时间与母猪繁殖力见表3-5。

表3-5　仔猪断奶时间与母猪繁殖力

断奶周龄	断奶至第一次发情（d）	妊娠率（%）	年产仔窝数	产活仔数（头）		成活仔猪数（头）	
				窝产	年产	窝成活	年成活
1	9	80	2.70	9.4	25.4	8.9	24.1
2	8	90	2.62	10.0	26.2	9.5	24.9
3	6	95	2.55	10.5	26.8	10.0	25.4
4	6	96	2.44	10.5	26.4	10.5	25.0
5	5	97	2.35	11.0	25.9	10.5	24.6
6	5	97	2.22	11.0	24.4	10.45	23.2
7	5	97	2.17	11.0	23.9	10.5	22.7
8	4	97	2.15	11.0	23.7	10.5	22.5

注：资料来源，赵书广主编《中国养猪大成》第二版，2013。

由表3-5可知，仔猪断奶日龄越早，母猪利用强度越大，年断奶仔猪数越多。但因母猪生殖系统产后恢复的时间约20 d，若在生殖系统未完全恢复时配种，会导致受胎率降低，

胚胎死亡率升高，母猪的年生产能力下降。因此，过早断奶对母猪产后生殖器官恢复的时间有一定的影响，对断奶至发情的时间（天）及妊娠率均有一定影响。再加上有多数人认为早期断奶对母猪的寿命有不良影响，泌乳期短的母猪以后的窝产仔数也少，因此，超早期断奶的母猪淘汰率高于晚断奶的母猪。而且通过缩短母猪的泌乳期来增加年产仔数的措施并非绝对，也有一定的限度。母猪的泌乳期为 28~45 d，对断奶后母猪的发情、配种间隔和受胎率无明显影响。如断奶过早，母猪的繁殖性能就会受到不良影响。在目前条件下，仔猪生后 3~5 周龄断奶较为有利，过早断奶会造成母猪的繁殖障碍。

2. 是否充分利用了母乳的作用

仔猪安全断奶的前提是要充分利用母乳的作用，首先是要让仔猪及时吃到初乳，以免影响其正常生长发育。其因是母乳特别是初乳营养丰富，适合初生仔猪消化，可满足仔猪的营养需要，并可为仔猪提供免疫球蛋白，增强仔猪免疫力。母乳中的多胺和多种生长因子可促进仔猪小肠细胞的分裂分化，增强仔猪消化能力，对仔猪的生长发育起着非常重要的作用，因此，过早断奶会影响仔猪充分利用母乳的作用，对仔猪生长发育不利。

3. 是否符合仔猪生理特点，充分发挥了仔猪的生长潜力

仔猪生长潜力大，但因现实的生产条件有限，很难完全发掘出来。如仔猪在 25 日龄的潜能日增重可达 350 g，而目前实现的最高日增重不到 250 g。近些年来，为了最大限度地发挥仔猪的生长潜力，采取了几方面的措施，一是断奶前补饲，二是给哺乳仔猪添加代乳液，三是及时断奶并采取适当的断奶后阶段饲喂体系。三者适当结合，可在很大程度上提高早期断奶仔猪的安全系数，最大程度上挖掘仔猪生长潜力。断奶体重和断奶后仔猪的生长发育密切相关，一般认为，体重在 5.0 kg 以下的仔猪由于其消化机能、免疫功能、对环境的适应性等尚不足以抵抗断奶应激，所以不能断奶。

4. 能否有效地防止母源疾病的传染

研究表明，从预防的角度看，仔猪 10 日龄内断奶可有效预防猪链球菌病或猪繁殖与呼吸综合征；12 日龄内断奶可预防沙门氏菌病；14 日龄内断奶可预防巴氏杆菌病和霉形体病；21 日龄内断奶可预防伪狂犬病和放线杆菌病。美国 Purdue 大学的研究证实，21 日龄前断奶比靠使用大量药物和疫苗更能保证仔猪的健康。一般地，16~18 日龄断奶较好。若能利用断奶日龄防止母源疾病的传染，将会为养猪场省下一大笔仔猪的医疗费用。但是，不同病原的最大断奶日龄不同，猪场应根据实际情况确定断奶日龄，也就是说，确定断奶日龄应考虑到猪群所受疾病的威胁。C. Pijoan（1997）认为，理想的断奶日龄应是大部分仔猪携带常在菌而无仔猪携带病原的日龄。这一理想日龄在不同猪场各不相同，主要依据母猪的免疫状况及感染情况。

5. 是否与猪场的性质、生产规模和设备条件以及饲养管理水平等相符

现代集约化养猪生产，优良配套设施可以使仔猪断奶日龄提前，这些配套设施除了合理的猪舍设计和养猪设备及完善的饲养管理外，还包括断奶前的补料体系与断奶后的饲喂体系。但是，如果只考虑到早期断奶的种种好处，而不结合本场实际生产情况，盲目实行早期断奶，结果带来的将不是利益而是损失。实际生产中，不同饲养条件下的仔猪，其断奶日龄也应有所不同。在具有良好设备和适宜环境条件的保育舍，以及能够使仔猪消化和吸收良好并能满足仔猪快速生长营养需要的饲粮的前提下，再配合高水平的管理，可在仔猪 3 周龄左右断奶。若有其他商业目的，也可在 28 日龄左右断奶，但不宜再晚。

（四）早期断奶仔猪时间的确定

断奶时间直接关系到母猪年产仔猪窝数和育成仔猪数，也关系到仔猪生产的效益。据报

道，若 60 日龄断奶，母猪 1 年内只能产 1.8 窝左右，可育活仔猪 16 头左右；40~50 日龄断奶，则可年产仔 2 窝，育活仔猪 18 头左右；28~35 日龄断奶，可年产仔猪 2.3 窝，育活仔猪 20 头左右。猪场要根据各自的实际情况，确定适宜的断奶时间，过迟或过早都不宜。一般来讲，工厂化养猪技术条件好，使用的是乳猪料诱食补料，能为断奶仔猪提供适宜的环境条件，可选择 28 或 21 日龄断奶；农村中小型规模猪场因饲养条件和环境条件一般，达不到早期仔猪断奶的饲养要求，可选择 35 日龄断奶。

四、仔猪早期断奶成功的措施

无论何时断奶对仔猪都是一种应激，只是断奶日龄越早，体重越小，应激越大。实际上，早期断奶不仅是时间问题，而是时间、体重和饲粮三者的统一。因此，成功的断奶技术不仅仅是确定一个适宜的断奶时间以及对断奶仔猪进行合理的饲养管理的问题，还应在仔猪断奶前采取以下几方面的综合措施。

（一）养好妊娠母猪，保证仔猪有足够大的初生重

仔猪的初生重是影响断奶仔猪生产性能的重要指标，因为仔猪的初生体重和断奶体重以及仔猪成活率之间有较强的正相关。由表 3-6 和表 3-7 可见，仔猪的初生重能够影响仔猪哺乳期内生长速度和成活率，断奶体重又影响断奶后仔猪的生长速度和其后的生产性能。仔猪的初生重主要受妊娠母猪饲养水平的影响。母猪妊娠期营养不足会降低仔猪初生重，影响仔猪哺育率与断奶个体重，见表 3-8 初生重与仔猪生产性能的关系。为了保证仔猪的初生体重较高，对母猪妊娠后期适当加料十分重要，因为这时期是胎儿激烈增长时期，对提高仔猪初生重十分有效。据研究，重胎期每天消化能摄入量至少要达到 30.54 MJ。生产中对妊娠母猪的饲喂方案：孕期 84 d 后改喂哺乳母猪料，96 d 后增加日喂量至临产前 3 d，临产前 3 d 内每天减料 0.4 kg。妊娠期为 0~30、31~75、76~95、96~101 d，日喂饲粮应达到 1.8~2.2、1.8~2.3、1.82~2.5、2.3~3.5 kg。生产中应具体视母猪胎次、体况、季节、饲粮（原料的选择与配比）而定。

表 3-6　初生体重与断奶体重的关系

	初生体重（kg）			
	<1.0	1.0~1.5	1.5~2.0	>2.0
28 d 断奶体重（kg）	6	7.1	8.1	9.4

注：资料来源，郑永祥《早期断奶仔猪饲养新策略》，2005。

表 3-7　仔猪初生重与存活率的关系

体重（kg）	仔猪头数	占总头数（%）	存活率（%）
0.908 以下	1 035	6	42
0.908~1.089	2 367	13	68
1.243~1.316	4 197	24	75
1.362~1.544	5 012	28	82
1.589~1.770	3 268	19	86

（续表）

体重（kg）	仔猪头数	占总头数（%）	存活率（%）
1.816 以上	1 734	10	88

注：资料来源，郑永祥《早期断奶仔猪饲养新策略》，2005。

表3-8　初生重与仔猪生产性能的关系

指　标	初生体重（kg）			
	<1.0	1.0~1.5	1.5~2.0	>2.0
断乳日龄（d）	28	28	28	28
断乳体重（kg）	6.0	7.1	8.1	9.4
日增重（g）	214	253	289	336
日增重相对比率（%）	100	118	135	157

资料来源：邵水龙等《仔猪早期断奶后第一周饲养技术〈二〉》，2006。

（二）提高母猪哺乳期采食量，保证母猪有足够的泌乳量

1. 提高母猪哺乳期采食量的作用

仔猪出生后，要通过母乳来获得生长发育所需要的营养物质，所以泌乳母猪必须有足够的乳汁，才能满足仔猪的生长需要。这就要求生产者想方设法提高母猪的泌乳量。采食量是影响母猪泌乳量的一个重要因素，只有提高泌乳母猪的采食量，其泌乳量才可能增加。虽然母猪的泌乳量和泌乳高峰期的出现因品种不同而异，但大都在产后 2~3 周时达到泌乳高峰期。一般母猪哺乳期平均每天产奶 11 kg，哺乳仔猪增重 1 kg 需 4 kg 奶，如母猪哺乳期饲粮含代谢能 14 MJ/kg，饲料能量转化为乳能量效率为 79%，即每千克饲粮除维持需要外能产生 9.8 MJ 代谢能供泌乳用，如每千克乳含 5.4 MJ 代谢能，应能产生 1.8 kg 左右的乳。当母猪的采食量高于其维持和泌乳需要时，即母猪在每天采食 6.0 kg 饲粮基础上多吃下 1 kg 饲粮，其 60% 的能量被用于泌乳，那么 1 kg 饲粮产 1.8 kg 乳的泌乳量理论值必须乘以 60%，约为 1 kg 乳，窝猪日增重可以增加 250 g。虽然母猪的泌乳量与哺乳期的营养水平、哺乳日龄有关，但是，母猪哺乳期的食欲是提高仔猪生产性能的基础。

2. 生产中增加母猪哺乳期采食量的方法及注意事项

（1）科学培育后备母猪　选留或引入的后备母猪，可从 4 月龄、体重 60 kg 起，每日补充草粉 200~300 g 或青饲料 300~1 000 g，其目的是增大胃肠容积，为哺乳期的采食量打下基础。

（2）注意母猪妊娠期的饲喂量　母猪妊娠期不应过量饲喂，因为妊娠期间，由饲料养分转化为体脂的效率为 78%，在哺乳期再由体脂转化为猪乳的效率为 63%，这样转化的双重损失，饲料利用率只有 49%，而哺乳期母猪将饲料直接转化为猪乳的效率为 79%，而且妊娠期过量饲喂还会降低母猪哺乳期采食量。此外，不要在分娩前过早使用哺乳期饲粮。

（3）加强对哺乳期母猪的饲养　母猪产后第 1 周要精心护理，在饲喂方法上由少到多。哺乳期母猪饲料要新鲜、营养要均衡、适口性要好，最好采用高档哺乳母猪料。母猪的泌乳量与哺乳期的营养水平、哺乳日龄有关。饲粮营养均衡是母猪有充足泌乳量的基础。生产实践中，对哺乳母猪要增加日饲喂次数，从 2 次增加到 3 次，采食量可增加 10%~15%；干料改湿料饲喂，也可提高采食量。饲粮中添加鱼粉等动物性蛋白质饲料可显著增加母猪采食量；还可定时投喂一定量的青饲料，对哺乳母猪采食量提高也有一定的作用。此外，要监控、记录哺乳期母猪的采食量，避免饲料浪费。

（4）准确掌握哺乳天数　哺乳期不宜过长或过短，一般 21~35 d。

（5）饮水要充足和清洁　哺乳母猪充足的饮水相当重要，估测值为 30~32 L/d，水流速为 1.5 L/min，水温 18 ℃以下为宜，而且水要清洁。

（6）产房温度要适宜　哺乳母猪最适温度为 15~20 ℃，当温度每高于适宜温度 1 ℃时，日采食量减少 1 g/kg 体重。尤其是夏季要做好防暑降温，调整喂料时间（19:00、23:00、凌晨 4:00）可增加采食量。

（三）千方百计提高哺乳期仔猪补饲量

1. 断奶前补饲的作用

一窝哺乳仔猪每天需要从母猪获得 18 kg 以上乳才能满足生产需要，即便是高产母猪每天也只能产 10~12 kg 奶，所以仔猪因能量摄入不足，生长潜力未能充分发挥出来。哺乳仔猪在出生 8~10 d 后，从乳中获得的营养没有增加，并且大部分用于维持需要。随着哺乳仔猪日龄的增长和体重的增加，母乳供给仔猪的营养与仔猪需要量之间的差距越来越大，因此必须要有一个良好的仔猪补料计划，补充母乳营养供给的不足，确保仔猪能充分发挥其遗传潜力，获取较大的断奶体重。此外，断奶前补料能减少断奶后的饲料转换应激，减少或减轻断奶后的腹泻现象，还可防止小肠绒毛变短和隐窝加深的程度，从而提高仔猪断奶后对饲料的消化率，促进生长。

2. 仔猪哺乳期的补料量

仔猪哺乳期为 21、28、35 d 时，每头哺乳仔猪累计补料量应分别为 115~310 g、230~630 g、1 480~1 910 g。理想情况是哺乳仔猪 26 日龄应该累计采食 500 g。不同补饲量对仔猪断奶重及断奶后体重的影响见表 3-9 所示。

表 3-9　不同补饲料对仔猪断乳重及断乳后体重的影响

哺乳期累计补料量（g/头）	仔猪体重（kg）		
	断乳时（27 d）	断乳后 12 d	断乳后 33 d
<300	8.1	11.2	21.8
300~500	8.5	11.7	22.4
500~700	8.5	12.2	23.0
>700	9.0	12.8	24.5

资料来源：邵水龙等《仔猪早期断奶后第一周饲养技术〈二〉》，2006。

3. 影响哺乳仔猪补料量的因素

仔猪哺乳期补料量变异之大，主要来自母猪本身的采食量与仔猪饲粮的原料选择与配比。

（1）哺乳母猪采食量　研究表明，仔猪采食量依赖于母猪产奶模式。其因是当母猪在前 2 周泌乳量非常高时，仔猪在出生第 3~4 周将会采食大量补料；但如果母猪产奶量仅在后 2 周较高，那么仔猪体重较轻，并且采食量也较少。

（2）诱食料的质量　哺乳期使用固体的诱食料，可使仔猪较好地适应断奶后由原来的液体母乳转变为固体饲料，这对保证仔猪的食欲和进食量，减轻仔猪断奶时生长速度下降和消化紊乱至关重要。诱食料的效果取决于采食量，经测定发现，仔猪诱食料日采食量从13 g/头到194 g/头。诱食料的质量要求：一是适口性好，仔猪喜食；二是消化性要好，符合哺乳仔猪消化生理特点。一般，饲粮消化率越高，仔猪采食量越多。一头10 kg仔猪，在饲粮消化率为90%时，日采食量可达800 g；当饲粮消化率降至75%时，日采食量仅为320 g。三是诱食料的物理特性。一般来说，片状、小颗粒、碎屑状优于粉状。四是营养必需丰富而全价。五是止痢效果要好。饲料配方中尽量少用含过敏抗原原料（如大豆蛋白），可添加效果良好的止泻药物，如杆菌肽锌、精制土霉素等。这些药物既可止痢，又可促进生长。但配方中使用的药物要经常更换，并且要按国家规定的添加量使用。使用教槽料来提高哺乳仔猪的采食量，不失为一个可行之道。因为教槽料可以补充哺乳后期母乳营养的不足，促进仔猪胃肠道的发育以及减少断奶后肠绒毛的损伤，在提高仔猪断奶前采食量的同时能增加断奶体重。可见选择合适的教槽料对提高哺乳仔猪的采食量和以后的生产性能有很大影响。那么，什么样的教槽料合适呢？答案是高品质的仔猪教槽料。因为使用简单的玉米-豆粕型教槽料虽可降低开食期的饲料费用，但会造成仔猪以后的生产性能差，并且断奶后生长发育缓慢，直至影响生长育肥期的生产性能；而使用高品质的教槽料虽然投入较高，但由于其营养均衡、适口性好、易消化，仔猪采食量大，增重速度快，断奶体重大，而且有利于改善仔猪断奶后以至生长育肥期的生产性能。

（3）补料方法和器具　为提高仔猪补料量还要注意补料方法和补料器具的合理使用。补料方法上要做到少喂多餐，保证饲料新鲜，必要时采取多次短期隔离吮乳（1 d共8 h），强迫仔猪吃料。补料饲槽要适合仔猪采食。仔猪在断奶前补饲面积加大2倍，仔猪采食量可增加0.4~1.1倍；圆形喂料器比长方形喂料器吃食多。饲槽要放在仔猪经常活动的地方，且要保证清洁卫生。

（四）提高哺乳母猪及哺乳仔猪的科学管理水平，确保仔猪断奶时健壮且体重均匀

提高哺乳母猪及哺乳仔猪的科学管理水平，是确保仔猪断奶时健壮且体重均匀的关键。早期断奶仔猪体重一般要求：21、28和35日龄断奶时，体重相应为6.0、8.0和10.0 kg。达到此断奶体重重点是抓好哺乳母猪采食量，只有采食量高，才能保证母乳分泌量充足。此外，要抓好仔猪补料。生产中容易忽视的问题是仔猪的保温措施，适宜的保温措施是哺乳仔猪培育的关键环节。舍温过高或过低，都会对仔猪造成应激，导致生病甚至死亡。适宜温度下仔猪表现为不扎堆，分布均匀；侧卧，四肢伸展，情态舒适。不同体重的断奶仔猪对舍温的要求不同，见表3-10。目前最好的保温措施是地热采暖，其次是全舍送热风采暖，最一般的是保温箱（灯）、电热毯等。应根据猪场实际情况，选择适当的保温设备。

表3-10　不同体重断奶仔猪对舍温的要求

体重（kg）	与猪体同一高度处温度（℃）
3.6~5.5	28
5.5~7.7	27
7.7~12.3	25
12.3~18.2	21

资料来源：Allee（1994）。

五、早期断奶仔猪的断奶方法

断奶的方法较多，生产中可根据猪场实际情况选择。一般来讲，主要有以下两种。

（一）逐渐断奶法

即在预定断奶日期4~6 d 起，把母猪从原圈隔出单独关养，开始控制哺乳次数。第1天白天哺乳5次左右，以后逐渐减少，并且只在哺乳时将母猪放回，哺乳后又分开；或者使母仔白天分开，夜晚将母猪赶回，使母仔有适应过程，最后于断奶日期顺利断奶。母仔分开后，不能再让仔猪听到母猪声，见到母猪面，闻着母猪的味，否则会影响断奶效果。选择此种方法断奶好处是可减少仔猪断奶应激反应，也减少仔猪断奶后的发病率，对提高仔猪断奶成活率有一定作用。但此法比较繁杂，需要有一定的空圈和人力，适合于中小型猪场采用。

（二）母去仔留法

仔猪到断奶日龄后，将母猪调回空怀母猪舍，仔猪仍留在原圈饲养3~5 d 或1~2周，称为母去仔留法。由于是原环境和原窝仔猪，可减少断奶应激，待仔猪适应后，再转入仔猪保育舍饲养，此法适合集约化工厂养猪全进全出工艺饲养模式的早期仔猪断奶，可提高母猪繁殖率和设备利用率，对提高规模养猪生产效益具有一定优势和作用。但因系21或28日龄断奶，母源抗体下降，仔猪自身免疫系统发育还不完善，如果饲养条件较差，管理及环境措施不到位，会导致仔猪早期断奶综合征发生及仔猪断奶后易出现的问题，反而会降低保育成活率。

第二节　早期断奶仔猪的营养需要及使用的几种重要饲料原料

一、早期断奶仔猪的营养需要

（一）蛋白质与氨基酸的需要

1. 日粮蛋白水平

在仔猪营养中，蛋白质营养一直备受关注。研究表明，早期断奶仔猪的生长性能取决于日粮营养浓度，但因蛋白质是一种活性强的抗原物，进入仔猪消化道后，可发生局部免疫反应而导致消化道的损伤。研究表明，日粮抗原引起的过敏反应是早期断奶仔猪发生腹泻的主要原因，其中植物性蛋白是引起仔猪肠道过敏的主要抗原物质，日粮蛋白过高易引发仔猪腹泻，如日粮蛋白超过23%将导致仔猪严重腹泻。其因是饲粮蛋白水平升高使进入大肠的饲粮蛋白质增加，大肠微生物利用进入大肠的蛋白质进行生长繁殖，使蛋白质发生腐败而形成氨和胺类腐败产物。这些腐败产物对肠道黏膜有毒性作用，结肠受到损伤后吸收能力降低，加之腐败产物产生的胺类对结肠黏膜有刺激作用，促进肠液的分泌，增加粪便中水分含量，加剧仔猪腹泻。同时，腐败产物也使仔猪结肠、肝、肺和肾组织损伤程度加重。因此，早期断奶仔猪日粮的蛋白设计一直受到人们的重视。段志富等（2005）报道，蛋白水平分别为20.2%和21.3%时可获得最大日增重和最大饲料利用率。蛋白水平为18.07%时氮表观消化率最高。综合考虑生产性能、蛋白质利用及氮排泄，早期断奶仔猪适宜的蛋白水平为

21.3%。赵春山等（2006）报道，17%、18%、20% 3个蛋白水平对断奶仔猪日增重、日采食量及料肉比均无显著影响（$P>0.05$），但蛋白含量为18%组日增重较高，而料肉比最低。从腹泻率来看，20%组的仔猪腹泻率较高。董国忠等（2000）报道，给仔猪饲喂低蛋白（CP 17.8%）氨基酸平衡饲粮与常规粗蛋白质（CP 21.8%）饲粮相比，可显著降低仔猪肠内腐败产物产量和腹泻率。杨映才等（2001）研究表明，饲粮蛋白水平从16%升高到20%，仔猪平均日增重和饲料转化率显著提高；饲粮蛋白水平从20%升高到24%，仔猪平均日增重和饲料转化率趋于降低，采食单位粗蛋白质所获得的体增重显著降低。由此可见，由于仔猪的消化系统尚未完善，对饲料中蛋白质的消化利用能力还较低，日粮蛋白水平并非越高越好，仔猪总氮排泄随蛋白水平线性增加。且高蛋白水平日粮使仔猪腹泻有上升的趋势，而且过多的蛋白要通过肝脏代谢，会加重肝脏负担，因此，其饲料中蛋白质含量不宜过高。杨映才等（2001）试验，在饲粮中植物性蛋白质与动物性蛋白质比例为5.5∶1，而且赖氨酸、蛋+胱氨酸、苏氨酸、色氨酸都满足需要的条件下，满足10~20 kg仔猪生长所需的饲粮蛋白水平为18%，日需要量为157 g/d，进一步提高饲粮蛋白水平，仔猪生产性能得不到改善。彭健等（1996）报道，利用蛋白质含量分别为18%和16%的日粮饲喂断奶后1~5周的仔猪，结果饲喂蛋白质含量为18%的仔猪其平均日增重显著大于16%组，说明此阶段粗蛋白质水平为18%更为适宜。Le等（2002）报道，将12~27 kg仔猪饲料蛋白质从22.4%降至16.9%，并在低蛋白饲料中补充必需氨基酸，不影响仔猪的生长和机体组成，还能提高氮沉积。综上，仔猪饲料中适宜蛋白含量为17%~20%。

2. 早期断奶仔猪对主要氨基酸的需要

（1）赖氨酸 蛋白质营养即为氨基酸营养，早期断奶仔猪日粮的设计应充分考虑日粮氨基酸，特别是第一限制性氨基酸用量以及各类氨基酸的平衡。由于早期断奶仔猪在品种、断奶时间、断奶重、日粮类型及营养水平等方面存在差异，因此，对早期断奶仔猪赖氨酸需要量的研究结果并不相同。

美国NRC（2012）确定，5~7 kg和7~11 kg体重的仔猪料中，赖氨酸的适宜水平为1.5%和1.35%。有研究表明，采用19%的蛋白质，用1.10%~1.25%的赖氨酸水平，饲养效果最好。

Nelssen博士（1986）提出的"三阶段饲养体系"认为，仔猪饲养3个阶段中，各阶段日粮的赖氨酸含量分别为1.5%、1.25%和1.10%。林映才等（1996）对早期断奶瘦肉型仔猪的研究认为，8~20 kg断奶仔猪粗蛋白水平为19%，简单型日粮的氨基酸需要参数为：赖氨酸1.15%、蛋氨酸<0.26%、苏氨酸0.64%、色氨酸0.205%。于锋（2005）研究认为，早期断奶仔猪的日粮总赖氨酸含量应在1.65%~1.85%。侯永清等（1999）报道，采用玉米—豆粕—鱼粉型日粮的仔猪日龄为25~35 d、体重为6.78~8.92 kg时，对蛋白质和赖氨酸的需求量分别为20%和1.3%；日龄为36~53 d、体重为8.98~17.52 kg时，可采用较低营养水平，即粗蛋白18%和赖氨酸1.0%。

（2）谷氨酰胺 谷氨酰胺是中性氨基酸，在体内组织间氮的转移和氨气的传动过程中起着重要的载体作用。同时，酰胺基还是体内嘧啶和嘌呤核苷酸、核酸以及氨基糖生物合成的原料之一。传统观点认为，谷氨酰胺是一种非必需氨基酸，体内可以合成，但越来越多的研究表明，当动物处于应激或病原状态时，内源合成的谷氨酰胺不能满足需要，甚至发生体内枯竭，此时必须由外源供给，从这种意义上讲，谷氨酰胺已成为一种必需氨基酸。在

NRC（1998）中，谷氨酰胺已被定义为"条件性必需氨基酸"。研究表明，在断奶仔猪日粮中添加谷氨酰胺具有以下生理作用。其一，提高仔猪日增重。小肠是谷氨酰胺利用的主要器官，但其本身不能合成，必须依靠从其他器官中释放或食物中供给。研究表明，在炎症、断奶等应激状况下，无论是肠外营养还是肠内营养，添加谷氨酰胺都具有促进激素分泌、提高肠道功能的作用。钱利纯等（2005）报道，在21日龄断奶仔猪日粮中添加1%谷氨酰胺，断奶1~10 d，试验组料肉比比对照组降低了12.05%（$P<0.05$）；断奶11~20 d，试验组日增重比对照组提高了27.75%（$P<0.05$），试验组采食量、料肉比与对照组相近。可见，添加1%的谷氨酰胺可显著提高断奶仔猪的日增重。其二，有助于修复损伤肠道。谷氨酰胺是肠道上皮细胞代谢的主要能量底物，也是肠上皮间淋巴组织增殖的必要营养物和肠黏膜细胞的呼吸燃料。当仔猪的母源谷氨酰胺供给终止时，可能影响断奶仔猪肠道结构和功能，而且在病理条件下，肠道对谷氨酰胺的需求量大大增加。研究表明，仔猪断奶时出现的肠道萎缩也许与谷氨酰胺的缺乏有关，补充谷氨酰胺有助于断奶后仔猪受损肠道的恢复。Wu等（1996）试验发现，添加谷氨酰胺对21日龄仔猪十二指肠绒毛的高度改变无影响，对空肠的绒毛高度改变有显著作用，而对隐窝影响不显著，但可以消除断奶所造成的仔猪肠道应激，有效地改善断奶后仔猪的吸收功能并为改善生产性能提供生产基础。张军民和高振川（2002）研究了添加1.2%的谷氨酰胺对早期断奶仔猪肠道黏膜蛋白质、DNA含量和肠绒毛微观结构的影响，发现日粮添加谷氨酰胺可显著增加试验组仔猪空肠DNA含量、35日龄黏膜厚度和49日龄空肠绒毛高度，但对回肠DNA和肠道蛋白质无显著影响，对十二指肠绒毛高度和黏膜厚度也无显著影响。电镜观察表明，日粮添加谷氨酰胺可以改善35日龄仔猪空肠中段微绒毛的形态和结构，减少小肠上皮细胞的损伤。其三，可降低仔猪腹泻。刘涛等（1999）在早期断奶仔猪日粮中添加1%的谷氨酰胺，发现可显著降低仔猪腹泻率。刘涛等（2003）报道，添加1%的谷氨酰胺可提高断奶后第1周和第2周的平均日增重，降低仔猪腹泻频率，并提高饲料效率。

（3）蛋氨酸　是猪的一种必需氨基酸，在含喷雾干燥血制品的高营养浓度饲粮中，蛋氨酸很可能是第一限制性氨基酸。杨映才等（2001）报道，早期断奶仔猪对蛋氨酸的最适需求量为饲粮的0.44%，表观可消化和真可消化蛋氨酸需求参数分别为0.405%和0.41%。杨映才等（2001）发现，提高饲粮蛋氨酸水平，断奶仔猪平均日增重有所下降，血清氮浓度随着饲粮蛋氨酸水平提高，其蛋白质利用率反而下降，结果表明8~20 kg断奶仔猪蛋氨酸需求不超过0.26%。

（4）色氨酸　是仔猪饲粮中易缺乏的必需氨基酸，在玉米-鱼粉饲粮、玉米-肉骨粉饲粮和低蛋白玉米-豆粕型饲粮中往往是第二限制性氨基酸。色氨酸可通过神经递质作用调节猪的采食量，色氨酸缺乏将导致猪的采食量降低、生长速度减慢，还可能导致血清胰岛素浓度降低，并引起蛋白质合成下降。伍喜林等（1994）、林映才等（1994）报道，血清尿素氮含量与日粮色氨酸水平呈负相关，这间接反映了色氨酸具有影响蛋白质合成的作用。吴新连（2004）报道，色氨酸对仔猪的生长和蛋白沉积有促进作用。杨映才等（2001）报道，3.6~3.8 kg仔猪对色氨酸的需求为日粮的0.28%，表观可消化和真可消化色氨酸需求参数分别为0.23和0.25%。杨映才等（1999）报道，8~20 kg仔猪获得最佳生产性能的色氨酸需求参数为0.205%，饲粮中赖氨酸和色氨酸比例为100∶18，相应的表观可消化色氨酸需求参数为0.163%。

（5）组氨酸　在仔猪营养中的作用研究较少。Li等（2002）研究了可消化组氨酸含量分别为 0.23%、0.31%、0.39% 和 0.47% 的饲料对仔猪生长和血清参数的影响，结果表明 0.31% 组平均日增重和饲料转化率最高。Heger 等（2003）报道生长猪对组氨酸的维持需要为 14 mg/kg 饲料。

3. 早期断奶仔猪的矿物质营养需要

（1）钙与磷 林映才等（2002）研究表明，满足 4~9 kg 超早期断奶仔猪生长和骨骼发育的钙需求 0.90%。饲粮中相应有效磷 0.55%。蒋宗勇等（1998）研究表明，为满足仔猪最佳骨骼发育和体内代谢的需要，7~22 kg 仔猪适宜饲粮钙水平为 0.74%。蒋宗勇（1998）研究了饲粮中不同有效磷对 8~20 kg 仔猪的生长性能、骨骼发育和血清生化指标的影响，结果表明，8~20 kg 仔猪有效磷需要量为 0.36%，总磷 0.58%，钙磷比 1.21∶1，钙与有效磷 1.94∶1。钙是猪日粮中最便宜的营养物质，主要来源石灰石，碳酸钙有很强的缓冲作用，可以显著降低胃肠道内容物的酸度，并因此干扰蛋白质的消化。因此，日粮中钙的添加不要超过实际需要，且钙磷的比例不超过 1.2∶1。

（2）铁 仔猪出生时体内铁很少，只有 40~50 mg，每天从母乳中只获得 1.0~1.3 mg 的铁，而其生长发育每天需 7~15 mg 铁。这样在出生后 5~7 d 时仔猪体内已缺铁，从而引起缺铁性贫血，导致仔猪抗病力降低，易感染病菌，发生腹泻甚至死亡。生产中如不及时给初生仔猪补给外源性铁，就会影响生长发育。补铁的方式有肌内注射和饲料补铁等。生产中采用注射补铁方式，常用葡萄糖苷铁，肌内注射量一般为 150~200 mg，仔猪出生后第 3 天注射 1 次，第 7 天再注射 1 次。

（3）锌 早期断奶仔猪日粮中添加高锌（锌 2 500~4 000 mg/kg，以氧化锌提供）可显著缓解仔猪断奶后腹泻的发生，对日增重有显著促进作用。赵昕红等（1999）报道，在仔猪饲料中加入 3 000 mg/kg 的锌和 160 mg/kg 铜与 100 mg/kg 锌和 250 mg/kg 铜相比可使增重提高 29.2%，腹泻率降低 9.0%；对血液的白细胞数量和分类 IgG 的检测结果表明，高锌比高铜更能促进仔猪的体液免疫，高锌使机体抗应激能力增强的幅度大于高铜。

（4）铜 高铜能促进内分泌，提高某些消化酶活性，还有抑菌和缓解应激的作用。日粮添加 100~300 mg/kg 铜能促进仔猪的生长，其中以饲料中添加 250 mg/kg 铜效果最佳。冷向军等（2001）报道，饲料中添加 250 mg/kg 的铜，可使仔猪日增重提高 15.1%，采食量提高 10.2%，降低了腹泻发生率，而且提高了十二指肠脂肪酶活力和脂肪表观消化率，还有降低结肠大肠杆菌的趋势。高铜的研究在国内外基本达成共识，一般认为在断奶仔猪饲料中加入 125~250 mg/kg 铜有明显促生长、改善饲料利用率的作用。但高铜制剂仅限于仔猪断奶前后应用，而且长期应用效果不良，过量添加铜（300 mg/kg）会导致猪中毒死亡。铜与钙、铁、锌、硫等元素相互影响，使用高铜时可能会降低铁和锌的吸收，或引起缺铁和缺锌的不良反应，所以断奶仔猪日粮中添加高铜时，必须同时补充适当的铁和锌，保持铜、铁、锌间的平衡，以发挥最好的促生长作用。

（5）钠和氯 研究表明，早期断奶后仔猪可以从日粮中额外摄入的钠和氯中得到明显的好处。虽然钠可以引起部分的积极反应，但是，更多的积极反应是氯引起的。因此，在低于 10 kg 仔猪，日粮应含有 0.4%~0.5% 的钠和至少同样多的氯。

仔猪饲粮中微量元素还包括碘、锰和硒，各种微量元素缺乏均会引起各种缺乏症，过量时又引起猪体中毒。因此，在生产中通常按猪的饲养标准添加。NRC（2012）给出了猪的几种主要微量元素需要量，如表 3-11 所示。

表 3-11　猪的几种主要微量元素需要量和最高限量（每千克日粮）

| 微量元素 | 需要量（mg） | | | | 母猪 | 最高限量 |
| | 生长猪体重（kg） | | | | （妊娠、泌乳） | （mg） |
	3~10	10~20	20~50	50~120		
铜	6.00	5.00	4.00	3.50	5.00	250
铁	100	80	60	50	80	3 000
碘	0.14	0.14	0.14	0.14	0.14	400
锰	4.00	3.00	2.00	2.00	20	400
锌	100	80	60	50	50	2 000
硒	0.30	0.25	0.15	0.15	0.15	4.00

4. 早期断奶仔猪的维生素营养需要

近些年来，对仔猪维生素营养的研究主要集中在维生素对其机体免疫机能和生长性能的影响方面。多数营养学家认为，科学审查委员会（SRC）建议的维生素含量过于保守和实际应用有限。对于多数维生素，添加的水平比建议的水平高 10 倍的情况并非罕见。Kessler 等（1999）推荐大白猪仔猪每千克饲料中维生素 A、维生素 D、维生素 C 的最适添加量分别为 4 000~8 000 IU、500~1 000 IU 和 15 mg。Cadogan（2001）报道，将 B 族维生素的水平提高到 NRC（1981）推荐量的 6 倍，可提高仔猪的生长性能和抗应激能力。House 等（2003）报道，5~10 kg 仔猪对维生素 B_{12} 最适需求是添加 35 μg 的结晶维生素 B_{12}。从脂溶性维生素看，添加维生素 E 的水平常常达到 250 IU/kg 对仔猪健康更有益，而最近的研究已清楚地表明，NRC（2012）建议的水平过低。如 BASF 公司的维生素推荐量远高于 NRC 标准，此推荐量考虑到各种不利因素会造成维生素的破坏（表3-12），以及为适应高生产性能猪种及抗应激作用的实际需要，因此，该推荐量具有一定的实际应用作用和参考价值。

表 3-12　不利因素对维生素造成的损害（BASF 公司提供）

不利因素	受影响的维生素	损失量（即需要量提高）
饲料成分	所有维生素	10%~20%
环境温度	所有维生素	20%~30%
舍饲笼养	维生素 K 和 B 族维生素	40%~80%
未稳定脂肪	维生素 A、维生素 D、维生素 E、维生素 K	100%或更多
蛔虫、线虫、球虫	维生素 A、维生素 K 及其他	100%或更多
亚麻籽饼（粕）	维生素 B_6	50%~100%
疾病	维生素 A、维生素 E、维生素 K、维生素 C	100%或更多

（二）早期断奶仔猪营养需要研究成果

早期断奶仔猪营养需要按其日龄、体重而定，既要适应仔猪消化能力，又要能减轻对营养的应激反应。近些年来，国内外营养学家们对断奶仔猪营养需要的研究，多集中于蛋白质、赖氨酸参数，结果差异较大，见表3-13断奶仔猪的营养需要量。

表 3-13 断奶仔猪的营养需求量

项 目	仔猪体重	
	4.5~11 kg	11~20 kg
日增重（g）	250	460
饲料利用率（%）	1.4	1.7
消化能（MJ/kg）	13.79	13.79
粗蛋白质（%）	20	18
赖氨酸（%）	1.4	1.25
钙（%）	0.85	0.85
总磷（%）	0.80	0.80

注：此表为 Gary L. Allee 推荐的主要参数。

资料来源：张金枝等《改善早期断奶仔猪生长停滞的营养调控》，1999。

表 3-13 中赖氨酸、钙、磷明显比 NRC（1988）推荐量高。由于日粮的粗蛋白质水平常与肠后段内细菌和氨的发酵引起的腐败性腹泻有关，近年的研究表明，早期仔猪断奶料中随着粗蛋白质水平的提高，小肠中主要蛋白酶活性增加，直至粗蛋白质达到 20%。此外，Li等（1993）研究含 54%豆粕的 25.5%的粗蛋白日粮，明显降低了氮（N）的回肠表观消化率。综合一些动物营养学家的研究结果见表 3-14。

表 3-14 断奶料中粗蛋白质水平对消化力的影响

粗蛋白质水平（%）	胰腺蛋白酶活性		回肠表观消化率（%）	
	糜蛋白酶	胰蛋白酶	干物质	氮
10	0.45[a]	3.4[a]	—	—
16	—	—	73.6[a]	81
20	1.0[b]	4.8[b]	72[b]	81
22.5			69[c]	78
22.5			68[d]	78
30	1.2[b]	2.9[a]	—	—

注：同一列肩标字母不同者为差异显著；以胰腺蛋白水解酶活性或日粮成分的表观回肠消化率来表示，资料来源同表 3-13。

表 3-14 的研究结果与 NRC（1988）推荐的蛋白质水平相吻合。董国忠（1995）研究报道，28 日龄断奶仔猪获最大增重的蛋白质水平，全植物蛋白饲粮为 18.9%，复合蛋白型饲粮为 19.9%。能量对仔猪生产性能的影响也非常大，研究表明，21~28 日龄断奶仔猪可消化能量浓度为 15.5 MJ/kg 时，获得了最佳体重。而且随着能量增高，饲料转化率提高。此外，赖氨酸（Lys）浓度不仅与粗蛋白质水平有关，与能量浓度也有关。林映才等（1995）研究报道，断奶仔猪赖氨酸与蛋白质比应在 6 以上，NRC（1988）、ARC（1981）推荐 21~56 日龄断奶仔猪赖氨酸与消化能比为 0.99 g/MJ。在欧洲，动物营养学家常把赖氨酸与消化能的比值为 1 g/MJ 用于断奶至 15 kg 活重的仔猪日粮中。

近年研究表明，仔猪饲粮中补充合成氨基酸，可降低饲粮蛋白质水平。保持蛋氨酸+胱氨酸、苏氨酸和色氨酸分别是赖氨酸的 60%、65% 和 18% 的水平，可以构成理想的蛋白比，见表 3-15 仔猪（5~20 kg）料中必需氨基酸的理想配比。

表 3-15　仔猪（5~20 kg）料中必需氨基酸的理想配比

氨基酸	含量	氨基酸	含量
赖氨酸	100	异亮氨酸	60
苏氨酸	65	缬氨酸	68
色氨酸	18	亮氨酸	100
蛋氨酸	30	苯丙氨酸+酪氨酸	95
胱氨酸	30	精氨酸	42
蛋氨酸+胱氨酸	60	组氨酸	32

注：资料来源于 Chung 和 Baker（1992）。

二、早期断奶仔猪的消化生理特点及优质蛋白原料的来源和选择

早期断奶仔猪在生理上尚未适应饲料的改变，容易导致断奶综合征，即仔猪断奶由于受到心理、环境及营养应激的影响，导致食欲下降、消化功能紊乱、腹泻、生长缓慢甚至死亡等，其中腹泻是早期断奶仔猪最常见的问题。导致断奶仔猪腹泻的原因有多种，其中饲料品质是重要的原因之一。因此，根据断奶仔猪的消化生理特点，选择适宜蛋白原料是配制高品质断奶仔猪日粮，减少仔猪下痢的重要条件之一。

（一）早期断奶仔猪消化生理特点

1. 消化系统形态结构变化特征

仔猪断奶后消化系统形态结构发生显著变化，主要表现为小肠出现严重的绒毛萎缩、腺窝变深、肠黏膜淋巴细胞增生和隐窝细胞有丝分裂速度加快。与此同时，随着采食的刺激，腺窝生长加快，饲料蛋白抗原、微生物等因素都可导致腺窝深度增加。王静华等（2003）报道，21 日龄仔猪断奶 5 d 后，肠绒毛高度降低了 50%。仔猪断奶后 11 d 肠隐窝深度明显增加，肠绒毛高度显著降低。同时肠上皮细胞刷状缘的蔗糖酶、乳糖酶、异麦芽糖酶等活性下降，这些变化可导致肠道营养物质消化和吸收不良而腹泻。随着断奶仔猪年龄的增长，绒毛高度降低，腺窝深度增加，其变化幅度大于哺乳仔猪，这种变化与断奶时的应激源及断奶后的日粮有关。对不同蛋白源的比较研究表明，乳蛋白引起的肠道损伤最轻，豆饼最重，玉米—豆饼混合蛋白居中，玉米—豆饼—动物蛋白复合饲粮的情况取决于补饲蛋白种类。可见，根据断奶仔猪消化系统形态结构变化特征，选择能减轻肠道损伤的蛋白源原料，能减少早期仔猪断奶后腹泻的发生。

2. 消化道酶系的演化

仔猪胃内仅有凝乳酶、胃蛋白酶，分泌量仅为成年猪的 1/4~1/3。胃底腺不发达，不能分泌足够盐酸。缺乏游离的盐酸，胃蛋白酶就没有活性，不能消化蛋白质，特别是植物性蛋白。Owskey 研究表明，断奶后 1~3 d，胰脏和小肠内容物中淀粉酶、胰蛋白酶和糜蛋白酶活性降低，至 12 d 可恢复到断奶前水平；断奶后 14 d 恢复至正常水平。胰小肠内容物中的

淀粉酶、胰蛋白酶和糜蛋白酶的总活性从 21 至 35 日龄呈逐渐上升趋势，35 日龄断奶后下降。断奶可能会造成多数消化酶活性降低，但随着进食刺激，酶活性会很快恢复并呈上升趋势。饲粮蛋白源和断奶仔猪消化酶合成与分泌关系密切。Makkink 发现，21 日龄仔猪断奶后胰腺和十二指肠食糜中胰蛋白酶与糜蛋白酶的发育受饲粮中蛋白种类（脱脂奶粉、大豆浓缩蛋白、鱼粉和豆粕）及断奶后采食量的影响。在断奶后 3 d，含脱脂奶粉的日粮对胰腺的胰蛋白酶合成和分泌具有最强的刺激作用；断奶后 6 d 胰腺和空肠胰蛋白酶活性以饲喂大豆浓缩蛋白组最高；断奶 10 d 后蛋白质种类的影响已消失。还有研究表明，饲喂乳制品饲粮的仔猪断奶 10 d 后，其胰腺和肠道蛋白酶、淀粉酶、乳糖酶活性高于饲喂玉米–豆粕饲粮组。上述表明，根据仔猪消化酶系的演化，选择对断奶后仔猪能促进消化酶分泌的蛋白源原料，可降低早期仔猪断奶应激综合征。

3. 胃内 pH 值的变化

哺乳仔猪分泌胃酸的能力有限，母乳中含有大量乳糖，乳糖转化成乳酸有助于弥补胃酸的不足。但随着日龄增加，胃分泌酸的能力增强，其增加程度与饲料的进食量和胃的容量成一定比例。Cranwell（1985）在对胃酸分泌量和胃重量的回归分析发现，补饲可以将单位胃重与酸分泌的斜率由 0.32 提高至 0.54。这说明断奶前补饲可以增强胃分泌酸的能力。早期断奶仔猪，乳糖来源中断，加上饲粮中某些组分如鱼粉、矿物质等酸结合力高，采食后胃内 pH 值很快升高，不利于胃蛋白酸转化为胃蛋白酶，胃蛋白酶活性降低。试验表明，仔猪一经断奶，胃内 pH 值明显高于吮乳仔猪，10 d 后断奶仔猪胃内 pH 值开始低于吮乳仔猪；2 月龄时，则明显低于吮乳仔猪。这说明，断奶后采食可有效地刺激胃发育，促进了盐酸分泌。近些年来大量研究集中于用有机酸酸化仔猪日粮，有机酸主要有延胡索酸、乳酸、柠檬酸和丙酸，添加水平一般为 0.5%～3.0%。仔猪断奶后 7～21 d 酸化日粮的效果明显（过渡期和第二阶段），酸化消化率低的日粮更明显，但酸化含有奶制品日粮效果不明显。此外，调制早期断奶仔猪日粮时应考虑日粮成分与酸的结合能力，如碱性矿物质预混料特别是钙与酸结合力高，开食料中钙含量高时，会降低仔猪的生产性能。研究表明，日粮钙在 0.8% 时，骨骼矿化最佳。可见，针对仔猪胃内酸度变化，添加有机酸配制日粮，并注意日粮成分与酸的结合力，对提高早期断奶仔猪的生产性能具有一定的作用。

（二）早期断奶仔猪使用的优质蛋白原料的来源

1. 早期断奶仔猪日粮中的氨基酸来源

选择断奶仔猪蛋白原料，应考虑其可消化性、氨基酸平衡性、适口性及免疫球蛋白含量是否丰富。早期断奶仔猪的限制性氨基酸是赖氨酸，研究表明，仔猪生长率和饲料效率随日粮赖氨酸水平提高而提高。Owen 等（1995）报道，早期断奶仔猪日粮总赖氨酸需要量为 1.65%～1.8%。NRC（2012）提出，6 kg 体重仔猪 SID（氨基酸标准回肠消化率）赖氨酸需要量为 1.50%，9 kg 为 1.35%，18 kg 为 1.23%。其他氨基酸必须保持与赖氨酸的适当比例，才能获得最佳生产性能。从表 3-14 中可见，早期断奶仔猪与成年猪的理想蛋白质模式不同。Owen 等（1995）报道，含喷雾干燥血粉的仔猪日粮（赖氨酸 1.6%），应含蛋氨酸 0.41%～0.42%（即表现可消化蛋氨酸 0.36%～0.37%）。随后他们又报道，断奶后 0～21 日龄仔猪日粮蛋氨酸应为赖氨酸的 27.5%。Bergstrom 等（1997）报道，断奶后仔猪对可消化异亮氨酸需要量低于赖氨酸的 60%，并且随日龄增加还会降低，10～20 kg 仔猪对异亮氨酸需要量低于赖氨酸的 50%。谷氨酸一般不被认为是猪的必需氨基酸，但近些年的研究表明，谷氨酸可视为断奶仔猪的条件性必需氨基酸。其因是断奶仔猪肠萎缩与缺乏肠酶解物和分解应激有关，谷氨酸不仅是肠上皮细胞的主要吸收作用底物，而且能提供用于核酸合成的酰胺氮。断奶使得主要的谷氨酸源——母乳不复存在，并且此时采食量较小，造成外源性谷氨酸减少。因此断奶时供给仔猪少量谷氨酸可以维持仔猪肠上皮细胞的完整性，减少早期断奶仔猪的肠萎缩发病率。研究表明，在奶替代品中添加谷氨酸可以增加仔猪小肠绒毛高度，降低隐窝深度。所以有人建议把谷氨酸视为断奶仔猪的条件性必需氨基酸。

2. 早期断奶仔猪使用蛋白原料要注意的事项

为满足早期断奶仔猪的高氨基酸需要量，动物营养学专家们一直在寻找多种蛋白资源。20 世纪 70 年代中期，动物营养学专家们对断奶仔猪饲料的研究主要集中在谷物-豆粕简单日粮中加入不同水平的鱼粉和乳产品，组成半复合或复合日粮。由于大量易消化复合日粮的应用，3 周龄断奶仔猪的应激大大降低。但这种饲养方式需要持续 4~5 周，高额的饲料费用也使养猪生产者对其使用价值引起质疑。现代养猪生产中，断奶仔猪一般都采用阶段性饲养方式。这种饲养方式使日粮的营养成分更适合仔猪消化系统的发育。近些年来，尤其是规模猪场在仔猪断奶后普遍采用阶段饲养方式，大大降低了饲料费用和培育成本，也提高了断奶仔猪的生产性能。其饲养方式是仔猪断奶后 1 周（至多 2 周）采用费用较高的复合饲料（阶段 1），接下来的 2~3 周内采用简单一些的中价位饲料（阶段 2），最后，仔猪的饲料转换为便宜的饲料（阶段 3）。这样，评价蛋白质原料的标准通常是仔猪消化系统对原料的消化性。更重要的是对断奶仔猪日粮的蛋白来源，应考虑蛋白的消化率、氨基酸的平衡性以及适口性和是否可为仔猪提供有保护作用的免疫球蛋白。由于早期断奶仔猪对氨基酸的要求较高，因此其日粮的蛋白质来源应是多种的。断奶仔猪日粮中蛋白原料的选择，除了要充分考虑其蛋白品质、可消化性、适口性、易得性等因素，不要一味追求高价格、高品质，同时还要保证原料的多样性，充分利用不同原料的特异生理作用。

3. 早期断奶仔猪使用的主要优质蛋白原料

目前，对早期断奶仔猪使用的优质蛋白原料主要有：动物蛋白如脱脂奶粉、乳清粉、血浆蛋白、血球蛋白、血粉等，植物蛋白如豆粕、大豆浓缩蛋白、大豆分离蛋白（或提纯大豆蛋白）、豆粉、膨化大豆等。现代仔猪生产中对早期断奶仔猪使用的几种重要优质蛋白原料有以下几个。

(1) 脱脂奶粉　脱脂奶粉是大部分乳脂被脱去而蛋白质被保留的一种奶粉，其生物价值高，易消化吸收，B 族维生素及矿物质含量丰富，一般含粗蛋白 33.7%~38.5%，粗脂肪 0.6%，粗灰分 7%~9%，钙 1.56%，磷 1%。其碳水化合物主要为乳糖，消化利用率高，适合做断奶仔猪的蛋白原料及乳猪的人工代乳料，常用于断奶后第一阶段饲料中。研究表明，日粮中添加 10% 脱脂奶粉可明显改善仔猪的生产性能。Chae 等（1999）研究了脱脂奶粉对仔猪生产性能的影响，结果表明，与豆粕组日粮相比，脱脂奶粉组日增重提高了 15.91%，采食量提高了 14%，饲料转化率提高了 1.57%；与血浆蛋白粉组相比，日增重提高了 1.39%，日采食量提高了 7.78%，饲料转化率差异不显著。

(2) 乳糖和乳清粉　由于乳糖可发酵产生乳酸，降低肠道 pH 值，抑制病原微生物，因此，乳糖以及能提供乳糖的乳清粉在仔猪日粮的设计中被大量使用。乳清粉含有乳糖，是良好的能源，其中所含的乳清蛋白、乳球蛋白具有极佳的氨基酸组成模式。尽管乳糖和乳清粉不属于蛋白，但乳清粉中含有的高质量乳清蛋白在仔猪体内有高消化率、良好的氨基酸形态、无抗营养因子的优点，亦含有白蛋白及球蛋白（血清蛋白），对肠道同样具有正面的影响，特别是免疫球蛋白，对肠道具有保护效果，能对抗大肠杆菌。乳清粉中亦含有乳过氧化酵素及乳铁蛋白，也具有杀菌及抑菌功能。研究表明，乳清粉含有 60% 以上的乳糖和 12% 以上的乳清蛋白以及比例适宜的钙、磷等矿物元素和丰富的 B 族维生素，有助于提高仔猪对饲粮养分的消化率。仔猪出生后消化道内乳糖酶活性高，其他碳水化合物分解酶的活性低。乳清粉中乳糖含量很高，正适合乳猪消化吸收。而且乳清粉具有天然乳香味，能提高仔猪采食量。在仔猪胃肠内乳糖经乳酸杆菌作用分解产生乳酸和乙酸，降低消化道 pH 值，从而抑制有害微生物的繁殖，对防止仔猪下痢有一定的作用。早期，仔猪复合日粮配制的重点是饲料中乳清粉的水平，并且确定了乳清粉在饲料中的最佳水平为 30%。断奶后 10~14 d 内，在仔猪日粮中添加乳清粉效果最好。易永宏（2005）报道，在断奶仔猪日粮中添加乳清粉 5%，仔猪的日增重提高 5.17%，料肉比降低 12.12%。高玉红等（2002）在断奶仔猪日粮中添加乳清粉 5%~20%，结果表明，粗蛋白和粗脂肪的利用率明显提高，腹泻率降低 30%，粪便乳酸杆菌提高 6.8%，大肠杆菌降低 8.9%。用于仔猪料的乳清粉是含有 65%~75% L-糖和大约 12% 的粗蛋白的高蛋白乳清粉，也有用含 75%~80% 乳糖和约 3% 的粗蛋白的低蛋白乳清粉或者中蛋白乳清粉的。一般建议在 2.2~5 kg 仔猪日粮中乳糖的使用量为 18%~25%，5~7 kg 和 7~11 kg 分别添加 15%~20% 和不超过 10%。而乳清粉的用量一般为 6%~15%，随断奶时间不同变化较大。

（3）喷雾干燥血浆蛋白粉（SDPP） SDPP 是将占全血 55% 的血浆分离、提纯、喷雾干燥而制成的乳白色粉末状产品。SDPP 中含有丰富的免疫物质，免疫球蛋白含量占 SDPP 的 16% 以上，而动物初乳中只有 12% 的免疫球蛋白。SDPP 中的 IgG 可以直接透过小肠壁参与仔猪的免疫反应。SDPP 中还含有大量的未知生长因子、干扰素、溶菌酶等物质；另外还含有丰富的氨基酸如赖氨酸、苏氨酸、色氨酸，消化利用率高，可全面补充仔猪所需的养分。SDPP 是断奶仔猪饲粮中新的蛋白源，19 世纪中叶，SDPP 被引入饲料工业，因而使养猪生产者实施早期断奶，降低断奶早期时常出现的"仔猪断奶综合征"变为可能。近些年来，国内外养猪业在仔猪日粮上已普遍采用，被认为是早期断奶仔猪营养的革命，对防止仔猪断奶后生长滞缓、腹泻非常有效。断奶仔猪的日粮中添加 SDPP 能全面改善仔猪 10%~30% 的生产性能。这种效果主要是由于提高了仔猪的采食量而非提高了饲料转化效率所致，并且 SDPP 添加量在 6%~10% 时效果最佳。据有关试验报道，在断奶仔猪日粮中添加 10% SDPP，断奶仔猪的日增重提高 28.44%，采食量提高 17%，饲料转化率提高 8.87%。在断奶仔猪日粮中添加 6% SDPP，仔猪日增重提高 13.22%，采食量提高 13.59%。在断奶仔猪日粮中添加 7% SDPP，空肠绒毛高度提高 28.26%，回肠绒毛高度提高 35.29%。目前有关 SDPP 的最佳添加量报道不一，Catnau（1993）等认为，添加 6% 的 SDPP 可获得最佳生长性能，但国内张丽英等（1999）在断奶仔猪中应用不同比例 SDPP 的试验结果表明，3% SDPP 组日增重最高（325 g/d），分别比对照组 6% SDPP 组高 4%~7%，日采食量也最高，但单位增重饲料消耗以 6% SDPP 组最低，综合各项指标和经济效益，断奶仔猪早期日粮以添加 3% 为宜。樊哲炎（2000）研究 SDPP 对 3 周龄断奶仔猪的饲喂效果表明，添加 5% SDPP 可显著提高仔猪采食量、日增重和饲料转化率并降低仔猪腹泻，而 2.5% SDPP 与对照组无显著差异，因此认为早期断奶仔猪日粮中 SDPP 的添加水平为 2%~5%。陈晓辉等（1999）在仔猪日粮中添加 5% SDPP，试验表明，28 日龄前（断奶前）添加 5% SDPP 日粮对仔猪增重影响不大，但能增强仔猪抗病力，提高免疫力。一般认为，SDPP 主要用于断奶后 2 周内仔猪，28 日龄断奶仔猪用量 2%~3%，21 日龄断奶 3%~6%，超早期断奶用量适当增加。此外，由于 SDPP 的特殊加工工艺使其具有类似乳香的气味，可增进仔猪食欲而使其成为一种很好的调味剂和诱食剂。Ermer 等（1994）报道，与含脱脂奶粉的饲料相比，断奶仔猪更喜欢采食含 SDPP 的饲料。这样可以增加仔猪的采食量，从而提高仔猪的生长速度。R. A. Easter 做了一系列试验比较了智利鱼粉和 SDPP 的饲喂效果，结果发现饲喂鱼粉组仔猪的生产性能与 SDPP 组生产性能之间无显著差异。SDPP 提高仔猪生产性能的机理还不太清楚，但有两个假说：一是 SDPP 可为仔猪断奶后提供免疫球蛋白。3 周龄断奶仔猪饲粮中没有了母源免疫球蛋白，可导致断奶后生长受阻，SDPP 含有 22% 的免疫球蛋白，从而能提高仔猪生产性能；二是作为风味剂，与其他蛋白源相比，SDPP 明显提高断奶仔猪采食量。Ermer 等（1994）调查发现，当让仔猪在两种饲粮（一种含 20% 脱脂奶粉，另一种含 8.5% SDPP）中选择时，35 头仔猪有 28 头选择后者。目前，SDPP 作为一种优良的仔猪蛋白原料已在全世界范围内广为认可，现在已经成为评价其他蛋白质原料的一个标准（表 3-16）。

表 3-16 最近几年在断奶仔猪日粮中添加血浆蛋白的试验效果

试验者	平均日增重	平均日采食量	料肉比
Gatnau 等，1990[a]	+50	+54.0	+23.9
Gatnau 等，1990[b]	+81.9	+34.2	+59.5
Gatnau 等，1990[c]	+101.6	+75.6	+12.0
Hansen 等，1990	+42.0	+37.2	−3.6
Hansen 等，1991	+15.2	+27.9	−10.9
Sohn 等，1991	+28.6	+24.2	+1.2

注：资料来源同表 1-1。

（4）猪肠膜蛋白（DPS） DPS 主要原料组成是肠黏膜水解蛋白，是利用猪小肠黏膜在萃取肝素过程中的产物，经特殊酶素处理、浓缩，再以黄豆皮为赋形剂，最后经高温灭菌、干燥等过程制造出来的新型动物蛋白质原料，生物安全性 100%。DPS 含有丰富的蛋白胨、氨基酸及多种营养素，对仔猪的增重效果与 SDPP 相接近，但价格便宜。DPS 除含有丰富的氨基酸外，还含有数量庞大的寡肽。研究证明，蛋白质在消化道中形成的终产物大部分是小肽而不是氨基酸，大多数被消化的蛋白质是以寡肽的形式被吸收的，寡肽向细胞内传递的速度比游离氨基酸快，以寡肽的形式供给动物氨基酸有着很大的优越性。DPS 可应用于多种动物及不同生长发育阶段，尤其对幼小动物具有明显的促生产效果。台湾新泰实验农场应用表明，在仔猪中并用 DPS 与 SDPP 好于单独添加 DPS 或 SDPP，当添加 2.5% DPS 与 2.5% SDPP 时，仔猪采食量与日增重显著增加，并降低腹泻率。Zimmerman（1997）试验表明，用 6% 的 DPS 代替日粮中的乳清粉饲喂 90 头 18~24 日龄断奶仔猪，从第 2 周起猪只的日采食量、增重及饲料效率均显著优于只饲乳清粉的仔猪。高欣等（2001）研究表明，在断奶仔猪日粮中添加 DPS，结果日增重比对照组增加 52.7%~82.4%，采食量提高 35.9%~41.9%，改善饲料转化率 11.2%~25.7%，降低腹泻指数 20.4%~42.2%。高新（1999）比较了 28 d 断奶仔猪中添加 DPS 与 SDPP 的效果，结果也认为日粮中添加 2.5% DPS 可替代早期断奶猪中的 SDPP。多数试验认为 DPS 与 SDPP 合用效果更佳，一般用量为 2%~6%。

（5）大豆浓缩蛋白（Soybean protein concen-trates，SPC） 是以脱脂大豆粕为原料，经

过粉碎、去皮、浸提、分离、洗涤、干燥等工艺，除去其中低分子可溶性非蛋白组分（主要是可溶性糖灰分、醇溶蛋白和各种气味物质等）后所得到的蛋白产品。SPC蛋白含量高，粗蛋白不低于70%。豆粕是养猪生产的饲料中最重要的植物性蛋白质来源，但其天然存在的一些抗营养素如胰蛋白酶抑制因子、寡糖等会损伤消化道，降低营养物质的消化率。SPC由于消除了寡聚糖类胀气因子、胰蛋白酶抑制因子、凝集素和皂苷等抗营养因子，蛋白质消化率明显提高。而且SPC改善了产品风味和品质，具有特殊芳香味道，有利于仔猪诱食。研究表明，在断奶仔猪日粮中添加5%~15% SPC可改善仔猪的生产性能。Lene-han等（2003）在断奶仔猪料中添加14.3% SPC，仔猪的日增重提高6.96%，采食量提高3.09%。用SPC替代50%的SDPP，仔猪的生产性能和采食量差异不显著。

（6）大豆、豆粕及膨化大豆（粕）　作为相对价格较低的蛋白来源，大豆（粕）在仔猪日粮中的应用较为普遍，仔猪对豆粉（豆饼粉）中蛋白质的消化率约83.1%，目前绝大多数仔猪料中的大豆或其他植物性蛋白的用量以不超过20%为宜，而通过添加其他蛋白原料，特别是一些动物蛋白来满足仔猪对蛋白质的需要。豆粕中含有大豆球蛋白和聚球蛋白等抗原，可导致断奶仔猪肠黏膜细胞发生过敏反应，引起仔猪肠道损伤，导致仔猪腹泻，进而降低其生产性能。目前较常用的解决办法是通过加工处理来降低豆粕中的抗原，如以膨化大豆替代大豆或豆粕。膨化大豆较豆粕更有利于仔猪消化。试验证明，用膨化大豆代替豆粕，可减少早期断奶仔猪的腹泻率，提高日增重和降低料肉比，可使早期断奶仔猪的日增重提高40%，每千克增重耗料少0.12。但膨化大豆用量过高时（27.77%），可造成仔猪腹泻加重。从全期生产性能来看，在断奶仔猪日粮中使用13.88%~20.83%膨化大豆效果较好。

第三节　改变仔猪断奶后生长消退的营养调控技术和管理措施

一、仔猪断奶后生长消退的原因及严重性

现代养猪生产中存在一个普遍现象，仔猪断奶后1周甚至1个月内生长速度显著地降低，很多养猪生产者把仔猪断奶后的生长消退看做是不可避免的"事实"，认为仔猪断奶引起小肠绒毛变短、消化酶分泌减少、免疫力下降等生理变化，造成了仔猪断奶后出现生长消退现象。因此，仔猪不可能在断奶阶段获得较好的生长成绩，并认为仔猪阶段生长缓慢并不重要，这种损失会在后期"补偿"回来。这种认识并不全面，带有明显的消极态度，并没认识到仔猪断奶后生长消退的不良后果。

导致断奶仔猪特别是早期断奶仔猪生长抑制的因素很多，但主要因素是断奶应激。仔猪断奶应激，主要来自营养、心理和环境三个方面，尤其是营养应激对仔猪的影响最大。仔猪一般断奶后几天内表现食欲差，采食量和饮水量均低，造成仔猪体重不增反降。一般往往需1周时间，仔猪体重才会重新增加。但生产实际中，如果使用低档过渡料或不继续用教槽料过渡，必然会造成仔猪消化不良，采食少，掉膘严重，生长下降，出现所谓的生长消退即"生长倒扣"现象。断奶后仔猪出现"生长倒扣"，会导致仔猪早期断奶综合征，尤其是腹泻，会引起仔猪死亡，仔猪断奶后第1周内的日增重对其以后的生长速度及出栏时间有显著影响。Tokach（1992）研究表明，断奶后第1周仔猪日增重225 g以上组比断奶后第1周不

增重组出栏时间提前 10 d。Ousley 等（1990）研究证实，仔猪 21 日龄、体重 6.23 kg 时断奶，断奶后第 1 周的日增重<0、0~250、>250 g，其相应的上市天数分别为 178、171 和 163 日龄。断奶后第 1 周内失重的猪比日增重 250 g 的猪需要额外 15 d 以上时间才能达到上市体重。说明断奶时 1 d 的损失意味着育肥时 2 d 的损失，所以以补偿生长在很大程度上很难实现。其因是仔猪 21 日龄时，一般日增重为 280 g，即需要 7.8 MJ 的乳消化能。如果断奶后要维持这一生长速度，则必须日采食 475 g 饲粮（消化能 16.5 MJ/kg），这在实际生产中很难做到。一般规模猪场的哺乳仔猪在 21 日龄断奶后第 1 周的日增重 200~250 g，日需饲粮 320~400 g。由于仔猪在断奶后的最初几天（一般 5 d 以前）的采食量无法满足维持能量需要，因此断奶仔猪由于采食的营养有限，造成体重下降。如果断奶时的营养、心理和环境应激对采食量的影响被减少，尽可能使仔猪断奶后的消化适应期缩短，尽快提高仔猪采食量，那么仔猪的生长速度将会增加，所以断奶后第 1 周的饲养是整个断奶仔猪饲养的关键。有试验表明，仔猪断奶后生长速度降低并非必然的"事实"。Zijlstra 等（1996）进行了一次研究，将 18 日龄的仔猪分成 3 组，第 1 组继续吃奶；第 2 组断奶，饲喂干饲料；第 3 组断奶，饲喂干饲料，并补充代母奶。结果显示，第 3 组的仔猪断奶后采食量不变，而且生长速度超过了第 1 组。可见，采取一定的管理措施和营养调控可降低断奶对生长速度的影响。

二、改变仔猪断奶后生长消退的管理措施和营养调控技术

（一）加强管理，培育健壮的断奶仔猪

1. 加强对妊娠和哺乳母猪管理，注重抓好哺乳母猪的采食量

妊娠母猪的管理目标是获得最大的仔猪初生重和窝产仔猪数及健康的哺乳母猪，分娩后能迅速地提高饲料采食量。哺乳母猪的管理目标是使其在哺乳期内饲料采食量最大化，最低程度地减少母猪哺乳期间体脂肪和蛋白质的损失，获得更多、更健壮的窝断奶仔猪数。研究表明，哺乳期母猪的采食量与仔猪的生长有很大关系，因为母猪乳是仔猪最好的营养来源，在哺乳期第 7 天，每千克母乳中，含干物质 190 g，蛋白质 55 g，乳糖 54 g，脂肪 72 g。每千克奶水的代谢能（ME）29.36 MJ。有研究者通过对群体数据的分析和研究，得出哺乳仔猪每千克增重需要 ME 约 21.98 MJ，单位增重需要母猪奶 4 kg。而母猪的奶产量与采食量几乎呈线性关系，也就是说，哺乳期母猪多消耗 1 kg 饲料，将多产生 1 kg 奶水，换成仔猪的增重，每天多长 250 g。如果母猪的采食量从 6.5 kg 降到 4.5 kg，母猪每天的产奶量至少减少 1 L，从而限制了仔猪的生长潜力，断奶时不可能获得理想的健壮仔猪。

2. 注重哺乳仔猪教槽料补充

哺乳期仔猪除了初乳和常奶外，同时使仔猪尽早开始消化专门的教槽料也很重要。哺乳期较早开始补充教槽料，可锻炼仔猪消化系统的功能，使仔猪断奶后适应以植物蛋白质、碳水化合物为主的饲料，适应仔猪消化系统的全面发育。研究表明，教槽料一方面可促进消化酶的分泌，通过消化酶的作用，将大分子的营养物质降解为小分子的物质，有利于肠道上皮细胞吸收；另一方面可促进小肠绒毛的生长。功能健全的小肠绒毛对仔猪快速地、无障碍地吸收营养物质尤为重要，而且健康、成熟的小肠绒毛可以降低断奶时损伤程度。由于断奶应激使仔猪小肠绒毛受到损伤（程度不同）变短，致病性病原微生物加剧破坏了小肠绒毛的完整性，从而扰乱了机体对营养物质的有效吸收。而受损的小肠绒毛的恢复过程需要消耗大量的能量，减少了饲料能量用于仔猪的快速生长。而断奶前使仔猪消化一定量的固体饲料，

可为小肠绒毛的快速恢复做好充分的准备。对于断奶前最佳的教槽料采食量，若断奶前仔猪在26 d累积饲料采食量400~500 g/头，就具备了一个理想的发育的消化系统，断奶后很大程度上可降低小肠绒毛的损伤，使仔猪小肠黏膜对致病性大肠杆菌具有更强的抵抗能力。可见，断奶前教槽料补充的重要性。

（二）注重营养调控，重视脂肪在断奶饲料中的重要性

虽然从猪生理上讲，不需要日粮中添加脂肪，只对油酸有很小的需求，也容易从饲料原料中获得。但由于现代猪种的生长遗传潜力高，而机体一直处于能量不足的状态，导致体脂肪损失，因此，在高营养浓度的日粮中添加脂肪就非常有价值。由于母猪乳中脂肪的含量接近38%（干物质基础），所以哺乳仔猪可以很好地利用脂肪。仔猪断奶后第1周内每天平均的饲料采食量一般不超过200 g，而最初2 d内采食量不足200 g，只有到了第2周采食量才能达到每天350 g。仔猪往往不能根据饲料能量来调整采食量，因此，日粮的脂肪含量对满足仔猪的能量需要尤其是断奶后1周内十分必要。

（三）正确处理饲粮与管理的关系，注重提高断奶仔猪第1周采食量

1. 仔猪断奶后的饲粮要求与第1周内日采食量标准

仔猪断奶后的生产性能，虽受饲养管理等因素影响，但主要受饲粮质量的影响。营养不全的过渡料，是造成仔猪断奶后1周生长消退的主要因素。因此，配制全价、营养互补性好、消化率高、适口性好的断奶仔猪饲粮，则仔猪采食量大，营养需要得到满足，生长发育就快，能改变仔猪断奶后生长抑制问题。但由于早期仔猪第1周增重的第一限制因素是采食量，而影响早期断奶仔猪第1周采食量的关键因素是仔猪的体重与消化率，用公式表示：仔猪最大自由采食量＝0.013×体重/（1−消化率）。

仔猪断奶初期（7 d）的日增重基准点为250 g，那么仔猪必须吃下多少饲料才能达到这个基准点呢？仔猪维持能量需要为每千克代谢能体重0.44 MJ。21日龄断奶体重6.5 kg，则每天维持需要为$0.44×6.5^{0.75}=1.8$ MJ，如断奶后饲粮代谢能为16.5 MJ/kg，即仔猪断奶后每天要食入110 g饲粮（1.8/16.5＝0.11 kg）才能保证断奶时体重。断奶后体重增加1 kg需能量15.2 MJ，现基准点日增重250 g，则每天需3.8 MJ，即230 g饲粮（3.8/16.5＝0.23 kg），加上维持需要110 g，合计为340 g。生产实际中要想达到这样的采食量必须采取适当的饲喂技术。

2. 提高断奶仔猪采食量的饲喂技术与管理措施

（1）限量饲喂 仔猪的采食频率、采食量和采食行为都影响其消化道内的酸度，有研究发现，仔猪采食后消化道pH值升高与采食量有关，而让仔猪少食多餐可减缓消化道内酸的需要量，使消化道内pH值不至于大幅度升高。试验证明，如果每天限饲2次，仔猪胃内pH值要明显低于自由采食。由于在仔猪与母猪分离后的第1天一般会拒绝采食，会导致仔猪随后会大量采食，这样会扰乱小肠功能和消化吸收过程。因此，在断奶后最初几天应控制仔猪的采食量，一般不超过25 g/kg体重，否则过多的饲料不能消化吸收，会在大肠内发酵，产生有害物质而导致仔猪腹泻。限量饲喂具体操作见表3−17。

表3−17 断奶仔猪限量饲喂量

体重（kg）	MJ/d	饲粮（g/d）
5.7	1.26	85

（续表）

体重（kg）	MJ/d	饲粮（g/d）
5.8	1.90	130
6.0	2.64	180
6.8	3.95	270
7.6	4.83	330
8.8	6.44	440
10.0	7.32	500
15.0	11.30	770
20.0	15.06	1050
25.0	17.57	1200

资料来源：邵水龙等《仔猪早期断奶后第一周饲养技术〈二〉》，2006。

（2）垫上饲喂技术 采用垫上饲喂方法可大量增加仔猪断奶后第1周的采食量，其因是这种方法刺激了仔猪兴奋的集体采食行为。具体方法是在仔猪断奶后3 d内将少量饲料撒布在地面的垫子上，每天3次，每次保证仔猪30 min内吃完。采取这种饲喂技术的仔猪断奶后前3 d的日增重比对照组增加1倍以上。

（3）湿拌料饲喂技术 湿拌料指水与常规饲料的混合物，典型湿拌料含干物质20%~30%（料水比1∶3）。研究表明，虽然断奶仔猪采食量低是限制生产性能的主要因素，其有效办法之一是湿喂。Denmark（1993）结论是断奶后7 d内仔猪湿拌料可提高采食量35%~36%。其因是刚断奶仔猪还没有学会独立采食和饮水行为，湿喂时水和所需营养物质在一起，与母乳相似。而且湿喂可避免对仔猪肠壁形态学的损伤，使断奶应激导致的肠绒毛萎缩、隐窝变深降低到最低。试验证明，湿拌料或液态饲粮可提高仔猪采食量，防止断奶仔猪生长消退，见表3-18湿料饲喂与非湿料饲喂对仔猪采食量及生长性能的影响。

表3-18 湿料饲喂与非湿料饲喂对仔猪采食量及生长性能的影响

组　别	采食量（g/d）		达30 kg体重的日龄（d）
	3~6周龄	6~10周龄	
湿料饲喂区（10头）	420	910	71
非湿料饲喂区（10头）	380	850	77

资料来源：邵水龙等《仔猪早期断奶后第一周饲养技术〈二〉》，2006。

（4）保证仔猪饮水量充足 仔猪如果在断奶前的饮水量和采食量都比较高，它们在断奶后对保育舍内的饮水和饲喂有了比例充分的准备。研究表明，饮水器的水流量越高，仔猪采食量越大，日增重也越大。表3-19为水流速度对早期断奶3~6周龄仔猪生产性能的影响。饮水器安装高度与水流量对仔猪的饮水量均有一定影响，对饮水器安装高度与水流量的标准：仔猪体重<5、5~15、15~35 kg，饮水器距地面高度相应为100~130 mm、130~300 mm、300~460 mm。水流量（L/min）应达到：哺乳仔猪0.3、保育猪0.5、30 kg体重猪1.0。

表 3-19　水流速度对早期断奶 3~6 周龄仔猪生产性能的影响

水流量（mL/min）	175	350	450	700
饮水量（L/d）	0.78	1.04	1.32	1.63
采食量（g/d）	303	323	341	347
日增量（g）	210	235	250	247

资料来源：邵水龙等《仔猪早期断奶后第一周饲养技术〈二〉》，2006。

（5）选择适当的断奶技术　断奶技术有两种：其一，逐步断奶技术。即不一次突然断奶，在断奶前 1~5 d 要减少哺乳次数，以减少心理应激反应。其二，赶母留仔技术。即断奶时一般采取赶走母猪，仔猪在原舍（床）内饲养 7~10 d 的方法，这样可减少仔猪的应激反应，有利于仔猪顺利断奶及生长发育。

（6）饲料的颗粒硬度和大小　饲料的颗粒硬度与颗粒稳定指数密切相关。研究表明，颗粒硬度明显影响断奶后两周内仔猪的饲料采食量和日增重，但不影响饲料转化率。SCA 营养公司进行了两项试验，测定颗粒料硬度（耐久力指数）对仔猪断奶后关键时期生长性能的影响。第 1 个试验用了 440 头断奶仔猪（18 日龄，体重 5.4 kg），分为 10 个重复组。断奶后 11 d 内喂以两种成分完全相同的饲粮，唯一区别是硬度。一种饲粮使用生淀粉（软颗粒料），另一种使用全糊化淀粉（硬颗粒料），两种饲粮都在 59 ℃的温度中调质 30 s，通过 2.4 mm 的压模制成颗粒料。结果表明，采食软颗粒料仔猪日采食量平均为 212 g，日增重 183 g，料肉比 1.16；采食硬颗粒料仔猪日采食量平均为 184 g，日增重 162 g，料肉比 1.14。虽然淀粉加工并不影响能量的利用率，因为不同处理间的饲料利用率相近，但断奶仔猪采食硬度较大颗粒料较软颗粒料采食量低 13%，日增重低 11%。第 2 个试验测定颗粒料硬度对断奶后 14 d 内生长性能影响，试验用 880 头断奶仔猪（18 日龄，体重4.9 kg），分为 10 个重复组，通过用糊化淀粉取代 0%、33%、66% 和 100% 生淀粉（基础饲粮含生淀粉 25%）而逐渐提高颗粒料的硬度，颗粒料的耐久力指数分别为 67%（低于行业标准）、93%、92% 和 97%。结果表明，仔猪每天饲料采食量分别为 218、214、209 和 197 g，每天日增重分别为 203、197、192 和 181 g，显示出饲料采食量和日增重均线性下降，与第 1 个试验相一致。可见，对断奶仔猪提供的颗粒料硬度其标准是耐久力高的又是软的，可提高断奶仔猪采食量和日增重。

（7）避免在断奶后免疫　生产中如果在仔猪断奶后注射疫苗，会降低仔猪的饲料采食量。因为注射疫苗后，至少 7 d 以后才能产生免疫力。在断奶时免疫，免疫反应往往需要 4~5 d，会导致仔猪饲料采食量下降。但如果在断奶前 1 周免疫，采食量下降的情况就不会发生。因此，要避免在断奶时执行免疫程序。

（8）搞好环境控制　环境控制主要是注意温度、湿度、通风以及光照。搞好环境控制，其目的是保证仔猪在良好环境中迅速增长，以减少环境应激的影响。

早期断奶仔猪对温度、湿度均有一定的要求。仔猪对冷敏感，断奶应激通常导致仔猪断奶后最初几天进食量降低和体脂肪损失，适宜断奶时的舍内温度应增加 4 ℃，即 3~4 周龄断奶仔猪的环境温度约在 30 ℃。舍内每日温差 3 ℃时可引起仔猪腹泻及生长缓慢。仔猪断奶后的临界温度，断奶后第 1 周 28~26 ℃，第 2~3 周 24 ℃，第 5 周以上 15 ℃。舍内相对湿度在 65%~70%。

猪舍的通风除具有引入新鲜空气、排出有毒有害气体及湿气（指水导热系数为空气的25倍）的作用外，还有在一定程度上调节猪舍温度的作用。猪舍内夏季换气量为冬季的5倍，而且通风量对猪的失热率和生长率有重要影响。研究表明，在18 ℃，风速从0 mm/s增加到50 mm/s，导致21~35日龄断奶仔猪生长率下降15%，料肉比下降23%。在无风条件下比有风生长快6%，饲料消耗减少25%。冬季要防止贼风，贼风是诱发呼吸道疾病的因素之一。

光照对断奶仔猪早期采食量也有影响。据试验，关掉设施中的灯时，仔猪就不进食。适宜光照下的仔猪与光线暗的仔猪相比，日采食量高24.6%、日增重高32.9%。连续光照的仔猪比较具有攻击性。设置障碍物，可减少仔猪攻击行为。研究表明，在仔猪进保育舍的1周内，放置不透明的障碍物，仔猪相互攻击发生率可下降40%。

第四节　早期断奶仔猪腹泻的原因与防治技术措施

一、早期断奶仔猪腹泻发生的原因

断奶后，由于仔猪本身肠道致病性大肠杆菌和其他致病菌的侵染、消化不良、免疫力下降、电解质失衡、断奶后营养和环境应激等因素而致仔猪断奶后出现严重腹泻。仔猪的生长性能、饲料利用率、饲养效益都会因此而受到显著的影响，甚至死亡，而仔猪腹泻是断奶仔猪死亡的主要原因之一。目前养猪业也公认，仔猪断奶后尤其是早期断奶仔猪发生腹泻是养猪生产中的一大难题，是严重制约现代仔猪生产经济效益的关键环节，其因有以下几个方面。

（一）断奶后消化吸收能力减弱

哺乳仔猪小肠微绒毛较长，营养物质的消化和吸收都很高。断奶后，仔猪对植物蛋白的消化能力低下。近些年来，动物营养学家们研究发现，仔猪对蛋白质的消化能力差。Giesting等（1991）在14日龄哺乳仔猪的回肠末端安装瘘管并于21日龄断奶，测定了仔猪断奶后4周内各种营养物质的回肠末端消化率。由表3-20可以看出，仔猪断奶后干物质和蛋白质的消化率随着日龄的增长而逐渐增加，这说明仔猪断奶早期不能充分利用饲料中的营养物质。由于仔猪饲料蛋白质含有可能引起仔猪超敏反应的抗原物质，饲料抗原可引起仔猪发生细胞介导超敏反应，造成肠道组织损伤。表现为小肠绒毛萎缩，隐窝增生，这些微绒毛就会脱落缩短，吸收面积迅速减少，肠道吸收功能降低，仔猪发生功能性腹泻。超敏反应引起肠道损伤，肠道微生物区系被打乱，病原微生物容易大量繁殖，仔猪有可能发生病原性腹泻。

表3-20　断奶后不同周龄对营养物质回肠末端消化率的影响

断奶后周龄	1	2	3	4
动物数量（头）	13	12	9	7
干物质消化率（%）	74.2	72.3	77.1	77.0
蛋白质消化率（%）	65.2	68.1	71.1	73.4

注：引自Giesting等（1991）的资料。

（二）断奶后消化酶活性下降

仔猪体内乳糖酶的活性在其出生后是由高到低变化，淀粉酶的活性由低到高。断奶对仔猪消化酶活性的增加有抑制作用，所以消化酶活性降低可能会导致仔猪断奶后消化不良而导致腹泻。一般来说，仔猪的消化系统在 2 周龄时发育成熟。仔猪的消化酶是在 3~4 周龄迅速生长，5~6 周龄趋于完善。Friend 等（1970）在早期的试验中发现，哺乳仔猪胰脏和小肠内容物中胰蛋白酶和糜蛋白酶的活性随着日龄的增长而增加，见表 3-21 周龄对仔猪蛋白酶活性的影响。虽然早期断奶后进食饲料一方面可以促进仔猪消化道的发育和消化功能成熟，如胃、胰腺、小肠的绝对增重不断增加，但另一方面则对仔猪的消化器官易产生营养应激，严重影响仔猪消化酶活性。断奶 1 周后胰酶、小肠酶（如乳糖酶、蔗糖酶、麦芽糖酶）等各种消化酶活性显著下降。这些消化酶的活性一般到断奶后 2 周才能恢复至断奶时的水平。

表 3-21 周龄对仔猪蛋白酶活性的影响

	周龄	酶活（U/kg 体重）
胰脏胰蛋白酶	3	308
	5	1 147
胰脏糜蛋白酶	3	899
	5	1 520
小肠内容物	3	22
	5	70
胰蛋白酶	3	90
糜蛋白酶	5	107

注：引自 Friend 等（1970）的资料。

（三）胃酸分泌不足

仔猪胃内酸度来自乳酸、挥发性脂肪酸和盐酸。哺乳仔猪主要依靠母乳中乳糖发酵产生的乳酸来维持胃内酸度，其次为挥发性脂肪酸，盐酸分泌很少，一般 8 周龄以后才能有较为完善的分泌功能。胃酸分泌不足，胃蛋白酶原不能激活，因此严重影响 8 周龄以前断奶仔猪对日粮蛋白的充分消化。断奶后第 1 周，由于乳糖来源消失，乳酸减少，挥发性脂肪酸和盐酸仍很少，致使胃内总酸度较低。胃内酸度低容易引起仔猪消化不良和大肠杆菌病发生而导致腹泻。

（四）饲粮因素

1. 饲粮因素的理由

仔猪断奶后腹泻的病因十分复杂，早期研究着重病原微生物的感染，最近 20 年来的研究表明，仔猪消化器官功能不发达、消化酶活性低、免疫功能不健全、断奶应激以及饲粮因素等均可引起仔猪断奶后腹泻，其中，饲粮因素是引起仔猪断奶后腹泻的重要原因。理由有六点：一是健康仔猪胃肠道内一般都存在显著数量的病原微生物（病原性大肠杆菌与轮状病毒等）；二是将分离出来的病原性微生物引入未断奶仔猪和不补饲或充分补饲的断奶仔猪的胃肠道，并未都引起腹泻；三是肠道病原微生物的增殖与断奶后腹泻并无必然联系；四是在无病原微生物存在或增殖时,断奶仔猪仍能发生腹泻;五是断奶若未引起肠道损伤,仔猪则不发生腹泻,仍能从仔猪粪便中检测病原性大肠杆菌;六是抗生素对于防制仔猪断奶后腹泻并非完全有效。

2. 饲粮因素的原理

(1) 饲料蛋白质抗原引起的过敏反应 Miller 等 (1984) 首次提出早期断奶仔猪"腹泻过敏理论",人们开始对早期断奶仔猪腹泻原因有了新的认识。蛋白原料的大豆中的大豆球蛋白和 β-大豆伴球蛋白,豌豆中的豆球蛋白和豌豆球蛋白,统称饲料抗原蛋白,可使仔猪发生细胞介导过敏反应,对消化系统甚至全身造成损害。其中对消化系统损害致肠道组织损伤,如小肠壁上绒毛萎缩、隐窝增生等,由于肠道损伤,酶活性下降,吸收功能降低,病原微生物得以大量繁殖而致病原性腹泻;又由于对摄入的蛋白质消化能力降低,未能充分消化的蛋白质进入大肠,在细菌作用下发生腐败后生成氨、胺类、酚类、吲哚、硫化氢等腐败产物。这些腐败产物刺激、损伤肠道引起消化功能紊乱,最终造成仔猪腹泻。也有试验表明,仔猪肠道对日粮过敏从而导致肠道损伤是仔猪断奶后腹泻的主要原因,且仔猪断奶后的过敏性腹泻与饲粮蛋白质水平种类有关,降低蛋白质水平可降低腹泻程度,且植物蛋白是引起仔猪肠道发生过敏反应的主要抗原物质,而其中豆粕中的大豆球蛋白和聚球蛋白引起的腹泻最严重,这是诱发腹泻的原因。此外,日粮蛋白水平过高易引发仔猪腹泻,如日粮蛋白水平超过23%将导致仔猪严重腹泻。也有研究认为,大豆蛋白产生的过敏反应可发生于3周龄断奶仔猪,而6周龄断奶仔猪则不发生。断奶前较少接触饲料的仔猪,断奶后发病更严重。

(2) 饲料中的抗营养因子 抗营养因子是植物代谢产生的并以不同机制对动物产生抗营养作用的物质。其主要表现为降低饲料中营养物质的利用率,影响动物的生长速度和健康水平。抗营养因子普遍存在于植物界,这是自然界长期选择的结果。一种植物可以含有多种抗营养因子,如大豆中含有蛋白酶抑制因子、植物血凝素、脲素酶等多种抗营养因子;同一种抗营养因子也可存在于多种植物中,如单宁存在于高粱、蚕豆、油菜籽等植物中。抗营养因子作为一种"生物农药"可以保护植物株及其种籽免受霉菌、细菌、病毒、昆虫和鸟类的侵害。对养猪生产而言,抗营养因子的抗营养作用表现在以下几个方面。一是降低蛋白质利用率。如胰蛋白酶抑制因子引起蛋白质利用率下降,其因一是胰蛋白酶抑制因子可与小肠液中胰蛋白酶结合,生成无活性的复合物,降低有活性胰蛋白酶的浓度;其因二是引起动物体内蛋白质内源性消耗。肠道中胰蛋白酶由于和胰蛋白酶抑制因子结合,通过粪便排出体外而数量减少,引起胰腺机能亢进,分泌更多的胰蛋白酶补充到肠道中。由于胰蛋白酶中含硫氨基酸(胱氨酸)特别丰富,造成含硫氨基酸的内源性丢失,引起含硫氨基酸缺乏而导致体内氨基酸代谢不平衡,引起生长受阻或停滞。再如多数植物血凝素在肠道内不被蛋白酶水解,因此可与小肠壁上皮细胞表面的特定受体(多糖)结合,从而破坏小肠壁刷状缘黏膜结构,干扰刷状缘黏膜分泌多种酶的功能,使消化道消化和吸收营养物质的能力大大降低,蛋白质利用率下降。二是降低能量利用率。饲料中非淀粉多糖含量和能量代谢率之间的关系是非淀粉多糖含量愈高,能量代谢愈低。三是降低矿物质和微量元素利用率。植酸在消化道中螯合矿物质和微量元素(钙、锌、镁、铜、铁、锰、钴等)形式稳定的螯合物,且螯合物不溶于水也不能被吸收。单宁等多酚类化合物也能与钙、锌、铁等多种金属离子结合成不溶性化合物,降低动物对其吸收和利用。四是降低维生素利用率。抗维生素的抗营养作用可分两种类型,一种是破坏维生素的生物活性,降低其效价;另一种是化学结构和某种维生素相似,在动物代谢过程中与维生素竞争,从而干扰动物对该维生素的正常利用,引起该维生素的缺乏症（如双香豆素）。

（五）免疫功能不健全与抗病能力低

早期断奶仔猪的另一个问题是免疫和抗病能力低。初生仔猪没有主动免疫，出生后通过初乳获得被动免疫，而母乳中的这种免疫球蛋白会随着时间的推移而迅速减少。仔猪3周龄时才开始正式建立自己的免疫系统，且速度较慢，对早期断奶仔猪而言，此时恰好处于一生中免疫的低谷期，容易受到病原微生物的侵害，加上断奶应激反应，导致腹泻等疾病发生。

（六）病原微生物的侵害

由于饲料和应激引起肠道结构的变化，使病原微生物和毒素伺机入侵，主要毒素是猪传染性胃肠炎病毒等。如不及时控制，继发大肠杆菌感染，腹泻加剧。除环境外，病原微生物是继发因素。

（七）缺铁造成

铁是造血和防止营养性贫血的必要元素。生长发育正常的3周龄的仔猪体重达到其初生重的4~5倍，仔猪快速生长需要足够的铁予以补充支持。缺铁不仅直接造成生理贫血，还容易感染大肠杆菌，并导致腹泻甚至死亡。若不及时有效补充铁，仔猪生后3周便发生腹泻。

（八）不良的环境条件

外界环境条件对于仔猪的腹泻发生也有一定影响。因为仔猪的神经系统发育不完善，自身的调节能力较弱，不能根据外界环境条件来调整自身的正常体温，当外界环境温度较低或猪舍内有贼风等侵袭时，极易导致仔猪消化机能紊乱而使仔猪腹泻。

二、早期断奶仔猪腹泻的防治综合措施

（一）早期断奶仔猪腹泻的营养调控措施

仔猪腹泻的原因很多，但目前公认饲粮因素是引起仔猪断奶后腹泻的重要原因。因此，控制腹泻的营养措施是"三性"。一是消化性。选用消化率高的饲料原料，添加酶制剂，改进饲料加工及饲喂方式。二是抗原性。降低饲粮抗原物质含量，降低蛋白质水平，通过饲料加工破坏日粮抗原性。三是酸碱性。选用酸结合力低的饲料，添加酸化剂。因此，通过日粮调控有效防止仔猪断奶后腹泻的发生，是现代仔猪生产中的关键技术。

1. 调节日粮的蛋白质水平及组成

饲粮蛋白质组成与早期断奶仔猪腹泻密切相关。一般，断奶仔猪饲料的适宜粗蛋白水平应在18%左右，日粮蛋白水平过高易引发仔猪腹泻，如超过23%将导致仔猪严重腹泻。也有研究表明，高蛋白不一定腹泻，关键在于蛋白质的来源。在同等蛋白水平下，豆粕含量越高，腹泻的程度越严重。而且蛋白质来源不同，日粮适宜的粗蛋白水平也不同。选择早期断奶仔猪的蛋白质来源时，不但要考虑蛋白质的消化率、适口性，还要考虑氨基酸的平衡性和能否为仔猪提供最佳免疫力等方面。早期断奶仔猪由于消化道及其酶系统发育不健全，不适应植物性蛋白质高的日粮，但能较好地利用奶蛋白和高消化性动物蛋白质。研究表明，应用动物性蛋白饲料并通过平衡氨基酸来降低饲粮蛋白质水平，可降低仔猪断奶后腹泻的发生率，而且还可改善饲料的利用率，提高仔猪的生长性能。此外，由于蛋白质是日粮主要抗原物质的来源之一，因此还应注意饲粮蛋白质品质，减少饲料中的抗原因子和过敏物质，防止

异常性免疫反应。饲喂早期断奶仔猪的大多数日粮中蛋白原料包括脱脂奶粉、乳清粉、鱼粉、喷雾干燥猪血粉、豆粕等，其中喷雾干燥猪血浆蛋白粉被认为是早期断奶仔猪日粮中唯一的必需蛋白质饲料。喷雾干燥猪血浆粉可以作为仔猪的免疫球蛋白来源，还可以起到香味剂的作用。因猪血浆蛋白粉中的必需氨基酸蛋氨酸和异亮氨酸含量相对较低，因此日粮中使用时必须注意使这两种氨基酸含量达到正常水平。要注意日粮中含有超量的蛋白质或蛋白质中氨基酸比例不当，都会导致利用率下降，饲养成本大，增加环境负担。蛋白水平过低时即使满足其必需氨基酸的需要，仔猪的生产性能也下降。

2. 在断奶仔猪日粮中使用糖类产品

（1）乳糖和乳清粉　研究表明，早期断奶仔猪的日粮中需要简单的碳水化合物，如乳糖，而像淀粉这样的碳水化合物则很少被仔猪利用。乳糖对断奶仔猪的作用在于其甜度高、适口性好、易于消化，能发酵产酸，能够维持仔猪的肠道健康。因与其他的糖类不同，乳糖是肠道乳酸杆菌的最佳营养来源，而其他菌类则不能利用乳糖。这一特性表明，乳糖在有效防止断奶仔猪腹泻发生方面起着不可低估的作用。乳清粉是制造乳酪时的副产品，含乳糖60%以上，含蛋白质12%~16%（主要是乳清蛋白）。断奶后10~14 d内，添加乳清粉效果最好。因其所含的乳清蛋白、乳蛋白具有较佳的氨基酸组成模式。由于其乳糖含量高，又改善了饲料适口性，提高了饲料利用率。因此，在早期断奶仔猪饲料中保证供给易消化的碳水化合物，添加10%~20%的乳清粉（赖氨酸水平1%~2%）有利。试验表明，在断奶仔猪日粮中添加5%~20%乳清粉，粗蛋白和粗脂肪的利用率明显提高，腹泻率降低30%，粪便中乳酸杆菌提高6.8%，大肠杆菌降低8.9%。这表明，乳清粉中的乳糖除作为碳水化合物提供机体能量外，还能被乳酸杆菌发酵成乳酸，促进乳酸杆菌增殖。在添加乳清粉时需要注意其盐分含量较高，配制断奶仔猪饲料时应减少食盐的用量。

（2）非淀粉多糖　由乳糖使用得到的启发是，可以将能被肠道内益生菌利用的糖类添加到饲料中，这可能是维持仔猪肠道健康的良好办法。非淀粉多糖不易直接被仔猪消化利用，但可作为肠道内益生菌株的能量来源，有利于维持肠道微生物区系的平衡，防止消化功能紊乱。另有报道，给仔猪饲喂植物多糖或甜菜渣纤维可降低仔猪断奶后腹泻的发生率。此外，寡糖类如甘露糖、果聚糖和 β-葡聚糖等具有抵抗仔猪特殊病原体的能力，对于断奶仔猪腹泻具有明显的抑制作用。马秋刚等（2004）研究了果寡糖对35日龄断奶仔猪的饲喂效果。试验选用35日龄杜×长×大断奶仔猪80头，随机分成5个处理组，对照组为基础日粮组，试验组分别为基础日粮+50 mg/kg金霉素、+0.2%果寡糖、+0.4%果寡糖和+0.6%果寡糖。结果表明，抗生素组和果寡糖组对生产性能都有不同的改善作用。0.4%果寡糖组的平均日增重显著高于其他组，其他各组间差异不显著。0.4%果寡糖组的料肉比和腹泻率显著低于对照组和0.6%果寡糖组，但与抗生素组和0.2%果寡糖组差异不显著。日粮中添加0.4%果寡糖能有效提高断奶仔猪日增重，改善饲料转化效率，降低腹泻率，有效替代抗生素。然而这些物质的报道并不总是一致，因其添加效果受日粮组成、动物的种类和年龄、饲养环境条件、用量、是否使用抗生素或其他益生素等因素的影响。

3. 调控仔猪日粮的酸度

（1）添加酸化剂原理　仔猪断奶时的消化器官不发达，消化机能不完善，胃酸分泌量低，直到断奶3~4周后，胃酸分泌才达到正常水平，严重影响仔猪对蛋白质特别是植物性蛋白质的消化率。断奶仔猪日粮中含有的鱼粉、豆粕及矿物质混合物等具有较高酸结合力，也会中和胃内的酸度，使胃内 pH 值升高，这不仅影响胃蛋白酶消化作用，还会为病原菌提供适宜的繁殖环境。因此，在断奶仔猪日粮中应适当添加酸化剂。

（2）酸化剂的作用　酸化剂是主要用于幼畜日粮以调整消化道内环境的一种添加剂。酸化剂通过降低消化道 pH 值，使体内保持的消化环境而发挥作用。可见，酸化剂能提高仔猪消化道酸度，激活适宜消化酶，从而有利于饲料中营养成分的消化和吸收。酸化剂能降低胃肠道 pH 值、激活胃蛋白酶、改善胃肠道微生物区系，抑制有害微生物繁殖，促进有益菌增殖，替代部分抗生素，进而提高早期断奶仔猪生产性能。早在 20 世纪 60 年代，就有人提出将酸化剂用于断奶仔猪饲料中以帮助克服断奶应激，直到 20 世纪 80 年代以后，对酸化剂的研究有了一些进展，研究者们认为酸化剂还具有抗生素等药物所不具有的优点，才引起人们重视而使用到仔猪生产中。酸化剂对仔猪日增重的影响随其种类及仔猪的日龄而有所不同。复合酸化剂比一般酸化剂效果好而稳定，且用量小。酸化剂在仔猪 4 周龄前使用效果不明显，4~5 周龄效果最好，6 周龄以后效果减弱。目前市场上酸化剂种类较多，如磷酸、盐酸、柠檬酸及延胡索酸等，对于防治仔猪腹泻、提高仔猪生产性能以及减轻仔猪断奶应激都有一定作用。实际生产中使用比较多的是柠檬酸，其在仔猪日粮中的添加量可达到 1.5%，使用效果显著。

4. 益生素

益生素也称活菌制剂、饲用微生物添加剂或微生态制剂，是指摄入动物体内参与肠内微生态平衡的，具有直接通过增强动物对肠内有害微生物的抑制作用，或者通过增强非特异性免疫功能来预防疾病，而间接起到促进动物生长作用和提高饲料转化率的活性微生物培养物。益生素应用于养猪生产已有 20 多年，其作用机理是通过对肠道菌群的控制，促进有益菌的生长繁殖，抑制有害菌的生长繁殖。而抗菌剂不具有选择性，它同时抑制或杀死有益和有害菌。因此，益生菌作为抗生素的替代物已引起人们的重视，这种安全无毒、无残留、无耐药性又不污染环境的益生素将具有广阔的应用前景。

5. 饲用酶制剂

饲用酶制剂是一类以酶为主要功能因子，采用微生物发酵，通过特定生产工艺加工而成的饲料添加剂。在猪饲料中的添加，其目的是提高营养物质的消化利用率，降低抗营养因子含量或产生对动物有特殊作用的功能成分。

6. 高锌和高铜

目前已公认，断奶仔猪日粮中添加高锌（锌 2 500~4 000 mg/kg，以氧化锌提供）可显著缓解仔猪断奶后腹泻，且对日增重也有显著促进作用。研究表明，仔猪饲料中加入 3 000 mg/kg 的锌和 16 mg/kg 铜，与 100 mg/kg 锌和 250 mg/kg 铜相比，可使增重提高 29.2%，腹泻率降低 9.0%。高铜能促进内分泌，提高某些消化酶活性，还有抑菌和缓解应激的作用。研究表明，饲料中添加 250 mg/kg 的铜，可使仔猪日增重提高 15.1%，采食量提高 10.2%，降低了腹泻发生率，提高了十二指肠脂肪酶活力和脂肪表观消化率，还有降低结肠大肠杆菌的趋势。

（二）早期断奶仔猪腹泻的药物防控技术措施

1. 使用饲用抗生素

（1）饲用抗生素的定义　抗生素分治疗用和饲用。饲用抗生素是在药用抗生素的基础上发展起来的，是指能抑制或破坏不利于猪健康的微生物或寄生虫生命活动的可饲用有机物质，曾名抗生素。

（2）饲用抗生素的作用　这类药物以低水平（亚治疗量）添加到饲料中，有增强抗病力、促进生长发育、提高饲料利用率、降低发病率、死亡率及提高繁殖性能，其效应随年龄增长而下降，仔猪生后的最初几周是抗生素效应最大的时期。

（3）应用于仔猪的抗生素　目前应用于仔猪的抗生素主要有四环素类（土霉素和金霉素）、多肽类抗生素（如杆菌肽锌）、大环内酯类抗生素（泰乐菌素和吉他霉素等）和聚醚类抗生素（盐霉素）等。在早期断奶仔猪生产中，应用效果较好而普遍的是泰乐菌素和盐霉素，这两种药物对防治仔猪腹泻有一定疗效。泰乐菌素对大肠杆菌引起的慢性呼吸道病有特效，对猪痢疾、猪肺炎、猪支原体病均有良好疗效。日本在哺乳仔猪的饲料中添加泰乐菌素普及率已达 50%，美国应用也很普遍。盐霉素对防治仔猪下痢、提高仔猪断奶体重有较好的作用。

2. 中草药饲料添加剂

中草药饲料添加剂对于仔猪腹泻具有良好的防治作用。由于中草药中含有多种生物活性成分，作为饲料添加剂，具有增强动物营养，改善动物机体代谢的功能。中草药可以同时提高仔猪的体液免疫和细胞免疫，以提高体液免疫为主。中草药对早期断奶仔猪腹泻确有较好的防治效果，虽然早期断奶仔猪的生理特点和中草药疗效慢，使用剂量大等限制中草药添加剂的使用，但中草药添加剂防治仔猪腹泻已经表现出了明显的优势。

验方一：用无味止泻散治疗细菌性或消化不良性腹泻。无味止泻散属中草药饲料添加剂验方，其组成为：白矾 10 g、五倍子 5 g、青黛 10 g、石膏 10 g、滑石粉 5 g。上述各药粉碎，过 36 目筛，混匀。用塑料袋分装，每袋 20 g，置干燥处保存。其功效为清热解毒，收敛止泻。主要用于细菌性或消化不良性腹泻、仔猪白痢等。拌料喂服。对食欲废绝者灌服。日服 1~2 次，每千克体重 0.3~0.8 g。据何媛华报道（1991），用此方治疗猪腹泻 260 例，治愈 259 例，仅用药 1~2 次，治愈率 99.3%。

中草药添加剂还能降低哺乳仔猪发病率、提高成活率、增强消化吸收功能、促进生长发育。候万文等（1994）对哺乳仔猪每次添加 0.3 g/kg 健长宝添加剂（以三十烷醇，刺五加及多种中草药组成），1 次/d，连喂 3 d，以后每 3 d 1 次，直至断奶，日增重提高 10.8%。李志强等（2002）分别在哺乳仔猪饲料中添加中草药、中草药加西药、西药，结果 35 d 断奶个体重分别比对照组提高 9.65%、9.18% 和 9.64%；日增重分别提高 13.5%、12.5% 和 12.67%；腹泻率分别降低 43.28%、42.44% 和 44.54%；死亡率分别下降 48.97%、49.66% 和 47.59%。

中草药添加剂能够缓解断奶仔猪应激，促进断奶仔猪生长，减少腹泻发生。曹国文等（2003）对 40 日龄断奶仔猪添加中草药添加剂（用杜仲叶、山楂、黄芪研制）饲喂，服用中草药的 3 个组日增重分别比对照组提高 9.2%、5.5% 和 13.32%，料肉比分别比对照组降低 9.8%、6.64% 和 15.03%。赵红梅等（2008）在断奶仔猪饲料中添加 0.25%、0.5% 和 1.0% 超微粉复方中草药添加剂（党参、紫苏等），与抗生素组相比，日增重分别提高 0.15%、21.65% 和 11.96%，料肉比分别降低 4.58%、5.34% 和 5.3%，腹泻率分别下降 84.5%、92.25% 和 69.38%。可见，超微粉中草药添加剂可改善断奶仔猪的生长性能，添加 0.5% 效果最佳。张世昌等（2010）在断奶仔猪基础饲粮中添加 0.125% 和 0.25% 复方中草药提取物（三颗针、黄芪、山楂）饲喂 35 d，平均日增重分别提高 4.42% 和 2.65%，腹泻率分别下降 46.88% 和 18.34%。结果表明，提高了仔猪血清免疫球蛋白浓度、补体含量和仔猪免疫器官指数，增强了仔猪免疫功能，可代替抗生素使用。周芬等（2011）在慢性冷应激的断奶仔猪饲粮中添加 0.5%、1.0% 和 1.5% 黄芪粉，仔猪日增重和平均日增重均高于对照组，一氧化氮含量明显降低，谷胱甘肽过氧化物酶活性、白细胞和红细胞数量明显升高，表明中药黄芪对断奶仔猪有明显的抗应激和促生长作用。

第五节 仔猪早期断奶的综合饲养管理技术措施

仔猪早期断奶技术是减少和控制某些疾病，提高猪场生产力的科学生产方式，是一项效益明显，技术性强的现代养猪技术。它不是简单地提早将母仔分开，而是需要科学合理的营养和完善的管理体系等配套技术措施。否则，仔猪早期断奶技术难以达到预期效果。只要规模猪场创造条件，加强管理，按一定的综合饲养管理技术措施去做，实现仔猪早期断奶完全可行。

一、影响仔猪早期断奶效果的制约因素和问题

现代养猪生产为提高母猪的年生产力，常通过早期断奶技术，将断奶日龄缩短到 21~28 日龄，以缩短母猪的哺乳期。然而，早期断奶仔猪的许多机能不成熟，仔猪断奶时，由于生理、心理、环境及营养应激反应，加上消化酶分泌不足、胃酸分泌能力差、免疫力低、消化吸收能力弱及采食低等因素的影响，使早期仔猪的生产潜能受到限制，甚至出现所谓的"仔猪早期断奶综合征"。临床上，早期断奶仔猪表现为食欲差，采食力低，消化不良，生长缓慢，掉膘，抵抗力下降，各类腹泻病、水肿病及其他呼吸道疾病发病率上升，仔猪死亡率提高。这些都源于早期断奶仔猪消化系统发育不成熟，消化机能不完善；仔猪缺乏先天性免疫力，自身不能产生抗体，抵抗力差，其主动免疫要在 28~35 d 才开始建立；仔猪调节体温能力差，易受寒冷应激等。而腹泻是早期断奶仔猪的主要表现，仔猪常常表现生长受阻和饲料利用率降低，如果腹泻严重并得不到及时有效的治疗，不死亡也将成为僵猪。腹泻还会使仔猪体质下降而继发感染其他疾病，如断奶仔猪多系统衰竭综合征、断奶仔猪呼吸道疾病综合征等。为解决上述与断奶有关的问题及改善早期断奶仔猪的生长限制，需采取综合饲养管理技术措施。

二、早期断奶仔猪的综合饲养管理技术措施

（一）养好妊娠母猪，获得初生重而又健康的仔猪

妊娠母猪饲养的最大目标就是获得初生重且又整齐健康的仔猪，初生仔猪体重标准为 1.2 kg/头以上。"初生差一两，断奶差一斤"。表明仔猪初生重与断奶重、成活率有直接影响，更与早期断奶关系密切，而仔猪初生重与妊娠母猪的饲养，特别是后期营养有关，在怀孕后期（85~110 d）适当增加日粮营养浓度是提高仔猪初生重和成活率的重要措施之一。另外，猪舍环境条件对胎儿发育也有一定影响，因此，做好猪舍环境控制相当重要。冬季要注意防寒保暖，夏季要做好防暑降温，栏舍地面保持干燥、避免潮湿，无论是冬季和夏季，猪舍一定要通风良好。

（二）对哺乳母猪实行标准化饲养，并充分利用母乳养好哺乳仔猪

标准化就是做事的准则和程序。生产中对哺乳母猪实行标准化饲养，一是做好哺乳母猪产前产后管理。哺乳母猪产前产后的管理是母猪顺利分娩和仔猪健康的保障。母猪分娩前几

天可根据膘情加减饲喂量，膘情在八成以上的怀孕母猪，一定要减少饲喂量，以防乳房炎。膘情差的怀孕母猪一般不减料。分娩是母猪的最大应激，易造成母猪体质虚弱，抵抗力下降而诱发疾病，因此，母猪要产前产后投药，饲料中添加抗应激药物和抗生素或肌内注射长效抗生素，减少和消灭母体自身病原，预防产后子宫炎、乳房炎及无乳综合征。母猪产后便秘也不容忽视，要采取产前几天逐步减精料和产后逐步加料的措施。母猪便秘要早发现、早治疗，以免延迟而危及仔猪吮乳。二是加强对哺乳母猪的饲养。哺乳母猪饲养的目的是想方设法让其充分采食、充分泌乳，使仔猪获得充足的乳汁。因此在哺乳母猪日粮中，可适当增加蛋白类饲料和添加脂肪，还可投喂药物催乳及增加喂料次数等来增加母猪营养，提高采食量，促进泌乳，以保证仔猪获得足够母乳营养，达到早期断奶的目的。

（三）哺乳仔猪的重点管理事项

1. 吃足初乳、固定奶头，调整每窝哺乳头数

初乳中含有丰富的营养成分，尤其是含有免疫球蛋白，初生仔猪生后 1 h 内必须吃足初乳，未吃到初乳的仔猪一般很难成活。仔猪有吃固定乳头的习性，为使全窝仔猪均匀、健壮，在出生 1~3 d 内要人工辅助固定乳头。母猪每次放奶时把弱小的仔猪放在靠前乳头，个别强壮仔猪放在较后乳头上。对窝产头数超过 12 头、母猪泌乳不足需要寄养或并窝到产仔日期接近（最好 3 d 之内）、乳头多而产仔数少的母猪身边认母吮乳。

2. 选择优质教槽料，尽早开食和去势

补料成功与否是仔猪早期断奶的关键。母猪分娩 14 d 后，泌乳量及乳汁质量均开始下降，这时仅靠母乳已不能满足仔猪的营养需要。生产中一般 5~7 日龄就应开始训练仔猪认料，可采取强迫和自由补料相结合的方式。可采用铸铁补料槽，每天投喂少许新鲜的教槽料，吸引仔猪嚼食，促使仔猪断奶前的消化系统逐渐适应植物性饲料，锻炼胃肠机能，减少营养性应激的影响，能使断奶后仔猪可以顺利采食。由于需要早期断奶，小公猪去势时间必须尽可能提前，不可拖延到断奶前后。去势时间最好选择在 10 日龄左右，此时去势伤口小、痊愈快，不影响 21 日龄断奶。

3. 控制仔猪黄痢和白痢

仔猪黄痢和白痢是造成哺乳仔猪死亡率较高的一个原因，也是影响仔猪早期断奶的又一障碍。仔猪一旦发生黄痢或白痢，生长发育受阻，导致不能预期断奶。兽医临床表明，1 头仔猪发生黄痢或白痢，往往导致全窝仔猪都能发生，甚至能感染全栋仔猪群。仔猪黄痢和白痢应以预防为主，可在仔猪 1、7、14 日龄定期口服或注射抗菌药物加以预防。仔猪舍应有两套仔猪饮水设施，以便于随时拌药饮水。发生 1 头仔猪黄痢或白痢应全窝预防，发生 1 窝仔猪黄痢或白痢应全群预防，以确保仔猪黄痢或白痢发生率控制在 10% 以内。此外，仔猪的防寒保暖措施及栏舍干燥卫生，也是减少仔猪黄痢或白痢的关键。

（四）断奶仔猪的重点管理事项

1. 选择合理断奶时间和方式

（1）选择合理的断奶时间　确立仔猪具体的断奶时间的依据是：母猪断奶后 3~10 d 的发情表现；哺乳仔猪生长发育状况；断奶仔猪饲养技术与管理水平；猪群健康状况与疾病净化的需要。具体来说，母猪断奶后 3~10 d 能发情配种，说明断奶时间合理，断奶没有影响到母猪的生理；全窝哺乳仔猪体重均匀而健康，表明生长发育良好，对断奶应激能适应，可以早期断奶；猪场对断奶仔猪的饲养和管理有一套成熟的技术和措施，特别是使用教槽料诱

食和补料成功，并且在环境控制上能保证断奶仔猪顺利渡过断奶关，可以早期断奶；母猪健康状况良好，为了提高母猪繁殖力，根据全进全出制的工艺流程，定期对分娩舍清理消毒，可以早期断奶。早期断奶时间一般以 21~28 日龄为宜。据黄庆勇（2001）报道，自 1998 年开始对加系长白和大约克仔猪早期断奶技术研究，总结出了仔猪早期断奶的制约因素，形成了一套完整的综合饲养管理技术后，对该猪场实行早期断奶。研究表明，在规模猪场 21 日龄断奶仔猪体重达 5.91 kg，断奶后第 1 周增加 1.44 kg，生后 128 d 体重 76 kg，比 35 日龄断奶仔猪达相同体重日龄缩短 7 d；21 日龄断奶母猪平均断奶至发情间隔为 5.38 d，21 日龄断奶母猪中 86% 在 7 d 以内正常发情。表明了仔猪表现出了较好的生长发育状况，提高了母猪的繁殖率。虽然随着早期断奶技术的推广和普及，母猪繁殖力得到了较大的提高，但它应有一定限度。有些猪场为了提高母猪的繁殖力，采取早期断奶技术，但由于没有明确确立仔猪具体的断奶时间依据，母猪的繁殖性能却受到了不良影响。其一，随着泌乳期的缩短，母猪断奶至发情间隔延长。研究表明，8~10 日龄断奶及 14~16 日龄断奶与 20~25 日龄断奶母猪相比，其断奶至发情间隔天数显著增加，分别为 11 d、8 d 与 6 d。其二，随着断奶日龄的缩短，母猪受胎率下降，8~10、14~16 与 20~25 日龄断奶时，其受胎率分别为 76%、80% 与 88%。其三，断奶日龄的缩短也降低了下一次的窝产活仔数。8~10、14~16 与 20~25 日龄断奶时，下一产的活产仔数分别为 9.0、10.1 与 11.4，当在 20~25 日龄断奶时活产仔数最大。其四，断奶日龄的缩短降低了年产窝数和年产活仔头数。8~10、10~16 与 20~25 d 断奶时，年产窝数和年产活仔头数分别为 1.7、1.8、2.2 窝和 15.3、18.2 和 25.1 头，其原因主要是因为断奶过早时，子宫未完全恢复，排卵数下降，受精率降低，及因子宫内膜未完全恢复而致胚胎存活率下降。另外，母猪提前断奶（早于 21 d）也缩短了母猪的繁殖寿命。不同断奶日龄母猪繁殖性能比较见表 3-22。所述可见，在没有特定目的的情况下，为了增加母猪繁殖力和增加每头母猪年产活仔数，仔猪断奶以分娩后 21~25 d 为宜，技术和管理条件一般的猪场可以延迟到 28~35 d。

表 3-22 不同断奶日龄母猪繁殖性能比较

试猪头数	断奶日龄	间情期（d）	受胎数	窝产活仔（头）	年产窝	年产活仔（头）
25	8~10	11	19	9.0	1.7	15.3
25	14~16	8	20	10.1	1.8	18.2
25	20~25	6	22	11.4	2.2	25.1

注：资料来源，黄庆勇《仔猪早期断奶时制约因素和综合饲养管理技术》，2001。

（2）选择合理的断奶方式 断奶方式有一次性断奶和分批断奶两种。一次性完全断奶适合全窝仔猪生长均匀、健康的情形，断奶时母猪移走，仔猪留原栏 3~5 d。分批断奶适合母乳不足、全窝仔猪发育大小不一，此时可分两批断奶，先提走一部分个体较大的会吃料的健康仔猪，母猪继续哺乳余下的仔猪 3~5 d，以保证仔猪均具有较重的断奶重。生产中要求 20 日龄仔猪断奶重应达到 6 kg 以上。

2. 断奶仔猪疾病预防措施

断奶是仔猪的最大应激，由于环境的变化，脆弱的生理特点会导致仔猪抵抗力下降，诱发腹泻等疾病。此时需要采取完善的药物预防方案，减少应激反应，控制猪群对细菌性疾病继发感染的机会，兽医临床上常用的药物有支原净、金霉素、阿莫西林、电解质等。由于断奶后仔猪 1~2 d 内不采食或采食量小，不便在饲料中用药，需要在饮水中添加抗应激药物和抗生素，特别是断奶后转入保育舍混群 7 d 内，由于应激反应后抵抗力下降，易发生腹泻、水肿病、链球菌等疾病，所以在保育舍内也应设有小猪拌药饮水设施，便于在断奶后 7~10 d 内饮水中添加上述药物。

3. 断奶仔猪的其他管理要点

对断奶仔猪的管理是一个细致的工作，除了以上所要做的工作外，还要做好以下事项。

（1）合理分群　断奶后仔猪最好留原栏饲养 3~5 d，再将同龄仔猪整体转入保育舍合理分群，尽量做到原窝同群，体重大小一致，以 15~25 头为宜。

（2）饲料更换应有过渡期　仔猪断奶直至转入保育舍 7 d 内，要保持饲料的一致性，以减少应激反应。饲料更换应有 3~5 d 的过渡期，不可突然改变。

（3）做好环境卫生和环境控制　仔猪断奶和混群是仔猪两大应激，而断奶和混群后的环境卫生是减少应激的关键，要保证栏舍卫生、干燥、防寒保暖、通风良好等。断奶及混群后要加强饲养和调教，使仔猪养成定点排粪排尿、定点休息、定点采食的习惯。栏舍要定期消毒（每周 2~3 次），及时清理粪便等污物。冬天做好通风与保暖工作，正确处理好通风与保暖的关系，减少不良空气及寒冷刺激；夏天注意防暑降温。仔猪适宜的环境温度为：断奶后 1~2 周 26~28 ℃，3~4 周 24~26 ℃，5 周以后 20~22 ℃，相对湿度以 40%~60% 为宜。

（4）断奶后要控制采食量　仔猪断奶及保育舍混群 1~2 d 内，仔猪由不食、少食易致暴饮暴食而导致腹泻等病发生，此时要控制采食量，以喂 7~8 成饱为宜。应采取定时、定量、定餐，少喂多餐（一昼夜 6~8 次），逐步过渡到自由采食。但要供给充足的饮水，避免喝污水。

（5）断奶前后不要驱虫和疫苗注射　断奶前后几天应尽量减少驱虫、疫苗注射等任何不良刺激，避免因应激诱发疾病。

（五）采取阶段饲养法提高断奶仔猪生产性能

1. 阶段饲养法的涵义和类型

所谓阶段饲养法是根据仔猪消化道逐渐成熟的过程中生长各阶段的消化生理特点，选择合适的原料并配制出满足仔猪生长需要的日粮，分阶段饲喂，使仔猪从断奶前的高脂肪、高乳糖的母乳逐渐向由谷物和豆粕组成的低脂、低乳糖、高淀粉饲料平稳过渡。目前主要有二阶段、三阶段和四阶段饲养法。阶段饲养法虽然符合仔猪生理特点，但管理上比较复杂，许振英教授依据国内实际，建议划为 1~8 kg（10~35 日龄）和 8~18 kg（36~60 日龄）两个阶段，便于组织生产和配料。

（1）二阶段饲养法　本法将仔猪断奶至 23 kg 体重分两个阶段配制两种饲粮。一般在断奶后 14 d 内饲喂阶段 1 饲粮，其养分浓度和消化率较高；从断奶后 14 d 起饲喂阶段 2 饲粮。我国采用 28~35 日龄断奶的大部分猪场一般从断奶至 15 kg 左右为阶段 1，15~25 kg（约 10 周龄）转群为阶段 2。此法饲养下的仔猪采食量较低，生长缓慢甚至负增长，腹泻发生率较高，即出现断奶综合征。而且断奶日龄越早，断奶综合征越严重。所采用饲粮能量和氨基酸水平较低，原料的消化率不理想，饲粮的适口性差，而且第一阶段饲粮不能满足早期断奶仔猪的营养需要，第二阶段日粮营养过剩，造成浪费。因此，此法不宜采用。

（2）三阶段饲养法　20 世纪 80 年代以来，美国、澳大利亚等国养猪业，采用了三阶段饲养法最大限度地发挥了断奶仔猪的生产性能。Toplis（1992）把 21~28 日龄断奶仔猪的三阶段划分为：断奶至断奶后 7 d 为阶段 1；断奶后 7 d 至 15 kg 为阶段 2；15 kg 至 10 周龄为阶段 3。

a. 此法的饲养原理。在早期断奶仔猪消化道发育未健全，消化功能较差，免疫力较低，且受到断奶应激的不良条件下，为充分发挥仔猪保育期的生长潜力，选用优质易消化的功能性蛋白质优质原料，配制既经济又符合仔猪不同生长阶段消化生理和营养需要特点的三阶段日粮，从而使仔猪获得较好的适应期，适应断奶日粮的骤然改变，同时获得较好的生长性能。

b. 此法使用日粮的技术特点。营养浓度高，消化率高，适口性好。使用了喷雾干燥血浆粉、肠膜蛋白粉、乳脂等高质量蛋白原料，日粮抗原性低，系酸性低。GaryL. Allee 推荐的三阶段断奶日粮的主要成分见表3-23，美国蛋白公司推荐的按断奶日龄阶段饲喂的日粮主要成分见表3-24。

表3-23 断奶后三阶段日粮组成

日粮组成	第一阶段<7.0 kg	第二阶段 7~11 kg	第三阶段 11~23 kg
粗蛋白（%）	20~22	18~20	18
赖氨酸（%）	1.5	1.4	1.25
脂肪（%）	4~6	3~5	2~3
乳清粉（%）	20~25	10~20	—
喷雾干燥猪血浆粉（mg/kg）	6~8	—	
喷雾干燥血粉（mg/kg）	0~3	2~3	
铜（IU/t）	190~260	190~260	190~260
维生素（IU/t）	40 000	40 000	40 000
硒（IU/t）	0.3	0.3	0.3
抗生素（IU/t）	+	+	+
日粮物理形态	颗粒	颗粒或粉	粉

表3-24 断奶仔猪不同阶段日粮组成 （%）

项 目	早期断奶 （14~21 d）	断奶或阶段Ⅰ （21~35 d）	断奶或阶段Ⅱ （35~49 d）	断奶或阶段Ⅲ （42~70 d）
物理形态	颗粒	颗粒	粉料	粉料
蒸煮谷物	用	10~20	—	—
豆粕	0~5	10~15	15~20	主要来源
乳糖	20~25	15~20	5~10	—
血浆蛋白	7.5~10	5~10	5	
血球蛋白	—	—	1.25~2.5	1.25~2.5
植物油	用	用		
动物油	用	用	用	用
粗蛋白质	24	22~24	20~22	18~20
赖氨酸	1.8	1.6	1.4	1.2

c. 采用的饲养模式优点。三阶段饲养法所采用的饲料不但属于高档料，还很符合断奶仔猪的生理特点。虽然高档饲料比一般饲料价格高，很多养殖户不敢轻易尝试，但用该饲料饲养的仔猪生长状况远远超出了采用低消化率日粮饲养的仔猪。其因是使用了高质量蛋白原料，很好地保护了断奶后第1周的肠道形态结构，加快了受损伤肠绒毛的修复与生长，从而提高了此阶段仔猪的采食量，促进了对营养物质的消化吸收，也能较好地抑制腹泻；缩短断奶后仔猪的生长停滞期，因而提高了仔猪的生长速度，使仔猪有较佳的生长表现，并进一步影响后期的生长，缩短上市日龄。由此可见，三阶段饲养法最符合仔猪的生理特点，可充分发挥仔猪的生长潜力，最大程度地降低仔猪因断奶而受到的应激，减少仔猪的腹泻，提高仔猪断奶前的采食量，促进仔猪的生长发育。所以，此法是目前可行而且最能获得利润的饲养方法。

（3）四阶段饲养法　Nelssen 等（1995）建议 17 日龄前断奶的仔猪应采用四阶段饲养法，即：2~5 kg 饲喂 SEW（仔猪隔离超早期断奶）饲粮，5~7 kg 饲喂过渡型饲粮，7~11 kg饲喂阶段 2 饲粮，11~23 kg 饲喂阶段 3 饲粮。此法虽新但不符合我国现阶段养猪业的发展状况。

2. 断奶前补饲是阶段饲养法使用的前提

不管采用二阶段或三阶段饲养法，仔猪断奶前补饲是前提。其因是由于哺乳仔猪除脂酶外，胰腺合成消化酶的能力很低，一定量的补饲可提高淀粉酶、糜蛋白酶、胰蛋白酶的活性，表明补饲固体饲料有助于刺激哺乳仔猪消化酶的合成。此外，哺乳期充分补饲，对饲料中某些抗原物质可产生免疫耐受力，并保护消化道壁的完整，在生产中，1~2 周龄仔猪可补饲教槽料，刺激仔猪采食以便断奶时消化道能快速适应固体饲粮的采食。研究表明，断奶后第1周腹泻发生的频率与断奶前仔猪耗料的数量成反比，表明断奶前补饲的意义及作用所在。对于断奶前最佳的教槽料采食量，若断奶前仔猪的累积饲料采食量达到 400~500 g/头，就具备了一个理想发育的消化系统，断奶后小肠绒毛的损伤减少，使仔猪小肠黏膜对致病性大肠杆菌具有更强的抵抗力。生产中对哺乳仔猪补料一般在 5~7 日龄，开食料可用膨化颗粒料，不仅对仔猪消化非常有利，而且能有效地降低仔猪腹泻。饲料经膨化处理可糊化，其中的淀粉抗营养因子被破坏，进行巴氏超高温杀菌，也提高了适口性，降低了腹泻发生率。补料时最好用易于清洗的塑料板（板的边缘要镶 1~2 cm 高的边，以减少饲料浪费），不用料槽。待仔猪习惯采食饲料后，可改用料槽。补料应少量多次，一般 4~6 次/d，也可根据经验，自由采食。在此期间应多注意观察，发现未学会采食饲料的仔猪，要单独照顾。开食料到过渡料要有 5~7 d 的过渡期，使仔猪消化道中的酶系对新饲料有一段适应时间。

3. 早期断奶仔猪分阶段饲养研究实例

近些年来，现代养猪生产者们从营养学、免疫学和消化生理学等方面探讨，以便寻求解决仔猪营养性断奶应激问题的途径。阶段饲养法是目前解决仔猪营养性断奶应激的唯一办法，国内一些养猪生产者在此也进行了有益的探索，并取得了一定的成效。吴永德等（2000）报道，选择胎次、窝重、出生日期相近的 24 窝杜×长×大三元杂交仔猪 257 头，采用单因素完全随机设计，试验以产期先后分窝进行，将 24 窝仔猪随机分成 2 组，每组 12 窝。试验组采用广西大昌维他麦畜牧有限公司提供的仔猪三阶段饲喂体系和相应开发生产的仔猪饲料及预混料进行饲养，即第一阶段（3~21 日龄）采食开食料，第二阶段（22~42 日龄）采食断奶料，第三阶段（43~70 日龄）采食保育料。对照组前期（7~52 日龄）采食武汉某公司生产的 5310#乳猪料（颗粒），后期（53~70 日龄）采食 5311#乳猪料（颗粒）和农场自配料混合饲喂。试验开始时，仔猪逐窝称重，做好记录，试验期70 d。试验饲料配方及营养水平如下。

开食料：营养水平为消化能16.30 MJ/kg，粗蛋白20%，赖氨酸1.40%，钙0.9%，有机磷0.45%。

断奶料：玉米60%，易离乳10.0%，乳清粉5.0%，维他大2.5%，进口鱼粉5.0%，豆粕14.0%，麦麸2.5%，植物油1.0%。营养水平为消化能14.21 MJ/kg，粗蛋白质19.6%，赖氨酸1.35%，钙0.8%，有效磷0.42%。

保育料：玉米65.0%，小猪宝5.0%，麦麸3.5%，维他大2.5%，进口鱼粉5.0%，豆粕18.0%，植物油1.0%。营养水平为消化能13.37 MJ/kg，粗蛋白质19.0%，赖氨酸1.1%，钙0.8%，有效磷0.36%。

仔猪设有补料间，试验组3日龄开始诱食，对照组7日龄开始补食，均28日龄断奶，自由采食和饮水。试验组为粉状料，对照组为颗粒料。其他管理按猪场常规程序进行。猪群分别在出生、28、42.70日龄早饲前称重并结料，计算日增重、采食量、料肉比、腹泻次数、每千克增重成本。以窝为统计单元，试验结果与分析如下。

增重分析：两组日增重经统计分析，0~28日龄差异不显著，29~42日龄试验组比对照组提高78.80%，43~70日龄试验组比对照组提高6.82%，全期试验组比对照组提高13.98%。表明三阶段饲喂体系能提高体重，特别是极显著地提高断奶后2周内的增重，如表3-25所示。

表3-25 仔猪增重

项 目	猪数	出生重 (kg)	28日龄重 (kg)	42日龄重 (kg)	70日龄重 (kg)	0~28日龄日增重 (g)	29~42日龄日增重 (g)	43~70日龄日增重 (g)	0~70日龄日增重 (g)
试验组	134	1.36	6.0	10.53	24.08	165.8	323.8	483.8	324.6
对照组	123	1.39	6.1	8.64	21.32	168.4	181.1	452.9	284.8

料肉比与增重成本分析：试验猪的腹泻次数、料肉比、增重成本及治疗药费见表3-26。从表3-26可见，试验猪的腹泻次数比对照组低68次，降低了35.05%。表明三阶段饲喂体系能极明显降低断奶仔猪的腹泻。从表3-26可知，试验组的采食量高于对照组，表明三阶段饲喂体系提高了仔猪的饲料采食量。试验组料肉比比对照组低0.12，降低了8.72%，表明三阶段饲喂体系能提高饲料报酬。从每千克增重成本看，试验组为3.35元，比对照组低0.57元，以增重1000 kg计可提高经济效益570元。试验组降低饲养成本外，还提早出栏，从而提高了猪场的经济效益。

仔猪精神状况：使用针对三阶段配制的饲料，仔猪精神状态及外貌均较好，皮肤光泽，毛亮，食欲好，窝均匀度高。

表3-26 试验猪的腹泻次数、料重比和增重成本

项 目	猪 数	组耗料重 (kg)	组增重 (kg)	料肉比	腹泻次数	腹泻治疗费 (元)	平均饲料单价 (元/kg)	增重成本 (元/kg)
试验组	134	3 828.4	3 044.5	1.26	126	23.0	2.66	3.35
对照组	123	3 377.6	2 452.6	1.38	194	51.1	2.83	3.92

从此实例可见，早期断奶仔猪三阶段饲喂体系的日粮组成，符合仔猪不同阶段生理特点，能产生明显的经济效益。由于仔猪断奶应激主要来源于营养应激，为此，本项试验研究从补料开始就饲喂易消化的高营养浓度日粮，以期减少断奶应激。但早期断奶仔猪在哺乳期（0~28日龄）内，生产性能的第一限制性因素是乳糖，主要来自母乳，因此哺乳期（0~28日龄）受日粮影响不大，试验组和对照组的仔猪生产性能差异不显著。试验组料肉比显著低于对照组，是因为试验组日粮各营养素平衡、易消化和养分利用率高。从经济效益看，前期日粮成本虽然过高，也增加了饲养成本，但作为三阶段的饲喂体系，各期营养设计较合理，符合仔猪的消化生理特点，以使断奶对仔猪造成的应激降到最低程度，最终使增重成本显著低于对照组。可见，对早期断奶仔猪使用昂贵饲料的成本问题，可由提高母猪全年生产能力和仔猪本身增重、缩短上市时间和节约管理费用等来弥补。从此案例的结果认定，早期断奶仔猪实行三阶段饲喂体系，可以提高仔猪日增重，改善饲料转化率，降低了腹泻，而且早期断奶仔猪实行三阶段饲喂，很适合集约化猪场"全进全出"管理，又可根据不同阶段的生理消化特点，配制不同的日粮，提高了猪生长速度。本案例更进一步证实，现代规模养猪要结合本场的实际情况确定适宜的断奶日龄，采用成功断奶的措施进行断奶，然后再用早期断奶仔猪三阶段饲养法进行饲养管理，这样一环紧扣一环的断奶措施，可保仔猪发病率下降，生长发育良好，断奶体重增加，上市日龄提前，从而提高了猪场的经济效益。

第四章　保育仔猪的培育技术

仔猪保育是哺乳仔猪由断奶顺利过渡到独立生活的重要饲养时段，仔猪断奶保育期间的生长，是一个非常重要的阶段，对其今后育肥的生产性能和经济效益影响极大。保育猪的饲养管理在整个养猪过程中至关重要，特别是在规模化猪场更是关系到整个猪场的成败与发展。因此，搞好仔猪保育是提高仔猪育成率和经济效益的关键技术措施。

第一节　保育仔猪的饲养任务和目标及培育条件与要求

一、保育仔猪的饲养任务和目标

（一）保育仔猪的饲养任务

保育仔猪是指断奶（28 或 35 日龄）至 70 日龄左右的仔猪。保育仔猪是哺乳仔猪由断奶顺利过渡到吃料而独立生活的重要饲养阶段，其饲养管理在整个养猪过程中至关重要。哺乳仔猪断奶进入保育阶段后，不论是从生理和心理角度，都是自出生以来最大的应激反应。由主要依赖母乳获取营养转变为独立采食，因此身体易受饲养管理条件的影响而发生各种不良反应；同时从母乳中获得的免疫保护力已经降到最低，易受环境中的病原微生物的感染而发生疾病。所以加强保育猪的饲养管理是提高整个商品猪的健康状况、提高成活率的重要环节。该阶段的主要任务是要给保育猪创造一个良好的生活环境，同时供给营养丰富、适口性好，能增强猪体免疫力的饲料，来保证保育仔猪快速生长和防止生长"倒扣"，提高抗病力，为后期的育肥打下良好的基础。

（二）保育仔猪的饲养目标

如今不少猪场的保育猪群普遍存在这样的问题：出生率无法提升，哺育期育成率在 90%以下；保育期病多难养，死亡率在 20%以上；生得多却不知道怎样养，仔猪整齐度差；发病难以预测，损失较大。一般来说，保育仔猪经 40~45 d 的饲养，必须达到 4 个饲养目标：成活率>97%，或死亡率<4%；9 周龄转出体重>22 kg 或 70 日龄体重>25 kg；正品率>97%；猪料肉比<1.3。

二、保育仔猪培育的条件与要求

（一）断奶仔猪体重与采食要求

断奶日龄不少于 3 周龄，体重 6 kg 以上，并在哺乳期间已能每天采食固体饲料（教槽料）200 g。断奶仔猪日龄的目标体重见表 4-1。

表 4-1　断奶仔猪的目标体重

断奶日龄（周）	断奶体重（kg）
3	6
4	8
5	10

（二）保育舍环境要求

保育舍干燥、温暖、通风，舍内温度 22~30 ℃，冬季不低于 20 ℃，相对湿度 50%~80%。

（三）饲粮品质要求

仔猪饲粮品质优良，营养丰富，每千克饲粮含消化能 13.81~15.07 MJ，粗蛋白 20%~22%，粗纤维 4%~4.5%。饲粮中除加入奶制品、维生素、矿物质、微量元素及饲用酵母外，还应加入有机酸、抗生素及喷雾干燥血浆蛋白粉等。饲粮可消化率 90% 以上。

保育仔猪的饲料要求较高，特别是 40 日龄前，加入适量的喷雾干燥血浆蛋白粉或小肠绒毛膜蛋白粉和油脂，对提高饲料的质量十分有利。在先进的集约化养猪场，对保育仔猪都采用三阶段饲养法，即 21~30 日龄、31~40 日龄、41~70 日龄。3 个阶段分别用 3 种不同的饲料。深圳市农牧实业有限公司 1997—1998 年使用的三阶段保育仔猪饲料，具有一定的实用效果，对集约化猪场具有一定推荐使用价值，见表 4-2。

表 4-2　三阶段仔猪的饲粮组成及营养水平

项　目	100#（21~30 日龄）	100#（31~40 日龄）	100#（41~70 日龄）
玉米（%）	49	58	66
豆粕（%）	16	18	25
鱼粉（%）	5	6	2
乳制品（%）	20	10	0
油（%）	3	3	3
添加剂（%）	7	5	4
消化能（MJ/kg）	14.11	13.94	14.19
粗蛋白（%）	21.33	21.45	18.68
赖氨酸（%）	1.45	1.38	1.10
蛋氨酸+胱氨酸（%）	0.76	0.68	0.66
钙（%）	0.93	0.87	0.85
磷（%）	0.80	0.77	0.74
粗灰分（%）	7.76	8.28	6.52
粗纤维（%）	1.62	2.11	2.26
粗脂肪（%）	7.40	5.84	5.15

资料来源：赵书广等主编《中国养猪大成》（第二版），2013。

（四）使用隔离专用的保育舍，做到全进全出，切断疾病的交叉感染

1. 使用隔离专用保育舍的重要性

目前蓝耳病在规模猪场普遍存在，已对一些猪场造成严重损失。为了防控蓝耳病，其有效措施是在远离母猪舍和生长育肥舍 100 m 以上的地方单独饲养保育猪，即把保育猪舍建在相对隔离的地方，同时严格执行生物安全制度，尽量做到全进全出，并彻底的清洗和消毒。当保育期约 7 周，仔猪达 70 日龄，体重在 25 kg 以上时转入育肥猪舍饲养。这样既防止了外来病原菌对保育仔猪的侵袭，又减少了猪舍内部原有病原菌的交叉感染，确保仔猪能健康成长。然而，我国目前许多猪场将保育舍建在母猪和生长育肥舍之间，虽然管理上方便，但无意中就把保育猪养在了病原微生物浓度很高的母猪舍和生长育肥舍之间。无论是哪个方向来风，都很容易把病原微生物吹入保育舍，致使断奶仔猪不断发病。因此，使用隔离专用的保育舍，做到全进全出，可有效切断疾病的交叉感染。据了解，目前国内有些猪场虽然也有对保育猪采取了单元式饲养和全进全出模式，但为了操作方便，省下了一条通道，而在室与室之间开门。这样，由于饲养人员的走动，特别是仔猪进出栏，很容易造成疾病的交叉传染。还有些猪场的保育舍统一使用室内下水道排污，也容易造成疾病的交叉传染。我国一些猪场断奶仔猪发病率高，也与这些因素有关。可见，建造隔离专用的保育舍，是切断疾病交叉感染的根本途径。

2. 保育猪舍的建筑及设施要求

（1）保育猪舍设计要点　保育猪舍要便于饲养员操作管理，设计要达到保温、防潮湿、通风。由于仔猪对寒冷非常敏感，猪舍建筑的设计首先考虑的是舍房的保温性能。此外，舍内湿度过大，可增加寒冷和炎热，对仔猪产生一些不良影响，引起仔猪的多种疾病发生；而且猪舍内空气中的氨气、硫化氢等有害气体对猪的毒害非常大，因此，保育猪舍应具备良好的通风及散热性能。保育舍床面采用漏缝网状地板，网状漏缝板可保持舍栏地面的干燥，还可限制体外寄生虫的繁殖。漏缝地板下设排水沟，排水沟要有较大的容积，能存储一定容量的水，流入沟里的粪尿经水稀释、发酵，既减少了臭味，又便于排放。以 10~14 头仔猪为一栏间，每头仔猪占栏面积 0.25 m² 左右。7~10 头仔猪需要 1 个乳头式饮水器，每栏间安装 2 个饮水器。

（2）保育猪舍建筑设计要求　舍房可采用砖混结构，土瓦房面或彩色钢板瓦屋面，猪舍长 85 m，宽 8.5 m。猪舍内空高 3.6 m（至天花板），内空高可使空间宽敞明亮，通风好，有利于有害气体及灰尘微粒的散发，基本上可消除猪舍惯有的刺鼻臭味，夏季的隔热性能好。缺点是冬季保温稍差。猪舍上下二层钢窗，大门对面的直墙上安装 2 台抽风换气扇，2 排栏，共 53 个栏间。每个栏间长 1.84 m，宽 1.52 m，栏围栅高 71 cm。可采用高床保育栏，高床位，栏床面高出走道 17 cm，栏床系钢筋制作的条状漏缝板活动组装。也可把保育栏中的栏床面与走道地面平行，其优点是小猪进出可以驱赶，与高床保育栏每头猪进出都要人捉抓相比较，降低了劳动强度。但在冬季地面上寒气要重些，保暖方面却没有高床栏好。高床栏与窗户（离地 30 cm 高）水平相接近，空气对流强，在天热时有利于仔猪散热降温。此外，栏床架的清洗、油漆等保养工作也比地面保育栏床方便。生产实践证明，高床保育栏优于地面保育栏。保育栏下要设置排水沟，每排栏架下的排污沟，宽度与栏间相等，长度直至舍房外，沟深上端 0.4 m，下端 1.2 m，出水处装有大口径阀门，容量 42 m³。

（3）保育猪舍的设施要求　饲料槽系用薄铁板卷成半圆形状，长 1.32 m，宽 0.3 m，

深 0.15 m，内有细钢筋分成 8 格，限制仔猪进入排粪尿。饲料槽可调节角度，加料时放平，喂料时朝里调斜至 16°或 37°（二个档位）。保育舍还要设一专用圆形水箱，也可与猪舍供水管道相连接。水箱用来溶化存放药物及营养添加剂，当需要向仔猪用药或添加维生素等物质时，将供水管关闭，让仔猪通过饮水器直接饮用水箱的药水。猪舍设有饲料间，大门进出处设立消毒池。规模较大的猪场可采用锅炉供暖，舍内安装散热片。锅炉产热量大，对猪舍整体供暖功效好，是冬季为小猪保温理想的热源。但锅炉供暖成本较高，万头规模以上的猪场使用才合算。小型猪场使用效果虽然同样好，但因猪的数量少，生产成本会有所增加。

第二节 保育仔猪易出现的主要疾病和问题

如今不少猪场的保育猪群普遍存在这样的问题：出生率无法提升；哺乳期育成率在90%以下；保育期病多难养，死亡率在 20%以上；生得多却不知道怎么养；小猪整齐度差；发病难以预测，损失较大。

当前我国养猪生产中，仔猪从断奶到上市，死亡率高达 25%；在仔猪出生后到出栏上市造成猪只死亡中，其断奶期间引起的死亡约占全程死亡率的 40%。在养猪生产中，猪的死亡率高主要在仔猪阶段，尤其是保育阶段，这也是保育仔猪易出现的主要问题。

（一）保育仔猪出现疾病与问题的发生机制与主要因素

仔猪断奶时，其各种生理机能和免疫功能不完善，主动免疫系统未发育成熟，抗病力低，极易遭受各种病原微生物的侵害，加之断奶应激（如断奶、环境、饲料、营养等）的影响，易诱发疾病。

1. 保育仔猪的生理特点

仔猪整个消化道发育最快的阶段是在 20~70 日龄，也正是仔猪断奶后的保育期阶段。说明 3 周龄以后因消化道快速生长发育，仔猪胃内酸环境和小肠内各种消化酶的浓度有较大的变化。由于仔猪出生后的最初几周，胃内酸分泌有限，一般要到 8 周龄以后才会有较为完整的分泌功能，这种消化生理特点也严重影响了 8 周龄以前断奶仔猪因母乳中含有乳酸，使胃内酸度较大，即 pH 值较小，仔猪一经断奶，胃内 pH 值则明显提高。此外，仔猪出生后其消化道内酶的分泌量一般较低，但随消化道的发育和食物的刺激而发生重大变化，其中碳水化合物酶、蛋白酶、脂肪酶会逐渐上升。由此可见，由于仔猪的生理特点中消化机能不完善，断奶后极易受到饲养条件的限制，且断奶后仔猪需要一个过程（一般为 1 周），这就是通常所说的"断奶关"，这期间若饲养管理不当，仔猪会出现一系列问题。

2. 仔猪的免疫状态

新生仔猪从初乳中获得母源抗体，在 1 周龄时母源抗体达到最高峰，然后抗体滴度逐渐降低，到第 3~4 周龄时，母源抗体较低，但此时仔猪的主动免疫还不完善。如果在此期间断奶，由于仔猪抵抗力较弱，易受应激反应刺激，仔猪也很容易发病。

3. 微生物区系变化

哺乳仔猪消化道内存在较多乳酸菌，可减轻胃肠中营养物质的破坏，减少毒素的产生，提高胃肠黏膜的保护作用，能防止因病原菌造成的消化紊乱与腹泻。乳酸菌最适宜在酸性环境中生长繁殖。但仔猪断奶后，胃内 pH 值升高，乳酸菌逐渐减少，大肠杆菌会逐渐增多（在 pH

值 6~8 的环境中生长），原微生物区系受到破坏，能导致疾病发生，尤其腹泻是断奶仔猪常发病。

4. 断奶应激反应

仔猪断奶后遭受最大的是营养应激，由母乳为主要营养到突然改变为采食固体饲料为营养需要，会造成很大应激，导致小肠绒毛萎缩。如果此时用低档饲料或变换断奶前用的教槽料，必然会造成消化不良、采食少、腹泻，各种疾病都会在此时表现出来。此外，仔猪断奶后，因离开母猪，会在精神和生理上产生应激，加之离开原来的生活环境，对新环境一时不适应，如果保育舍温度低、湿度大、有贼风，以及圈舍消毒不彻底，从而导致仔猪发生条件性腹泻。

（二）保育仔猪易出现的主要疾病与问题

1. 断奶后仔猪腹泻

仔猪腹泻主要由气候剧变、消化不良、流行性消化道疾病等引起，表现为食欲减退、饮欲增加、排黄绿稀粪。腹泻开始时病猪尾部震颤，但直肠温度正常，耳部发绀。死后解剖可见全身脱水，小肠胀满。临床上仔猪腹泻重点是区分消化不良与流行性疾病，可通过仔猪粪便、临床特点区别诊断。

消化不良很少有并发症状（例如体表有出血、精神极度沉郁、食欲废绝、发热等），更少见明显的内脏器官病变（例如脾脏肿大、肾脏皮质出血、淋巴结坏死等）。流行性消化道疾病所涉及的范围较广，可能有猪瘟、传染性胃肠炎、猪痢疾、弓形体病、仔猪副伤寒病等，但这些疾病的流行形式、临床症状、病理变化都有各自的特征，一般不难做出诊断。

2. 断奶仔猪多系统衰竭综合征（PMWS）

前几年，我国许多地区流行着一种严重影响小猪生长发育，且死亡率及淘汰率极高的复杂呼吸道疾病，特别是在冬、春季节或气候多变时发病率极高。此病可引起典型的临床症状和病理变化，临床表现以多系统进行性功能衰竭为特征，称为仔猪断奶后多系统衰竭综合征（PMWS）。

PMWS 多发生于 4~18 周龄的仔猪，以 5~12 周龄最为常见。PMWS 是一种慢性、进行性、高死残率的疾病，受感染的猪群发病率 10%~60%，病死率 20%~50%，存活的猪群生长明显受阻，甚至成为僵猪。

PMWS 临床症状主要表现为仔猪断奶后进行性消瘦、生长缓慢、被毛粗乱、皮肤苍白或黄疸、精神沉郁、喜扎堆、眼睛分泌物增多、体温升高、食欲下降或废绝、呼吸急促困难、呈腹式呼吸，部分病猪后躯或腹下、四肢皮肤出现紫红色斑点，有的还有腹泻或神经症状。剖检可见全身体表淋巴结肿大，有的甚至坏死；肺表面有红色至灰褐色斑点或出血性病变，肺脏的变化为间质性肺炎；肾脏苍白、肿大；脾脏肿大，周边呈锯齿状或坏死。

PMWS 病因复杂，猪圆环病毒 2 型（PCV2）是原发病原，但在致病性上，需要与其他病原或某些因素（如免疫刺激、环境因素等）诱导才能发生广泛的临床症状和病理变化。在临床上最常见与猪蓝耳病毒（PRRSV）、伪狂犬（PRV）等病毒及肺炎支原体（MH）混合感染后并发其他细菌性如副猪嗜血杆菌（HP）、胸膜肺炎放线杆菌（APP）、多杀性巴氏杆菌、链球菌、附红细胞体、弓形体等多种细菌性病原。由于本病是典型的免疫抑制性病毒病，可抑制免疫细胞的增殖，减少 T 淋巴细胞和 B 淋巴细胞的数量，使其缺乏有效的免疫应答，导致其免疫力低下，抗病力降低。因此，在临床上常见本病与其他病毒、细菌或寄生虫等发生双重感染或多重感染，使病情复杂化，难以防控，这在猪高热性和猪呼吸道病综合征中极为多见。因 PMWS 是由多病原混合感染的结果，到目前为止还没有比较有效的治疗方法。猪群发病后，病猪治疗效果一般不理想，防治上应坚持以防为主，在控制该病时应采取综合的防制措施，才能达到理想的效果。

3. 其他传染性疾病发作

水肿病、败血型链球菌病和附红细胞体病等疾病的流行，也确实影响到保育仔猪成活率，这些疾病往往此起彼伏，而且停药后又可能反复。但现在看来，问题的根本不在于这些疾病本身，而是由于病毒性疾病或饲料霉菌毒素造成了仔猪免疫机能抑制，以至于对某些常见的病原体易感染。其中仔猪水肿病多发生于断奶后的第 2 周，患病猪表现震颤，呼吸困难，运动失调，数小时或几天内死亡。

4. 生长下降（生长倒扣）

母乳满足仔猪营养需要的程度是 3 周龄为 97%，4 周龄 37%，因此，只有成功训练仔猪早开食才能缓解 3 周龄后的营养供求矛盾，刺激仔猪胃肠发育和分泌机能的完善，减少断奶应激的影响。仔猪断奶前采食饲料 500 g 以上，能减轻断奶后由于饲粮抗原过敏反应引起的小肠绒毛萎缩、损伤。仔猪由于断奶应激，一般断奶后几天内食欲较差，采食量不够，造成仔猪体重不增反降。往往需 1 周时间，仔猪体重才会重新增加。但如果使用低档饲料或不继续用教槽料，必然造成消化不良，采食少，掉膘严重，生长下降，即出现所说的生长倒扣，会导致各种疾病也会在此时表现出来。断奶后第 1 周仔猪的生长发育状况会对其一生的生长性能有重要影响，据报道，断奶期仔猪体重每增重 0.5 kg，达到上市体重标准所需天数就会减少 2~3 d，反之就会延长达到上市体重的饲养天数。可见，断奶仔猪若出现生长倒扣现象，其不良影响严重。

第三节 保育仔猪饲养新技术

一、发酵床饲养保育仔猪

生物发酵床养猪生态模式与技术可实现猪舍粪污零排放，以其节水、环保、生态的特点，在水资源紧缺和环保压力大的城市郊区及有些地区凸显优势，而且在改善猪舍空气质量、提高猪只福利条件等方面有其不可替代的优势，目前，在我国许多地区推广使用。

（一）生物发酵床养猪技术的概念和核心内容

1. 生物发酵床养猪技术的概念

发酵床养猪技术是一种以发酵床为基础的粪尿免清理的新兴环保生态养猪技术。该技术最先起源于日本民间，后经日本学者明上教雄等的研究及日本自然农业协会、山岸协会、鹿儿岛大学等单位的推广，在日本得到了广泛应用。该技术传到韩国，经改进后成为"韩国自然养猪法"，经韩国自然协会推广，在韩国、朝鲜开始普及。目前，"韩国自然养猪法"和"日本发酵床养猪技术"进入我国，已在部分省、市推广应用。发酵床养猪技术在我国有不同的称呼，如"韩国自然养猪法""日本洛东酵素发酵床养猪法""后垫料养猪技术""自然养猪""生物环保养猪""零排放养猪""生态养猪法"等。该类技术实质都是一种发酵床养猪模式，均是一种以发酵床技术为核心，对自然生态环境不造成污染的前提下，尽量为猪只提供优良的生活条件等福利措施，使猪能健康生长的养猪方法，现一般通称为发酵床养猪技术。

2. 发酵床养猪技术的核心内容

生物发酵床养猪技术的核心内容是指猪在发酵床垫料上生长，排泄的粪尿被发酵床中的微生物分解，猪舍中无臭味，粪尿免于清理，对猪场环境无污染。发酵床垫料主要由外源微生物、猪粪尿、秸秆渣、锯末、稻谷壳等组成，厚度为 80～100 cm。猪在发酵床垫料上生长、活动，并采食垫料中有益成分，补充肠道中有益微生物，能提高猪机体免疫力，而且发酵床垫料可使用几年，减少了传统养猪法冲洗圈舍、清粪和污染处理设施的投入和消耗，既省料又省工，可较大幅度地提高猪场养猪生产的经济效益。

（二）发酵床养猪技术原理与工艺流程

1. 发酵床养猪技术原理

发酵床养猪技术是依据生态学原理，利用益生菌资源，将微生物技术、发酵技术、饲养技术和建筑工程技术用于现代规模猪场养猪生产的一种综合技术。该模式是基于控制猪粪尿污染的一种健康养殖方式，利用全新的自然农业理念和微生物处理技术，使猪在健康的生态系统中生活与生长。在自然环境中，存在着动物、植物和微生物（包括真菌、细菌、病毒等）三大生物体系，而且三者紧密相关，循环转化。生物发酵床就是遵循这条自然法则，将动物、植物、微生物三者有机结合，在发酵床圈舍内构成生物生态小环境。该技术"以猪为本"，以猪体内外生态环境的和谐、优化和健康为目的，在圈舍内利用一些高效有益微生物与作物秸秆、锯末、稻谷壳等原料建造发酵床，猪将粪尿直接排泄在发酵床上，利用猪的拱掘生活习性，加上人工定期辅助翻耙，使猪的粪尿和垫料混合；通过有益微生物菌分解猪粪尿，消除氨气等异味，从源头上解决了猪场养殖粪尿等污染物的排放问题；猪饲料中添加微生物添加剂，可使猪肠道内有益菌占主导，抵御和拮抗了有害菌滋生；由于有益菌产生的代谢产物如抗菌肽、酶、益生素等，可提高猪的免疫力、抗病力和饲料转化率；而且猪粪中有益菌数的提高，可增加发酵床垫料中有益菌的来源和数量，又促进猪粪尿快速分解，使整个发酵床形成了一个可循环的生态生物圈，向生猪提供了一个良好的生活与生长的生态环境，从而也延长了发酵床使用期限。也由于微生物菌发酵产热，冬春季节可节省一部分热能，在寒冬及初春季节特别是在北方地区发酵床养猪优势更明显。由此可见，生物发酵床养猪技术，是在有益微生物菌种作用下的一种无污染、无臭气、零排放、生物良性循环的生态养猪模式，从源头上实现了猪场养殖污染的减量化、无害化、资源化，具有良好的生态效益和经济效益。

2. 发酵床养猪工艺流程

发酵床养猪技术工艺流程大体如图 4-1 所示。

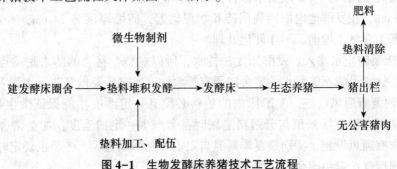

图 4-1　生物发酵床养猪技术工艺流程

3. 发酵床养猪技术的主要内容

发酵床养猪技术主要有以下几部分内容，而且这几个部分紧密相连、相互影响。

（1）猪舍的设计与建造　包括猪舍的类型、屋顶、墙、窗，内部结构及设施的设计与建造。

（2）发酵床的设计与建造　包括发酵床的类型、水泥硬化平台以及深度等。

（3）发酵床垫料的原料组合与发酵菌种的选择使用　发酵床垫料的原料组合与发酵菌种的选择使用，是发酵床养猪技术的一个重要环节，也是发酵床养猪成败的一个重要因素。

（4）饲养管理措施　生物发酵床养猪技术是一种全新的养猪技术，与传统的现代养猪技术相比有很大的不同。在生物发酵床养猪技术中，将原来重点对猪的饲养管理转移到对发酵床内的微生物菌群进行良好的调控，只有创造出适应微生物菌群的良好生态环境，才能使微生物菌群充分发挥作用，快速分解粪便，从而达到降低环境污染，改善猪舍环境，节省人力和物力，达到养好猪的目的。因此，对发酵床的管理是发酵床养猪技术的核心内容。

（三）发酵床的设计与建造要求

1. 发酵床的设计

（1）发酵床的名称　发酵床是将猪舍中超过 2/3 的面积建造成 80~100 cm 的深槽，即垫料槽，也称为发酵坑，用于存放经过发酵的垫料。此垫料一方面为猪的生长提供舒适的生态环境，同时还借助微生物的繁殖，降解转化猪的粪尿，消除氨气等臭味，因此把垫料槽或发酵坑形象地称为"发酵床"。

（2）发酵床设计的原则

① 发酵床的面积。发酵床的具体面积可根据猪场的生产规模和生产流程确定，为了便于对发酵床垫料的日常管理和养护，猪舍内栏与栏之间用铁栏杆间隔，每栏面积以 25~60 m² 为宜。

② 垫料面积。发酵床内的垫料面积为栏舍面积的 70% 左右，余下的栏舍面积应建成水泥硬地平台，作为夏季高温时猪的休息场所；对于有降温设施的猪舍，也可不设水泥硬地平台。

③ 料的厚度。北方地区保育猪舍为 60~70 cm、育成猪舍为 80~100 cm；南方地区可在 60~80 cm。发酵床内垫料厚度关系到发酵床的承载力、缓冲力及日常养护要求和使用年限。垫料厚度在 60 cm 左右的发酵床，承载力和缓冲力较差，此种发酵床使用年限偏短，而且日常养护要求更加到位。

④ 深度。发酵床的深度决定了有机垫料的量，与猪的粪便产生量及饲养密度有关，根据猪饲养阶段的不同而异。一般要求保育猪发酵床的深度在 60~80 cm，中大猪发酵床的深度在 80~100 cm，在发酵池内部四周用砖和水泥砌起，砖墙厚度为 24 cm，并用水泥抹面，发酵池床底部为自然土地面，不作硬化处理。

⑤ 发酵床要防止水渗入。发酵床无法排水，所以对整个猪舍的防水是重点，要做到屋顶不能漏雨、饮水设施不能漏水，猪舍四周有排水沟，发酵床要做到防止水渗入。

⑥ 猪舍内要有通风设施。发酵床内的垫料必须有一定湿度才能保证微生物菌群繁殖，而发酵床的垫料在微生物繁殖与分解猪粪尿时，会产生一定的温度，加上猪舍为封闭式建筑，这就要求有通风设施，特别是夏季高温高湿季节要加强通风，冬季也要定时开启通风设施，及时排出湿气，避免圈舍内湿度过大和通风不良。

⑦ 注意饲养密度。发酵床饲养生猪的密度不宜过高，特别是育成猪养殖密度较常规的水泥地面圈舍要降低 10% 左右，以便于发酵床能及时充分地分解猪粪尿。

2. 发酵床的建造模式

发酵床按垫料位置划分，可分为以下几种。

(1) 地上式发酵床 地上式发酵床的垫料层位于地平面以上，就是将垫料槽建在地面上，操作通道及圈内硬地平台必须建高，利用硬地平台的一侧及猪舍外墙构成一个与猪舍等长的垫料槽，并用铁栅栏分隔成若干个圈栏。此种发酵床模式适用于我国南方及地下水位较高的地区。优点是猪栏高出地面，雨水不容易溅到垫料上，地面水也不易流到发酵床内，而且通风效果也好。缺点是由于床面高于地面，过道有一定陡度，送运饲料上坡下坡不方便。在北方地区建此发酵床，在寒冷条件下，对发酵床的保温有一定的影响。

(2) 地下式发酵床 地下式发酵床的垫料层位于地平面以下，就是将垫料槽构建在地表面下，床面与地面持平，新建猪场的猪舍可仿地上垫料槽模式，挖一地下长槽，用铁栅栏分隔成若干个栏圈；原猪舍改造可在原圈栏开挖垫料槽，最好将 2~3 个圈舍并成一个发酵床。此发酵床模式适合于北方干燥或地下水位较低的地区。优点是猪舍高度较低，造价较低，各猪舍的间距也较小，猪场土地利用率较高。由于发酵床床面与地面持平，猪转群和运送饲料方便。也由于发酵床的垫料槽位于地下，有利于发酵床的冬季保暖。但此种模式发酵床土方量较大，建筑成本也会加大。

(3) 半地下式发酵床 也称为半地上式发酵床，就是将垫料槽一半建在地下，一半建在地上。半地上式发酵床地坑底不作硬化处理，坑的四周用砖和水泥砌成即可。此种发酵床模式可将地下部分取出的土作为猪舍走廊、过道、平台等需要填满垫起的地上部分用土，因而减少了运土的劳力，降低了建造成本。同时，由于发酵床面的提高，使得通风窗的底部也随之提高，避免了夏季雨大溅入发酵床的可能，同时也降低了进入猪舍过道的坡度，也便于运送饲料。此种模式发酵床适应北方大部分地区、南方坡地或高台地区。

二、网床饲养保育仔猪

(一) 网床饲养的涵义和优点

仔猪网床培育是养猪先进国家在 20 世纪 70 年代发展起来的一项现代化仔猪培育的新技术，是将仔猪培育由地面猪床转变成各种网床上饲养，也称为高床网上养育，又称为保育笼。我国 20 世纪 80 年代后期推广应用，已获得了良好的培育效果。早期断奶的仔猪，对环境适应能力差、生长速度快、饲料利用率高、增重快、对疾病的抵抗力差。因此，保育猪栏必须为保育仔猪提供一个清洁、干燥、温暖和空气新鲜的环境。网床饲养保育仔猪其优点：其一，仔猪离开了地面，减少冬季地面传导散热的损失，提高了饲养温度。其二，由于粪尿、污水能随时通过漏缝网格漏到床下粪尿沟内，减少了仔猪接触污染的机会，床面清洁卫生、干燥，能有效地遏制仔猪腹泻病的发生和传播。其三，能提高仔猪的成活率、生长速度、个体均匀度和饲料利用率。试验表明，高床网上饲养与砖（水泥）地面相比，保育猪日增重平均提高 15%，饲料利用率 6%~14%，成活率达 96.32%。

(二) 保育猪栏网床结构设计

保育猪栏网床通常采用钢筋结构，主要部件有连接板、围栏、漏缝地板、自动食槽、支腿。标准网床尺寸大小有两种：一种长（1 800~2 000）mm×宽（1 700~1 800）mm×高

700 mm，饲养 1 窝仔猪；另一种长（2 500~3 500）mm×宽（2 400~3 000）mm×高700 mm，饲养 20~30 头仔猪，两种离地面积约 35 cm。床底可用钢筋，隔条间距小于或等于 70 mm，部分面积也可放置木板，以便于仔猪休息。有的还设有活动保温箱，以便冬季保暖。一般要求保育猪栏的长宽比应接近 1（接近于正方形），这样，保育猪在其中活动没有紧迫感，可以使其达到最大生长效果。

三、小单元全进全出饲养保育仔猪

（一）小单元全进全出饲养保育仔猪的涵义

规模化养猪技术在我国已推行了几十年，规模化养猪的比例越来越高，有的猪场采用很大、很长的猪舍，几十窝保育猪通栏饲养，这在外表上气派也好看，但猪群之间的疾病（如腹泻、呼吸道疾病和一些其他病毒性疾病等）交叉感染，永远不能消灭，使保育猪的疾病也越来越多，成活率越来越低。保育猪是猪群死亡率最高的一个阶段，约占整个猪群死亡率的 85%。提高保育猪的成活率已成为养猪界十分关心的问题，改善保育猪舍的环境是提高保育猪成活率的重要措施，其中一个最有效的措施是在猪场设计时就采用小单元饲养的方式，即每批以 8 窝或 12 窝保育仔猪为一个饲养单元，这一饲养单元的仔猪全进全出。出栏后，该单元清洗消毒，空圈 2~3 d 后再进入另一批仔猪饲养，以切断保育猪之间的交叉感染。

（二）小单元猪舍设计工艺在分娩保育舍的应用

1. 小单元猪舍设计工艺的目的和作用

虽然流水式养猪生产工艺大大提高了养猪效益，但这种"前未出空，后已进栏"的管理方式却存在整栋猪舍不能彻底空栏消毒的弊病。前一批猪群的疾病遗留给后一批猪群，并很容易在整栋猪舍蔓延传播，绵绵不断。诸如下痢等仔猪消化道疾病及萎缩性鼻炎等呼吸道疾病无法控制，甚至多种疾病交叉感染。按照传统设计方法修建的猪舍最大的问题就是很难做到"全进全出"。"全进全出"就是指在同一时间内将同一生长发育或繁殖阶段的猪群，全部从一栋猪舍移进，经过一段时间饲养后，再在同一时间移出转至另一猪舍。这样可避免不同猪舍间猪混群时的疾病传播，还可以防止其他猪舍的病传进来。虽然"全进全出"饲养工艺提出几十年了，但是真正能够做到"全进全出"的猪场不多，事实上，并非猪场不愿意采用"全进全出"饲养工艺，而根本原因在于修建猪场时没有设计好，导致无法做到"全进全出"。为解决这一问题，国内养猪专家们从 20 世纪 90 年代末期，借鉴国外技术成果，研究推出了"单元式"猪舍设计，将建筑设施的投资重点放在产仔舍和保育舍，将产仔舍、保育舍分成若干单元，各单元相对独立，互不交叉，以独立单元式车间为单位轮流使用，同一单元"全进全出"，彻底空栏消毒，有效地控制了疾病的传播。可见，"小单元"猪舍设计的目的，是使一个单元猪舍的猪在转群时尽可能做到"全进全出"，并空舍封闭 7 d 进行彻底消毒。根据目前多数猪场的规模及职工作息习惯，一般按 7 d 的繁殖节律，以计算出的每周各类猪群的头数作为该猪群的一个单元，再按该类猪群的饲养日数加空圈消毒时间计算出该猪群所需的单元数和猪舍栋数。一栋猪舍可以酌情安排数个独立单元，各单元内的猪栏可双列或多列，并南北向布置，舍内各单元北面设一条走廊，类似火车的软卧车厢，每个单元相当于一个包厢。这样设计的好处是，任何一个单元封闭消毒时，都不影响其余单元的正常管理，能真正做到"全进全出"以及防止分娩舍猪病的大面积传播。值班室和饲料间一般设置于猪舍的一端。举例来说，如一个 5 000 头规模的猪场，约需基础母猪

300 头。平均每头母猪按年产 2.1 窝，平均每周产 12 窝计算，每一个产房需要产床 12 个。因母猪产前 7 d 进产房，哺乳 28 d，保育 30 d，空圈消毒 7 d，共占圈 72 d，一个单元 1 年能重复使用 5 次，故需设产房小单元 10 间。也有的猪场采用哺乳与保育分开设计。

2. 小单元猪舍设计工艺流程方案

如一个年产万头的猪场，约需基础母猪 600 头，平均每头母猪年产 2.1~2.2 窝，平均每周产 24~26 窝，则一个产房单元按 24~26 窝设计。因母猪产前 7 d 进产房，哺乳 28 d，空圈消毒 7 d，共占圈 35 d，故需设产房单元 7 个；断奶仔猪原窝转入培育舍一窝一栏，则每个培育仔猪单元也需安排 24~26 个栏，因仔猪培育 24 d，空圈消圈 7 d，共占圈 42 d，故需设培育仔猪单元 6 个。其余的各类猪群均按 7 d 的节律。这样根据其饲养、空圈数及每圈饲养头数，可算出每单元的圈数和所需单元数。确定了猪群所需单元数后，再根据本场场地的实际情况，设计出每栋分娩保育舍的适宜长度（为了布局整齐，各猪舍应长度一致）。这种小单元包厢式猪舍设计工艺，可以真正实现猪群的"全进全出"，在发生疫情时，可以立即对出现病猪的单元进行封锁、消毒、处理。由于封锁的范围小，隔离的猪数量少，影响面也小，所以防疫效果好，猪场损失也相对小。

举一个实例，在猪场设计时做到"全进全出"的具体做法是，可以将一栋长 56 m，宽 12 m 的产仔舍设计成 7 个小单元产仔猪舍，每个小单元猪舍的尺寸是 8 m 宽、12 m 长，双列布局分娩栏，每列 6 个分娩栏，每个小单元猪舍有 12 个产床，1 个万头猪场每周有 24 头母猪产仔，2 个小单元就可以满足 1 周的产仔需要。具体说就是将一栋猪舍用隔墙分隔为若干个独立的小单元，从猪舍的侧面开若干个门，见图 4-2 和图 4-3。

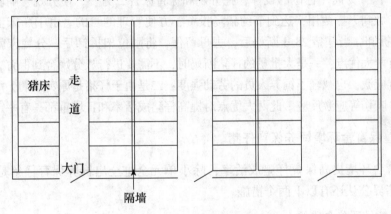

图 4-2　小单元猪舍平面

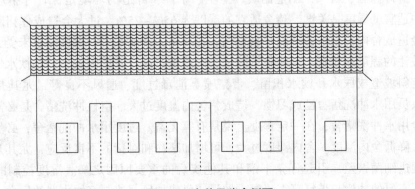

图 4-3　小单元猪舍侧面

从图 4-2 和图 4-3 可见，这种猪舍每个小单元为一个小车间，舍内养的猪数量较少，同一个小单元内猪的生长阶段相同，大小一致，同一天进出同一单元，比如同一天配种怀孕的母猪同一天进入同一个小单元内产仔，同一天断奶，再同一天离开这个小单元。在小单元猪舍的管理上，严格禁止猪群、饲料、用具在各单元之间的交叉，饲养和管理人员进出不同单元时先消毒。每个单元猪群全部转出之后，立即清洗、消毒猪栏、地面、墙壁、用具等，再封闭门窗熏蒸消毒，这就是小单元猪舍的优势所在。

3. 小单元猪舍设计要注意的问题

当然，小单元猪舍设计也有利有弊，要根据具体情况，具体应用。从目前国内一些猪场实行"单元式"猪舍设计效果上分析总结，产仔舍、生长舍可采用"小栋（猪舍）大单元"或者"大栋（猪舍）小单元"设计概念。"小栋大单元"模式具有投资小、通风好、采光好、运行成本低，对环境控制设备依赖程度低等优点，该方案为场址面积宽、地方偏、防疫条件好时的首选方案。而"大栋小单元"模式具有占地面积小、密闭性好的优点，为场地面积小、防疫条件相对较差时的选择方案。不管选择其中哪个方案，必须严格按猪的繁育节律设计符合全进全出生产工艺"单元式"猪舍，必须同时采用正压通风的局部环境调控及"干清粪"工艺相配套，才可达到一定的生产效果。

四、分娩保育一体化工艺饲养保育仔猪

分娩保育一体化工艺已在一些猪场推广，该工艺实质上是分娩保育一体化床的应用。该床采取分娩、保育为同一栏位的设计，把分娩和保育床合二为一，使分娩、哺乳、保育在同一单元完成，做到一栏两用，达到节约猪场投资、方便管理的目的。由于产床上方的限位架（扣栏）可以拆卸，当仔猪 28 d 断奶后，去母留仔，将限位架拆卸后，分娩床就变成了保育床。该工艺有两大优点：一是大批量的仔猪断奶时，不需要进行从分娩舍到保育舍的转群，避免了仔猪转群应激，也减轻了饲养人员的劳动强度；二是由于仔猪是原窝原圈，可防止仔猪混群后的打斗、咬伤等应激反应。此两大优点对提高仔猪成活率和日增重都具有一定的作用。

五、改善保育舍环境饲养保育仔猪

改善保育舍环境提高保育仔猪成活率，除小单元全进全出饲养保育仔猪是成功的范例外，目前养猪界公认还有以下两个措施。

（一）保持保育猪舍干燥

一般，搞好保温、通风，创造温暖、卫生、干燥、舒适的环境是保育仔猪成功第一措施，这其中适宜的湿度是关键。猪舍适宜的湿度为 65%～75%，过大会造成仔猪腹泻、皮肤病，过低会造成舍内粉尘增多诱发呼吸道病。在养猪生产实践中，湿度一直未受到重视，而温度受到关注的程度却较高。一些猪场的猪舍内湿度过高，其原因较多，如饮水器漏水、猪床下无一定斜坡造成尿水和饮水积留、带猪喷雾消毒过度、通风不良等，尤其是在很多猪场，饲养人员用水冲洗猪舍已成习惯，造成猪舍内湿度过大。空栏冲洗猪舍是必需的，但在有猪的猪舍用水冲洗猪舍，在一定程度上说是有害无益。过度用水冲洗猪舍，必然引起舍内湿度过大，降低舍内温度。舍内湿度过大，可增加寒冷和对猪的不良反应，尤其是猪舍内湿度过大是促进细菌繁殖、引起仔猪下痢和其他疾病的重要原因之一。湿度控制的主要办法有：减少不必要的冲栏与带猪喷雾消毒，加强通风或抽风，控制好饮水器的压力，栏舍地面

避免积水，采用生石灰吸潮。还有的猪场建造水厕所，就是占保育猪栏 10% 面积的水池，优点是一方面水可以吸附氨气，减少猪舍氨气、二氧化碳等有害气体的浓度，减少呼吸道的刺激，又可以调节舍内湿度，使猪舍干燥。还可以保持猪舍卫生，使猪在固定地方排泄粪便。目前养猪界公认，当保育舍内养有仔猪时，要少用水冲洗，可用生石灰替代清毒剂并保持猪舍干燥、卫生，是一种较好的方法。生石灰又称氧化钙，为白色的块或粉，无臭味，易吸水。用生石灰撒在保育舍人员出入频繁、猪床下、潮湿的地面，一方面可以消毒，另一方面可以吸湿，能保持保育舍干燥、卫生。在保育舍养仔猪时，按一定时间安排，定时向保育舍猪床下、潮湿地面、人员出入频繁通道等撒生石灰，除了达到消毒的作用，可减少或不用水冲洗保育舍，能保持保育舍干燥、卫生，达到调控环境的作用。

（二）保育猪舍采用北走道和屋顶无通风的设计

保育舍内，空气污浊，有害气体过多是许多规模化猪场的通病，特别是在北方冬季，有的猪场为了保温，紧闭门窗，造成通风不良，人进入后有一股刺鼻气味。这些有害气体是引起仔猪呼吸道疾病的重要诱因。很多猪场的保育猪死亡率高，猪呼吸道病综合征（PRDG）、猪流行性腹泻（PED）、高致病性猪蓝耳病和猪圆环病毒 2 型（PCV-2）等疾病是主要原因。规模化养猪技术在我国推行几十年，规模化养猪比例越来越高，保育猪的疾病也越来越多，成活率越来越低。其原因虽多，主要还是一些猪场保育猪舍的设计有问题。养猪界普遍认为，改善保育猪舍的环境是提高保育猪成活率的重要措施，其中，采用北走道、屋顶无动力通风的设计，可保持舍内良好的通风。保育舍通风与保温是一个矛盾。仔猪断奶后转入保育舍，对温度要求仍然较高，刚断奶仔猪一般要求局部温度 30 ℃，以后每周降 3~4 ℃，直至降到 22~24 ℃。对断奶仔猪保温可以减少寒冷应激，从而减少断奶后腹泻以及因寒冷引起其他疾病的发生。因此，有人认为温度是保育猪成败的关键因素，不管是北方和南方，在寒冷天气尤其应当引起重视。加强通风，可降低舍内氨气、二氧化碳等有害气体浓度，以减少对仔猪呼吸道的刺激，从而减少呼吸道疾病的发生。但也有人认为，对于有些猪场一味过度地关注通风的做法不对，因为猪是恒温动物，对温度极其敏感，因此做好保育舍内温度的恒定尤为关键，特别是保育舍刚转进的仔猪，加强通风，会降低舍内温度，也对仔猪不利。也有一些猪场为了解决保温与通风的矛盾，采取自动化温控系统适当调节，如抽风机定时开关来调节温度与舍内通风量，冬季锅炉温度调节到规定的温度，让其低于设定的温度时会自动升温等。虽然这些方法都能有一定作用，但效果并不理想。解决保温和通风这一对矛盾，要从猪舍建筑设计着手，如保育舍采用北走道、屋顶无动力通风设计时，可以很好地解决这些问题。北走道（1.2~1.4 m 宽）对阻挡冬季寒冷的北风有很好的作用，可以使处在南面的小单元保育舍内的温度提高 3~5℃，就是在长江中下游地区的猪场，如小单元内的仔猪保育箱用电热板，保育舍内可以不用再另外供暖，大大节约了能源和供暖费用。屋顶无动力通风可以使猪舍内的空气不断流动，在冬季通过阀门来控制出风流量，使舍内有害气体外排同时又不使温度下降太快，基本上能保持舍内温度恒定，这是减少仔猪患呼吸道疾病的一个重要方法。

第四节 提高保育仔猪育成率的综合配套技术

仔猪断奶保育期的生长是一个非常重要的阶段，对其今后育肥的生产性能和经济效益影响极大。有研究表明，56 日龄时多增重 1.1 kg，至育肥出栏时可多增重 5 kg。现代仔猪生产推行早期断奶，减少了母猪的体能损耗，提高了母猪的繁殖力和饲料利用率，节省了母猪的泌乳饲料，降低了分娩猪舍的成本分摊，从而提高了规模养猪的经济效益。但是，早期断奶是一个技术难题，在很多猪场难以达到理想效果。其因是仔猪保育是哺乳仔猪由断奶顺利过渡到独立生活的重要饲养阶段，搞好仔猪保育是提高育成率和经济效益的关键技术措施。规模猪场在配备保温产房、育仔舍、产仔床、保育栏等基础设施的基础上，应用仔猪保育综合配套技术尤为重要。

一、加强母源抗体的保护，减少病原微生物的传播

母猪抗体对哺乳仔猪和断奶仔猪非常重要，因为仔猪免疫器官的发育要到 6 周龄才能完善，之前通过主动免疫产生足够抗体保护的可能性很小。因此，母源抗体的保护时间最好是能够延续到 6 周龄之后，那么加强母猪的免疫，保证初乳中含有较高水平的抗体尤为重要。生产实践中重点是加强母猪的免疫注射和药物保健。母猪的免疫重点是伪狂犬病、猪瘟、口蹄疫和细小病毒，另外根据本场和本地区的疾病流行情况，可加强萎缩性鼻炎、气喘病等疫苗的免疫。注射疫苗时，每种疫苗必须间隔 7 d 以上。母猪的药物保健重点放在分娩前后，即产前、产后 1 周加保健药物，在每吨饲料中加 80% 支原净 125 g+金毒素 300 g+阿莫西林 200 g；产后肌内注射一针长效土霉素 10~15 mL 或阿莫西林油剂 20 mL，一是可以保证母猪正常的泌乳，二是可以增强乳猪的体质，三是可以减少病原微生物传播给仔猪。

二、加强药物保健和使用调控营养物质，降低仔猪免疫空白期的风险

在母源抗体的被动免疫和仔猪接种疫苗的主动免疫之间存在着免疫空白期，而这种情况多发生在 3~9 周龄，给断奶仔猪的生存带来极大的威胁。在生产中，这个空白期也往往被一些生产者忽视，或没有引起足够的重视，由此也导致了断奶仔猪发病率和死亡率高。因此，生产中必须采取补救措施，降低免疫空白期的风险。药物保健和高铜高锌以及酸化剂、酶制剂等调控营养物质的使用，可能是最好的选择。尽管药物无法针对病毒性疾病，但是它们可以把细菌继发感染的风险降低到最小，大多数的病毒性疾病往往通过细菌继发感染而造成保育仔猪发病，导致死亡率升高，如 PMWS 就是典型。

（一）免疫空白期的药物保健

免疫空白期需要加强药物保健，可减少病原微生物感染。猪场生产中可根据实际情况，选择适宜的药物保健方法。

1. 肌内注射抗菌药物

仔猪在 3、7、21 日龄肌内注射抗菌药物，如用磺恩双杀（主要成分为复方磺胺间甲氧嘧啶注射液），每头每次 0.5~1 mL。

2. 饲料中添加抗菌药物

一是仔猪在断奶前后或转群前后加保健药物 1 周，可每吨饲料添加 2% 纽弗罗（主要成分氟苯尼考）2 000 g+泰乐菌素 250 g；二是密切注视猪群发病的时间，总结呼吸道疾病的发病规律，提前进行药物预防。在疾病发生前 1 周使用药物预防，可在每吨饲料中加入支原净 125 g+金霉素 300 g 或加康 500 g+先锋 4 号 150 g 或氟苯尼考 60 g+利福平 200 g 等。三是仔猪断奶前、后各 6 d，于 1 t 饲料中加入氟康王（氟苯尼考细胞因子）400 g、板蓝根粉 400 g，连续饲喂 12 d；或在 1 t 饲料中加入强力毒素 140 g，阿莫西林 180 g，连续饲喂 12 d，

可有效预防链球菌病等细菌性疾病。

3. 饮水中投药保健

断奶仔猪一般采食量较小，甚至一些仔猪则断奶最初 1~2 d 根本不采食，所以在饲料中加药物保健一般达不到理想效果。饮水投药则可避免这些问题，生产中保育第 1 周在每吨饮水中加入支原净 60 g+优质多维 500 g+葡萄糖 1 kg 或加入加康 300 g+多维 500 g+葡萄糖 1 kg，可有效地预防呼吸道疾病的发生。也可从断奶开始，饮用质多维+葡萄糖+黄芪多糖粉，共饮 12 d，可有效地增加机体抵抗力和免疫力，降低营养应激，防止圆环病毒 2 型感染、蓝耳病和腹泻等疾病的发生。

(二) 使用营养物质调控手段

1. 酸化剂

断奶仔猪饲粮中添加酸化剂，能弥补仔猪胃酸不足，促进乳酸菌、酵母菌等有益微生物的繁殖，抑制病原菌的繁殖，激活胃蛋白水解酶的活性，并有助于保持饲粮新鲜。但无论哪种类型酸化剂，其使用效果都与饲粮类型和断奶时间有关。一般来讲，断奶前两周内使用酸化剂效果明显优于两周后。仔猪消化道酸碱度 (pH) 对日粮蛋白质消化十分重要，在 3~4 周龄断奶仔猪玉米-豆粕型日粮中添加有机酸，可明显提高仔猪的日增重和饲料的转化率。而且饲粮添加有机酸，能使胃保持一定酸度，提高胃蛋白酶的活性，同时有利于乳酸杆菌等有益微生物的生长，又能抑制大肠杆菌等有害菌的繁殖，这方面的试验国内外已有大量报道。据张心如等 (1995) 试验，用含 1% 柠檬酸的玉米-豆饼型饲粮饲喂断奶仔猪，结果显示，试验组仔猪腹泻发生频率较对照组仔猪低 41.88%，水肿病发生率低 48.7%。目前，已知的有机酸中效果确切的有柠檬酸、富马酸 (延胡索酸) 和丙酸，添加量依断奶日龄而定。

2. 酶制剂

仔猪断奶前后营养源截然不同，所需消化酶谱差异很大，断奶后淀粉酶、胃蛋白酶活性明显不足，加之断奶应激对消化酶活性增长的抑制作用，因此在断奶仔猪饲料中加入外源酶制剂可以补充内源酶的不足。由此可见，断奶仔猪日粮中添加酶制剂的目的是为了弥补仔猪断奶后体内消化酶的活性下降，促进营养物质的消化吸收，提高饲料利用率，并消除消化不良，减少腹泻的发生，并改善仔猪的生长率。目前最为成功的酶制剂是植酸酶。

3. 益生素

益生素也称活菌制剂、饲用微生物添加剂或微生态制剂。益生素大都是胃肠道内正常菌群，在胃肠道内产生有机酸或其他物质抑制病原菌的致病能力，其主要作用：一是能维持肠道菌群平衡，益生菌在肠道内大量增殖，使大肠杆菌等有害菌减少；二是能在肠道内产生有机酸，降低仔猪胃肠 pH 值；三是产生过氧化氢，对一些潜在性病原菌的杀灭作用；四是能减少肠道内有害物质的产生，在肠道能合成多种酶类、维生素，产生抗生素类物质，增强免疫功能等。益生素受使用时间、仔猪应激程度、断奶日龄等多种因素影响，一般在幼龄仔猪以及饲养环境差时使用效果较好。

4. 高铜高锌

在早期断奶仔猪日粮中添加高剂量的铜和锌，能减少仔猪腹泻，提高日增重，改善饲料转化效率。研究表明，日粮中添加 250 mL/kg 的铜，可使生长猪增重提高 8%，饲料利用率提高 5.5%。但高铜只能饲喂 30 kg 和 2 月龄前的幼猪，而且过量的铜在肝脏蓄积，会引起慢性中毒。此外，高铜日粮会引起某些营养素缺乏，增加饲养成本。在生产实践中采用高锌日粮（含锌量为 2 000~3 000 mg/kg）来降低断奶后两周的仔猪腹泻发生率，目前的大多数研究报道认为，只有氧化锌来源的高锌具有防止仔猪腹泻和促进仔猪生长的作用，而且高剂量锌添加量在短期内（2~3 周）对猪无毒副作用，因此，高锌日粮只在短期内使用，而且应在保育期最初两周内喂给断奶仔猪药理浓度的锌，可防止仔猪腹泻，增加仔猪的生长性能。长期添加高锌，会导致猪中毒，而且日粮中添加高水平的锌会打破原来各种元素的平衡，特别是锌过量可以影响铜、铁的吸收，从而引起仔猪贫血。

三、规范免疫程序，减少免疫应激

疫苗接种明显降低仔猪的采食量，影响其免疫系统的发育。研究表明，过多的疫苗注射甚至会造成免疫抑制，所以在保育期应尽量减少对仔猪疫苗的注射。一般，保育仔猪猪瘟、口蹄疫疫苗必须免疫，再根据本地区及本猪场疫病流行的实际情况来决定疫苗的使用种类。有条件的猪场对仔猪在免疫前先摸清抗体水平的消长规律，采集不同周龄健康仔猪血液做血清学抗体监测，然后根据检测结果决定免疫时间。如果条件有限，可采取以下方法：仔猪在 20 日龄肌内注射猪瘟单联苗，每头肌内注射 4 头份，55~60 日龄第二次注射，肌内注射 6 头份；28 日龄肌内注射伪狂犬疫苗 1 头份（2 mL）；45 日龄注射口蹄疫疫苗，在 4 周后再注射 1 次以加强免疫。保育期仔猪应尽量避免过多的无效接种，造成不必要的免疫应激，在注射疫苗期间，饲料或饮水中加入复合型维生素，可以在一定程度上缓解应激。

四、做好常见猪病的防治，及时治疗病仔猪

（一）采取具体的药物保健与驱虫方案，做好常见猪病的防治

1. 采取切实可行的药物保健方案及治疗措施

药物保健方案具体要根据保育猪群的健康状况调整，需要注意每次用药的目的。这就需要建立定期剖检制度，根据疾病发生的情况适时调整用药方案。对保育猪首先要预防断奶仔猪腹泻，这就必须对免疫空白期的仔猪做好药物保健，并使用营养物质调控手段，可有效预防仔猪腹泻。此外，近些年来，一般南方猪场保育仔猪常见传染性疾病病原体以链球菌、副嗜血杆菌为主，其中脑膜炎型链球菌较为常见，发现后一般是在饮水中加药，加药的同时放掉保育舍水厕所的水，一般加阿莫西林粉，每 150 kg 水加 100 g，每天 2 次，连加 3~5 d，或采用脉冲式加药都可以控制住。对于发病早期的仔猪可以用磺胺嘧啶钠或磺胺（6-）甲氧一侧肌内注射，另一侧注射阿莫西林钠，连续注射 3~5 d 可痊愈；急性发病的可以采用静脉滴注，但应控制输液的量，一般以 250 mL 为宜。皮肤性疾病以葡萄球菌感染为主，多在夏季蚊虫多的季节，经蚊虫叮咬后继发附红细胞体、圆环病毒等混合感染，也称皮炎肾病综合征，主要症状为全身红点，严重的全身皮肤红斑，成紫红色。发现猪群中有此病后应在饲料中加驱虫药，并每天下班时在猪舍排水沟周围喷洒敌敌畏等药，但应防止人猪中毒。此外，饮水中加维生素 C 粉供全群猪饮用，也可另外加阿莫西林粉与维生素 C 交替使用。对个别发病猪可一侧注射磺胺（6-）甲氧，一侧维生素 C 加地塞米松和阿莫西林，每天 2 次，连续注射 3~5 d。采取以上防治方案 2~3 d 后皮肤上红斑点会慢慢消失，恢复到正常。

2. 驱虫

仔猪断奶后 3 周应驱除体内外寄生虫，可选用伊维菌素类广谱高效的驱虫药。

（二）对病弱仔猪的治疗和护理方法及对病弱仔猪的治疗原则和淘汰制度

1. 对病弱仔猪的治疗和护理方法

刚断奶的仔猪易受凉、环境潮湿、病菌感染、饲料的突然转换、饲料霉变等因素引起下痢，对下痢的仔猪应及时治疗，并加强饲养管理，搞好日常的环境卫生、保温和消毒工作。临床上及早淘汰已经出现明显症状、失去治疗价值的病仔猪，其他有治疗价值的病仔猪集中到隔离栏饲养和治疗，只有这样才能发挥饲料拌药或饮水中加药的治疗效果。临床上对于病弱仔猪应坚持 3 分治疗，7 分护理的方法。生产中应把及时发现的病弱仔猪单独关在一个栏内继续喂教槽料，并每天在小料槽内喂稀料，冬天可用温水喂。具体的做法一般是教槽料用水拌稀，加适量的奶粉，再根据病情加抗生素和葡萄糖、多维等营养素，口服补液盐等，但应注意要适当。最后还要加一点保育料，以让仔猪慢慢适应，利于以后换料时教槽料向保育料的过渡。一般喂 1~2 周后，病弱仔猪会逐渐康复，然后继续喂加药的教槽料和少量的保育料直到恢复正常。

2. 对病弱仔猪的治疗原则

临床上对病弱仔猪的治疗应采取的治疗原则有以下几点：其一，个别弱小、掉膘或采食差的病仔猪，要及时隔离，集中投药，集中治疗，可采用饮水加药或饲料湿喂加药等方式饲养。其二，严重病仔猪应采取注射方式，饮水量少或遇紧急情况时应采用静脉滴注或腹腔注射方式给药。其三，坚持个体治疗与群体预防相结合的方案，经过 1~2 个疗程治疗后不好转，及无治疗和饲养价值的坚决淘汰。

3. 及时淘汰残次仔猪

在饲养过程中猪场也要建立定期淘汰残次仔猪制度，一般每周淘汰 1 次左右。残次仔猪生长缓慢，即使存活，养至出栏需要较长的饲养时间和饲料，得不偿失。而且残次仔猪一般多为带病猪，在保育舍中对健康猪群构成很大的威胁。残次仔猪越多，保育舍内病原微生物越多，健康猪群就越容易感染。残次仔猪在饲养、治疗的过程中要占用兽医和饲养人员很多时间，则花在健康猪群的饲养和护理的时间就减少，势必造成恶性循环，因此，及时淘汰残次仔猪或病弱仔猪具有一定意义。

五、切实做好保育仔猪的科学饲养管理

（一）强化日常操作规程，做到科学管理

生产中关于保育舍的操作方法说起来很容易，就是做好药物保健、控制好温度和湿度、通风以及生产一线饲养人员的培训，但是具体操作起来并不容易，特别是在大型规模化猪场，必须抓好以下几项日常工作。

1. 保育猪舍进猪前的准备

主要做好以下几项工作：一是圈舍消毒。先清洗保育舍，待干燥，用 2%~3% 烧碱消毒 1~2 次，有条件的猪场烧碱喷洒空栏 1 d 后再把烧碱冲净，用火焰消毒，或者选择一次熏蒸消毒，再次清洗后，空栏 5~7 d 即可调入断奶仔猪。二是进猪前做好猪栏设备及饮水器的维修。饮水器经常因加一些添加剂而堵塞，所以要经常仔细检查，一般在每天猪饮完药水后应全部检查一遍，并彻底洗净加药桶。

2. 做好分栏和饲养密度控制工作

断奶仔猪转入保育舍尽可能保持一窝一栏，如需并栏应将仔猪的个体重、品种、性别、

健康状况等较为接近的并在一起。每头仔猪体重相差不超过 1 kg，体重相差太大会使小的仔猪被体重大的仔猪欺负，导致吃不到料而越来越瘦，抵抗力降低，进而发病或成为弱仔。一般要求转入保育猪舍仔猪（3 周龄）体重应大于 5 kg，并在哺乳期间已能每天采食固体饲料200 g。断奶后仔猪至少每次要摄入 30 g 料才能维持正常的身体功能，采食量不足出现生长倒扣。此外，要留两个空栏，以便于以后把体质弱和生病的挑出来单独饲养。一般每栏 18头左右，夏天可适当调整到 12~15 头，保证每头仔猪有 0.3~0.5 m² 的空间，使仔猪有宽敞的活动空间。保育仔猪宽敞的活动空间可显著提高成活率。此外，要在每个栏靠近过道的四角绑上铁链等玩具，可防止小猪乱排泄粪便和减少因混栏引起的互相斗殴打架，也可在每栋猪舍内安装音响，每天上班时间放一些轻音乐给猪听，这样可减轻猪的应激与压力，能使饲养的仔猪格外温顺，便于饲养管理。研究表明，猪也有情感的交流与需求，关注猪的福利待遇，有利于猪的健康与生长。

3. 温湿度与通风的控制

生活环境包括空间、温度、湿度、空气流速、地板类型、空气质量以及光照等，都会对断奶仔猪的生产性能和健康产生影响，但药物保健和保温是养好保育仔猪的关键，尤其是温度是保育仔猪饲养成败的关键因素，不管是北方还是南方，在寒冷天气时尤其应当引起重视。断奶仔猪从产房转入保育舍后，第 1 周的温度要高于产房的温度，一般要求为 28~30 ℃，以后每周降 1~2 ℃，直到 22~24 ℃。对于自动化控温系统要做适当调节，如抽风机定时开关要调节好温度与舍内通风量，冬季锅炉温度要调节好规定的温度，让其低于设定的温度时会自动升温，地面饲养的打开地热设备。研究表明，断奶仔猪对环境温度的要求高，即便空气质量（氨气水平上升）短期下降，也要优先满足温度要求。一般，猪舍中的空气质量，特别是氨气水平，是根据猪舍饲养人员的承受能力确定的。氨气水平提高会刺激猪的免疫系统，提升皮质醇（应激激素）水平，对生长性能的影响程度有限。影响在于，氨气水平提高可能会降低某些疾病在断奶仔猪当中发生的阀值。因此，在生产中要考虑到实际环境（舍内）温度与有效温度（仔猪实际感受到的温度）之间的差异。有效温度随空气流速，地板类型以及墙壁绝热性能的不同而变化。如果舍内气温是 24 ℃，但用的是塑料地板，并且贼风情况中度，那么，仔猪感觉到的温度实际上是 13 ℃。这个现象表现在常常发现尽管舍内温度计显示的温度处于适宜水平，然而，断奶仔猪却仍然在角落里扎成一堆。因此，必须考虑温度计或温度传感器在猪舍内安放的位置，以便更准确地测量猪体高度上的温度，而非测量诸如屋顶附近的温度。对于栏圈中安装了供暖地板的情况，猪舍内的温度可以偏低2~3 ℃，但这种情况下要确保采暖地板空间足够，让所有仔猪都能平躺在供暖地板上。虽然栏内贼风会出现风险，如咳嗽、喷嚏、腹泻和皮肤损伤等，但在生产中，有些猪场一味关注通风的做法不对，因为猪是恒温动物，对于温度极其敏感，特别是保育舍刚转进来的断奶仔猪，尤其是南方一些省昼夜温差很大，有时相差 10 ℃ 左右，因此，做好保育舍内温度的恒定就显得尤为关键。冬季转入保育舍后的第 1 周尽量不冲洗地面，低床饲养的在天冷时也要尽量减少冲洗次数，防止因潮湿阴冷而诱发疾病。保育舍的湿度控制在 60%~70%，过大会造成腹泻，过小会造成舍内粉尘增多诱发呼吸道病的发生。

（二）做好断奶仔猪的药物保健工作

断奶仔猪一般转入保育猪舍后第 1 周，每天应在饮水中加阿莫西林、葡萄糖等，可减少转群应激和防止腹泻，以后视健康和天气情况而采取药物保健。一般在换料过程中要在饲料或饮水中连续加最少1周的保健药物。

（三）做好"三维持"和"三过渡"

对仔猪断奶生产中可实行"三维持、三过渡"的原则。"三维持"：一是仔猪断奶后，维持在原圈饲养（将母猪转入空怀母猪舍）1周，然后转入保育舍饲养；二是仔猪转入保育舍后，继续用原有教槽料（乳猪料）饲喂1~2周；三是维持原窝转群和分群，不要轻易进行并群或调群。"三过渡"：一是在饲料营养上要逐步过渡，防止饲料变化而导致营养应激。断奶仔猪的消化系统发育仍不完善，生理变化较快，各个生理阶段特点不一样，对饲料营养及原料组成都十分敏感，营养需求也不一样。为了充分发挥各阶段的遗传潜能，日粮仍需高营养浓度、高适口性、高消化率。虽然从哺乳到保育，饲喂饲料的营养要求不同，但为了使保育仔猪有一个适应期，避免因饲料品质突然改变而引起胃肠不适，可采取饲料变换逐渐过渡的方法。在断奶后第1周继续饲喂乳猪料，第2周第1天饲喂乳猪料，第2天饲喂5份乳猪料+1份仔猪料（保育猪料），第3天饲喂4份乳猪料+2份仔猪料，第4天饲喂3份乳猪料+3份仔猪料，直至第7天全部改回仔猪料。此外，为防止在换料时部分仔猪拒食或采食量下降，可在饮水中加入葡萄糖、电解多维等，以补充营养，防止因为换料而出现弱仔，也可防止换料不适引起仔猪腹泻导致猪的小肠绒毛刷状缘不可逆的损伤，使仔猪分泌的消化酶减少，直接影响以后的生长发育。二是实行饲喂方式上的逐渐过渡。哺乳仔猪饲养用教槽料一般有固定时间和次数（饲喂次数一般在6次左右），而保育期改用粉料，且实行自由采食，这一改变很容易导致过食、消化不良或下痢等疾病的发生。因此，要实行断奶后第1~2周限量饲喂，第3周后再采用自由采食，使保育仔猪慢慢适应饲喂方式的改变。三是环境条件逐步过渡，防止断奶后环境变化产生应激。仔猪断奶后离开母乳和母体，要到新的栏舍，而且还要合并和拆群，环境发生变化，易产生应激。生产中除让断奶仔猪先在原圈饲喂1周，再转入保育舍饲养，重点是将保育舍内的温度控制在28~30 ℃，以后每周下降1~2 ℃直到正常的22~24 ℃。此外，在合并中做到夜并日不并，拆多不拆少，留弱不留强，减少环境应激，保证保育仔猪有良好的生长环境。

（四）经常巡视与仔细观察，及时发现和解决问题

完善的保育舍管理的最重要的要素之一是敬业的饲养人员。饲养人员必须每天发挥最佳状态，断奶仔猪进入保育舍后前72 h，饲养人员要为今后的保育舍工作定下基调，每天都要仔细观察和评估每头仔猪，以便确定哪些个体需要更多的照顾，帮助其采食、饮水，并适应新的社群秩序。断奶仔猪转群后更要经常巡视，仔细观察（每天至少两次），及时发现和解决问题，特别要严格控制仔猪咬耳咬尾等不良行为。导致仔猪咬耳咬尾行为的原因有营养、环境、密度和心理等诸方面因素，这些不良行为如不能被及时发觉或制止，将会导致猪只相互咬伤或咬死，造成经济损失。可采取如下措施：一是要防止保育舍饲养密度过大。二是要做到清洁卫生和保证猪舍干燥，提高猪群的环境舒适度。如果栏舍内由于仔猪不良排便模式形成了部分粪便覆盖区，或因水管或饮水器泄漏而形成潮湿区域，那么栏内有效面积就相应减少，也导致仔猪活动空间减少，使饲养密度过大，也促使猪只不良行为发生。三是要提供全价优质饲料，特别是矿物质、微量元素尤其是食盐的供给。如果饲料中缺乏某种微量元素尤其缺乏食盐的供给，也是仔猪不良行为的因素之一。四是要驱除猪体表寄生虫，防止仔猪因皮肤不适、乱动，影响其他仔猪休息，或因搔痒而损伤皮肤，出血后会导致其他仔猪舔咬出血的仔猪而导致死亡。五是要移走争强好斗的仔猪，隔离受伤仔猪，对受重伤严重者及时

使用抗生素进行治疗。六是在仔猪栏内提供一些玩具如铁球、木棍等，也可减少仔猪的好斗和撕咬现象。此外，确认病弱个体，做好标记，及时隔离饲养和治疗，并严格实行淘汰制度。生产中病弱仔猪的症状表现如下：不合群（独自扎在角落里），不愿起立，被毛乍起（毛发竖立），目光呆滞，后躯被稀粪沾污，呼吸异常（喘气），跛足或步态不匀，消瘦、毛长、采食量低或拒食等。生产中对弱仔猪可采取以下措施：首先要尽早发现弱仔猪个体，然后把弱仔猪转移到空置栏中；每天轻柔地把弱仔猪抱起，抓一把乳猪料送到嘴中咀嚼，然后放到护理栏里的料槽旁边，这个步骤每天 3~4 次，可调教弱仔猪采食；在护理栏里加一个粥盘，吸引弱仔猪多采食；安置仔猪罩和热源（供暖灯或供暖板），给弱仔猪提供温暖和舒适的环境；按照兽医规程治疗，及时淘汰残次仔猪。残次弱仔猪生长缓慢，即使存活养至出栏也需要较长的时间和较多的饲料，经济上得不偿失。而且残次弱仔猪多为带病猪，在保育舍内对其他健康仔猪也构成很大威胁。残次弱仔猪越多，保育舍内病原微生物也多，健康仔猪就越容易感染。因此，残次弱仔猪在饲养、治疗中势必造成恶性循环。

（五）保证保育仔猪的饮水量要充足

1. 水的作用

水是影响仔猪健康最重要的养分，然而这种养分却常常被一些猪场生产者忽视。充足、清洁的饮水供应必须重视。水构成了仔猪 80% 的体重，水是维持身体组织正常的完整性和代谢功能的必需成分，还起到调节、维持体温，矿物质平衡，排出代谢废物，产生饱感以及满足行为需要等作用。

2. 断奶仔猪饮水不足的原因

通常断奶后的仔猪一般无法摄取足够的饮水。断奶前仔猪吸吮母乳，不觉很渴，较少次数到杯式饮水器饮水。断奶后改喂固体饲料，鸭嘴式饮水器使饮水量及获得方式方面都产生较大变化。由于饮水器供应的是冷水，加之有的仔猪断奶后下痢需要更多饮水，通常会出现饮水量不够。

3. 保证仔猪饮水充足的措施

断奶仔猪进入保育舍后必须尽快找到栏位里水源并开始饮水，也为了使断奶仔猪能更快适应鸭嘴式饮水器及饮更多的水，生产中可打开饮水器让其自流 1~2 d，可使刚进入保育猪舍的仔猪能尽快找到水源。每个饮水器供应仔猪头数、水压和流速，及饮水器安装角度对应的高度都会影响仔猪的饮水量。一般在保育舍用鸭嘴式自动饮水器，需要数量为：1 个饮水器能喂 10~15 头猪，3 个饮水器 50 头猪，饮水器流速 250~500 mL/s，水压 20 Pa。一般要求饮水器出水压力应小于 0.2 kg/m²，否则水流过急，容易呛到仔猪。在采用可调节高度的饮水器情况下，要确保饮水器的高度要调到与栏内最小的仔猪肩部位置齐平。生产中饮水器安装角度对应的高度和水流量要求见表 4-3。

表 4-3　饮水器安装角度对应的高度和水流量要求

猪只种类	90°对应高度（cm）	45°对应高度（cm）	水流量（L/s）
保育至 5 kg	275	300	0.5~0.8
6~7 kg	300	350	0.5~0.8
8~15 kg	350	450	0.8~1.2
16~20 kg	400	500	0.8~1.2
21~30 kg	450	550	0.8~1.2

生产中为了保证仔猪的饮水质量和卫生标准达到国家规定的人用饮水标准，应每年多次采集水样，分析细菌污染情况以及水质，具体采样频率取决于水源情况。对于断奶下痢脱水仔猪只可在饮水中添加钾、钠、葡萄糖等电解质以及维生素、抗生素等，可提高仔猪抗应激能力。生产管理的每天日常工作中，都要检查饮水器的出水情况，对堵塞不出水的饮水器应及时更换。每个管理者和饲养人员要牢记一句话"宁缺一天料，但不能缺一口水"，否则容易引起仔猪脱水死亡。

（六）做好保育仔猪的调教管理

仔猪转入保育栏后，无论是在吃食、卧位、饮水和排泄方面尚未形成固定位置，其采食和饮水经调教会很快适应。因此，饲养管理人员从仔猪转栏开始，就要精心调教仔猪，使仔猪形成定点吃料、定点饮水、定点睡觉、定点排粪尿的"四定位"生活规律。训练方法是：仔猪赶进保育舍的前几天饲养员就要调教仔猪区分睡卧区和排泄区。饲养员在每次清扫卫生时，要及时清除睡卧区的粪便和脏物，同时留一小部分粪便于排泄区。对不到指定地方排泄的仔猪，用小棍哄赶，并加以训斥。在仔猪睡卧时，可定时哄赶到固定地点排泄，经3~5 d的调教，即可建立起定点睡卧和排泄的条件反射。这样既可保持圈舍卫生，减轻污染，有利于仔猪健康，又可减轻饲养人员的劳动强度。

（七）搞好清洁卫生和消毒工作

要经常保持保育舍内的清洁和卫生，指定专人定时打扫，及时清除网床、料箱、栏杆及走道内的杂物。饲养过程中不用水冲洗猪栏，粪便以清扫为主，控制舍内湿度为宜。保育舍一般每周消毒2次，安排在周二、周五进行。带猪消毒包括空气、栏舍地面、高床。消毒液选择复合醛、强效碘等，配制浓度适中。消毒器特别是喷头良好，喷出雾状微粒为标准。

保育仔猪采取上述技术措施，经8~9周龄保育饲养后，保育阶段成活率可达95%以上，头均体重可达20~25 kg，此时即可转入育肥阶段。

（八）坚决执行"全进全出"制度

"全进全出"这个词虽早已不新鲜，关键在于对该管理措施的理解和应用。"全进全出"有利于切断某些病原和不同批次猪之间的循环，有利于猪群的健康。因为对一头病猪危害最大的是另外一头猪，留下的猪很可能是生长不良的猪，而这些猪最有可能是病原库，每天向环境排出大量的病原微生物，所以这些猪不能转入下一批猪群。根据"全进全出"的理念，保育舍一定要划分为相对独立的小区间、小单元，按计划将一个个小单元的猪，经过保育期饲养后全部转完，经过彻底清洗与消毒空栏期，1周后再转入同一周断奶的仔猪，不要连续饲养，混杂转群，这是防疫的大忌。能否坚持"全进全出"的饲养管理制度，是实施生物安全与健康养殖的关键所在。从一定程度上讲，"全进全出"也体现了一个猪场的管理程度和水平。

第五章　仔猪隔离式早期断奶（SEW）技术

仔猪隔离式早期断奶（SEW）饲养技术是随着现代养猪科学技术发展而产生的一种先进的仔猪饲养管理模式，被称为"21世纪的养猪体系"和养猪业的"第二次革命"及养猪业水平提升的一个里程碑式的标志。由于SEW技术可以阻断一些疾病在母猪和仔猪之间的传播，已为欧美等许多养猪业发达国家所推崇，并从试验阶段转入普及阶段。SEW技术已成为当今养猪业的热点，我国部分发达省市的规模猪场已经开始这方面的研究试验。如何立足我国实际，针对现有的早期断奶仔猪饲养模式的不足，在充分考虑经济效益的基础上，积极引进推广与应用SEW技术，对改善我国早期断奶仔猪的饲养，提高养猪效益及推动我国养猪业的发展将有非常积极的促进作用。

第一节　SEW技术的发展沿革及特点

一、SEW技术的概念及实质内容

仔猪早期断奶是一个相对的概念，多数学者认为小于4周龄为早期断奶，小于3周龄断奶为超早期断奶。仔猪隔离超早期断奶（Segregated Early Weaning，SEW），中文称之为超早期隔离断奶法，是一种先进的仔猪饲养管理技术模式，它对仔猪的饲养提出了一种较新的概念，对传统的饲养管理提出了挑战，是一种值得研究探索的技术。SEW技术近几年已在欧美、日本及我国台湾地区较为流行，美国有大规模的SEW养猪场，加拿大近50%~70%的仔猪按SEW管理方式饲养。SEW法使养猪生产得到很大程度的提高，其实质内容是母猪在分娩前按常规程序进行有关疾病的免疫注射，在仔猪出生后保证吃到初乳后也按常规程序进行疫苗预防注射后，根据猪群本身需解除的疾病，在10~21 d断奶，根据隔离条件不同而不同，隔离距离从250 m至10 km，将仔猪在隔离条件下保育饲养。保育仔猪舍要与母猪舍及生产猪舍分开。这种方法称之为隔离式早期断奶法，简称为SEW法，俗称"多点式"隔离饲养技术。

二、SEW技术发展沿革

20世纪50年代，为了消灭猪群中的一些特定传染病，英国的科学家创造了SPF技术（specific pathogen free）。其基本方法为母猪在临产前采用剖宫技术取出仔猪，在无菌状态下将仔猪送往隔离的仔猪舍内，并在无菌条件下饲养。因仔猪是在无母乳条件下饲养的，要将抗体被动地给予初生仔猪，需哺给母猪血清及牛初乳，饲养方法十分复杂。后经改进，科学家们不采用剖宫产，而是将母猪在分娩时养在隔离舍内产仔，仔猪产出后即放入隔离仔猪室内饲养。这种技术对消灭特定传染病十分有效，但由于技术条件要求高，在实际生产中很难广泛应用。

20世纪80年代初，剑桥大学兽医部Alexander博士和普渡大学兽医部Clark教授应PIC育种公司要求，应用非剖腹生产技术成功得到SPF猪（无特定病原体猪），并净化了如AR（猪萎缩性鼻炎）、SD（痢疾病）、MPS（猪喘气病）等多种细菌性疾病，这就是著名的加药早期断奶（Medicated Early Eeaning）饲养法。随后，D. L. Harris博士借鉴其经验，改进了加药早期断奶技术，定名为修正型药物早期断奶（Modified Medicate Early Eeaning，MMEW）。人们把它们统称为药物早期断奶法（MEW），这种方法的主要特点是对母猪免疫及仔猪吃到初乳后立即移到隔离保育舍，并用抗生素控制疾病。这种方法比SPF方法简单一些，但用药量大、费用高。后来的研究者发现，MEW起关键作用的是母仔分离而非药物，只要母猪和仔猪适时隔离，不用多种抗菌药物也能成功净化一些疾病，使得这一技术越来越简单化和实用化。故MEW同SEW有相同点却又不同。但是母仔分离是必需的，仔猪需要从母猪场转移到另一猪场。美国Atanly（1993）报道了仔猪在洁净的环境下断乳和养育能有较快的生长及获得好的饲料报酬，瘦肉率也高，首先提出了SEW方法。1995年美国国家养猪协会遗传计划评委会（简称NPPC'S）颁布了16日龄断奶的SEW方案，内容包括母猪及仔猪免疫方案、断奶方法及仔猪饲料、母猪人工授精及特殊的药物预防方案，100头仔猪的全进全出保育舍等一整套方案。由此可见，SEW养猪法是在SPF及MEW的基础上逐步在实践中发展起来的。

三、SEW技术的特点

SEW技术是美国于1993年开始试行并逐渐成熟，1994年正式在生产上推广，专家们估计这个方法5年内将在美国40%~60%的养猪场中推广。由于SEW仔猪不但比常规饲养下的仔猪健康而且长得更快，这种改变促使SEW体系被广泛应用。近几年在欧美、日本及我国台湾地区比较流行，如今养猪界已比较认同SEW技术，其因是人们对SEW技术的特点有所共识。SEW的实质主要有以下几个特点：其一，母猪在妊娠期免疫规定的疫苗后，对一些特定疾病产生的抗体可以垂直传给胎儿，使仔猪在胎儿期间就获得一定程度的免疫。其二，实施SEW技术的初生仔猪必须吃到初乳，以获得必要的抗体。其三，按常规免疫程序为仔猪接种疫苗，使之产生并增强其自身免疫能力。其四，在仔猪生后10~21 d，即特定疾病的抗体在仔猪体内消失以前，就将仔猪断奶，并将其转移到清净且具有良好隔离条件的保育舍养育，而且保育舍必须实行全进全出制度。其五，配制好早期断奶的仔猪配合饲料，并使用仔猪早期断奶的几种重要蛋白质饲料原料，以保证仔猪良好地消化和吸收仔猪料中的营养成分。其六，由于仔猪本身健康无病，未受到病原体的干扰和侵害，免疫系统没有激活，从而减少了抗病的消耗，加上科学的配方饲料，使早期断奶的仔猪生长速度非常快，到70日龄时仔猪体重可达30~35 kg，比常规饲养的仔猪提高近10 kg。其七，断奶后能保证母猪及时配种及怀孕。其八，在改善仔猪的健康技术上，SEW可以认为是最重要的一步。首先是对养猪生产环境卫生及生物安全的普遍注意；其次是"全进全出"制的采用，"全进全出"相对于连续性养猪工艺显著地提高了猪群的健康及生产性能。

第二节 SEW技术的理论依据及机理和优点

一、实施SEW技术的理论依据

(一) SEW技术的基本原理

SEW技术的理论基础是假设仔猪从初乳中获得充分的被动免疫，并且避免与病原微生物或其他抗原接触，而且隔离饲养使仔猪免受母猪及其所处环境的病原微生物的影响，那么其吸收的养分及机体的代谢能充分地用于生长，而不用于合成抵抗细菌和病毒的抗体，从而减少细菌、病毒的消耗，提高了仔猪的健康和生产性能。采取SEW生产方式的优越性是能有效地阻断疾病的传染，并能使一些其他疾病也能得到有效地控制甚至根除，如疥癣及由大肠杆菌引起的下痢，特别是能根除传染性胃肠炎、伪狂犬病及繁殖呼吸道综合征。研究发现，消除某些疾病可以通过母猪乳抗体的有效保护时间来达到，实施SEW技术时消除病源菌影响的最晚断奶日龄如表5-1所示。但实际生产中，为了尽可能阻断和控制大部分疾病，以及考虑断奶对母猪生产性能的影响，必须要确定适当的断奶时间。7~10 d断奶对母猪的繁殖性能有较大的影响，主要表现发情时间推后，降低了繁殖率，但对仔猪的生产性能好。有学者认为15 d以内进行仔猪断奶，其不受特定病原微生物的干扰，美国推荐的断奶时间为10~14 d，正大公司推荐为13~16 d。由于不同猪种及猪场饲养管理水平不同，生产中断奶时间应根据母猪抗体的有效时间、猪群健康情况、需阻断疫病种类等统一安排。因此，为了充分发挥仔猪潜在的生产性能和母猪的利用率，实施SEW技术时应选择合适的断奶日龄。实施SEW技术时消除病源菌影响的最晚断奶日龄（天）见表5-1。

表5-1 实施SEW技术时消除病源菌影响的最晚断奶日龄 (d)

病原体	断奶日龄 (d)	病原体	断奶日龄 (d)
猪流感	21	传染性胃肠炎	21
猪胸膜性肺炎	16	猪霍乱沙门氏菌	12
钩端螺旋体病	10	猪繁殖呼吸系统综合征	10
仔猪断奶综合征	21	副猪嗜血菌	14
萎缩性鼻炎	10	出血性败血症	10
链球菌病	5~10	伪狂犬病	21
放线菌病	21	支原体肺炎	10
布氏杆菌病	21		

(二) 被动免疫及仔猪体重要求

由于仔猪的非传统、非正常断奶，容易造成一些短暂性不良后果，断奶时母仔分离，仔猪的心理和生理的双重应激，加上本身消化道发育及机体免疫功能不健全，各种酶分泌不足，对日粮的过敏反应等，往往引起强烈的仔猪断奶应激综合征，如生长停滞、腹泻、死亡等症状，所以，对实施SEW技术的仔猪给予了更多的关注和护理，必须保证仔猪出生后能吃足初乳，以增强其免疫功能。在实施 SEW 之前，应弄清猪场和其周边环境的疾病种类、危害程度，确定净化和尽可能地消除绝大部分疾病。并对母猪进行强化免疫，尤其是产前 20 d 左右注射疫苗，使初生仔猪获取高滴度的初源母乳抗体，同时还要免疫监测。有观点认为，仔猪适宜断奶的基本依据是体重而非日龄，如达到 5~7 kg 则可以断奶。但由于猪品种的差异、饲养管理、母猪个体大小、产仔数等原因，即使相同品种、相同日龄的仔猪体重也有差异。因此，应根据 SEW 技术的要求，在抗体还存在时，应使仔猪学会采食吃料，并使体重尽可能大。因为适宜的断奶日龄是建立在消化道发育情况良好和完善的配套饲养管理技术基础之上，而且仔猪断奶前的补料可增加断奶窝重和充分发挥后续潜在的生产性能。此外，保育舍对断奶仔猪必须实施全进全出制，以防止外来病源感染本场猪群。

二、SEW 技术的机理

（一）母猪产前免疫

实施 SEW 饲养法必须对母猪产前 20 d 左右注射疫苗，强化免疫，以获取高滴度的初源母乳抗体，同时进行免疫监测。母猪产前进行了有效的免疫，其体内对一些疾病的免疫机能可传给胎儿；再加上仔猪自身的免疫机能，在 21 日龄以前，即在仔猪从母体获得的免疫机能尚未完全消失以前，即将仔猪从母体处转移到隔离条件良好的保育仔猪舍内饲养，加上高质量的保育饲料，促使仔猪生长代谢旺盛，因此生长迅速。

（二）科学的仔猪配合饲料

由于动物营养学的进展，实施 SEW 技术已对仔猪营养的需要有了比较清楚的了解，加上优质蛋白质饲料原料及营养调控措施的应用，所以仔猪 10 日龄以后所需要的饲料，已得到解决和应用，仔猪能非常良好地吸收饲料中的营养，保证其快速生长。

（三）仔猪断奶应激小

SEW 方法对仔猪断奶的应激比常规方法要小。仔猪在常规 28 d 断奶后，往往出现 7~10 的断奶后生长停滞时期，虽然在以后生长中有可能代偿，但终究有很大影响。然而 SEW 方法基本上没有或较少有断奶应激，因而对仔猪的生长发育没有影响，保证了仔猪保育时期的生长速度。

（四）仔猪保育舍隔离条件较高

SEW 方法对保育仔猪舍的隔离条件要求很严，减少了疾病对仔猪的干扰和侵袭，保证了仔猪的生长和环境条件。

三、SEW 技术的优点

（一）SEW 技术可防止母猪某些疾病垂直感染仔猪

SEW 技术是一种用来断绝病原由母猪传染给仔猪的管理手段，其中起关键作用的是母仔的适时分离，在仔猪由母源抗体获得的免疫力还很高时将其由母猪处移走，可大大减少仔猪由母猪处感染疾病的可能。其因是母猪初乳中可以获得被动免疫能力。这种母源性被动免疫在 2~3 周龄前能对疾病的抵抗力有重要作用。如果仔猪在被动免疫有效期内断奶，再移到一个无特定病原微生物的清洁环境中，即可有效地控制仔猪疾病感染，再通过生物制剂疫苗预防注射、消毒隔离、药物预防等综合措施控制猪群传染性疾病，仔猪早期断奶隔离饲养与常规饲养疫病情况比较见表 5-2。从表 5-2 可知，隔离饲养后疫病发生情况发生了变化，蓝耳病、圆环病毒病、猪伪狂犬病、气喘病的阳性率分别下降了 28.1%、43.7%、7.8%、22%，仔猪断奶及猪群腹泻率下降了 26%。由此证明，仔猪的母源被动免疫力可预防固有病原微生物的垂直传播。SEW 技术可减少许多病原体，并针对一定的疾病提出了适合的断奶日龄，但仔猪的具体断奶日龄依需要隔离的病原种类而定，采用 SEW 法可能排除的猪病见表 5-2 所示。由此可见，提早断奶可提高成功排除这些病原体的几率。因此，实施 SEW 技术对猪病特别是慢性疾病的控制、净化极有好处。

表 5-2 仔猪早期断奶隔离饲养与常规饲养疫病情况比较（%）

群别	蓝耳病 阳性率	圆环病毒病 阳性率	猪伪狂犬病 阳性率	气喘病 阳性率	断奶及混群 腹泻率
早期断奶	18.6	21.6	0	6	4
常规饲养	46.7	65.3	7.8	28	30

（二）SEW 技术可提高仔猪的生产性能

实施 SEW 技术断奶的仔猪能自由采食营养水平较高的全价配合饲料，获得符合本身生长发育所需的各种营养物质，加上在人为控制的环境中饲养，可促进断奶仔猪的生长发育。SEW 技术能显著提高仔猪生长性能，改善饲料利用率，增加仔猪的采食量。VanKessel 等（1997）研究表明，12 日龄 SEW 的仔猪 56 日龄体重（26.24 kg）显著高于 21 日龄断奶并在原场饲养的仔猪（体重 21.54 kg）。曾宪荣（2010）报道，九鼎技术中心在试验基地比较了 SEW 和常规断奶两种不同管理体系下仔猪断奶后的生产性能。SEW 模式饲喂的仔猪 14 日龄断奶，饲喂九鼎自行研制的超早期断奶仔猪专用料（SDB 系列）直至 26 日龄，在 27~42、42~60 日龄分别饲喂九鼎断奶料（SDB 系列）、保育料（SDB 系列）。60 日龄时，通过 SEW 模式饲喂的仔猪高出 18%~20%，常规断奶仔猪的平均日增重和饲料利用率均不如 SEW 模式下的仔猪。

（三）提高了母猪的年生产力

母猪的繁殖周期包括配种、妊娠、哺乳 3 个阶段，因为母猪的妊娠期恒定（114 d），哺乳期和空怀期可变，也就是说，母猪的年产胎次取决于哺乳期和断奶至配种间隔期。所以，仔猪的早期断奶可缩短哺乳期和产仔间隔，提高母猪产仔猪数，从而提高母猪年产仔总数。假设每头母猪断奶至发情的间隔天数为 7 d，每头母猪每胎产活仔为 10 头，仔猪不同日龄断奶对母猪年生产力影响见表 5-3 所示。从表 5-3 可见，若以 21 d 断奶与 35 d 断奶比较，以每胎提供 10 头仔猪计算，即每头母猪通过提早断奶可多产 2.3 头仔猪。以目前一条万头生产线 600 头母猪计算，由原来的 35 d 提早到 21 d 断奶，年可多产仔猪 1 380 头。

表 5-3 仔猪不同断奶日龄对母猪年生产力的影响

仔猪断奶日龄（d）	15	21	28	35	45
母猪繁殖周期（d）	136	142	149	156	166
母猪年产胎数（胎）	2.68	2.57	2.45	2.34	2.2
母猪年产仔猪数（头）	26.8	25.7	24.5	23.4	22

（四）降低了仔猪的生产成本

仔猪的生产成本包括母猪的生产成本，母猪的年产仔猪数越多，每头仔猪的成本就越低。早期断奶能增加母猪产仔数，因而可降低仔猪的生产成本，即每头母猪的经济效益也随之增加。不同断奶日龄造成仔猪成本上有一定的差异。从表 5-4 可见，仔猪 21 d 断奶和 45 d 断奶相比，每产 1 头仔猪饲料消耗之差为 7.858 g。若以一个万头猪场计，断奶时间由 45 d 改为 21 d，每年可节约饲料 78.5 t。

表 5-4　仔猪不同断奶日龄造成仔猪成本上的差异比较

仔猪断奶日龄（d）	21	28	35	45
每头母猪耗饲料（kg）	1 200	1 200	1 200	1 200
每头母猪年提供仔猪数（头）	25.7	24.5	23.4	22
仔猪出生摊销母猪饲料（kg）	46.70	49.00	51.30	54.55
每头仔猪节省饲料（kg）	7.85	5.55	3.25	0.00
万头猪场年节省饲料（t）	78.5	55.5	32.5	0.00

（五）提高分娩猪舍和设备利用率

集约化养猪场实行仔猪早期断奶，可缩短哺乳母猪占用产房的时间，加快猪群周转，提高分娩猪舍以及其他设备的利用。若产床利用批次 = 365 d/（哺乳期+空怀消毒期+待产期 7 d），母猪年提供商品仔猪数以 9 头/胎计算，不同断奶日龄栏舍的周转利用率见表 5-5 所示。仔猪早期断奶因缩短了哺乳母猪占用产仔栏的时间，从而提高每个产仔栏的年产仔窝数的断奶仔猪头数，相应降低了生产 1 头断奶仔猪的产栏设备的生产成本。

表 5-5　不同断奶日龄栏舍的周转利用率

断奶日龄（d）	14	21	28	35	45
利用批次/产床（年）	13	10.4	8.7	7.4	6.2
产商品猪/产床（年）	117	94	78.3	66.6	55.8
提高比值（%）	101	68	40	19	0

（六）SEW 法比传统饲养法和全进全出法能提高猪场综合效益

SEW 作为一种新的仔猪饲养模式，由于其具有众多优点而在国外养猪生产中得到推广和应用，它既防止一些特定传染病，又使生产水平有了很大的提高，综合经济效益高。它不仅提高猪群的健康水平和生长肥育猪的生产成绩，还将因提前断奶减少母猪的掉膘损失，从而减少母猪的淘汰与断奶后乏情造成的损失，对于新母猪场意义尤为重大。尤其是 SEW 饲养模式比传统饲养法更能提高猪场综合效益。传统饲养法、全进全出法与 SEW 法生产成绩比较见表 5-6，日本某猪场的试验也说明了用 SEW 方法养猪的优点，见表 5-7。

表 5-6　传统饲养法、全进全出法与 SEW 法生产成绩比较

项　目		传统饲养法	全进全出法	SEW 法
繁殖成绩	断奶日龄	20	20	17
	年均产仔猪数（日）	2.36	2.36	2.39
	断奶头数（胎）	9	9	9
	年供断奶仔猪数（头）	21.2	21.2	21.48
	一套设备能供断奶仔猪数（头）	117	117	137
	断奶至出栏死亡率（%）	6.5	3.25	2.5
育肥成绩	断奶体重（kg）	5.9	5.9	5.0
	出栏体重（kg）	109	109	109
	日增重（g）	554	631	704
	出栏日龄（d）	207	183	165
	料肉比	3.21	2.99	2.84

注：摘自 ROdney G. Jonson，1995 年第 26 次全美兽医协会（AASP）年度会议材料。

表 5-7　日本某猪场用 SEW 法与常规法的比较

指　标	常规	SEW
断奶日	21	16.5
分娩窝数	2.26	2.44
断奶仔猪/（母猪·年）	20.34	25.38
109 kg 日龄	223	190
饲料报酬	2.84	2.48
全场计算饲料报酬	3.36	2.92

第三节　实施 SEW 方法的综合配套技术措施

　　SEW 法是现代养猪生产中一个革命，它既限制一些特定传染病，又能提高母猪生产潜力，是提高养猪经济效益的有效措施。SEW 可节约母猪饲养成本，提高母猪年产胎次，提高分娩舍利用率，减少仔猪感染母猪病原几率。由于早期断奶打破了仔猪正常的生长进程，处理不好，仔猪会产生应激反应，引起腹泻、生长受阻，甚至死亡。因此，实施 SEW 法必须采取综合配套技术措施。

一、SEW 方法的关键技术措施

（一）母仔健康

　　母猪没有带毒（无猪瘟、伪狂犬病野毒），母猪在妊娠期按程序规范免疫后，对一些特

定的疾病产生抗体，通过初乳将免疫力传递给仔猪。初生仔猪必须吃到初乳，从初乳中获得必要的抗体。仔猪按常规免疫，产生并增强自身免疫能力。

（二）仔猪早期隔离断奶的最佳日龄确定

断奶日龄主要根据所需消灭的疾病及饲养单位的技术水平而确定（实施 SEW 技术时消除病源菌影响的最晚断奶日龄见表 5-1），一般 16~18 日龄断奶较好。也有学者提出，在国内规模养猪场现有技术和条件下，母猪产后不早于 3 周龄，仔猪满 3 周龄时，体重不低于 5 kg、生长发育正常的仔猪为最佳断奶日龄，不会给断奶后的人工培育带来困难。由于不同猪种及饲养管理水平的高低，生产中断奶时间应根据母猪抗体的有效时间、猪群健康情况、需阻断疫病种类等具体情况来安排较为适宜。

（三）推行多点式隔离分段饲养

实施 SEW 技术的目的主要是为了减少仔猪与母猪的接触时间，仔猪出生后 10~20 d，特定疾病的抗体在仔猪体内消失以前，就将仔猪断奶后移到清净并有良好隔离条件的保育舍。保育舍实行全进全出制度，与其他猪群有效隔离。为保证早期隔离断奶的仔猪远离母猪繁殖场，杜绝断奶后的仔猪与母猪的任何接触，将母猪的繁殖、分娩、哺乳和仔猪的保育分别安排在不同的 2 个或 3 个相对隔离区内饲养（即繁殖猪饲养在一个区，保育猪和育肥猪饲养在另一个区，或者繁殖、保育、育肥各一区），各区之间保持 0.5 km 以上的距离（有条件的最好保持 3 km 间隔）。这样断奶后的仔猪被转移到干净的新环境，与繁殖场完全不接触，减少了母猪将疾病垂直传播给仔猪的机会，同时又有效地阻止了各场之间的车辆、人员、工具与设备的交换，最大限度地避免了交叉感染，达到了控制多种疾病和传染病的发生，提高仔猪健康状况，降低药物消耗和药物残留。

SEW 对断奶仔猪饲养管理的生产技术有两点式、三点式和多点式三种生产方式，这些技术的一步步改进是随着对 SEW 技术深入研究而得到发展的，对养猪生产效率的提高起到了巨大的推动作用。两点式生产技术是种猪与哺乳仔猪在一个地方，保育仔猪和生长育肥猪在另一个地方，这种生产方式比较简单；而三点式生产方式是在两点式基础上，还要求保育仔猪和生长育肥猪需隔离饲养，"两点式"与"三点式"生产工艺见图 5-1。随着以两点式和三点式技术研究的深入，一种更为安全的生产方式即多点式生产方式出现。多点式生产方式要求不同年龄、不同批次的仔猪施行互相隔离保育和育肥，同时，当同一圈舍进入的不同批次的猪时，必须对圈舍进行彻底地杀菌消毒，且不同批次的猪不同舍饲养。由于这种方法对阻断疾病更为稳妥，被许多专业猪场采用。其因是在欧美等许多国家，一贯赞同猪场自繁自养，在一个猪场完成全部养猪生产过程。但是，一个新猪场在几年后就会出现存在于猪场的许多顽固性疾病，这给生产管理带来诸多困难，由于这种原因，他们主张比两点式或三点

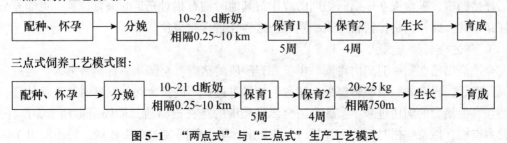

图 5-1　"两点式"与"三点式"生产工艺模式

式更安全有效的多点式生产方式。只是多点式生产投资要求多，技术比前两种方式要求更为严格。目前，多点式早期断奶隔离饲养模式其先进性和优势已逐渐得到养猪界的认同。但对于多点式生产中就猪场间距尚无统一定理，如正大集团推荐三点生产中场间距为5~10 km。国外有人报道，断奶仔猪与母猪群的饲养距离至少应在900 m。美国兽医学会建议为防止不同的疾病要有不同的安全距离（表5-8）。

表5-8　美国兽医学会建议防止疾病传染的安全距离

疾　病	防止疾病传染的安全距离（km）
猪流感	5.0~7.0
支原体肺炎	3.5
繁殖呼吸系统综合征	3.5
口蹄疫	42.0
伪狂犬病	42.0
传染性胃肠炎（通过鸟传染）	70.0
Strepsuis（通过苍蝇传染）	2.0

（四）科学的饲养管理方法

1. 良好的猪舍设施和环境条件

（1）控制保育舍温度　早期隔离断奶仔猪，仔猪体重小，采食量不多，活动量不大，在断奶后3~5 d内能量呈负平衡。如果保育舍温度达不到要求，仔猪很容易发生腹泻等疾病。仔猪刚断奶时一定要保持较高的舍内温度（30 ℃），昼夜温差不超过3 ℃，而且在断奶仔猪转入之前，必须对保育舍预温，达到28~30 ℃以上，断奶1周后每周逐渐下降2 ℃。因此，保育栏内应设置保温控制设施，能够对栏舍温度进行随意控制调节，保持保育舍的温度在26~28 ℃，满足仔猪生长发育对温度的需求。

（2）使用全漏缝离地高床保育栏　仔猪喜欢比较干燥清洁的床面，如果床面被污染或积留较多的脏物，会影响仔猪的生长发育，还影响舍内空气。全漏缝离地高床保育栏粪便排泄畅通，冲洗清扫方便，不易积污，可为早期断奶仔猪的保育营造舒适的环境。

（3）适宜的饲养密度　在保育舍设计上尽量为仔猪营造舒适的生长条件。一般每个保育栏4~6 m²（每头仔猪占栏0.3~0.45 m²），做到每窝仔猪1栏（即1栏1窝），最大限度地满足仔猪对环境条件的需求。

2. 使用采食板诱食和饲槽采食

在开食及仔猪不会大量吃料时，要将饲料放在板上引诱仔猪采食，一直到仔猪会采食时再用仔猪饲槽。采食板在早期断奶期的应用与其他时期有相对充足的采食位置，更能充分引诱仔猪采食。此外，将仔猪料压成小颗粒，这样仔猪喜欢采食。

3. 全进全出管理模式

全进全出指在同一时间内将同一生长发育阶段的猪群，全部从一栋猪舍移入，经过一段时间饲养后，再在同一时间转至另一猪舍。这样可避免不同猪舍间猪混群时的疾病传播，还可防止其他猪舍的病传进来。实施全进全出最关键的是在进猪前，彻底消毒和干燥产仔房、保育室空栏，保持空栏时间2 d以上。全进全出，猪舍每间装100头仔猪，每小间以18~20

头仔猪饲养。保育舍隔离、防疫消毒及通风换气条件一定要良好，并保证仔猪饮水清洁、充足。仔猪在运输途中，运输车也必须有隔离条件。

4. 营养与合理的阶段饲喂策略

超早断奶的仔猪会产生心理、环境和营养的应激反应，引发仔猪早期断奶综合征，其主要表现为食欲差、消化功能紊乱、腹泻、生长迟滞及饲料利用率低等症状。没有优质的饲料供应与合适的饲喂策略很难成功实施超早期断奶。只有选用优质全价的饲料，采取三阶段饲喂体系，保证仔猪良好地消化吸收仔猪中的营养成分，保证仔猪快速生长又不至于发生营养性腹泻，免疫系统正常有效运作，才能达到预期的目标。

（1）仔猪三阶段的划分和饲喂料型　第一阶段：5~21 日龄（体重 5.5 kg），采用高营养浓度日粮饲喂（以高质量的蛋白和乳制品为主要成分，蛋白质 20%~22%，赖氨酸 1.5%~1.6%）；第二阶段：21~42 日龄（体重 5.5~10.5 kg），此阶段喂过渡日粮（营养浓度稍低，以优质鱼粉、喷雾干燥血粉、脱脂奶粉、乳清粉等为主要成分，蛋白质 18%~20%，赖氨酸 1.25%~1.30%）；第三阶段：42~63 日龄（10.5~23.5 kg），采用以玉米、豆粕为主要成分配制日粮，将适口性好、价格昂贵的饲料原料撤出，以降低饲料成本。

（2）饲喂程度　仔猪 5~21 日龄的开食料由 2/3 教槽料和 1/3 的断奶料混合饲喂，21 日龄由教槽料逐渐过渡到断奶料，42 日龄由断奶料过渡到保育料。

（五）科学的免疫程序

根据流行病学特点，结合临床病理和血清学检查等手段，摸清猪场和周围疾病种类及危害程度，再根据猪场实际和需要以及可能情况，分析确定净化疫病对象，并使用疫苗对母猪免疫，提高母猪抗体水平。对我国规模猪场来讲，重点做好猪瘟、气喘病、伪狂犬病、细小病毒病等多种传染病作为疫病净化对象，对场内母猪免疫，提高早期隔离断奶仔猪在 21 日龄断奶前的抗体水平和抵抗力，以达到净化和控制多种传染病的目的。

二、实施 SEW 技术时对仔猪的营养与饲料要求

（一）早期隔离断奶仔猪的营养方案

1. 早期隔离断奶仔猪各阶段日粮营养水平要求

采用 SEW 方法对断奶仔猪的饲料要求较高，仔猪料要分成 3 个阶段（体重低于 5 kg 的仔猪应用 4 阶段）。第一阶段为教槽料及断奶后 1 周，第二阶段为断奶后 2~3 周，第三阶段为 4~6 周。第一阶段粗蛋白 20%~22%，赖氨酸 1.38%，消化能 15.4 MJ/kg；第二阶段粗蛋白 20%，赖氨酸 1.35%，消化能 15.02 MJ/kg；第三阶段蛋白质水平与第二阶段相同，消化能为 14.56 MJ/kg。3 个阶段的差异主要是蛋白质饲料原料有所不同，第一阶段必需饲喂血清粉和血浆粉，第二阶段不需饲喂血清粉，第三阶段仅需饲喂乳清粉。早期隔离断奶仔猪日粮应具有高营养浓度、适口性好和易消化等特点，这样才能促使断奶后仔猪充分采食，减少机体脂肪储备的动用，提供机体合成蛋白质所需的能量，从而降低应激而提高生长速度。为此，在配合断奶初期日粮时的主要目标按其重要性次序为：一是日粮成分的选择要有利于促进仔猪采食；二是提供足量的、具有高利用率且有适当比率的各种氨基酸；三是使得仔猪为利用以后较为廉价的日粮做好准备。所以设计科学合理的阶段饲喂方案，是饲养早期隔离断奶仔猪又一项重要的技术措施，其作用是在将仔猪从断奶饲养到 23 kg 这一过程中，保证其足够的采食量，同时又能保持最低的饲料成本支出。表 5-9 为 SEW 仔猪饲粮营养水平。

表 5-9 SEW 仔猪各阶段日粮的推荐营养水平

项　目	不同阶段日粮				
	断奶初期	过渡期	阶段 I	阶段 II	阶段 III
赖氨酸（%）	1.7~1.8	1.5~1.6	1.5~1.6	1.3~1.4	1.15~1.30
脂肪（%）	6	3~5	5	3~5	3~5
蛋氨酸（%）	0.48~0.50	0.38~0.43	0.38~0.43	0.36~0.38	0.32~0.36
乳糖或代乳糖（%）	18~25	15~20	15~25	6~8	
豆粕（%）	10~15	—	15		
喷雾干燥猪血浆粉（%）	6~8	2~3	6~8		
喷雾干燥血粉或优质鱼粉（%）	1~2, 3~6	2~3, 2~3	0~3, 0~3	2~3, 3~5	
氧化锌（mg/kg）	3 000	3 000	3 000	3 000	3 000
硫酸铜（mg/kg）	—				125~250
日粮形态	颗粒饲料	颗粒或粉料	颗粒饲料	粉料	—

注：断奶初期、过渡期、阶段 I 以玉米为基础（或更合算的谷物）；阶段 II、阶段 III 以谷类加豆粕为基础。

资料来源：徐奇才等《早期隔离仔猪时营养与饲料》，2005。

2. 早期隔离断奶仔猪氨基酸模式与需要

SEW 向营养学家提出了新的挑战，应设计新的饲养方案来适应仅达 2~3 周龄就在新的场址断奶的仔猪的营养要求，直到体重达到 25 kg。营养学家们认识到，为充分发挥因健康改善而带来的好处，SEW 仔猪应饲喂与传统断奶仔猪不同的日粮，而且 SEW 仔猪提高了蛋白质沉积的潜力，日粮氨基酸需求应与日蛋白质沉积紧密相关。一头猪沉积了更多的蛋白质，它将需要更多的原材料（氨基酸）来支持这种生产。早期断奶仔猪的限制性氨基酸是赖氨酸，研究表明，仔猪生长率和饲料效率随日粮赖氨酸水平提高而提高。赖氨酸是猪的第一限制性氨基酸，一直受到营养学家们重视。Williahs（1994）报道，体重 4.5~6 kg 最大生长率的赖氨酸需求是 1.2%（占日粮），20~27 kg 是 0.9%。SEW 猪，6~9 kg 需求 1.8% 赖氨酸；11~23 kg 是 1.5%，23~27 kg 是 1.2%。Owen 等（1995）证实 7 kg 时 SEW 仔猪为满足最大生长至少需 1.65% 赖氨酸。Dwen 等（1995）认为 SEW 猪 18~34 kg 阶段总赖氨酸需求 1.25%~1.37%，该数值比同体重传统猪认为的需求要高。1996 年美国堪萨斯州立大学首次报道，体重不足 5 kg 的仔猪断奶时需要的赖氨酸水平应超过 1.4%，这已为美国标准保育日粮的营养数据证实。这些研究结果能获得两个重要结论：SEW 猪在生长早期需要的日粮赖氨酸高；确定体重高度健康猪的赖氨酸需求（占日粮百分比）比传统猪需要高。日粮中，蛋氨酸的浓度必须与赖氨酸浓度保持适应的比率，才能保证仔猪的最佳生产性能，4~15 kg 生产阶段仔猪的日粮中蛋氨酸与赖氨酸比率为 27.5% 时，仔猪可表现最佳的生产性能（Owen 等，1995）。

近些年来的研究集中在早期断奶仔猪对苏氨酸和异亮氨酸的需要量，分别为早期隔离断奶仔猪日粮的第三和第四限制性氨基酸。Bergstrom 等（1996）发现 5~8 kg 体重早期隔离断奶仔猪日粮中理想的表观苏氨酸与赖氨酸比率不高于 45%，但在 10~20 kg 重的仔猪大约要提高到 55%。此结果与 Chung 和 Baker（1992）提出的日粮总苏氨酸与赖氨酸比率 65%（表观可消化苏氨酸与赖氨酸比率为 58%）基本一致。Bergstorm 等（1996）报道，将日粮可消化赖氨酸含量从 1.15% 提高到 1.50%，改善了早期隔离断奶仔猪的生长率和饲料利用率，然而，当苏氨酸与赖氨酸比率由 50% 提高到 75%，并未改善早期隔离断奶仔猪的生产性能。有关早期断奶仔猪对异亮氨酸需要量的研究比较少，Bergstrom 等（1996）报道，对于 5~20 kg 体重早期隔离断奶的仔猪来说，适宜的表观可消化异亮氨酸与赖氨酸比率不高于 50%。谷氨酸一般不被认为是猪的必需氨基酸，但最近几年也引起人们的关注。断奶仔猪肠萎缩与缺乏肠酶解物和分解应激有关，谷氨酸不仅是肠上皮细胞的主要呼吸作用底物，而且能提供于核酸合成的酰胺氮。断奶使得主要的谷氨酸源–母乳不复存在，并且此时采食量较小，造成外源性谷氨酸减少。Avondrinde 等（1995）报道，断奶与哺乳仔猪相比，血浆谷氨酸和谷氨酰胺浓度显著降低，这表明仅有内源性谷氨酸不能维持血浆水平。因此断奶时供给仔猪少量谷氨酸可以维持仔猪肠上皮细胞的完整性，减少早期断奶仔猪的肠萎缩发病率。在奶替代品中添加谷氨酸可以增加仔猪小肠绒毛高度降低隐窝深度，所以有人建议把谷氨酸视为断奶仔猪的条件性必需氨基酸。

早期隔离断奶的目标之一是最大限度地提高瘦肉生长率，所以许多研究都集中在蛋白质和氨基酸方面。在日粮配合过程中，其他必需氨基酸的水平通常是按其与赖氨酸的相对比率来确定。因此，只要确定了日粮赖氨酸的浓度，日粮中其他氨基酸的浓度可依据其相对于赖氨酸浓度的比率而逐一计算出来。因为目前还缺乏仔猪对许多种氨基酸需要量的准确数据，而以赖氨酸为标准就简化了日粮的配合。由于 SEW 与传统养猪情况相比，因其健康程度高，其吸收的氨基酸应用于沉积的比例高，而用于维持需求的比例低，它们的蛋白沉积的模式不同于维持模式，比如赖氨酸用于生长的需求高，用于维持的需求低，胱氨酸与苏氨酸用于维持高生长需求。因此，为使 SEW 仔猪机体蛋白质沉积潜能得以最大程度发挥，SEW 的营养配方中赖氨酸应增高，而且其他氨基酸必须保持与赖氨酸的适当比例，才能获得最佳生产性能。早期断奶仔猪与成猪的理想蛋白质模型不同，Nelsse（1995）建议的隔离早期断奶仔猪氨基酸需求量见表 5-10。

表 5-10　隔离早期断奶仔猪氨基酸需求量

氨基酸	含量（与赖氨酸的百分比）
赖氨酸	100
蛋氨酸	27.5
色氨酸	18.0
苏氨酸	65.0
异亮氨基酸	60.0
蛋氨酸+胱氨酸	55.0

（二）早期隔离断奶仔猪营养与饲料

1. 早期隔离断奶仔猪蛋白质营养

蛋白质的消化率、适口性、氨基酸平衡是配合早期断奶仔猪日粮需要考虑的因素。由于

SEW 仔猪失去来自母源抗体的保护，常发生下痢，因此，要人为地在日粮中加入免疫球蛋白，保护其肠道，缓解仔猪由于突然断奶而引起的过敏反应。猪血浆蛋白粉、脱脂奶粉、乳清蛋白提取物、鱼粉、喷雾干燥血粉、豆粕和深加工豆制品均是早期断奶仔猪的主要蛋白质源。直到现在养猪营养学家们还公认脱脂奶粉是早期断奶仔猪饲粮的必需成分，因为它能为断奶仔猪提供高质量的蛋白和乳糖。猪血浆蛋白粉也是唯一被认为是早期断奶仔猪所必需的蛋白质源。虽然血浆粉价格昂贵，但是它对于促使刚断奶仔猪充分采食非常必要。猪血浆蛋白粉能显著提高仔猪采食量和增重速度，其蛋白含量高，氨基酸组成特点是赖氨酸含量高，只是相对缺乏蛋氨酸。在猪血浆蛋白粉应用方面，Dritz 等（1995）比较了简单、一般和复杂的 SEW 日粮效果，结果发现饲喂由玉米、豆粕、乳清粉组成的简单日粮，仔猪平均日增重和饲料转化率最低，而由玉米、挤喷大豆浓缩蛋白、乳糖、鱼粉、血浆蛋白、喷雾干燥血粉等组成的复杂日粮，猪的生长速度和饲料利用率最高。在这个试验中证明了血浆蛋白粉、喷雾干燥血粉对超早期断奶仔猪相当的有效。猪血浆蛋白粉在断奶仔猪上效果突出，有两种解释：一种是猪血浆蛋白粉免疫球蛋白含量高（22%），能直接为仔猪提供免疫球蛋白。这种观点已被 Pierce（1995）证实；另一种认为血浆蛋白粉适口性好，可刺激仔猪采食。Weaver（1995）总结 29 个试验结果，认为血浆蛋白粉可提高平均日增重 39%，平均日采食量提高 32%，料肉比改善 5.4%。有关血浆蛋白粉的最佳添加比例报道不一。Catanau（1990）等认为，添加 6% 的血浆蛋白粉即可获得最佳生长性能，Dritz 等（1994）试验，将断奶初期仔猪日粮中的血浆蛋白粉水平从 5% 增加到 15%，仔猪的生长速度呈直线提高；而 Kelly（1991）则认为，在 0~10% 添加范围内，仔猪生长性能随血浆蛋白粉的添加比例呈线性增加。多数动物营养学家认为在断奶初期仔猪日粮中以 5%~10% 的比率添加血浆粉为宜。血浆蛋白粉蛋氨酸和异亮氨酸含量低，因此应注意补充。

大豆蛋白的种类及其在断奶初期仔猪日粮中添加比例是养猪营养学专家争论的问题。争论的重点是因为大豆蛋白能引起免疫介导的病原反应，从而导致仔猪生长缓慢。一些营养专家认为，仔猪断奶后初期的日粮中不应使用大豆粕，以免仔猪对其中含有的蛋白质抗原产生 DTH（迟发性）变态反应。但多数研究者认为，建立对大豆蛋白口服免疫耐受性的理想时间是在仔猪断奶之前。然而，实施 SEW 技术时，很难让仔猪在哺乳期采食足够的大豆蛋白来产生这种免疫耐受性。主张在仔猪断奶后初期日粮中不采用大豆粕的营养专家，通过用深加工的大豆蛋白制品来取代大豆粕，如浓缩大豆蛋白、离析大豆蛋白或挤压膨化的浓缩大豆蛋白。对于早期断奶的仔猪来说，目前还没有找到大豆蛋白源的适当加工方法及其在日粮中合适的添加水平。常将在断奶初期日粮中添加少量大豆粕（10%~15%）作为使幼小仔猪较快适应大豆蛋白的手段。营养专家认为，在幼小仔猪的日粮中逐步提高大豆粕的用量，可使仔猪较快克服对大豆蛋白的过敏，从而不至于影响生产性能。与仔猪延迟适应大豆粕相比，这种方法较大幅度地降低了饲养费用。Friesen 等（1993）指出，将仔猪采食含有大豆粕日粮的时间推迟到断奶 14 d，只是推迟了其受 DTH 变态反应的时间。事实上，从仔猪断奶后0~35 d 期间总的生长性能来看，仔猪刚一断奶后就立即接触大豆蛋白优于断奶后 14 d 才接触大豆粕的仔猪。研究表明，仔猪较早采食大豆蛋白是有益的。因此，在制定断奶初期仔猪日粮配方时，必须考虑到对后期生长的影响。

2. 早期隔离断奶仔猪脂肪营养

由于 SEW 非常规断奶，饲养管理的尽可能完善都不能消除仔猪的断奶应激现象。应激导致仔猪采食量少、消化紊乱等症状，这使得仔猪对能量的吸收不能满足生长需求。HerPin

等研究表明，仔猪需 2 周左右的时间才能恢复到未断奶前的采食水平。我国学者张振斌（1998）研究认为，至少 2 周时间才能恢复到或超过同龄哺乳仔猪对消化酶的吸收能力。由于断奶初期饲养好坏对后续育肥至关重要，如果由于生长缓慢或其他疾病导致育肥期时体重较少，将影响育肥猪的生产性能。所以针对 SEW 仔猪采食量少、普通饲料含能低的情况，需向日粮中配比优质高能饲料来满足仔猪的特殊需求。为了增加能量，一般在断奶仔猪日粮中加入脂肪。但越来越多的报道显示这种做法会降低生产性能，尽管在断奶几周后用高脂日粮可以普遍提高生产性能，但大多研究者认为，断奶后第 1 周内添加脂肪的效果甚微，甚至相反。早期断奶两周内仔猪日粮中添加脂肪效果低的原因有两方面：其一，仔猪胰腺发育不成熟，胰酶分泌力弱、活性低。据 Owsley（1986）报道，27 日龄仔猪的胰腺重为 765 g，只及 56 日龄 3 028 g 的 1/4。又据 Iindemann（1986）报道，仔猪 3 周龄时脂肪酶活性只有 15 421 活性单位，而 1 周后（28 日龄），脂肪酶活性就达到 48 756 活性单位，相对于淀粉酶、胰凝乳蛋白酶、胰蛋白酶，脂肪酶活性在仔猪 3~4 周龄间的差距最大，这说明早期断奶仔猪脂肪酶的分泌远远不够，直接影响了对脂肪的分解。日粮脂类进入十二指肠与大量胰液和胆汁混合后，在肠的蠕动下乳化，使胰脂肪酶在脂-水交界面有更多的接触，才能更充分地分解脂肪。但早期断奶仔猪胆汁分泌不足影响了脂肪的乳化，从而影响了对脂肪的消化、吸收作用。其二，小肠脂肪吸收膜载体利用率低。脂肪进入机体发挥作用的先决条件是可以在肠道内被消化为脂肪酸，并被肠壁吸收，而决定脂肪酸吸收速率的是肠黏膜载体蛋白才能被运转。季芳（1989）发现，仔猪在断奶时脂肪酸结合蛋白的活性会降低，2 周后才逐渐升高，这可能影响断奶 2 周内仔猪对脂肪的吸收。同时，仔猪断奶后 1 周，对植物油和动物油的利用率差别较大，主要是植物油中短链不饱和脂肪较多、消化率高。4 周后两种油脂利用率基本一致，可以选择一些优质脂肪，如优质白色动物油脂、大豆油、玉米油等，作为主要的饲用脂肪源，其中白色动物油脂最为经济，而椰子油是幼小仔猪另一种理想的饲用脂肪源。由于断奶仔猪的自身胆汁分泌不足（胆汁中胆汁酸盐和磷脂是良好的内源乳化剂），导致脂肪不能充分乳化，所以以早期断奶仔猪日粮中添加乳化剂-卵磷脂非常有必要。尽管早期断奶仔猪脂肪利用率较低，但为了更好地制粒和减少粉尘，一般来说，断奶仔猪日粮中脂肪添加量不超过 6%，卵磷脂供给量为脂肪的 10% 较适宜。

3. 早期隔离断奶仔猪碳水化合物营养

碳水化合物营养主要着重单一碳水化合物如乳糖在仔猪中的应用，而复杂碳水化合物如淀粉则效果不理想。乳清粉和乳糖在早期断奶仔猪上应用较多。乳清粉是乳糖和优质蛋白质来源，使用乳清粉需要注意的是其盐分含量较高。Shurson（1995）推荐 SEW（猪体重 2.2~5.0 kg）日粮中添加 15%~30% 乳清粉，过渡期（5.0~7.0 kg）日粮中添加 10%~20% 乳清粉，第二阶段（7.0~11.0 kg）添加 10% 乳清粉。乳糖价格较乳清粉便宜，推荐其在 SEW 日粮中添加 18%~25%，过渡期添加 15%~20%，第二阶段为 10%。

最近几年一些较复杂碳水化合物也在早期断奶仔猪日粮中应用。据报道，甘露寡糖和果寡糖可抑制一些特殊病原菌占据肠道。Russell 等（1996）在 28 日龄断奶仔猪日粮中添加 0.1 g/d 果寡糖，可提高增重和改善饲料效率。有研究表明，果寡糖和半乳聚糖可减少 7 日龄仔猪受大肠杆菌侵袭造成的腹泻。Dritz 等（1995）报道，在日粮中添加 0.025% 的 β-葡聚糖可改善断奶仔猪生长性能和提高链球菌感染后的成活率。

研究表明，断奶仔猪日粮中含有适量的高抗性的非淀粉多糖可防止消化障碍，有益于胃肠道后段适应消化功能。适量纤维供给大肠菌群发酵的底物，会降低结肠中氨的形成，可减少腹泻。因此，适当提高日粮粗纤维的水平可减缓仔猪断奶后腹泻。由于断奶仔猪胃肠蠕动机能弱，为加快排空速度，饲粮中有一定的粗纤维是必要的。饲粮中有一定的粗纤维，可降低日粮养分浓度和提高饱腹感，使养分摄入量与仔猪的消化能力平衡，并可促进胃肠蠕动和食糜流动，增加大肠杆菌及其毒素的排出，提高粪便成形度，减低腹泻的严重程度。

4. 早期隔离断奶仔猪矿物质营养

早期断奶仔猪矿物质营养主要在高剂量铜和氧化锌的研究上。早期断奶仔猪矿物质营养研究的热点是药理水平锌的应用。研究表明，高锌（2 000~4 000 mg/kg 氧化锌）可提高早期断奶仔猪的生长率。Carlson 等（1997）认为，保育期仔猪至少头两周必须用高锌日粮。虽然研究证明 3 000 mg/kg 氧化锌对促进断奶初期仔猪生长的效果比硫酸铜好，但添加促生长水平的氧化锌和硫酸铜之间具有一种相互作用。与空白对照组相比，日粮中添加氧化锌能促进仔猪生长，但若与添加 250 mg/kg 硫酸铜相比，则未见更好的效果。高铜（125~250 mg/kg）也能刺激早期断奶仔猪的生长。Cromwell（1991）报道，250 mg 的铜提高乳猪增重 24%、饲料效率 9%。高剂量铜在仔猪利用油脂方面也起积极作用，Dove（1992）试验表明，仔猪断奶后 1~14 d 和 1~28 d，对于日增重存在铜与脂肪的互作效应，250 mg/kg 铜与2.5%~5%动物脂肪结合，提高了仔猪断奶后 4 周内日增重。铜对脂肪利用效果的促进作用具体表现在提高脂肪的消化率。有研究表明，高铜能提高仔猪小肠中脂肪酶和卵磷脂酶 A的活性，250 mg/kg 铜使仔猪小肠中脂肪酶活性提高了 20.98%。

（三）营养性添加剂的使用及饲料加工要求

针对 SEW 仔猪消化道特点：断奶后短期内仔猪消化道发育受抑制，酶活性降低，胃酸分泌较少，pH 值升高，大肠杆菌等有害菌数量增加。因此，可以根据具体情况在日粮中添加寡聚糖、卵黄抗体、酸化剂、酶制剂、抗生素和益生菌等非营养性添加剂，以弥补仔猪内源酶及胃酸的不足，促进日粮蛋白质等养分的消化，促进乳酸菌、酵母菌等有益微生物的繁殖，达到维持肠道微生物环境的平衡，从而避免消化道功能的紊乱。并且可以通过膨化处理饲料原料，以达到熟化和灭菌的作用，或者通过熟化破坏蛋白抗原（大豆球蛋白和半球蛋白）来防止腹泻，以满足 SEW 仔猪消化生理特点，同时还应特别注意所用植物饲料原料用量不能太高。喂挤压日粮有时对仔猪生长很有利，但为 SEW 仔猪提供小直径（2~4 mm）颗粒料或粗屑颗粒料更适宜。

第四节　SEW 技术在中国的试验及实用性评价和问题

一、SEW 技术的实用性评价

SEW 技术近些年在全球已成为研究热点，而且正在改变着整个养猪业的面貌，所以国内外有关这方面的研究报道很多。早在十几年前，已有研究表明，仔猪阶段的生长潜力远未得到发挥，仔猪成活率低、日增重低、饲料报酬差。查寻原因，认为仔猪从母体分娩后所面临的含大量病原菌的环境，构成对仔猪生长最大的威胁，严重妨碍其生长。所以一系列可行性的对策随之产生，以减少环境中的病原菌对仔猪的影响，尽早让仔猪远离母猪舍中病原菌的威胁，而运到环境卫生状况得到严格控制的保育舍去饲养。这样，仔猪的生产性能得到充分发挥，全程日增重提高，饲料报酬改善，减少了每千克增重所需成本。同时，仔猪发病和死亡率大幅度下降，至少 3 种疾病（伪狂犬病、传染性胃肠炎和猪繁殖呼吸综合征等）得以控制，这是 SEW 技术带来的最大益处。母猪早期断奶可使母猪尽快地进入到下一繁殖周期，提高了母猪的利用效率，也提高了设备利用率。由此可见，SEW 方法无疑是养猪生产上一个很好的改革，既可防治特定传染病，又可提高生产水平，经济效益甚佳，这是养猪科学发展的结果。SEW 技术的综合效益已得到养猪业认可，超早断奶技术的应用将是养猪业水平提升的一个里程碑式的标志；SEW 为养猪生产创造了一个新的提高生产水平的途径，它是养猪科学发展的结果，是免疫学、营养学、管理学综合发展的结果。但用这种方法在我们国家农村密集的地方比较难于实现，在北方及南方山区则比较易于实施。但如果早期断奶仔猪饲料解决不好，就不可能实施。此外，保育舍的条件一定要好，否则会得到相反的效果。SEW 方法在我国部分发达省市应用，这对我国养猪业的发展将有非常积极的促进作用。如何立足我国实际，针对现有的早期断奶饲养模式的不足，在充分考虑经济效益的基础上，制订能满足仔猪生长发育的生理特点和营养需要的营养方案，这对改善我国早期断奶仔猪的饲养，提高生产效益具有重要的理论价值和现实意义。

二、SEW 技术在实施中的缺点和问题

SEW 技术作为一种新的仔猪饲养方案，能有效地阻断病原微生物的垂直传播，它既可防治特定传染病，又可提高科学养猪生产水平和经济效益；它不仅提高猪群的健康水平与生长育肥猪的生产成绩，还将因提前断奶减少母猪的掉膘损失，从而减少母猪的淘汰与断奶后乏情造成的损失，对于新母猪场意义尤为重大。可是，SEW 技术在实施时也有一些缺点，即使在养猪发达国家，这些问题也依然困扰着养猪生产。虽然在过去十几年人们对 SEW 的营养学基础进行了大量的研究，但到目前为止仍有许多理论和技术方面的问题值得深入研究。其一，SEW 条件下不同猪种合适的断奶日龄、仔猪的营养需要量、理想氨基酸模式。其二，饲料原料选择的理论依据和饲料原料的开发，即 SEW 技术合理的营养方案。其三，不同饲料添加剂对仔猪生产性能的影响。其四，SEW 条件下母猪的营养方案及对母猪繁殖性能的影响，即 SEW 与母猪繁殖性能的关系。其五，SEW 对育肥期生长性能的影响。其六，SEW 日粮优化配制与"早期断奶综合征"的关系。对我国养猪场来说，主要有三大问题需要解决才能实施 SEW 技术。一是 SEW 仔猪的营养需求极高，这是对营养师的最大挑战，它完全不同于一般的乳猪料，目前我国绝大部分规模猪场还不具备这种条件。二是母猪由于过早断奶，缺乏仔猪吸吮、接触等刺激，母猪的子宫往往没有足够的时间恢复正常机能，所以发情期推迟，下一窝母猪的繁殖力下降。尽管每头母猪每年提供的断奶仔猪数有所提高，但增幅受限。因此一些以生产商品猪的猪场，虽然以自繁自养为主，但母猪繁殖力下降会影响其经济效益，不从长远角度考虑，难以接受这个技术。虽然 SEW 技术对于新母猪场意义尤为重大，但如果资金投入不足，也难以实施。三是 SEW 技术只适合大型规模养猪场，要求母猪舍和保育舍有一定的间隔距离，饲养面积大、占地多、防疫条件要求高，并且对保育舍的环境、设施要求极高，投入资金大，故而实施难度大。然而，养猪生产者可从这种先进养猪方法中，吸收需要的技术，以提高养猪生产水平。

第六章　仔猪常见疾病防治技术

在养猪业中，仔猪饲养的成败是关键；在养猪生产实践中，死亡率高主要在仔猪阶段。在目前的饲养水平中，仔猪阶段的死亡率占整个生长阶段死亡率的85%左右。由此可见，做好仔猪阶段的疾病防治，对于一个规模化猪场而言是一个关键性的技术措施。

第一节　仔猪常见病毒性疾病防治技术

一、猪瘟

猪瘟是由猪瘟病毒引起的一种急性、高度接触性传染病。本病传染性大、发病率和死亡率均高。临床特征为急性型呈败血性变化；慢性型在大肠发生坏死性炎症，特别在回盲口附近常见纽扣状溃疡，故俗称"烂肠瘟"。

（一）病原

猪瘟由黄病毒科瘟病毒属的猪瘟病毒（HCV）引起。HCV只有一个血清型，尽管分离出不少变异株。

（二）流行病学

在自然条件下，只有猪感染发病，任何年龄、品种、性别的猪只都可感染发病。传染来源是病猪和带毒猪，传播途径主要是消化道，食入被污染的饲料或饮水，均能被感染。而病猪死后处理不当，死猪肉上市出售等，是传播本病最重要的因素。本病一年四季均可发生，但在猪场饲养管理不良、猪群拥挤、缺少兽医卫生及猪瘟免疫预防时，常引起本病发生流行。

我国虽然早在20世纪50年代就开展了猪瘟的免疫工作，并有效地控制了典型猪瘟的发生和流行。但是近些年来许多免疫过猪瘟疫苗的猪仍发生猪瘟，并由猪瘟病毒持续性感染所致的温和型（非典型型）猪瘟及繁殖障碍为特征的猪瘟多见，病毒可经过胎盘感染胎儿，早期感染多发生流产、死胎，中期感染可能产出弱子，胎儿出生后表现震颤、皮肤发绀等症状，多在出生后1周内死亡。随着病程延长，仔猪死亡推迟或幸存，即使存活的猪往往也形成持续感染，可终身带毒。

（三）临床症状

潜伏期一般5~6 d，也有长达21 d者。根据病程长短分为最急性、急性、慢性及温和型4种类型。

1. 最急性型

最急性型较为少见，在流行初期可见的主要症状是体温升高和急性型一般症状，突然死亡。

2. 急性型

急性型表现为精神委顿，被毛粗乱，寒颤喜卧，尤喜钻入草堆或较温暖处。体温升高至40.5~42℃，稽留于同一高度直至濒死前开始下降。眼结膜发炎，分泌脓性眼屎，有时将眼睑粘住。初期大便干燥，像算盘珠样，以后拉稀，粪便恶臭，常有黏液或血液。病猪鼻端、耳后、腹部、四肢内侧的皮肤出现大小不等的紫红色斑点，指压不褪色。公猪包皮发炎，阴茎鞘膨胀积尿，用手挤压，可挤出恶臭乳白色浊液。病程大多1~2周，死亡率高。

3. 慢性型

慢性型症状不规则，体温时高时低，甚至长时间不呈体温反应。食欲不良、便秘、腹泻交替出现，间或正常。病猪消瘦，精神委顿，被毛粗乱，后躯无力，行走蹒跚，最后多衰竭而死。病程可拖1个月或更长时间。

4. 温和型

温和型或称非典型猪瘟，是国内近些年来新的表现类型，其特点是病势缓和，病程较长，病状及病变局限且不典型，发病率和死亡率均较低，以仔猪（小猪）发生和死亡为多，大猪一般可耐过。

（四）病理变化

肉眼可见病变为广泛性出血、水肿、变性和坏死。急性型全身淋巴结特别是耳下、支气管部、颈部、肠系膜以及腹股沟等淋巴结肿胀、多汁、充血及出血，外表呈紫黑色，切面如大理石状；肾脏皮质上有针尖至小米状出血点，多者密布如麻雀蛋，呈现所谓的"雀斑肾"；脾脏边缘可见黑红色坏死（出血性梗死）；胃和小肠黏膜出血呈卡他性炎症，大肠的回盲瓣处黏膜上形成特征性的纽扣状溃疡。慢性型（温和型）主要表现为坏死性肠炎，淋巴结呈现水肿状态，轻度出血或不出血，回盲瓣很少有纽扣状溃疡，但有时可见溃疡、坏死病变。

（五）诊断

1. 诊断方法

常以流行特点、症状及病理变化综合判定，作出初步诊断。但由于近些年来急性猪瘟少见，常有温和型病猪出现，呈散发等不典型表现，这就需要经实验室检验后才可作出可靠的诊断和鉴别。此外，仔猪猪瘟和以繁殖障碍为特征的猪瘟，也要经实验室检验，并需与相似症状为主的疫病区别。因此，确诊尚需进行实验室诊断。实验室诊断猪瘟的方法主要有：酶联免疫吸附试验（ELISA）、正向间接血凝、兔体交互免疫试验、免疫荧光试验、琼脂扩散试验。

2. 鉴别诊断

在临床上，猪瘟与猪丹毒、猪肺疫、败血性链球菌病、猪副伤寒、弓形虫病等有许多类似之处，应注意鉴别。

（1）败血性猪丹毒 多发于夏天，病程短，发病率和病死率比猪瘟低。皮肤上的红斑指压褪色，病程较长时，皮肤上有紫红色疹块。体温高，但仍有一定食欲，眼睛清亮有神，步态僵硬。死后剖检，胃和小肠有严重的充血和出血，脾肿大，呈樱桃红色，淋巴结和肾淤血肿大。青霉素治疗有显著疗效。

（2）最急性猪肺疫　气候和饲养条件剧变时多发，发病率和病死率比猪瘟低，咽喉部急性肿胀，呼吸困难，口鼻流泡沫，皮肤蓝紫色，或有少数出血点。剖检时，咽喉部肿胀出血，肺充血水肿，颌下淋巴结出血，切面呈红色，脾不肿大。抗菌药治疗有一定效果。

（3）败血性链球菌病　多见于仔猪，除有败血症状外，常伴有多发性关节炎和脑膜脑炎症状，病程短，抗菌药物治疗有效。剖检见各器官充血、出血明显，心包液增多，脾肿大。

（4）急性猪副伤寒　多见于2~4月龄的猪，在阴雨连绵季节多发，一般呈散发。剖检肠系膜淋巴结显著肿大，肝可见黄色或灰黄色小点状坏死，大肠有溃疡，脾肿大。

（5）慢性猪副伤寒　与慢性猪瘟容易混淆，其区别点是，慢性副伤寒呈顽固性下痢，体温不高，皮肤无出血点，有时咳嗽。剖检时，大肠有弥漫性坏死性肠炎变化，脾增生肿大，肝、脾、肠系膜淋巴结有灰黄色坏死灶或灰白色结节，有时肺有卡他性炎症。

（6）弓形虫病　与猪瘟一样，也有持续高热，皮肤紫斑和出血点，大便干燥等症状，但弓形虫病呼吸高度困难，磺胺类药治疗有效。剖检时，肺发生水肿，肝及全身淋巴结肿大，各器官有程度不等的出血和坏死灶，采取肺和支气管淋巴结检查，可检出弓形虫。

同时，临床上猪瘟常与其他疫病混合感染或继发感染，应予鉴别诊断。

猪瘟与猪肺疫的混合感染：临床症状表现为发病猪精神沉郁，体温多在40.5~42 ℃，呈稽留热，食欲减退甚至废绝，眼流脓性分泌物。呼吸困难，常呈犬坐喘鸣。病初便秘、后腹泻、恶臭带血并混有白色黏膜。全身发红、耳尖、腹部、颈部及四肢皮肤有紫斑或出血点。

猪瘟与蓝耳病的混合感染：临床症状表现为病猪精神委顿，体温41 ℃左右，稽留不退，食欲废绝，喘气，呈腹式呼吸，后期耳朵发紫，体表腋下皮肤发紫，偶见出血斑，颌下淋巴结肿胀明显，颈部水肿，后肢麻痹，运动失调，病程3~6 d，最后衰竭而死。剖检变化为全身淋巴结明显肿大，颌下淋巴结、肠系膜淋巴结出血，脾脏梗死，肺表面凸凹不平，呈纤维素性坏死。

猪瘟与附红细胞体病的混合感染：临床症状为仔猪精神沉郁，畏寒颤抖，喜挤堆，体温40~41 ℃；保育猪皮肤、可视黏膜苍白，发热、喘气、挤堆、食欲不振。病重猪耳内、腹下发红甚至发紫，死亡率10%以上。母猪产前产后体温升高、不食、流产、死胎。剖检病变为血液稀薄、水样。肝脏肿大变形。全身淋巴结肿大、出血，脾脏边缘梗死，肺脏发生肉变，大肠黏膜有少量溃疡病灶。

（六）防治措施

1. 治疗措施

治疗猪瘟除早期应用抗猪瘟血清有一定疗效外，尚无药物对本病确实有效，一般采取综合治疗和对症治疗，防止继发细菌感染。

处方一：抗猪瘟血清25 mL、庆大小诺霉素注射液16万~32万单位，一次肌内注射或静脉注射，每日1次，连用2~3 d。此治疗措施在猪尚未出现腹泻时应用可获一定疗效。

处方二：在确诊的情况下紧急注射猪瘟兔化弱毒疫苗，或注射脾淋苗及细胞苗，体重10 kg以下的猪注射3头份，10 kg以上的每增加10 kg加注3头份，最大用量为每头猪15头份。

2. 预防措施

（1）免疫措施　疫苗预防注射是预防猪瘟发生的根本措施，养猪场无论规模大小，都要根据当地和本场近年来的传染病流行情况制定科学合理的免疫程序。在猪瘟免疫方面，要按照公猪、母猪和商品猪的免疫需求，分别制定免疫程序。

（2）实行免疫监测　疫苗免疫接种后，应加强对猪群免疫监测，以掌握猪群的免疫水平和免疫效果。试验表明，间接血凝抗体滴度为（1∶32）～（1∶64）时攻毒可获得100%保护，（1∶16）～（1∶32）时尚能达80%保护，1∶8时则完全不能保护。免疫良好的群体总保护率应在90%以上，如小于50%者则为免疫无效或为猪瘟不稳定地区，需要加强免疫。

（3）加强饲养管理与卫生工作　猪场尽量做到自繁自养，一般不从外面购猪或者不得从疫区内购猪。禁止无关人员随便进出猪场，尤其是屠宰或购销者要严格控制，病死猪无害化处理，发病猪舍及工具用2%~3%烧碱溶液彻底消毒。平时按照规定搞好圈舍、环境及用具的卫生、消毒工作。

二、猪口蹄疫

口蹄疫是由口蹄疫病毒感染引起的偶蹄动物共患的急性、热性、高度接触性传染病。临床特征为猪感染口蹄疫病毒后，主要表现在蹄冠、蹄踵、蹄叉、副蹄和吻突皮肤、口腔腭部、颊部以及舌面黏膜等部位出现大小不等的水泡和溃疡。

（一）病原

口蹄疫病毒属微RNA病毒科、口蹄疫病毒属，该病毒具有多型性和易变异的特点，有7个血清型，即O型、A型、C型、亚洲Ⅰ型和南非1、2、3型。各型间不能交互免疫，各主型还有若干亚型，目前已知增加到70个以上亚型。我国的口蹄疫病毒为O、A及亚洲Ⅰ型。

口蹄疫病毒对外界环境抵抗力较强。在自然条件下，含毒组织及污染的饲料、饮水、饲草、皮毛及土壤等所含病毒乃至数日至数周内仍具有感染性。该病在低温下十分稳定，在−70~−50℃可保存数年之久，但高温和直射阳光（紫外线）对病毒有杀灭作用，在直射阳光下病毒经60 min即死亡，加热至70℃经30 min死亡，煮沸即刻死亡。酸和碱对病毒作用强，因此常用2%~3%氢氧化钠或1%~2%甲醛溶液消毒。

（二）流行病学

病猪（羊、牛等偶蹄动物）是该病的主要传染源，传染途径主要是消化道，损伤的黏膜、皮肤等可直接或间接接触传播，尤其是大型猪场及生猪集中的仓库，一年四季均可发生。一般多发于秋末、冬季和早春，尤以春季达到高峰。本病常呈跳跃式流行，畜产品、人、动物、运输工具等都是本病的传播媒介。不同年龄的猪易感程度不完全相同，一般是年幼的仔猪发病率高，病情重，死亡率高。

（三）临床症状

猪感染口蹄疫后潜伏期1~4 d。主要症状是在蹄冠、蹄踵、蹄叉、副蹄和吻突皮肤、口腔腭部、颊部以及舌面黏膜等部位出现大小不等的水泡和溃疡，水泡也会出现在母猪的乳头、乳房等部位。病猪精神不振，体温升高，厌食，当病毒侵害蹄部时，蹄温升高，跛行明显，常导致蹄壳变形或脱落，病猪卧地不能站立。水泡充满浆性液体，破溃后露出边缘整齐的暗红色糜烂面。如无继发感染，经1~2周病损部位结痂愈合。口蹄疫对成年猪的致死率一般不超过3%；仔猪受感染时，水泡症状不明显，主要表现为胃肠炎和心肌炎，致死率可达80%以上。

（四）病理变化

除口腔、蹄部或鼻端（吻突）、乳房等处出现水泡及烂斑外，咽喉、气管、支气管和胃黏膜也有溃疡或烂斑，小肠、大肠黏膜可见出血性炎症。仔猪心包膜有弥散性出血点，心肌切面有灰白色或淡黄色斑点或条纹，俗称"虎斑心"，心肌松软似煮熟状。

（五）诊断

1. 诊断要点

根据流行病学、临床症状及病理变化可作出初步诊断，确诊必须经过实验室诊断，可采取病毒分离与鉴定、血清学等手段确诊。

2. 鉴别诊断

猪口蹄疫的临床特征与猪水泡病、猪水泡性口炎、猪水泡疹极为相似，故仅根据临床症状不能作出鉴别，必须采集病料实验室检测方可确诊。

（六）防治措施

1. 预防措施

接种疫苗只是综合预防措施中的一个环节，必须同时做好检疫、隔离、消毒等工作。目前全国没有统一的口蹄疫免疫程序，各养猪场可结合本场实际，制定免疫程序。根据兰州兽医研究所的建议，口蹄疫 O 型灭活苗，种猪每 3 个月免疫 1 次，仔猪 40~45 日龄首免，100~105 日龄育成猪加强免疫 1 次，肉猪出栏前 15~20 d 三免。在疫区最好用与当地流行的同一血清型或亚型的减毒活苗和灭活苗进行免疫。

2. 发生猪口蹄疫时的紧急防制措施

发现疫情应立即上报，确诊后坚决扑杀病猪及同群猪，彻底消毒环境，未发病的猪群紧急接种疫苗。

三、猪水泡病

猪水泡病又称猪传染性水泡病，是由肠道病毒属的病毒引起猪的一种急性、热性、接触性传染病。

（一）临床特征

在猪的蹄部皮肤发生水泡，有时在口部、鼻端和乳房及乳头周围的皮肤也出现水泡。临床症状与猪口蹄疫极为相似，但不感染牛羊等偶蹄动物。人可感染本病，表现不适，发热，腹泻，在指间、手掌或口唇出现大小不等的水泡，并可能有程度不同的中枢神经系统损害。

（二）病原

猪水泡病病毒为小核糖核酸病毒科肠道病毒属，为二十面体对称的单股 RNA 型，病毒呈球形。该病毒与口蹄疫病毒差异较大，而与人的肠道病毒属的柯萨奇 B_5 有密切关系，因此人也可感染本病。病毒主要存在于病猪的水泡液、水泡皮及淋巴液中，其他如血液、肌肉、内脏、皮、毛、粪便等也含有病毒。

病毒对外界环境的抵抗力较强，在冷冻条件下存活时间较长，-20 ℃保存时水泡皮中的病毒可存活 540 d，而且本病毒抗热性也较强，加热 50 ℃ 30 min 不失感染力，80 ℃ 1 min 才能杀死。病毒在污染的猪舍中存活 8 周以上，病猪粪于 12~17 ℃储存 138 d 仍可分离到病毒。在 pH 值 2~12 之间不能使病毒灭活。尤其是本病毒对消毒药的抵抗力较强，常用的

3%～5%来苏尔、10%石灰水、2%～3%碱水、2%福尔马林等消毒效果不确实，难在短时间内将其杀死。5%福尔马林、5%氨水、10%漂白粉等可用于消毒污染的猪舍、用具等。

（三）流行病学

在自然流行中仅发生于猪，不感染其他偶蹄动物。一年四季均可发生，常流行于生猪高度集中、调动频繁的单位。发病率差别大，20%～100%，有时与猪口蹄疫同时或交替流行。传播方式主要是直接接触，病猪的粪便是主要传递物。此外，屠宰病猪的污水，未经煮沸的泔水是传染媒介。

（四）临床症状

潜伏期3～5 d，在感染初期表现为蹄部肿胀充血，体温升高2～4 ℃，蹄冠、蹄叉出现一个或几个大小不等的水泡，很快破裂形成溃疡，并可波及趾部和蹄踵，跛行、卧地不起，严重时也引起蹄壳脱落，病猪显著掉膘。乳房、口腔、舌面和鼻端也偶见水泡。水泡破溃后体温下降，恢复正常，一般经14～21 d痊愈。

（五）诊断

可根据流行病学、临床症状作出初步诊断，但本病在临诊上与口蹄疫、水泡性口炎及水疱疹极为相似，尤其是单纯口蹄疫和水泡病的流行特点和临诊症状几乎完全相同，难以区分，因此主要应与猪口蹄疫鉴别诊断。所不同者，口蹄疫还能引起偶蹄动物发病；水泡性口炎传染牛、羊、猪外，还能感染马；水疱疹及水泡病只传染猪，不传染其他家畜。因此，本病的确诊必须进行实验室检查。目前常采用反向间接血凝试验检测病毒抗原，应用正向间接血凝试验、细胞中和试验、乳鼠中和试验以及琼脂扩散等方法检测血清抗体。

（六）防治措施

1. 预防措施

在有猪水泡病疫情的地区广泛接种猪水泡病BEI灭活疫苗。从事本病研究或有接触的人员，应注意自身防护，加强消毒和卫生防疫。

2. 治疗措施

加强环境消毒。患部水泡挑破，用2%明矾水或0.1%高锰酸钾洗净，涂擦碘甘油或紫药水，一日两次，直至痊愈。

四、猪繁殖与呼吸障碍综合征

猪繁殖与呼吸障碍综合征又称蓝耳病，是由猪繁殖与呼吸综合征病毒引起的母猪繁殖障碍和仔猪呼吸系统损伤及免疫抑制和持续性感染的传染性疾病。临床特征以繁殖障碍、呼吸困难、耳朵蓝紫、并发或继发其他传染病主要特征。主要表现为母猪流产、早产、死胎、木乃伊胎等繁殖障碍，仔猪断奶前高死亡率，育成猪的呼吸道疾病三大症状。

（一）病原

目前该病毒在国际上被通称为"猪繁殖与呼吸综合征病毒（PRRSV）"，最近的分类为网巢病毒目、动脉炎病毒科、动脉炎病毒属，有囊膜的不分节段的单股正链RNA病毒，表面较光滑，不耐热，37 ℃ 12 h感染力降低50%，对酸碱敏感，氯仿可使之灭活。该病毒变异性较强，不同地区或同一地区不同猪场的分离毒株可能存在毒力差异或抗原差异，而且不同日龄的猪感染后，其临诊表现不一致，差别最大的代表毒株为北美毒株和欧洲毒株。我国高致病性蓝耳病毒株（NVDC-JXAI）序列与美洲型（VR-2332株）和欧洲型（LV株）的序列同源性分别达到93.2%~94.2%和63.4%~64.5%，与2002年的国内株（HB-ISH）同源性达97.1%~98.2%，说明我国高致病性蓝耳病更可能是自身变异产生的新毒株。

（二）流行病学

本病是一种高度接触性传染病，呈地方流行性。发病快、范围广、发病率高、死亡率高。主要以育成猪、仔猪、怀孕母猪多发，但以妊娠母猪和1月龄以内的仔猪最易感，并表现出典型的临诊症状。饲养管理不到位、卫生条件差、免疫消毒不严格的散养户和中小养猪场多发。饲养管理好的猪群一般不会表现临床症状，可垂直传播和水平传播，但呼吸道仍是该病的主要感染途径。发病流行多从交通干线向沿途乡镇蔓延。

（三）临床症状

（1）母猪　经产和初产母猪多表现为高热（40~41℃）、精神沉郁、突然厌食、昏睡，并出现喷嚏、咳嗽、呼吸困难等呼吸道症状，但通常不呈高热稽留。少数母猪耳朵、乳头、外阴、腹部、尾部发绀，以耳尖最为常见；皮下出现蓝紫色血斑，逐渐蔓延致全身变色。有的母猪呈现神经麻痹等症状。出现这些症状后，大量怀孕母猪流产或早产，产下木乃伊、死胎或病、弱仔猪。

（2）仔猪　仔猪特别是乳猪死亡率高，80%以上。早产的仔猪出生时或数天内即死亡。多数新生仔猪出现呼吸困难（腹式呼吸）、肌肉震颤、后躯麻痹、共济失调、打喷嚏、嗜睡、精神沉郁、食欲不振。断奶仔猪感染后大多出现呼吸困难、咳嗽、肺炎症状，厌食，发热，体温达40℃以上，有些下痢、关节炎、皮肤有斑点，生长缓慢，后期皮肤青紫发绀。

（3）育肥猪　育肥猪双眼肿胀、结膜发炎，出现呼吸困难、耳尖发紫、沉郁昏睡等症状，体温升高到41℃左右，食欲明显减少或废绝，多数病猪全身发红，呼吸加快，咳嗽明显，个别病猪流少量黏稠鼻液。无继发感染的病猪死亡率较低。

目前，猪繁殖与呼吸障碍综合征以慢性、亚临床型为主，且没有规律，有的猪群呈持续性感染、隐性感染和带毒现象。感染猪群的免疫功能下降，常继发其他疾病，也会影响其他疫苗的接种效果。

（四）病理变化

皮肤色淡似蜡黄，鼻孔有泡沫，气管、支气管充满泡沫，胸腹腔积水较多，肺部大理石样变，肝肿大，胃有出血水肿，心内膜充血，肾包膜易剥离，表面有针尖大出血点。仔猪、育成猪常见眼睑水肿。仔猪皮下水肿，体表淋巴结肿大，心包积液水肿。

（五）诊断

1. 诊断要点

本病仅根据临诊症状及流行病学特征很难作出诊断，必须排除其他有关的猪繁殖和呼吸系统的疾病。因此，本病的确诊需借助于实验室技术，包括病理组织学变化、病毒分离鉴定、检测抗原及血清学诊断，其中病毒分离与鉴定可确诊，一般采取易感细胞分离法。

2. 鉴别诊断

临床上应注意与猪瘟、猪细小病毒病、伪狂犬病、猪流感、猪衣原体性流产等症状相似的猪病鉴别诊断。

（六）防治措施

1. 预防措施

加强饲养管理，切实搞好环境卫生，严格消毒制度，实行封闭管理，严防外疫传入。做好猪蓝耳病疫苗免疫注射，一般，仔猪在断奶后免疫一次高致病性猪蓝耳病疫苗，种母猪在配种前应加强免疫 1 次，种公猪每半年免疫 1 次。

2. 治疗措施

本病死亡率不高，但可影响免疫系统，继发感染各种疫病，特别是猪瘟，因此要开展 1 次猪瘟免疫，每头接种猪瘟疫苗 4 头份。临床治疗无特效药剂，一般采取综合治疗与对症治疗，防止继发细菌感染。

五、猪圆环病毒病

猪圆环病毒病是由猪圆环病毒 2 型（PCV-2）引起的断奶仔猪多系统消耗综合征（PMWS）、皮炎和肾病综合征（PDNS）、猪呼吸系统混合疾病、繁殖障碍等，感染猪只主要表现为渐进性消瘦、生长发育受阻、体重减轻、皮肤苍白或有黄疸，有呼吸道症状，时有腹泻，有的则表现为肾型皮炎。

（一）病原

PCV-2 属圆环病毒科圆环病毒属，为环状、单股 DNA 病毒，广泛存在于自然界，我国在 2002 年分离到猪圆环病毒。PCV 有 2 种血清型，即 PCV-1 和 PCV-2，PCV-1 对猪的致病性较低，但在正常猪群及猪源细胞中的污染率却极高；PCV-2 对猪的危害性极大，可引起一系列相关的临床症状，其中包括 PMWS、PDNS、母猪繁殖障碍等，而且还可能与增生性肠炎、坏死性间质性肺炎（PNP）、猪呼吸道综合征（PRDC）、仔猪先天性震颤、增生性肠炎等有关。该病毒对外界环境的抵抗力极强，在 70 ℃环境中可存活 15 min，耐酸、耐氯仿，可耐受 pH 值 3.0 的酸性环境，一般消毒剂很难将其杀灭。

（二）流行病学

该病一年四季均可发生，猪是 PCV 的主要宿主，对 PCV 有极强易感性，各种年龄的猪均可感染，但仔猪感染后发病严重。圆环病毒病在规模化猪场中广泛流行，以散发为主（也可呈暴发），发展较缓慢，有时可持续 12～18 个月。病猪和带毒猪为主要传染源，经呼吸道、消化道和精液及胎盘传染，也可通过人员、工作服、用具和设备传播。饲养管理不良，饲养条件差，饲料质量低，环境恶劣，通风不良，饲养密度过大，以及各种应激因素均可诱发本病，并加重病情、增加死亡。由于圆环病毒破坏猪的免疫系统，造成免疫抑制，引起继发性免疫缺陷，因而本病常与猪繁殖与呼吸障碍综合征、细小病毒病、伪狂犬病、副猪嗜血杆菌病等造成混合或继发感染。

（三）临床症状

1. 断奶后多系统衰竭综合征

病猪发热，精神、食欲不振，被毛粗乱，进行性消瘦，生长迟缓，呼吸困难，咳嗽、气喘、贫血，皮肤苍白，体表淋巴结肿大。有的皮肤与可视黏膜发黄，腹泻、嗜睡。临床上约有 20% 的病猪呈现贫血与黄疸症状。

2. 皮炎与肾病综合征

主要发生于保育猪和育肥猪。病猪发热、厌食、消瘦，皮下水肿，跛行，结膜炎，腹泻。特征性症状是在会阴部、四肢、胸腹部及耳朵等处皮肤上出现圆形或不规则的红紫色斑点或斑块，有时这些斑块融合呈条带状，不易消失。

3. 母猪繁殖障碍

发病母猪体温升高，食欲减退，流产，产死胎、弱仔及木乃伊胎。病后受胎率低或不孕。断奶前仔猪死亡率可达 10% 以上。

4. 间质性肺炎

多见于保育猪和育肥猪。病猪喘气咳嗽、流鼻汁，呼吸加快，精神沉郁、食欲不振、生长缓慢。

5. 传染性先天性震颤

发病仔猪站立时震颤，由轻变重，卧下睡觉时震颤消失，受外界刺激时可引发或加重震颤，严重时影响吃奶，以致死亡。如精心护理，多数仔猪 3 周内可恢复。

（四）病理变化

1. 断奶后多系统衰竭综合征

剖检可见间质性肺炎和黏液脓性支气管炎变化，肺脏肿胀，间质增宽，坚硬似橡皮样，其上面散在有大小不等褐色实变区。肝变硬、发暗。肾脏水肿，呈灰白色，皮质部有白色病灶。脾脏轻度肿胀。胃的食管区黏膜水肿，有大片溃疡。盲肠和结肠黏膜充血、出血。全身淋巴结肿大 4~5 倍，切面为灰黄色，出血，特别是腹股沟、纵隔、肺门和肠系膜与颌下淋巴结病变明显。

2. 皮炎与肾病综合征

主要表现为出血性坏死性皮炎和动脉炎，以及渗出性肾小球性肾炎和间质性肾炎。剖检可见肾肿大、苍白，表面有出血小点；脾脏轻度肿大，有出血点；肝脏呈橘黄色；心脏肥大，心包积液；胸腔和腹腔积液；淋巴结肿大，切面苍白；胃有溃疡。

3. 母猪繁殖障碍

剖检可见死胎和木乃伊胎，新生仔猪胸腹部积水，心脏扩大、松弛、苍白、充血性心力衰竭。

4. 间质性肺炎

剖检可见弥漫性间质性肺炎，呈灰红色，肺细胞增生，肺泡腔内有透明蛋白。细支气管上皮坏死。

（五）诊断

根据本病的流行特点、临床症状和病理变化只能作出初步诊断，诊断时应注意与 PRRS、猪瘟以及引起繁殖障碍的其他疾病鉴别。但任何单一疑似 PMWS 感染猪的临床症状或病理变化都不足以确诊该病。确诊依赖于病毒分离与鉴定以及间接免疫荧光技术、多聚酶链反应（PCR）和 ELISA 等。

（六）防治措施

1. 预防措施

购入种猪要严格检疫、隔离观察，创造良好的饲养环境，定期消毒，科学使用保健添加剂。接种基因工程疫苗是预防猪圆环病毒病发生和流行最有效办法，母猪产后 2 周、仔猪 2 周龄免疫 1 次，能提供 4 个月的免疫保护期。

2. 治疗措施

无特效治疗药物。当出现圆环病毒病继发感染或并发感染细菌病症状时，可试用下列处方。

处方1：注射用长效土霉素0.5 mL，一次肌内注射，哺乳仔猪分别在3、7、21日龄按1 kg体重0.5 mL各注射1次。

处方2：干扰素+清开灵注射液+丁氨卡那霉素+氨基比林+复合维生素+地塞米松注射液，肌内注射，连用3~4 d。饮水中可加氧氟沙星（或乳酸环丙沙星）和电解多维。

处方3：注射黄芪多糖+头孢噻肟钠，连用5~7 d。

六、猪传染性胃肠炎

猪传染性胃肠炎是由冠状病毒科冠状病毒属的猪传染性胃肠炎病毒引起的以猪的呕吐、腹泻和脱水为特征的急性、高度接触性传染病。发病快，传播率高。多发于冬春寒冷季节。以呕吐、严重腹泻、脱水为特征，各年龄段的猪均可感染发病，其中以仔猪的症状最为严重，死亡率高；成年猪呈温和型，主要以水样腹泻、厌食、掉膘，转为慢性经过为特征。

（一）病原

猪传染性胃肠炎病毒（TGEV）属于冠状病毒科的冠状病毒属，为单股RNA型，病毒粒子多呈圆形或椭圆形，有囊膜，其表面有一层棒状纤突，长12~25 nm。迄今，世界各地分离的TGEV毒株均属同一个血清型，在抗原上与猪呼吸道冠状病毒（PRCV）、猫传染性腹膜炎病毒和犬冠状病毒有一定相关性，特别是与PRCV的核苷酸和氨基酸序列有96%的同源性，并已证明PRCV是由TGEV突变而来，但与人的传染性非典型肺炎（SARS）冠状病毒之间无抗原关系。本病毒能在猪肾、猪甲状腺、猪睾丸等细胞上很好地增殖，TGEV对光照和高温敏感，在阳光下6 h、56 ℃ 45 min或65 ℃ 10 min即可灭活。在冰冻条件下保存比较稳定，在-20 ℃中可存活6~8个月以上；在pH值为4~9时病毒稳定，在pH值为3时死亡；乙醚和氯仿对病毒有杀灭作用，紫外线能使病毒很快死亡，一般消毒药可杀灭病毒，如0.3%石炭酸、0.3%福尔马林、1%来苏尔溶液等。

（二）流行病学

本病多发生在冬春季，一旦发生，在猪群里迅速传播，数日内可使大部分猪感染。常呈地方流行性，在老疫区则发病率降低，症状较轻。病猪和康复后带毒猪是传染源，主要通过被污染的饲料经消化道感染；猪舍密闭、湿度大、猪只集中的猪场也可通过空气传播。各种年龄的猪均有易感性，但两周龄内的仔猪发病死亡率高；断奶猪、育肥猪和成年猪的症状轻微，多数能自然康复。

（三）临床症状

病势依日龄而异，一般两周龄以内的仔猪感染，出现呕吐，继而出现严重的水样或糊状腹泻，粪便呈黄色，常有未消化的凝乳块，恶臭；仔猪明显脱水，体重迅速下降，发病2~7 d死亡，死亡率90~100%。大于两周龄的仔猪死亡率明显降低。断乳仔猪感染后，表现水样腹泻，呈喷射状，粪便呈灰色或褐色，个别猪呕吐，5~8 d后腹泻停止，极少死亡，但体重下降，康复后发育不良，生长迟缓，成为僵猪。有些母猪与患病仔猪同时发病，体温升高，呕吐，食欲不振，喷射状腹泻，泌乳减少或无乳。个别怀孕母猪会流产。有些母猪症状轻微或不表现症状。发病母猪3~7 d病情好转，随即恢复，极少死亡。育肥猪精神不振，食欲减退，体温正常或偏低，水样腹泻呈喷射状，口渴，消瘦，脱水，粪便呈黄绿色、灰色、茶褐色等，含有少量未消化的食物，有的有气泡，一般情况下可耐过，极少死亡。

（四）病理变化

主要病变在胃和小肠。仔猪胃内充满凝乳块，胃底部黏膜轻度充血，有时在黏膜下有出血斑。小肠内充满黄绿色或灰白色液状物，含有泡沫和未消化的小乳块，小肠壁变薄，弹性降低，以致肠管扩张，呈半透明状。肠系膜血管扩张，淋巴结肿胀。

（五）诊断

本病根据流行病学和症状可作出初步诊断。必要时，可检查空肠绒毛萎缩情况，如果呈弥漫无边际性萎缩，可诊断为本病。确诊用血清学方法。

鉴别诊断应与猪的流行性腹泻、猪轮状病毒腹泻、猪大肠杆菌病和猪痢疾等区别。

（六）防治措施

1. 预防措施

预防注射猪传染性胃肠炎弱毒冻干苗，按标签说明稀释，妊娠母猪产前 20～30 d，后海穴注射 2 mL。发病猪场，新生仔猪未吃初乳前，后海穴注射 0.5 mL，30 min 后吃母乳。

2. 治疗措施

采用腹腔注射方法，给腹泻仔猪补充水分、电解质、葡萄糖、抗生素等，以达到抗菌消炎、补充营养、防止仔猪脱水和酸中毒，促进仔猪恢复健康，以降低死亡率。

注射液配方：A 液，10% 葡萄糖注射液 500 mL 加入 5% 碳酸氢钠注射液 25 mL；B 液，复方生理盐水注射液 500 mL 加入 5% 碳酸氢钠注射液 25 mL。治疗仔猪时，吸取等量的 A 液和 B 液，注射于腹腔内，根据仔猪的腹泻和脱水程度，每次补液量 5～10 mL，每日 2 次。重症哺乳母猪，每次注入 A 液和 B 液各 525 mL，每日 2 次，注意在注射前将注射液加温到 37 ℃。仔猪和母猪同时肌内注射复方黄连素注射液，按体重计算药量，连用 3 d 或直到治愈。断奶仔猪，饲料中添加黄芪多糖等中药制剂，饮水改换为补液盐水（每 1 000 mL 水中含氯化钠 3.5 g、碳酸氢钠 2.5 g、氯化钾 1.5 g、葡萄糖 20 g），让其自由饮用，症状稍重的再注射复方黄连素。

其他腹泻类疾病也可参照本治疗方法。

七、猪流行性腹泻

猪流行性腹泻是由猪流行性腹泻病毒引起猪的一种接触性肠道传染病。临床特征为呕吐、腹泻、脱水。临床症状和病理变化与猪传染性胃肠炎极为相似。

（一）病原

猪流行性腹泻病毒为冠状病毒科冠状病毒属的猪流行性腹泻病毒，为 RNA 型病毒，病毒粒子呈多形性，多倾向于球形，有囊膜。经与猪传染性胃肠炎病毒交叉中和试验、猪体交互保护试验等，证明本病毒与传染性胃肠炎病毒没有共同的抗原性。病毒对外界环境的抵抗力不强，对乙醚和氯仿敏感，一般消毒药都可将其杀死。

（二）流行病学

本病多发生于寒冷季节。各种年龄的猪都能感染发病。哺乳猪、架子猪或育肥猪的发病率高，尤以哺乳猪受害最为严重，母猪发病率变动很大，为 15%～90%。病猪是主要传染源。病毒存在于肠绒毛上皮细胞和肠系膜淋巴结，随粪便排出后，污染环境、饲料、饮水、交通工具及用具等而传播。主要感染途径是消化道。如果一个猪场陆续有不少窝仔猪出生或断奶，病毒会不断感染失去母源抗体的断奶仔猪，使本病呈地方流行性，在这种繁殖场内，猪流行性腹泻可造成5~8周龄仔猪的断奶期顽固性腹泻。

（三）临床症状

潜伏期一般5~8 d。主要的临床症状为水样腹泻，或者在腹泻之间有呕吐。呕吐多发生于吃食或吃奶后。症状的轻重随年龄而异，年龄越小，症状越重。1周龄内新生仔猪发生腹泻后3~4 d，呈现严重脱水而死亡，死亡率可达50%，最高的死亡率达100%。病猪体温正常或稍高，精神沉郁，食欲减退或废绝。断奶猪、母猪常呈精神委顿、厌食和持续性腹泻大约1周，并逐渐恢复正常。少数猪恢复后生长发育不良。育肥猪在同圈饲养感染后都发生腹泻，1周后康复，死亡率1%~3%。成年猪症状较轻，有的仅表现呕吐，重者水样腹泻3~4 d可自愈。

（四）病理变化

与传染性胃肠炎相似，尸体消瘦脱水，皮肤暗灰色，皮下干燥，胃内有多量黄白色的乳凝块。小肠病变具有特征性，眼观变化仅限于小肠，小肠扩张，内充满黄色液体，肠系膜充血，肠系膜淋巴结水肿，小肠绒毛缩短。

（五）诊断

本病在流行病学和临床症状方面与猪传染性胃肠炎无显著差别，只是病死率比猪传染性胃肠炎稍低，在猪群中传播的速度较慢，要确切分开，必须进行实验室诊断，常用方法有免疫荧光染色检查、免疫电镜、免疫酶组织化学法诊断及人工感染试验等。

（六）防治措施

1. 预防措施

接种猪传染性胃肠炎、猪流行性腹泻二价苗。妊娠母猪产前1个月接种疫苗，可通过母乳使仔猪获得被动免疫。也可用猪流行性腹泻弱毒疫苗或灭活疫苗免疫。此外，通过隔离消毒、加强饲养管理、减少人员流动、采用全进全出制度等措施预防控制。

2. 治疗措施

本病应用抗生素治疗无效，可参考猪传染性胃肠炎的防治办法。

八、猪伪狂犬病

伪狂犬病是由伪狂犬病病毒引起的多种家畜和野生动物以发热、奇痒（猪除外）、繁殖障碍、脑脊髓炎为主要症状的一种高度接触性传染病。除猪外的其他动物发病后通常具有发热、奇痒及脑脊髓炎等典型症状，均为致死性感染，但呈散发形式。猪是该病的携带者和传染源。猪感染后可呈暴发性流行，其症状因日龄而异，一般新生仔猪大量死亡，育肥猪呼吸困难、生长停滞，妊娠母猪流产、死胎，公猪不育。

（一）病原

伪狂犬病病毒属于疱疹病毒科、α疱疹病毒亚科、猪疱疹病毒属，病毒粒子呈球形或椭圆形，对神经节有亲和性。1902年匈牙利Aujeszky首次发现，现已在世界44个国家发生，且疫情不断扩大蔓延，是危害全球养猪业的重大传染病之一。伪狂犬病病毒属于高度潜伏感染病毒，且这种潜伏感染随时都有可能被机体内外环境刺激而引起疾病暴发。伪狂犬病病毒对外界环境有很强的抵抗力，8 ℃条件下存活 46 d，24 ℃可存活 30 d，加热 55～56 ℃经 30～50 min 死亡；在低温条件下保存时间长，–70 ℃时可保存多年；病毒在 pH 值 5～9.0 范围内稳定；在猪舍内可存活 1 个月以上，但对日光敏感，1%氢氧化钠、福尔马林等消毒液对其有效。

（二）流行病学

猪是该病的储存宿主，各种年龄的猪均易感，尤其是耐过的、呈隐性感染的成年猪为该病的主要传染源。传播途径主要为消化道和呼吸道，可直接接触传播，更容易间接传播。发生没有严格的季节性，但寒冷季节多发生。20 世纪前半叶，欧美国家在猪群和牛群中分离到伪狂犬病病毒，但病毒对猪的感染极温和，20 世纪六七十年代，由于毒力增强的毒株出现，导致伪狂犬病暴发的次数显著增加。我国在 20 世纪 90 年代，许多规模猪场暴发猪伪狂犬病，给养猪业造成较大损失。目前，该病已得到多数规模化猪场的重视，相应采取了疫苗免疫等预防措施。该病在近年来又有了新的变化，呈现散发或局部暴发，常与猪瘟、猪圆环病毒病、猪繁殖与呼吸障碍综合征、副猪嗜血杆菌病、传染性胸膜肺炎等混合感染，从典型症状转为非典型临床症状，造成饲料报酬低，仍对养猪业有很大影响。

（三）临床症状

新生仔猪与 4 周龄内仔猪最为敏感，常表现为最急性型，主要症状为出生后第 2 天突然发病，高热、精神萎靡，厌食、呕吐或腹泻，出现神经症状，最后昏迷死亡。病程不超过 72 h，死亡率高达 100%。断奶仔猪感染后，主要表现神经症状、拉稀、呕吐等，发病率 20%～40%、死亡率 10%～20%。

育肥猪主要表现为慢性呼吸道症状，轻度发热，有的出现腹泻，可恢复，但增重迟缓，饲料报酬低，上市时间延迟。少数病例出现神经症状和死亡，高死亡率常意味着混合感染或继发感染。

母猪可带毒，妊娠初期，可在感染后 10 d 左右流产，流产率可达 50%；妊娠后期，常发生死胎和木乃伊，且以产死胎为主；产弱仔，2～3 d 死亡。感染母猪还表现屡配不孕、返情率增高。公猪感染后会发生睾丸肿胀、萎缩，失去种用能力。

成年猪多为隐性感染或仅表现轻微体温升高，一般不发生死亡，耐过后长期潜伏感染、带毒、排毒。

（四）病理变化

病理剖检扁桃体可见灰白色化脓坏死灶，肺脏常见卡他性及出血性炎症，脑膜充血、出血、水肿，脑实质出现针尖大小出血点，肝、肾等实质器官可见灰白色或黄白色坏死点等。

（五）诊断

根据流行特点、妊娠母猪的繁殖障碍、哺乳仔猪的神经症状和高病死率以及大体剖检变化可作出初步诊断。但由于伪狂犬病无特征性病理变化，部分猪只在感染后常呈隐性经过，因此往往需要实验室方法确诊，如病毒分离、血清学和分子生物学的方法。

（六）防治措施

1. 预防措施

对猪伪狂犬病的免疫预防有灭活疫苗和弱毒疫苗两种。因为伪狂犬病病毒属于疱疹病毒科，具有终身潜伏感染、长期带毒和散毒的危险性，而且这种潜伏感染随时都有可能被机体和环境变化的应激因素刺激而引起疾病暴发，因此伪狂犬病预防最好使用灭活苗。灭活疫苗免疫程序，种猪第1次注射后，间隔4~6周加强免疫1次，以后每6个月注射1次，产前1个月左右加强免疫1次。育肥用的断奶仔猪在断奶时注射1次，直到出栏。

2. 治疗措施

目前尚无治疗办法。高免血清适用于最初感染猪群中的哺乳仔猪。

九、猪流行性感冒

猪流行性感冒简称猪流感，是由A型流感病毒引起猪的一种急性、呼吸道传染病。以突然发病，咳嗽，呼吸困难，发热，衰竭为主要症状；常有嗜血杆菌或巴氏杆菌混合感染，加重病情。

（一）病原

流行性感冒病毒是正黏病毒科的流感病毒属的成员，病毒粒子呈球形，含有8个节段组成的单股RNA，有囊膜。流感病毒分A、B、C三型，猪流感病毒是A型流感病毒的一个亚型，猪流感是除禽流感以外经济意义和公共卫生影响重大的动物流感。人源流行性感冒病毒（如A2/香港/1/68）在自然情况下能使猪感染，而猪源流感病毒（如A/猪/摩拉维亚/57）也能使人发病。发生猪流感时，所分离的病毒最为常见的是H1N1和H3N2亚型，H1N1可由猪传给人或从人传给猪，H3N2可从人传给猪，因此与人的流感有密切关系。

病毒存在于病猪的鼻液、气管和支气管的渗出液、肺组织和肺部淋巴结中，病猪、带毒猪和其他带毒动物是主要传染源。猪流感主要经鼻、咽喉途径直接传播，感染后急性发热期的鼻分泌物中含有大量病毒粒子。流感病毒对外界环境抵抗力弱，60 ℃加热2 min可灭活，一般消毒药有较好的杀灭作用。由于病毒广泛分布于自然环境，对干燥和冰冻具有较强的抵抗力。

（二）流行病学

A型流感病毒可自然感染猪、马、禽类和人，常突然发生，迅速传播，呈流行性或大流行性。猪可以感染人流感病毒，人也可以感染猪流感病毒。病猪是主要的传染源，康复动物和隐性感染动物，在一定时间内也可带毒、排毒，以空气飞沫传播为主。多发生在寒冷季节，以深秋、冬季和早春多发。阴雨、潮湿、寒冷、运输、拥挤、密集饲养、营养不良和体内寄生虫侵袭均可促进本病的发生和流行。发病率高达100%，死亡率小于1%。但本病在感染和发生过程中常出现并发感染和继发感染，而使病情复杂化。

（三）临床症状

潜伏期2~7 d，病程约1周。病猪突然发热，体温40~42 ℃，精神高度沉郁，减食或不食，卧地不起；眼结膜潮红，呼吸急促，呈腹式呼吸，气喘，咳嗽，鼻孔流出清亮或黏性分泌物，眼分泌物增多；肌肉与关节疼痛，触摸时敏感，行走无力，粪便干燥，小便呈黄色。妊娠母猪感染发病可出现流产、早产或产死胎与弱仔。哺乳仔猪发病死亡率较高。

（四）病理变化

剖检可见病死猪只的鼻腔、咽喉、气管及支气管黏膜充血、水肿，含有大量带有泡沫的黏液，有时还有血液。肺部水肿呈紫色，间质增宽。肺的心叶、尖叶、中间叶切面有大量白色或棕红色泡沫状液体。脾脏肿大，胸腔和腹腔积液，含有纤维素性渗出物。颈部淋巴结、纵隔淋巴结及肺门淋巴结肿大、充血、水肿。胃黏膜充血，胃大弯充血明显；肠黏膜有出血性炎症。

（五）诊断

根据本病的流行特点、发病季节、临床症状和病理变化可作出初步诊断。但在流行初期或呈散发时需要与猪肺疫、急性气喘病区别开来。确诊需送专门的实验室诊断，必要时作病毒分离和血清学诊断（红细胞凝集抑制试验），也可用猪流感病毒 RT-PCR 诊断。

（六）防治措施

1. 预防措施

本病目前尚无特异性疫苗，因为 A 型流感病毒在自然界中亚型很多，经常发生变异且各亚型之间无交叉免疫力或交叉免疫力很小，依靠几个亚型的疫苗往往不能起作用，所以对本病的防制以精心护理最为重要。

2. 治疗措施

无特异疗法。发病时由于大部分猪会发烧，需要大量饮水，因此要给足清洁饮水。在饮水中加入止咳化痰、清热解毒的药物。使用抗生素类药物和磺胺类药物，对减轻症状、控制并发症和继发感染有一定的效果，也可肌内注射板蓝根 3~6 mL。中药可用野菊花 30 g、一枝黄花 24 g，一次用水煎服，连用 3~5 d。

十、猪痘

猪痘是由痘病毒引起的一急性、热性传染病。主要特征是在猪的皮肤上发生典型的丘疹和痘疹。此病在某些地区猪场常有发生，并非普遍发生。

（一）病原

猪痘的病原有两种：一种是猪痘病毒，只能使猪发病，仔猪发生痘样疹，多发生于 4~6 周龄仔猪；另一种是痘苗病毒，可以使猪和其他动物感染，包括人。痘病毒对干燥的抵抗力较强，在干痂皮中的病毒可存活 6~8 个月，冻干的病毒可保存几年，而且在低温环境中存活时间也长；腐败条件下很快死亡；对热抵抗力差，加热 56 ℃ 20 min、37 ℃ 24 h 可使病毒死亡。常用消毒药如 1%~2% 火碱、0.5% 福尔马林、70% 酒精及碘液等均可在短时间内将病毒杀死。

（二）流行病学

猪痘病毒只能使猪发病，4~6 周龄仔猪多发；痘苗病毒能使猪及多种动物感染，可感染各种年龄的猪。成年猪有抵抗力。主要是病猪与健康猪接触经损伤的皮肤而感染，特别是猪血虱，吸血昆虫如蚊、蝇在传播上起重要作用。4~6 周龄仔猪及断奶仔猪发病急、死亡率高。任何季节都可发生，但秋冬天气阴寒、猪圈潮湿、饲养密度过大及营养不良时发病和死亡率增高。

（三）临床症状

病猪症状潜伏期 4~7 d，体温升高，精神和食欲不振，眼、鼻有分泌物。发痘时病猪有痒感，在猪圈墙壁、栏柱等处摩擦。主要在病猪皮薄毛少部位，如鼻吻、眼睑、腹部、四肢内侧、背部或体侧等处发生结节样丘疹，刚开始痘疹为深红色的硬结节，凸出皮肤表面，略呈半球状，表面平整，见不到水疱即成脓疱，很快变成暗棕色结痂，痂脱落后可见白色的斑块，这是病愈期。病程 10~15 d，大多取良性经过，极少病猪发生全身痘和继发感染，主要是幼龄小猪死亡率高。

（四）病理变化

主要病变在病猪皮薄毛少部位发生结节性丘疹，凸出皮肤表面，略呈半球状。猪痘病毒只在猪源组织细胞内增殖，并在细胞核内形成泡和包涵体。痘苗病毒能在牛、人、绵羊等动物的胚胎细胞内增殖，并在被感染的细胞内形成包涵体。猪痘病毒与痘苗病毒之间无交互免疫。

（五）诊断

根据流行特点（主要是猪发生此病，幼龄猪多发、死亡率高）及典型的痘疹变化，即可作出临床诊断。若要区别何种痘症，可做家兔接种试验，接种部位出现痘症的是痘苗病毒，无变化的是痘病毒。

（六）防治措施

1. 预防措施

消灭猪血虱及猪场蚊、蝇对预防该病有重要作用。新购猪要先隔离饲养 1~2 周，防止引入传染病。平时做好猪只饲养管理和圈舍、环境的消毒卫生，要对病猪污染的环境及用具彻底消毒，垫草要焚烧。

2. 治疗措施

目前无疫苗可用。对病猪作局部的对症隔离治疗，用 0.1%高锰酸钾溶液冲洗患部后涂碘甘油，要注意采用防止继发感染措施。康复猪可获得坚强的免疫能力。

十一、猪轮状病毒病

轮状病毒病是由轮状病毒引起的仔猪、羔羊、犊牛等多种幼畜及新生婴儿的一种急性肠道传染病。受感染的幼畜以精神委顿、厌食、腹泻和脱水为特征。

（一）病原

轮状病毒是呼肠病毒科轮状病毒属的成员，为 RNA 病毒。病毒粒子表面光滑，外壳形似车轮而得名。该病分布广，在我国已从多种动物和人的粪便中分离到轮状病毒。A 群是常见的典型病毒，能侵害人类和多种畜禽，在猪体内的感染主要限于小肠上皮细胞，抑制其呼吸功能。病毒对理化因素抵抗力较强，56 ℃经 1 h 仍有感染性。在 pH 值为 3~10 的环境中不丧失其传染性。对日光、干燥等有抵抗力。对乙醚、氯仿、胰酶的抗性强。

（二）流行病学

轮状病毒的易感宿主较多，仔猪、羔羊、犊牛、幼兔、幼禽及儿童等均可感染。带毒猪、患病的畜禽及人是主要传染源。不同年龄的动物（猪）均可感染，以幼龄动物（仔猪）发病率高，其他畜禽多呈隐性感染。病毒存在于病畜肠道内，随粪便排出体外，污染饲料、饮水、垫草、土壤及饲养环境和用具，经消化道感染。本病传播迅速，多发生在晚秋、冬季和早春。特别是饲养管理不良、环境差、卫生条件差、寒冷、潮湿及应激因素等可促进本病发生，并对疾病的严重程度和病死率均有很大影响，如有继发细菌或病毒合并感染时，可加重病情和增加死亡率。

（三）临床症状

潜伏期 12~24 h，呈地方流行性。多发于 8 周龄以内的仔猪，发病仔猪一般表现为精神委顿，食欲减少，不愿走动，喂食后有的发生呕吐，随后发生腹泻，粪便水样或糊状，色呈黄白，或灰暗或黑色，腹泻越久，脱水越明显，严重的脱水常见于腹泻开始后的 3~7 d，体重可因此减轻 30%。由于脱水而致血液酸碱平衡紊乱，最后严重脱水死亡。

一般，仔猪轮状病毒感染的临诊症状比较温和，如无继发或混合感染及不良的应激因素存在时，感染仔猪的死亡率不会太高，大多在 10% 以内。但症状轻重取决于发病日龄和环境条件，特别是环境温度下降和继发大肠杆菌时，常使症状加重、病死率增高。仔猪若无母源抗体保护，感染发病严重，病死率可高达 100%；如有母源抗体保护，则 1 周龄仔猪一般不易感染发病；10~21 日龄哺乳仔猪症状较轻，腹泻 1~2 d 即迅速痊愈，病死率低；3~8 周龄或断奶 2 d 的仔猪，病死率一般 10%~30%，严重时可达 50%。

（四）病理变化

主要病变限于仔猪消化道。肠胃弛缓，胃内充满凝乳块和乳汁；小肠肠壁变薄，半透明，内容物呈液体、灰黄或灰黑色，小肠绒毛变短、扁平，肉眼可见；有时小肠广泛出血，肠系膜淋巴结肿大。

（五）诊断

本病主要发生于仔猪，临床症状以腹泻为主症，粪便呈黄白、灰黑色；发病率较高，死亡率低；病理变化主要限于消化道的炎性反应；在冬、春寒冷及气候多变化季节发生为多。根据以上几点可诊断为本病。实验室诊断可应用酶联免疫吸附试验、荧光抗体试验等方法检查特异性抗原。也可用猪轮状病毒 PCR 和 RT-PCR 诊断。还可用直接电镜法、免疫电镜法检查病毒。

鉴别诊断注意与仔猪黄痢、白痢及仔猪传染性胃肠炎和流行性腹泻等相区分。

（六）防治措施

1. 预防措施

一是加强饲养管理，增强母猪及仔猪的抵抗力；认真执行常规的兽医卫生措施。二是采取免疫措施，用 MA-104 细胞系连续传代培养，获得的猪源弱毒疫苗，用于免疫母猪，可使所产仔猪腹泻率下降 60% 以上，并提高成活率。此外，也可用猪轮状病毒病与传染性胃肠炎二联弱毒疫苗，在新生仔猪吃初乳前肌内注射，30 min 后喂奶；或给妊娠后期母猪注射，也可使其所产仔猪获得良好的被动免疫。

2. 治疗措施

（1）治疗方案　本病尚无特效的治疗方法，一般采取消炎、止泻、补液防脱水等对症治疗。发病后先停止哺乳或限饲，代之以自由饮用葡萄糖盐水，并投入收敛止泻剂，使用抗菌药物以防止继发感染，静脉注射葡萄糖盐水和碳酸氢钠溶液以防止脱水和酸中毒等，一般都可获得良好效果。在对症治疗的同时，做好仔猪的护理，搞好仔猪舍的清洁、卫生，保持猪舍温暖、清除粪便及污染垫草，清洗饲养管理用具，并消毒圈舍。

（2）治疗处方

处方一：口服补液盐，配方：氯化钠 3.5 g、碳酸氢钠 2.5 g、氯气钾 1.5 g、葡萄糖 20 g，凉开水 1 000 mL，混合溶解后仔猪每千克体重口服 30~40 mL，每天 2 次。

处方二：硫酸庆大霉素注射液 16 万~32 万单位，地塞米松注射液 2~4 mg，一次肌内注射或后海穴注射，每日 1 次，连用 2~3 d。

十二、猪传染性脑脊髓炎

猪传染性脑脊髓炎是由猪脑脊髓炎病毒引起的侵害中枢神经的一种传染病。病猪表现以感觉过敏、震颤、痉挛、麻痹为主要特征。因该病最初发生于原捷克斯洛伐克的捷申城，故又称捷申病。

（一）病原

病原是小核糖核酸病毒科肠道病毒属的猪脑脊髓炎病毒，呈圆形，为单股 RNA 病毒。病毒能在仔猪肾细胞上增殖，引起细胞病变，也可形成蚀斑。病毒主要存在于病猪的脑和脊髓组织中，血液和粪便中也可出现，在感染后几周内可随唾液和排泄物排出病毒。病毒对乙醚、氯仿等有机溶剂有抵抗力，在 pH 值为 3~9.0 环境中 4 ℃时可保持稳定达 24 h，加热 60 ℃ 20 min 可被灭活，对干燥抵抗力强，在干燥或腐败条件下，病毒在 3 周之内不死亡。对较多消毒药有抵抗力，次氯酸钠、漂白粉对其有效果。

（二）流行病学

本病只感染猪，不同年龄和品种（包括野猪）都可感染，但 4~5 周龄的幼龄猪比成年猪更易感。病猪、带毒猪和隐性感染猪是主要传染来源。病毒在肠道中增殖，经粪便排出体外，污染饲料及饲养环境等，经消化道感染。呼吸道也是主要的感染途径。本病常呈地方流行性发生，一批猪发病后，经过数周或数月，又一批猪发病，这与成年猪和母猪的高抗体、排毒猪的存在和病毒对外抵抗力强密切相关。

（三）临床症状

病初体温升高，精神萎靡、食欲废绝，随后出现共济失调。严重者出现眼球震颤、肌肉抽搐、惊厥、昏迷、角弓反张。病猪麻痹、瘫痪、呈犬坐姿势或躺卧一侧，活动不协调，经 3~4 d 死亡。若由毒力较低的病毒引起，则症状较轻，发病率和死亡率均低。

（四）病理变化

剖检后可见脑膜水肿，脑和脑膜充血，慢性病例有肌肉萎缩。组织学检查为非化脓性脑脊髓炎变化。神经细胞变性和坏死，神经胶质细胞增生，有明显的噬神经变化。血管周围有多量的淋巴细胞为主的细胞浸润，形成明显的血管套。这些变化主要分布在脊髓腹侧、小脑灰质和脑干部位。

（五）诊断

1. 现场诊断

临床诊断以幼龄猪多发，病猪体温升高，有明显的兴奋、痉挛和麻痹的神经症状；病理学检查为非化脓性脑脊髓炎。可初步诊断为猪传染性脑脊髓炎。

2. 生物学试验

将病料接种于 10 kg 左右的小猪脑内，经 10 d 左右可出现与自然病例相似的症状和病理组织学变化。

3. 病毒分离

无菌采取病猪小脑、脊髓灰质制成 10% 悬液，接种于猪肾细胞，培养后可出现细胞病变。

（六）防治措施

1. 预防措施

加强进境猪和猪肉制品的检疫，禁止从疫区引进猪。国内猪流通要重视本病的预防工作，如确诊为本病的猪就地扑灭，并做好封锁及消毒工作。国外已有弱毒苗和灭活苗供使用，6周龄以上的小猪接种，可产生半年的免疫力。

2. 治疗措施

本病尚无有效的治疗方法。对某些症状较轻的病猪加强护理，可望逐渐恢复。病猪恢复后可产生坚强的免疫力，故可用疫苗预防。

第二节　仔猪常见细菌性疾病

一、猪肺疫

猪肺疫由多杀巴氏杆菌引起的一种猪的传染病，又称猪肺炎性巴氏杆菌病，俗称"锁喉疯"或"肿脖子瘟"。主要特征为败血症，咽喉部急性肿胀，高度呼吸困难，或表现为纤维性胸膜肺炎症状。本病分布广泛，呈散发性发生，发病急，但发病率不高，常继发于其他传染病，在我国属于二类动物疫病。

（一）病原

本病的病原体是多杀性巴氏杆菌，属于巴氏杆菌属，为革兰氏阴性的小杆菌或球杆菌，单个存在，无鞭毛，无芽孢，无运动，产毒株则有明显的荚膜。根据菌株荚膜抗原（K）结构不同，可将之分为A、B、D、E和F共5种荚膜血清型，B型能引起多种严重疾病。从肺炎猪的肺脏中经常分离到A型毒株，也常分离到D型。依巴氏杆菌的耐热性抗原的不同，将其分为16个血清型，一般而言，各型之间不能交叉保护。但在一定条件下，各种动物之间可发生交叉感染。不过交叉感染一般呈散发，常取慢性经过。本菌为需氧及兼性厌氧，存在于患病动物全身各组织、分泌物及排泄物里，只有少数慢性病例仅存在于肺脏的小病灶内，健康动物的上呼吸道也常带菌。多杀性巴氏杆菌的抵抗力不强，在血液及粪便中能生存10 d，在腐败的尸体中能生存1~3个月，但在日光和高温下能立即死亡，对物理和化学因素的抵抗力低，普遍消毒药常用浓度对本菌都有良好的消毒力，1%火碱和2%来苏尔等能迅速将其杀死。

（二）发病机制

多杀性巴氏杆菌是畜禽出血性败血症的一种原发性病原，也常为其他传染病的继发病原。对多种动物和人均有致病性，动物中发生巴氏杆菌病时，往往查不出传染源，一般认为动物在发病前已经带菌。此菌可大量寄生在动物的上呼吸道黏膜上，各种诱因使机体抵抗力降低时，病原菌即可乘机侵入体内，经淋巴液而入血液，形成菌血症，发生内源性感染，并可在24~48 h内发展成败血症而死亡。流行性猪肺疫以外源性感染为主，指病猪的排泄物或分泌物所带的病菌，污染饲料和饮水以及周围环境后，经消化道或由于病猪的飞沫经呼吸道侵入健康猪体。高毒力菌株能够在体内存活和繁殖到产生内毒素，能引起一系列病理学过程。

（三）流行病学

多杀性巴氏杆菌对多种动物和人均具有致病性。各种日龄的猪均有易感性，小猪和中猪的发病率较高。病猪和健康带菌猪是主要传染源。在猪群拥挤、圈舍潮湿、卫生条件差及气候骤变等不良因素，降低了猪体的抵抗力，或发生某种传染病时，病菌乘机侵入机体内繁殖而引起发病。

（四）临床症状

临床症状的严重程度一般取决于多杀性巴氏杆菌的种类以及猪的免疫情况，因此潜伏期长短不一，自然感染的猪快者为 1~3 d，慢者为 5~12 d。临床上常分为最急性、急性和慢性 3 种类型。

1. 最急性型

常见于流行初期，病猪无明显临诊症状，呈败血症经过，常突然死亡。病程稍长者可见体温 41 ℃以上，食欲废绝，精神萎靡；咽喉部肿胀，呼吸极度困难，叫声嘶哑，口鼻流出泡沫样液体，有时混有血液；耳根、颈、腹部等皮肤出现紫红色斑，可视黏膜因缺氧而发紫；严重时呈犬坐姿势张口呼吸，病程 1~2 d，终因呼吸困难最后窒息而死。最急性型病死率高。

2. 急性型

又称为胸膜肺炎型，是此病常见的病型。表现为纤维素性胸膜肺炎症状，体温 41 ℃左右，食欲减少或废绝，干咳或湿咳，有脓性鼻汁和脓性眼屎。呼吸困难，结膜发绀，皮肤上有红斑。有的病猪先便秘后腹泻，消瘦无力。病程 4~6 d，大多患病猪死亡，不死者常转为慢性。

3. 慢性型

慢性型表现为慢性肺炎症状，咳嗽及呼吸困难，体温忽高忽低，消瘦无力，有的发生关节肿胀、跛行，皮肤可见湿疹。如不及时治疗常于发病 2~3 d 后衰竭而死亡。

（五）病理变化

最急性型病例主要是全身黏膜、浆膜和皮下组织大量出血点，咽喉部及其周围结缔组织的出血性浆液浸润。全身淋巴结出血，切面呈红色。肺急性水肿。急性型病例除了全身黏膜、浆膜、实质器官和淋巴结出血性病变外，特征性的病变是纤维素性肺炎。慢性型病例的尸体极度消瘦、贫血，肺脏大部分肝变，并有黄色或灰色坏死灶，胸膜粘连。

（六）诊断

多杀性巴氏杆菌感染后不产生特异性的病理变化，因此不能依据病理变化作为诊断本病的唯一标准。临床上应根据流行病学、临床症状、病理变化综合分析后作出初步诊断。可依据高热咽喉部红肿、呼吸困难、剖检时见有败血症变化或纤维素性肺炎变化，即可作出初步诊断。确诊需进行细菌学检查和动物接种试验。近年来建立在现代分子生物学基础上的PCR 是一种快速、简捷、敏感、特异的检测方法，可以用猪多杀性巴氏杆菌 PCR 诊断方法诊断。

诊断时注意与猪流感、单纯性猪气喘病、猪传染性胸膜肺炎、猪肺炎型沙门氏菌病的区别。尤其是此病的急性型应注意与败血性猪瘟、猪丹毒、猪副伤寒、猪链球菌病区别。

（七）治疗与预防

1. 治疗措施

（1）注射给药　最急性和急性病猪，用抗猪肺疫血清治疗效果最好。药物治疗时一般采用交叉用药，用药前尽可能先做药敏试验，个体治疗可选用第三代头孢菌素类和氟喹诺酮类。对症状明显的发病猪可注射盐酸头孢噻呋、头孢喹肟（混悬液），按每千克体重 0.1 mL，每日 1 次连用 3 d。或青霉素、链霉素合用，按每千克体重各 1 万单位，肌内注射，每天 2~3 次，连用 2~3 d。也可选用氨基糖苷类、氨苄西林、阿莫西林、氟苯尼考、长效土霉素、强力霉素和磺胺类药物。

（2）药物拌料　对发病猪舍全群猪第 1 天用富乐星（10%氟苯尼考）800 g+30%强力霉素 400 g+金维 C（复合多种维生素）500 g，拌饲料 500 kg 饲喂；第 2~3 天用富乐星 600 g+30%强力霉素 300 g+金维 C 500 g，拌饲料 500 kg 饲喂。

（3）紧急接种　对未发病的猪可口服猪多杀性巴氏杆菌活疫苗（679-230 株），每头猪 3 头份。

2. 预防措施

（1）定期预防接种　每年春秋两季定期预防，可选用猪肺疫氢氧化铝甲醛灭活苗、猪多杀性巴氏杆菌病灭活疫苗、猪丹毒-猪多杀性巴氏杆菌二联灭活疫苗，其接种途径和剂量等参照各种疫苗的使用说明书。

（2）加强饲养管理　预防本病，在于加强饲养管理，严格执行兽医卫生防疫制度，并减少各种应激，发现病猪后应立即隔离治疗，对圈舍、场地、用具等必须彻底消毒。

二、副猪嗜血杆菌病

副猪嗜血杆菌病又叫革拉泽氏病，是副猪嗜血杆菌引起猪的一种严重接触性传染病和全身性疾病。

（一）临床特征

临床特征发烧、咳嗽、严重呼吸困难，发绀、疼痛、被毛粗乱、进行性消瘦，部分猪出现关节肿胀、跛行和中枢神经症状，以及极高的死亡率。剖检病变主要表现为纤维素性多发性浆膜炎、间质性肺炎、心包炎、胸膜炎、腹膜炎、多发性关节炎和脑膜炎。

（二）临床诊断要点

1. 流行特点

病猪和带菌猪是主要传染源，主要传播途径是呼吸道。流行无明显季节性，以冬春寒冷季节多发。可感染 2 周龄至 4 月龄的哺乳仔猪、保育仔猪和生长猪，但以断奶后仔猪和保育阶段猪较易发病，尤以 5~8 周龄的猪最易感。一旦暴发，通常以并发感染或混合感染出现，发病率一般 15%~30%，严重时死亡率 50%~60%。猪瘟、支原体肺炎、萎缩性鼻炎、猪伪狂犬病等原发病的流行为本病的继发和混合感染提供了可乘之机。特别是圆环病毒病和蓝耳病致机体免疫功能下降，本病更易暴发，是这两种病的影子。

2. 临床症状

猪只发病快，病猪精神沉郁，食欲不振甚至废绝，眼睑水肿，眼角分泌物增多，体温升高至 40.5~42.5 ℃，部分腕关节和跗关节明显肿胀、跛行，咳嗽，腹式呼吸，部分呼吸困难，喜卧、不愿站立，行走缓慢或呈犬坐姿势，腹股淋巴结肿大；部分病猪耳梢发绀，四肢及腹部皮肤发红，下痢，皮肤苍白，贫血，尿色加深，可视黏膜发绀，随之死亡，临死前共济失调，角弓反张，部分出现转圈、四肢呈划水状等神经症状。

3. 病理变化

病理变化以全身多发性浆膜炎为特点。大量化脓性纤维蛋白渗出物覆盖在腹膜和腹膜上，呈浆液性或纤维素胸膜炎、腹膜炎、心包炎（纤维素性渗出物形成的"绒毛心"）、关节炎（尤其是腕关节和跗关节），部分可见脑膜炎。胸腔积液、腹腔积液、心包液和关节液均增多，积液呈淡黄色，有的呈胶冻状；肺脏覆盖一层纤维素性渗出物，肺淤血，间质增宽，呈暗红色大理石样外观。全身淋巴结肿大，特别是腹股沟、肠系膜和肺门淋巴结肿大较明显。

4. 鉴别诊断

根据流行病学、临床症状和病理变化可作出初步诊断，细菌的分离培养往往不能成功，确诊需借助实验室 PCR 检测和基因组分型。

要将本病与其他败血性细菌感染相区别，主要应与传染性胸膜肺炎鉴别。本病主要发生在仔猪断奶前后和保育阶段，引起的主要病变有心包炎、胸膜炎、腹膜炎、关节炎和脑膜炎，呈多发性；而传染性胸膜肺炎主要发生在生长育肥猪，典型病变是纤维蛋白性胸膜炎并局限于胸腔，肺腑有出血性、坏死性病变。

（三）防治措施

1. 预防措施

本病的治疗效果不好，预防本病暴发才是上策。应加强饲养管理与环境消毒，减少各种应激因素。要严格分群，避免将不同日龄猪只混养。产房和保育舍坚持全进全出制度。

2. 治疗措施

本病临床治疗困难，在发病初期可采用抗菌药物治疗，但治愈率也仅有 60% 左右。

三、猪链球菌病

链球菌病是一种人兽共患传染病，C、D、E 及 L 群链球菌引起猪的多种链球菌病。在猪常发生化脓性淋巴结炎、败血症、脑膜脑炎及关节炎。其病原体多为溶血性链球菌，以 E 群引起淋巴结脓肿最为常见，流行最广；以 C 群引起败血性链球菌病危害最大。

（一）病原

链球菌病的病原为链球菌，呈链状排列，是革兰氏阳性球菌。不形成芽孢，有的可形成荚膜，需氧或兼性厌氧，多数无鞭毛，只有 D 群某些链球菌有鞭毛。在加有血液及血清的培养基上，37 ℃培养 24 h，可见微小圆形、直径 0.1~1.0 mm、透明而略带灰白色小滴状菌落。从抗原上分群，本菌分为 A~U 等 19 个血清型，在一个血清群内，因表面抗原不同，又将本菌分为若干型。

（二）流行特点

链球菌在自然界分布广泛，猪的易感性较高。各种年龄的猪可发病，仔猪和成年猪均有易感性，以新生仔猪、哺乳仔猪的发病率和病死率高，多为败血型和脑膜炎型，其次为中猪和怀孕母猪，以化脓性淋巴结炎型多见。病猪、临床康复猪和健康猪均可带菌，通过口、鼻、皮肤伤口而传染。一般呈地方流行性，本病传入后，往往在猪群中陆续出现。

（三）临床症状及病变

1. 败血症型

在流行初期常有最急性病例，往往头晚未见任何症状，次晨已死亡；或停食一二顿，体温41.5~42℃，精神委顿，腹下有紫红斑，也往往死亡。急性型病例，常见精神沉郁，体温41℃左右，呈稽留热，减食或不食，眼结膜潮红，流泪，有浆液性鼻汁，呼吸浅表而快。少数病猪在病的后期，于耳、四肢下端、腹下有紫红色或出血性红斑，有跛行，病程2~4 d。死后剖检，呈现败血症变化，各器官充血、出血明显，血液增量，脾肿大，各浆膜有浆液性炎症变化等。

2. 脑膜脑炎型

病初体温升高，不食，便秘，有浆液性或黏液性鼻汁。继而出现神经症状，运动失调，转圈，空嚼，磨牙，仰卧于地，四肢游泳状划动，甚至昏迷不醒。部分猪出现多发性关节炎。病程1~2 d。死后剖检，脑膜充血、出血，脑脊髓液浑浊，增量，有多量的白细胞，脑实质有化脓性脑炎变化。

3. 关节炎型

由前两型转来，或者从发病起即呈关节炎症状，表现一肢或几肢关节肿胀、疼痛、跛行，甚至不能站立，病程2~3周。死后剖检见关节周围肿胀，充血，滑液浑浊，重者关节软骨坏死，关节周围组织有多发性化脓灶。

上述三型很少单独发生，常混合存在，或者先后发生。

4. 化脓性淋巴结炎型

多见于颌下淋巴结，其次是咽部和颈部淋巴结。受害淋巴结肿胀，坚硬，有热有痛，可影响采食、咀嚼、吞咽和呼吸。有的咳嗽，流鼻汁。淋巴结化脓成熟，肿胀中央变软，皮肤坏死，自行破溃流脓，脓带绿色、黏稠，无臭，不引起死亡。

（四）诊断

猪链球菌病的病型复杂，其流行情况无特征，需进行实验室检查才能确诊。

1. 实验室检查

根据不同的病型采取相应的病料，如脓肿、化脓灶、肝、脾、肾、血液、关节液、脑脊髓液及脑组织等，制成涂片，用碱性美蓝液和革兰氏染色液染色，显微镜检查，见到呈革兰氏阳性单个、成对、短链或呈长链的球菌，可以确诊为本病。也可进行细菌分离培养鉴定。

2. 鉴别诊断

本病临床症状和剖检较复杂，而且与急性猪丹毒、猪瘟相混淆，应注意区别。

急性猪丹毒：采取脾、肾涂片，染色镜检，见革兰氏阳性（紫色）小杆菌。

猪瘟：各种抗菌药物治疗无效，皮肤和肾有密集的小出血点，有化脓性结膜炎，无跛行症状，病程较长。

（五）综合防制

1. 治疗

将病猪隔离，按不同病型相应治疗。对淋巴结脓肿，待脓肿成熟变软后，及时切开，排除脓汁，用3%双氧水或0.1%高锰酸钾冲洗，涂以碘酊。对败血症型及脑膜炎型，应早期大剂量使用抗生素或磺胺类药物。青霉素每头每次40万~100万 IU，每天肌内注射2~4次。氯霉素10~30 mg/kg体重，每日肌内注射2次。庆大霉素1~2 mg/kg体重，每日肌内注射2

次。也可用乙酰环丙沙星治疗猪链球菌病，2.5~10 mg/kg体重，每隔12 h注射1次，连用3 d，能迅速改善症状，疗效优于青霉素。

2. 预防

（1）免疫预防　疫区的猪在60日龄首次接种猪链球菌病氢氧化铝胶苗，以后每年春秋各免疫1次。或采用猪链球菌弱毒苗，每半年注射1次。

（2）药物预防　猪场发病后，如果暂时买不到菌苗，可用药物预防，每吨饲料中加入四环素125 g，连喂4~6周，以控制本病的发生。

四、猪传染性萎缩性鼻炎

猪传染性萎缩性鼻炎主要是由支气管败血波氏杆菌引起的猪的一种慢性呼吸道传染病。其特征是鼻甲骨萎缩，临床主要表现为喷嚏、鼻塞等鼻炎症状和颜面部变形或歪斜。本病可使猪只生长性能、饲料利用率和机体抵抗力下降，易感染其他疾病等。近年来随着养猪业集约化发展，猪的引种及调运频繁，猪传染性萎缩性鼻炎也随之扩散蔓延，造成较大经济损失。

（一）病原

本病原主要是支气管败血波氏杆菌的Ⅰ相菌，其次是产毒素的多杀性巴氏杆菌（主要是D型）。其他微生物如绿脓杆菌、放线菌、毛滴虫及猪细胞巨化病毒等有时也参与感染。

支气管败血波氏杆菌是革兰氏阳性球杆菌或小杆菌，具有运动性，不形成芽孢，是严格需氧菌。本菌有3个菌相，Ⅰ相菌病原性强，有荚膜，呈球形或球杆状，具有表现K抗原和强坏死毒素，在不适当的条件下，可向Ⅱ、Ⅲ相菌变异，Ⅱ相菌和Ⅲ相菌毒力较弱。

（二）流行病学

本病于1830年在德国最初发现，现已广泛分布于养猪业发达国家。我国本无此病，由于种猪进口检疫不严而带来。据杨留战（1989）对我国6个省21个猪场调查，阳性率61.8%。

任何年龄的猪都可感染此病，但以幼猪的易感性最大，较大的猪感染后可能看不到症状而成为带菌者。主要通过飞沫传播。

（三）临床症状

呈现打喷嚏，剧烈地将鼻端向周围的东西上磨蹭，鼻腔分泌黏液性或脓性鼻汁，有眼眵和附着于眼下半月状部的黄黑色斑点（泪斑），鼻面部皮肤形成皱纹，上颌部异常发达和门齿咬合不正。如病状发展，出现头盖颜面部变形，鼻侧隆起，鼻变曲，形成"哈巴狗面"。病猪日增重降低，饲料转化效率下降。

（四）病理变化

本病最特征性的病变是鼻甲骨的萎缩，在两侧第一、二对前臼齿间的连线上将鼻腔横断锯开，观察鼻甲骨的形状和变化，最常见的是下鼻甲骨萎缩，随着病情发展而表现不同变化，也有波及上鼻甲骨和筛骨。

（五）诊断

根据临床症状、病理变化和微生物学检查结果，可以作出正确诊断。

1. 病原的分离鉴定

采取患病猪的鼻拭子或锯开鼻骨采取鼻甲骨卷曲的黏液，进行细菌分离培养检查和生化鉴定。

2. 血清学诊断

试管血清凝集反应具有较高的特异性。

3. X 线诊断

根据猪鼻 X 线影像发生的异常改变作出诊断。

（六）综合防制

1. 免疫接种

将当地分离的菌株制成油佐剂灭活菌苗，具有很好的免疫预防效果。

2. 药物治疗

支气管败血波氏杆菌对磺胺类药物和抗生素敏感，但由于到达鼻黏膜的药量有限，以及黏液的保护，难以彻底清除呼吸道内的细菌，因此要求用药剂量要足，持续时间要长。

母猪、断奶仔猪及架子猪：磺胺二甲嘧啶 100~450 g/t 拌料；或用磺胺二甲嘧啶 100 g/t、金霉素 100 g/t、青霉素 50 g/t，联合拌料；或用泰乐菌素 100 g/t、磺胺嘧啶 100 g/t，联合拌料。连喂 4~5 周。

仔猪：从 2 日龄开始，每隔 1 周肌内注射 1 次增效磺胺，用量为磺胺嘧啶 12.5 mg/kg 体重，加甲氧苄氨嘧啶 2.5 mg/kg 体重，连续 3 次；或每周肌内注射 1 次长效土霉素，连续 3 次。

此外，鼻腔内用 2.5％硫酸卡那霉素喷雾，滴注 0.1％高锰酸钾、2％硼酸液等，对预防和控制本病的发展也可起到一定的作用。

磺胺药及抗生素可减轻临床症状，对猪群饲料利用率和增重率有好转。对于感染猪群，及早使用疫苗，结合药物防治，可以加快从鼻腔内清除病原菌，并能促进鼻甲骨的恢复。但对于鼻部严重变形的猪只，最好将其淘汰，减少传染源，结合血清学监测最终净化该病。

五、仔猪副伤寒

仔猪副伤寒是由沙门氏菌引起的 1~4 月龄仔猪发生的传染病，以急性败血症，或慢性坏死性肠炎，顽固性下痢为特征。常引起断奶仔猪大批发病，如伴发或继发其他疾病或治疗不及时，死亡率较高。

（一）病原

沙门氏菌属于革兰氏阴性杆菌，不产生芽孢，亦无荚膜，绝大部分沙门氏菌都有鞭毛，能运动。在普通培养基上生长良好，形成圆形、光滑、无色半透明的中等大小菌落。在猪的副伤寒病例中，沙门氏菌的血清型复杂，其中主要的有猪霍乱沙门氏菌、猪伤寒沙门氏菌、鼠伤寒沙门氏菌、肠炎沙门氏菌等。

（二）流行病学

本病一般发生于幼龄猪，主要感染 6 月龄以内的猪，1~4 月龄的仔猪多发，多呈散发形式，在密集饲养、环境污秽、潮湿、各种应激、营养障碍、内寄生虫和病毒感染等条件下，可导致流行，无季节性，多与猪瘟混合感染。

（三）临床症状

1. 急性型（败血型）

多见于断奶后不久的仔猪，体温 41~42 ℃，精神不振，不食，下痢，鼻端、耳和四肢末端皮肤发绀，很快消瘦，被毛粗乱；步态不稳、呕吐、腹泻，粪便呈粥状或水样，黄褐、灰绿或黑褐色，恶臭；发生肺炎时有咳嗽和呼吸加快等症状，呼吸困难。有时出现症状后24 h内死亡，但多数病程2~4 d。病死率高，不死的猪多发育停滞，成僵猪。

2. 亚急性和慢性型

是本病临床上多见的类型。病猪体温突然升高40.5~41.5 ℃，精神不振，食欲减退或不食，虽然外界气温较高，但病猪仍出现寒战，扎堆、钻草窝，眼角有黏性分泌物。初期便秘，后期下痢，粪便淡黄色或灰绿色，恶臭，有的粪中带血，肛门失禁，脱水严重，眼球下陷，行走摇摆，很快消瘦。部分病猪在病的中后期，皮肤会出现弥漫性湿疹，特别是在腹部皮肤，有时可见绿豆大、干涸的浆性覆盖物，揭开见浅表溃疡。病程往往拖延2~3周或更长，最后极度消瘦，衰竭而死。有时病猪症状减轻似痊愈，但过一段时间又复发，以致影响生长发育。

（四）病理变化

病死猪剖检可见腹腔有少许积液，局部或弥漫性、坏死性肠炎，肠系膜淋巴结肿大，心耳、心冠沟和右心室内膜有出血斑点，心肌外膜和心包膜粘连，心包积液。肾脏肿大，皮质髓质界限不清，有出血点。脾脏肿大呈暗紫色，肠系膜淋巴结呈索状肿大，其他部位淋巴结不同程度肿胀、出血；胃底充血，胃肠黏膜有散在点状出血，肠道黏膜严重脱落，大肠黏膜有麸皮样坏死物，盲肠、结肠肠壁增厚，黏膜上覆盖着一层弥漫性腐乳物质，有不同程度的出血，有的出现不规则陈旧性溃疡灶。

（五）诊断

根据流行病学、临床症状和病理变化可作出初步诊断。确诊需从病猪的血液、脾、肝、淋巴结、肠内容物等分离和鉴定沙门氏菌。

临床上仔猪副伤寒与猪瘟、猪痢疾有些相似，容易混淆，应注意鉴别。猪瘟的皮肤常有小出血点，精神高度沉郁，不食，药物治疗无效，病死率极高，不同年龄的猪都发病，传播迅速，剖检时肝脾不肿大，无坏死灶，但脾有出血性梗死，回盲口附近有扣状溃疡；猪痢疾有轻重不等的腹泻，与慢性仔猪副伤寒相似，但猪痢疾传播缓慢，流行期长，持续下痢，粪便经常带血和黏液，呈棕色、红色或黑色，剖检时大肠黏膜表层有弥漫性坏死、出血，或有黏液，不发生深层坏死。

（六）防治措施

在本病常发地区和猪场，对仔猪应坚持菌苗接种。采用C_{500}弱毒菌株生产的猪副伤寒弱毒冻干苗，用于1月龄以上哺乳或断乳仔猪，口服或注射接种，能有效预防本病。但使用该菌苗时应注意，抗生素对菌苗的免疫力有影响，在用苗的前3 d和用后7 d应停止使用抗菌药物。

常用的治疗药物有土霉素每日50~100 mg/kg体重、新霉素每日5~15 mg/kg体重，分2~3次口服，连用3~5 d后，剂量减半，继续用药4~7 d。强力霉素每次2~5 mg/kg体重，口服，每日1次，对早期病例有较好效果。对较为严重的病例可用氯霉素50 mg/kg体重，肌内注射，同时内服大蒜汁（大蒜200 g捣烂，加白酒150 g浸泡24 h过滤）每次5 mL，每天2次，连用3 d；或用痢菌净6 mg/kg体重，肌内注射，同时内服痢特灵30 mg/kg体重，每天2次，连用3 d。对顽固性腹泻病例可用恩诺沙星，按215 mg/kg体重，肌内注射，每天2次，连用3 d。

六、仔猪红痢

仔猪红痢又叫猪梭菌性肠炎，是由 C 型产气荚膜梭菌引起的仔猪的肠毒血症，主要侵害出生后 3 d 以内的仔猪，表现为死亡率极高的急性出血性肠炎。

（一）病原

病原体为 C 型产气荚膜梭菌。为革兰氏阳性有荚膜不运动的厌氧大杆菌，芽孢呈卵圆形，位于菌体中央。本菌可产生致死毒素，可引起仔猪的肠毒血症、坏死性肠炎。形成芽孢后对外界抵抗力强。

（二）流行病学

C 型产气荚膜梭菌在自然界分布很广，土壤中大多存在本菌。在感染本病的猪群中，此菌常存在于一部分母猪的肠道中，通过粪便污染猪舍，仔猪生后不久将细菌吞入消化道引起发病。本病主要侵害 1~3 日龄仔猪，1 周以上的仔猪很少发病。发病率 40%~50%，致死率可达 100%。

（三）临床症状

病程短促，有些在生后 3 d 内全窝死光，大于 3 日龄发病较少。最急性的临床症状多不明显，一发现打蔫拒食等症状即迅速死亡。病仔猪主要症状是排出红褐色血性稀粪，含有少量灰色坏死组织的碎片和气泡，腥臭味，后肢沾染血样便。有的病猪呕吐、尖叫而死。

（四）病理变化

剖检主要病变在小肠，尤其是空肠有长短不一的出血性坏死，外观肠壁呈深红色，两端界限分明。肠内充满气体，肠内容物呈不同程度的灰黄、红黄或暗红色，腹水增多呈血性。

（五）诊断

根据多发于出生后 3 d 内的仔猪，呈现血痢，病程短促，感染率高，很快死亡，一般药物和抗生素治疗无明显效果，剖检见出血性肠炎等病理变化，不难作出诊断。如需要，可进行细菌学检查，方法包括肠内容物涂片镜检、肠内容物毒素检查、细菌分离鉴定等。

（六）防制措施

本病发病迅速，病程短，发病后用药物治疗往往疗效不佳。

给怀孕母猪注射菌苗，仔猪出生后吮食初乳可以获得免疫，这是预防仔猪红痢的最有效办法。目前有采用 C 型产气荚膜梭菌 C_{59-2} 制成 C 型产气荚膜梭菌福尔马林氢氧化铝菌苗，于母猪临产前 1 个月免疫，两周后重复免疫 1 次。

七、仔猪黄痢

仔猪黄痢又称早发性大肠杆菌病，是一种由致病性大肠杆菌引起的初生仔猪急性、致死性传染病。本病无明显的季节性，患病动物和带菌者是主要传染源，通过粪便排出病菌，散布于外界，污染圈舍、空气及母猪的乳头和皮肤。当仔猪吮乳时，经消化道而感染。随着养猪业规模化、集约化发展，仔猪发生黄痢时，常波及一窝，严重影响仔猪的成活率。

（一）流行病学

本病多发于炎夏和寒冬潮湿季节，春、秋温暖季节发病少。1 日龄内的仔猪最易感染，一般在生后 3 d 发病，最迟不超过 7 d。初产母猪所产仔猪发病最为严重，经产母猪所产仔猪较轻，这是由于母猪长期感染大肠杆菌而逐渐产生了免疫力。同样新猪场比老猪场严重。猪场卫生条件不好，新生仔猪初乳吃得不够或母乳汁不足以及产房温度不足，仔猪受凉，都会加剧本病的发生。

（二）临床症状

仔猪出生后 24 h 左右出现症状，一窝仔猪中有 1~3 头突然发病。病猪精神沉郁，全身衰弱，迅速死亡，其他仔猪相继发病。主要症状为排黄色稀粪或水样粪便，呈黄色或黄白色，混有凝乳状小片和小气泡，带腥臭味，肛门失禁；病猪停止吃奶，脱水，迅速消瘦。由于脱水和电解质的丧失，病猪双眼下陷，腹下皮肤呈紫红色，昏迷死亡。

（三）病理变化

病猪脱水而显干瘦，表现为皮肤干燥、皱缩、口腔黏膜苍白，肛门周围沾有黄色稀粪。最显著的病变为肠道的急性卡他性炎症，其中十二指肠最严重。胃膨胀，内部充满酸臭的凝乳块，胃底部黏膜潮红。肠壁变薄，黏膜和浆膜充血、水肿，肠腔内充满腥臭的黄色、黄白色稀薄内容物。

（四）诊断

根据发病情况、临床症状和剖检变化可作出初步诊断。进一步诊断需取病料进行实验室细菌学检查。

（五）防治措施

1. 治疗

采用中西医结合的疗法，从治疗母猪入手，母仔同治，可取得较好效果。

中药方剂：升麻 50 g、勾丁 50 g、荆芥 50 g、防风 50 g、化石 80 g、甘草 30 g，研为细末或煎水加入料中喂母猪，每天 1 剂，连用 3 d。

0.5%恩诺沙星注射液、1%黄芪多糖注射液各 20 mL，母猪 1 次肌内注射，每天 2 次，连用 3 d。同时，0.5%恩诺沙星注射液、1%黄芪多糖注射液各 2 mL，阿托品注射液0.5 mL，仔猪后海穴注射，1 d1 次，连用 3 d。

在药物治疗的同时，对患病仔猪还需要补液，在 1 000 mL 蒸馏水中加入葡萄糖 20 g、氯化钠 35 g、碳酸氢钠 2.5 g、氯化钾 1.5 g，混合溶解，让猪自由饮用，或仔猪腹腔注射5%葡萄糖盐水（加温到 37 ℃左右）。

2. 免疫预防

血清预防：本场 5 岁以上的老母猪的血清，往往可以防止本场致病性大肠杆菌的感染，口饲血清比注射血清更为有效。

疫苗预防：目前有 3 种，即 K_{88}-K_{99}、K_{88}-LTB、K_{88}-K_{99}-987P，于母猪产前 40 d 和15 d 各注射 1 次。因我国某些地方存在不同的黏菌素 K 抗原，疫苗免疫的效果好、有的不理想，有一定的局限性。

八、仔猪白痢

仔猪白痢也称迟发性大肠杆菌病，是由致病性大肠杆菌引起的一种急性肠道传染病。本病的特征是排出灰白色、浆糊状稀便，带有腥臭味。多发于 10~30 日龄的仔猪，发病率高、死亡率低。患病猪只生长缓慢甚至停滞，成为僵猪，严重影响仔猪的生长发育，对养猪业造成极大的危害。

（一）流行病学

本病主要侵害 10~30 日龄仔猪，尤其是 20 日龄以下的仔猪发病率高，90%~100%，无明显季节性，多因仔猪吮乳或舔食污染的物体、饲料而经消化道感染，很难控制。

（二）诱发病因

仔猪出生后随日龄的增加，从母乳获得的母源抗体（即初乳）在仔猪小肠黏膜上逐渐降低或消失，抗病力明显下降；母乳含脂率过高或泌乳量不足都易感染本病；仔猪密集饲养舔食饲料或食槽食具经消化道感染，尤其是气候潮湿、圈舍卫生较差、气温骤变等因素都易诱发本病。

（三）临床症状

病猪突然呕吐、腹泻。病初排乳白色、灰白色、黄绿色带黏液的腥臭稀粪，有的混有气泡，排泄次数增多。体温基本正常。病猪消瘦无力，被毛粗乱，弓背，行动迟缓，摇晃，吃奶次数减少或不食，尾根及肛周被粪污染，经 2~5 d 治疗，多数仔猪康复，部分因虚脱或并发其他疾病而死亡。

（四）病理变化

剖检病猪，胃黏膜充血、水肿、出血。肠内容物呈粥状，白色或黄色，并混有凝乳块。肠黏膜肿胀、充血、出血，肠壁变薄，半透明。严重病例黏膜有出血点及黏膜脱落，肠系膜淋巴结水肿，肝和胆囊稍肿大，心冠状沟脂肪样浸润，心肌柔软，肾脏呈苍白色。

（五）诊断

根据流行病学特点、临床症状、病理变化可以作出初步诊断。如需确诊，需要进行实验室检查，只要从肠内容物中分离并鉴定出仔猪白痢致病血清型大肠杆菌即可。

（六）防治措施

1. 预防措施

加强母猪饲养管理，给妊娠母猪和哺乳母猪饲喂全价饲料，促使胎儿发育健全，母猪分泌更多更好的乳汁。加强仔猪饲养管理，初生仔猪应尽快吃上初乳，在出生后 24 h 内肌内注射或内服铁制剂，在 2 周龄左右合理补饲全价乳猪料。

2. 治疗措施

治疗仔猪白痢的方法和药物种类很多，一般是抑菌、收敛及促进消化的药物。

处方 1：链霉素 1 g、胃蛋白酶 3 g，混匀，供 5 头仔猪分服，每天 2 次。

处方 2：磺胺脒 15 g、次硝酸铋 15 g、胃蛋白酶 10 g、龙胆末 15 g，加淀粉和水适量，调匀，供 15 头仔猪上、下午各服 1 次。

处方 3：磺胺脒 0.5 g、苏打 0.5 g、乳酸钙 0.5 g，加淀粉和水适量，调匀，一次口服。

在仔猪发病期间，要充分补充水分，在饮水中添加 0.1% 高锰酸钾，再加少许食盐，可补充电解质，防止脱水。

九、猪衣原体病

衣原体病是畜禽和人的一种共患传染病，表现为隐性感染，在不利的外界环境因素的影响下，也可能表现出临床症状，以流产、肺炎、多发性关节炎、脑炎为特征。猪衣原体病是由鹦鹉热衣原体感染猪群引起不同症候群的接触性传染病，临床上以妊娠母猪发生流产、死胎、木乃伊胎，产弱仔，各年龄段猪发生肺炎、肠炎、多发性关节炎、心包炎、结膜炎、脑炎、脑脊髓炎，公猪还发生睾丸炎和尿道炎为特征。

（一）病原

猪衣原体病的病原为鹦鹉热衣原体，是一种小的细胞内寄生病原体。鹦鹉热衣原体对链霉素、制霉菌素、卡那霉素、庆大霉素、新霉素、万古霉素及磺胺类药物不敏感，但对青霉素、四环素、氯霉素、土霉素、红霉素、泰乐霉素、螺旋霉素、麦迪霉素、金霉素、竹桃霉素、北里霉素敏感。

（二）流行病学

本病为人兽共患病。不同年龄、不同品种的猪均可感染，尤其是怀孕母猪和新生仔猪更为敏感，育肥猪平均感染率10%~50%。由于大批怀孕母猪流产、产死胎和新生仔猪死亡以及适繁母猪空怀不育，给集约化养猪业造成严重的经济损失。猪群一旦感染本病，要清除十分困难，康复猪可长期带菌，猪场内活动的野鼠和禽鸟是本病的自然散毒者，带菌的种公母猪成为幼龄猪群的主要传染源。种公猪可能通过精液传播本病，所以隐性感染的种公猪危害性更大。在大中型猪场，本病在秋冬流行较严重，一般呈慢性经过。持续的潜伏性传染是本病的重要流行病学特征。

（三）临床症状

本病主要通过消化道及呼吸道感染，根据感染途径、患病器官不同，表现症状各异。

母猪感染以流产为主，多发生在初产母猪。妊娠母猪感染衣原体后一般不表现出异常变化，只是在怀孕后期突然发生流产、早产、产死胎或产弱仔。感染母猪有的整窝产出死胎，有的间隔地产出活仔和死胎，弱仔多在产后数日内死亡。

仔猪感染以肺炎为主。多见于断奶前后的仔猪，患猪表现体温上升，无精神，颤抖，干咳，呼吸迫促，听诊肺部有啰音。从鼻孔流出浆液性分泌物，进食较差，生长发育不良。还有仔猪感染表现为肠炎，临床表现为腹泻、脱水、吮乳无力，死亡率高。

架子猪感染多发性关节炎。病猪表现关节肿大，跛行，患关节触诊敏感。有的体温升高。

脑炎患猪出现神经症状，表现兴奋、尖叫，盲目冲撞或转圈运动，倒地后四肢呈游泳状划动，不久死亡。

结膜炎患猪多见于饲养密度大的仔猪和架子猪，临床表现畏光、流泪，视诊结膜充血严重，眼角分泌物增多，有的角膜混浊。

种公猪衣原体感染，多表现为尿道炎、睾丸炎、附睾炎，配种时排出带血的分泌物，精液品质差，精子活力明显下降，母猪受胎率下降。

（四）病理变化

剖检可见流产母猪的子宫内膜水肿充血，分布有大小不一的坏死灶，流产胎儿身体水肿，头颈和四肢出血，肝充血、出血和肿大。对衣原体性肺炎猪剖检，可见肺肿大，肺表面有许多出血点和出血斑，有的肺充血或瘀血，质地变硬，在气管、支气管内有多量分泌物。对衣原体性肠炎仔猪剖检，可见肠系膜淋巴结充血、水肿、肠黏膜充血出血、肠内容物稀薄，有的红染，肝、脾肿大。对多发性关节炎病例剖检，可见关节周围组织水肿、充血或出血，关节腔内渗出物增多。患本病的种公猪睾丸变硬，有的腹股沟淋巴结肿大，输精管出血、阴茎水肿、出血或坏死。

（五）诊断

猪衣原体病是一种多症状性传染病，对其诊断除了要参考临床症状和病变特征外，主要依据实验室的检查结果予以确诊。

（六）综合防治

1. 预防措施

种猪场：血清学检查为阴性的种猪场，要给适繁母猪在配种前注射猪衣原体流产灭活苗，每年免疫 1 次。阳性猪场，淘汰确诊感染了衣原体的种公猪和母猪，其所产仔猪不能作为种猪。

商品猪场：每年对种公猪和繁殖母猪用猪衣原体流产灭活苗免疫 1 次，连续 2~3 年；应淘汰发病种公猪；对出现临床症状的母猪和仔猪及时用四环素类抗生素等敏感药物治疗。流产胎儿、死胎、胎衣等要无害化处理，同时消毒环境，加强产房卫生工作，消灭猪场内的野鼠和麻雀。

2. 药物预防和治疗

可选用药敏试验筛选的敏感药物进行预防和治疗。对出现临床症状的新生仔猪，可肌内注射 1% 土霉素，1 mL/kg 体重，连续 5~7 d；对怀孕母猪在产前 2~3 周，可注射四环素类抗生素，以预防新生仔猪感染本病。为防止出现耐药性，要合理交替用药。

十、猪传染性胸膜肺炎

猪传染性胸膜肺炎是由胸膜肺炎嗜血杆菌（放线杆菌）所引起的猪的一种呼吸系统传染病。在临诊和剖检上出现肺炎和胸膜炎的特征性症状和病变。急性和过急性病例以纤维素性出血性胸膜肺炎，慢性病例以纤维素性坏死性胸膜肺炎为主要特征。急性者病死率高，慢性者常能耐过。近几十年来本病在美洲、欧洲和亚洲都有发生，流行日趋严重，成为世界性工厂化养猪的五大疫病之一。本菌已发现 12 个血清型，其中 5 型又分为两个亚型。不同的血清型对猪的毒力不同，主要血清型间无显著的交叉免疫。各国流行的血清型也不尽相同，多为混合感染。

（一）病原

病原体为胸膜肺炎嗜血杆菌，亦称副溶血嗜血杆菌。为小到中等大的球杆状，有时成丝状，并可表现显著的多形性。不运动，革兰氏阴性，兼性厌氧。本菌对外界抵抗力不强，易为常用消毒剂及较低温度的热力所杀灭，一般在 60 ℃下 5~20 min 内即死。土霉素等四环素族抗生素、青霉素、氯霉素及磺胺嘧啶等药物在治疗上应用有明显效果。

（二）流行病学

病菌主要存在于病猪呼吸道，多呈最急性或急性病程而迅速致死。为此，许多研究者将本病的流行性质描述为"瘟疫式""跳跃式"以及"闪电式"。主要通过空气飞沫传播，在大群集约化饲养的条件下最易接触性传播。尤其是在不良气候条件或在运输之后，更易引起流行。各种年龄、性别的猪都有易感性，但以 3 月龄仔猪最为易感。公猪在传播环节中起重要作用，猪群之间的传播主要通过引入带菌猪或慢性感染猪。其发病率和死亡率在 50% 以上，最急性型的死亡率 80%～100%。

（三）临床症状

最急性病猪突然死亡，死前往往见不到症状表现。病死猪的体躯末端发绀，口鼻流出带血红色的泡沫。急性病猪常突然发病，体温升高 41～42 ℃，主要表现为高度的呼吸困难，咳嗽，减食或停食，精神沉郁，被毛粗乱，嗜睡，呼吸急促，并有腹式呼吸，常呆立或呈犬坐势，张口伸舌，状极痛苦。鼻盘和耳朵发绀，如不及时治疗，可于 1～2 d 内窒息死亡。慢性型发病轻，病程 15～20 d，体温 39.5～40 ℃，间歇性咳嗽，食欲不振，日增重缓慢，饲料利用率低，有时出现跛行，关节肿大，症状逐步消退，常能自行恢复。

（四）病理变化

病变主要在肺部及呼吸道内。急性死亡的病例，肺炎多为两侧性，肺呈紫红色，切面似肝，间质充满血色胶样液体。病程在 24 h 前死亡的，胸腔只见淡血色渗出液，纤维素性胸膜炎不明显，肺充血和水肿，不见硬实的肝变。病程在 24 h 以上的，在肺炎区出现纤维素性物质附着于表面，并有黄色渗出液，肺出血，间质增宽，有实变，气管黏膜水肿、出血，有的气管和支气管内常充满泡沫状血样黏性渗出物，肺门淋巴结显著肿胀、出血。除胸腔外，常伴发心包炎，肝、脾肿大，色变暗，肠系膜淋巴结有时肿胀、充血，呈紫红色。病程较长的慢性病例，可见硬实的肺炎区，表面有结缔组织化的粘连附着物，肺炎病灶成硬化或坏死性病灶，稍凸出于表面与胸膜、膈膜、心外膜粘连。

（五）诊断

根据流行情况、病状和剖检，怀疑有本病可进行细菌分离鉴定。

隐性感染的检出主要靠血清学试验，可用补体结合、凝集试验或 ELISA 试验检查抗体。

鉴别诊断：急性病例应与猪瘟、猪丹毒、猪肺疫或猪链球菌病相区别，慢性病例则应与猪气喘病、多发性浆膜炎等相区别。

（六）综合防治

1. 预防

改善饲养环境。封闭猪舍，应注意通风换气，保持室内空气新鲜。并要加强环境卫生管理。猪舍要定期消毒，常年坚持。发现病猪应及时隔离治疗，避免患猪与健康猪接触，阻止病原的传播。其次要净化猪群。在某些地区本病严重的猪场，应用血清学检查，清除带菌猪只，结合经常性的饲料添加药物防治。

2. 药物治疗

土霉素等四环素族抗生素、氯霉素、青霉素及磺胺嘧啶等药物均有明显的治疗效果。与病猪同群或同舍的猪只亦应混饲抗生素，连用 3 d，可防止新病例出现。抗生素虽降低死亡率，但经治疗病猪常呈带菌者。

十一、猪水肿病

猪水肿病由产志贺毒素大肠杆菌引起的以头部、肠系膜和胃壁浆液性水肿为特征的一种肠毒血症，常伴有共济失调、麻痹或惊厥等神经症状。多发生于断奶前后的仔猪，呈地方性流行和散发。在猪群中发病率不高，但病死率高，幸存的猪生长缓慢，是影响养猪业发展的重要传染病之一。

（一）病原

能引起仔猪水肿病的大肠杆菌称为产志贺毒素大肠杆菌（STEC）。Konowalchuk 等（1977）首次在大肠杆菌中发现一种对非洲绿猴肾细胞具有致死作用的细胞毒素，并将其命名为 Vero 毒素，随后发现这种毒素与志贺 I 型痢疾杆菌产生的志贺毒素相似，因此也称为类志贺毒素。

（二）发病机制

现已证明，本病是一种肠毒血症，其发病机制为，大肠杆菌以其菌毛（如 F18）黏附于小肠上皮细胞，定居和繁殖的细菌在肠内产生 SLT-2e 并吸收。该毒素的 B 亚单位先与肠上皮细胞的 Gb4 受体特异性结合，随后，A 亚单位进入细胞内并发挥毒性作用，造成细胞死亡和组织病变。由于 SLT-2e 和其他 SLT 一样，也是一种血管毒素，因此当其被肠道吸收后，可在不同组织器官内引起血管内皮细胞损伤，改变血管的通透性，血管内大分子物质进入组织，使组织形成高渗透压，导致水分子的大量进入，致使病猪出现水肿和典型的神经症状，神经症状是由脑水肿所致，并非是毒素对神经细胞的直接作用。

（三）发病原因

1. 饲养管理不善

断奶后的仔猪，因饲养管理不善，圈舍环境卫生差，仔猪护理工作跟不上，加之仔猪消化功能不健全，胃酸分泌少，肠道内 pH 值升高，致使致病性大肠杆菌在肠道内大量繁殖并产生毒素，造成仔猪水肿病发生。此外，断奶、分群、环境改变、疫苗接种、气候变化、阴雨潮湿、运输、饲养管理及饲料改变等应激因素引起机体抵抗力下降，特别是胃肠功能紊乱，肠内的微生态平衡破坏，促进了溶血性大肠杆菌在仔猪肠道内不断繁殖，产生毒素，经肠道吸收进入血液后逐渐在仔猪体内积聚，引起毒血症，毒素积聚到一定程度，引起仔猪发病，导致死亡。

2. 饲料单一

仔猪体内缺乏维生素 E、B 族维生素以及微量元素硒，机体的免疫功能降低，抗病力减弱，导致本病发生。

3. 消化功能不完善

仔猪消化功能不全，胃底腺不发达，体内缺乏淀粉酶和胃酸，饲料蛋白质水平过高，较多的饲料蛋白质进入肠道后发生腐败分解，产生毒素，由肠道吸收，引发水肿病的发生。

（四）流行病学

本病多发于断奶前后的小猪，在同一窝内最初患病的小猪多为生长最快、体质健壮、膘情最好的猪，发病没有规律性，几乎所有养猪的国家都有本病的发生。一般传播性不强，仅发生于个别猪群，有时呈地方性流行。一年四季均可发生，多见于春季和秋季。另外，本病受饲养管理、环境和季节的影响很大。

（五）临床症状

急性的病猪突然倒地，四肢不停划动成游泳状，全身痉挛，几小时内死亡。慢性的病猪精神沉郁，食欲减少或废绝，体温大多正常，个别体温上升至 40~41 ℃。眼睑、头部、颈部水肿。站立时拱背、发抖。行走时四肢无力，共济失调，左右摇摆，盲目前进或做圆圈运动。静卧时肌肉震颤，不时抽搐，四肢呈游泳状，触诊皮肤异常敏感，叫声嘶哑。后期体温降至常温以下，后肢麻痹、瘫痪、卧地不起，心跳加快，口吐白沫呼吸浅表，抽搐，四肢划动。病程短的数小时或1~2 d死亡，病程长的逐渐消瘦。

（六）病理变化

病死猪营养状况良好，剖检前额皮下胶冻样水肿，胃壁显著水肿，特别是胃壁大弯部和贲门部黏膜下层水肿明显，切开水肿部，流出透明无色至黄色的渗出液，呈胶冻状，胃底有弥漫性出血变化；肠道、肠系膜水肿；全身淋巴结水肿，伴有不同程度的充血和出血，病变严重者淋巴结呈红色；胸腔、腹腔、心包内有较多积液，暴露空气凝成胶冻样。肺水肿，大脑间有水肿变化。

（七）诊断

根据流行特点、临床症状和病理变化及发病猪的日龄、头颈部等体表皮下水肿，胃壁水肿，肠系膜水肿的特征性症状等可作出初步诊断，确诊可进行实验室检验。同时，一方面应注意与营养不良性水肿区别，另一方面还要与有神经症状的其他疾病相鉴别。

营养不良性水肿：多由饲料中蛋白质含量不够或乳汁摄入量不够引起，没有明显的年龄界限。不见神经症状，在发病猪的病料中不能分离出致病性大肠杆菌。

与其他具有神经症状疾病的区别：其他具有神经症状的猪只主要是不见水肿变化，但同时伴有其他的临床表现。

（八）防治方法

仔猪水肿病目前尚无特异性的治疗方法，对于急性病例往往来不及治疗即发生死亡，因此本病应早期诊断，及时治疗，做到一头发病，对全群预防治疗。采取抗菌消肿，解毒镇静，强心利尿等措施综合治疗。

处方1：发病初期症状较轻的仔猪，喂服缓泻剂硫酸钠或硫酸镁1 g/kg体重，每天一次，连用3 d，促进胃肠蠕动和分泌，排出肠内容物。

处方2：少食、拒食、体温升高的病猪用20%磺胺嘧啶钠20 mL/头，肌内注射，每天一次，连用3 d。

处方3：眼睑水肿、站立不稳、卧地不起的病猪用50%葡萄糖液50 mL、地塞米松2 mL、维生素C 5~10 mL、2.5%恩诺沙星1 mL/kg体重，混合缓慢静注，同时肌内注射亚硒酸钠维生素E 2~3 mL，每天一次，连用2~3 d。或用强力水肿消注射液0.5 mL/kg体重，肌内注射，每天两次，连用2~3 d。

处方4：卧地不起，需消肿、利尿、强心的病猪用50%葡萄糖液50 mL、20%磺胺嘧啶4~6 mL、地塞米松4 mL、维生素C 10 mL、安钠咖30 mL混合缓慢静脉注射，每天一次。

处方5：卡那霉素（25万单位/mL）2~5 mL或2%环丙沙星2~5 mL，肌内注射，每天2次。

（九）预防措施

1. 搞好环境卫生

搞好圈舍及其周围环境卫生，保持圈舍干燥、清洁、采光良好，既保暖也易于散热，通风透气。做好消毒灭源工作，每两天用0.5%高锰酸钾消毒1次。

2. 补充微量元素

仔猪3~4日龄肌内注射牲血素1 mL、0.1%亚硒酸钠2 mL，能有效补充铁和硒的不足。

7 日龄补饲优质乳猪料，促进仔猪器官发育。

3. 抓好仔猪断奶关

仔猪断奶前 3~5 d 逐渐减少喂乳次数，严禁突然断奶。根据仔猪生长阶段的营养标准，配制不同的饲料，更换饲料要逐渐过渡。断奶前后仔猪饲料蛋白质不高于 19%。饲料多样化，易消化，适口性好，保持饲料新鲜洁净。断奶前后的仔猪应减少饲喂高淀粉和富含蛋白质的精料，多喂含植物蛋白质少的青绿多汁饲料，适当补充维生素和矿物质。断奶初期补料要坚持少量多次的原则，适当控制日食量，防止仔猪生长过快。同时要加强科学的饲养管理，减少各种应激因素。

4. 饲喂微生态制剂

微生态制剂（促菌生、乳康生、调痢生）可调整胃肠内菌群平衡，抑制病原菌的繁殖，对防治仔猪腹泻和水肿病有明显效果。

5. 饲喂酸化剂

仔猪断奶后 1 个月内在饲料或饮水中添加 1.0%~1.5%的柠檬酸或乳酸及食醋，提高胃内酸度，既适合有益的乳酸杆菌的繁殖，又能抑制有害大肠埃希氏菌及其他病原菌的滋生繁殖，还可提高消化酶的活性，对控制水肿病和仔猪腹泻都有明显的效果。

十二、猪李氏杆菌病

李氏杆菌病是家畜、家禽、鼠类及人共患的传染病。猪发病后的主要特征为败血症症状或中枢神经功能障碍症状。

（一）病原

病原为单核细胞增多性李氏杆菌，革兰氏阳性，不抗酸，无芽孢，无荚膜，菌体周围有 1~4 根鞭毛，能运动。现已知本菌有 7 个血清型和 11 个亚型，对猪致病的以 2 型较为多见。本菌对周围环境的抵抗力强，可在低温下生长，还能在土壤、粪便、干草上生存很长时间，耐食盐和碱，但常用的消毒药可将其杀死。

（二）流行病学

本菌可使多种畜禽致病，各种年龄动物都可感染发病，人也有易感性。患病动物和带菌动物是本病的传染源，病原体随分泌物和排泄物排出后，污染饲料、饮水和土壤，经消化道、呼吸道及损失的皮肤而感染，吸血昆虫对本病的传播起着媒介作用。本病多为散发，偶尔呈暴发流行，病死率很高。本病发生具有一定的季节性，主要发生于冬季和早春。

（三）临床症状

1. 混合型

本病以混合型常见，多见于哺乳仔猪，常突然发病。病初体温高达 41~42 ℃，吮乳减少或不吃；粪便干燥，尿少；中、后期体温降到常温或常温以下。多数病猪表现脑膜炎症状。

2. 脑膜脑炎型

多发生于断奶后的仔猪，发病初期兴奋、共济失调、步态不稳、肌肉震颤。病猪反应性强，给予轻微刺激发生惊叫。有的病猪无目的乱跑或转圈，或不由自主地后退；有的病猪头颈后仰，或后肢麻痹拖地不能站立；严重的侧卧、抽搐，口吐白沫，四肢乱划。病程 1~3 d，长的 4~9 d。幼龄猪病死率很高。

3. 败血型

仔猪多发生，体温升高、精神萎靡、食欲减少或废绝、口渴；有的病猪全身衰弱、僵硬、咳嗽、呼吸困难、腹泻、皮疹、耳部和腹部皮肤发绀。病程 1~3 d，病死率较高。

（四）病理变化

1. 脑膜脑炎型

脑膜和脑实质充血、发炎和水肿；脑脊液增加，稍混浊，含有较多的细胞；脑干变软，有小脓灶。镜检可见有严重的单核细胞浸润现象。

2. 败血型

特征性病变是局灶性肝坏死；肺水肿、充血，气管及支气管有出血性炎症；心内外膜出血，胃和小肠黏膜充血，肠系膜淋巴结肿大。镜检可见单核细胞和嗜中性粒细胞浸润。

（五）诊断

一般根据临床症状、病理变化可作出初步诊断。确诊需做菌体分离培养和动物接种试验。菌体培养方法是采取病猪的血液或脑脊液、肝、脾、肾、流产胎儿的肝组织等触片镜检，如发现有呈"V"或"Y"字形或并列的革兰氏阳性小杆菌即可确诊。动物试验取幼兔或豚鼠 1 只，用本菌的 24 h 肉汤培养物 1 滴，滴入动物一侧结膜囊内，另一侧为对照，观察 5 d。一般在接种后 24~36 h 内，出现化脓性结膜炎即可确诊。

诊断本病时应与伪狂犬病、猪传染性脑脊髓炎等相区别。

（六）防治措施

1. 预防措施

搞好环境卫生，加强营养，减少应激，定期驱虫。对病猪隔离治疗，消毒圈舍，处理好粪便。

2. 治疗措施

（1）治疗方案　早期大剂量使用磺胺类药物，或用青霉素、链霉素配合使用，有良好的治疗效果。

（2）处方：20%磺胺嘧啶钠注射液 5~10 mL，肌内注射；或用氨苄青霉素，每千克体重 4~11 mg，肌内注射，每天 2 次，连注 3~4 d 即可。

第三节　仔猪其他常见传染病

一、猪附红细胞体病（红皮病）

猪附红细胞体病是由附红细胞体寄生于猪的红细胞或血浆中引起的一种寄生虫病，国内外曾有人称之为黄疸性贫血病、类边虫病、赤兽体病和红皮病等。猪附红细胞体病主要以急性、黄疸性贫血和发热为特征，严重时导致死亡。

（一）病原

猪附红细胞体的分类学地位尚有争议，大小为 (0.3~1.3) μm×(0.5~2.6) μm，呈环形、卵圆形、逗点形或杆状等形态。虫体常单个、数个及至 10 多个寄生于红细胞的中央或边缘，血液涂片姬姆萨染色呈淡红或淡紫红色，有关附红细胞体的生活史目前仍不清楚。

（二）流行病学

本病主要发生于温暖季节，夏季发病较多，冬季较少，根据发生的季节性推测节肢动物可能是本病的传播者，国外有人用螫蝇等做绵羊附红细胞体感染试验已获得成功。附红细胞体对宿主的选择并不严格，人、牛、猪、羊等多种动物的附红细胞体病在我国均有报道，实验动物小鼠、家兔均能感染附红细胞体。另外，经胎盘传播也已在临床得到证实，注射针头、手术器械、交配等也可能传播本病。

附红细胞体对干燥和化学药剂抵抗力弱，但对低温的抵抗力强，常用消毒药均能杀死。

（三）临床症状

小猪最早 3 月龄发病，病猪发烧、扎堆；步态不稳、发抖、不食，个别弱小猪很快死亡。随着病程发展，病猪皮肤发黄或发红，胸腹下及四肢内侧更甚。可视黏膜黄染或苍白。耐过仔猪往往形成僵猪。

母猪的症状分为慢性和急性两种：急性感染的症状为持续高热（40～41.7℃），厌食。妊娠后期和产后母猪易发生乳房炎。个别母猪发生流产或死胎，慢性感染母猪呈现衰弱，黏膜苍白、黄疸，不发情或屡配不孕，如有其他疾病或营养不良，可使症状加重或死亡。

（四）病理变化

特征的病变是贫血及黄疸。可视黏膜苍白，全身性黄疸，血液稀薄。肝肿大变性，呈黄棕色。全身性淋巴结肿大，切面有灰白坏死灶或出血斑点。肾脏有时有出血点。脾肿大变软。

（五）诊断

根据流行病学、临床症状和病理变化不难作出初步诊断。确诊需查到病原，方法有如下几种。

直接检查：取病猪耳尖血 1 滴，加等量生理盐水后用盖玻片压置油镜下观察。可见虫体呈球形、逗点形、杆状或颗粒状。虫体附着在红细胞表面或游离在血浆中，血浆中虫体可以做伸展、收缩、转体等运动。由于虫体附着在红细胞表面有张力作用，红细胞在视野内上下震颤或左右运动，红细胞形态也发生了变化，呈菠萝状、锯齿状、星状等不规则形状。

涂片检查：取血液涂片用姬姆萨染色，可见染成粉红或紫红色的虫体。

血清学检查：用补体反应、间接血凝试验以及间接荧光抗体技术等均可诊断本病。

动物接种：取可疑动物血清，接种小鼠后采血涂片检查。

（六）综合防治

1. 治疗

目前用于附红细胞体病治疗的药物主要有如下几种。

（1）贝尼尔　在猪发病初期，采用贝尼尔疗效较好。按 5～7 mg/kg 体重深部肌内注射，间隔 48 h 重复用药 1 次。但对病程较长和症状严重的猪无效。

（2）新胂凡钠明　按 10～15 mg/kg 体重静脉注射，一般 3 d 后症状可消除，但由于副作用较大，现在使用较少。

（3）对氨基苯胂酸钠　对病猪群，每吨饲料混入 180 g，连用 1 周，以后改用半量，连用 1 个月。

（4）土霉素或四环素　按 3 mg/kg 体重肌内注射，24 h 即见临床改善，也可连续应用。

2. 预防

目前防治本病一般应着重抓好节肢动物的驱避，在疥螨和虱子不能控制的情况下，不可能控制附红细胞体病。加强饲养管理，给予全价饲料保证营养，增加机体的抗病能力，减少不良应激都是防止本病发生的条件。在发病期间，可用土霉素或四环素添加饲料中，剂量为600 g/t 饲料，连用 2~3 周。

二、猪钩端螺旋体病

钩端螺旋体病是一种复杂的人畜共患传染病和自然疫源性传染病。在家畜中主要发生于猪、牛、马、羊、犬，临床表现形式多样，主要有发热、黄疸、血红蛋白尿、出血性素质、流产、皮肤和黏膜坏死、水肿等。

（一）病原

本病的病原属于细螺旋体属的钩端细螺旋体。钩端细螺旋体对人、畜和野生动物都有致病性。钩端螺旋体有很多血清群和血清型，目前全世界已发现的致病性钩端螺体有 25 个血清群，至少有 190 个血清型。引起猪钩端螺旋体病的血清群（型）有波摩那群、致热群、秋季热群、黄疸出血群，其中波摩那群最为常见。

钩端螺旋体对外界环境有较强的抵抗力，可以在水田、池塘、沼泽和淤泥里至少生存数月。在低温下能存活较长时间。对酸、碱和热较敏感。一般的消毒剂和消毒方法都能将其杀死。常用漂白粉消毒污染水源。

（二）流行病学

各种年龄的猪均可感染，但仔猪发病较多，特别是哺乳仔猪和断奶仔猪发病最严重，中、大猪一般病情较轻，母猪不发病。传染源主要是发病猪和带菌猪。钩端螺旋体可随带菌猪和发病猪的尿、乳和唾液等排于体外污染环境。猪的排菌量大，排菌期长，而且与人接触的机会最多，对人也会造成很大的威胁。人感染后，也可带菌和排菌。人和动物之间存在复杂的交叉传播，这在流行病学上具有重要意义。鼠类和蛙类也是重要的传染源，都是该菌的自然宿主。鼠类能终生带菌，通过尿液排菌，造成环境的长期污染。蛙类主要是排尿污染水源。

本病通过直接或间接传播方式，主要途径为皮肤，其次是消化道、呼吸道以及生殖道黏膜。吸血昆虫叮咬、人工授精以及交配等均可传播本病。该病的发生没有季节性，但在夏、秋多雨季节为流行高峰期。本病常呈散发或地方性流行。

（三）临床症状

在临诊上，猪钩端螺旋体病可分为急性型、亚急性型和慢性型。

1. 急性型

多见于仔猪，特别是哺乳仔猪和保育猪，呈暴发或散发流行。潜伏期 1~2 周。临诊症状表现为突然发病，体温 40~41 ℃，稽留 3~5 d，病猪精神沉郁，厌食，腹泻，皮肤干燥，全身皮肤和黏膜黄疸，后肢出现神经性无力，震颤；有的病例出现血红蛋白尿，尿液色如浓茶；粪便呈绿色，有恶臭味，病程长可见血粪。死亡率 50% 以上。

2. 亚急性和慢性型

主要损害生殖系统。病初体温有不同程度升高，眼结膜潮红、水肿，有的泛黄，有的下颌、头部、颈部和全身水肿。母猪一般无明显的临诊症状，有时可表现出发热、无乳。但妊娠不足 4~5 周的母猪，受到钩端螺旋体感染后 4~7 d 可发生流产和死产，流产率 20%~70%。怀孕后期的母猪感染后可产弱仔，仔猪不能站立，不会吸乳，1~2 d 死亡。

（四）病理变化

1. 急性型

此型以败血症、全身性黄疸和各器官、组织广泛性出血以及坏死为主要特征。皮肤、皮下组织、浆膜和可视黏膜、肝脏、肾脏以及膀胱等组织黄染和不同程度的出血。皮肤干燥和坏死。胸腔及心包内有浑浊的黄色积液。脾脏肿大、淤血，有时可见出血性梗死。肝脏肿大，呈土黄色或棕色，质脆，胆囊充盈、淤血，被膜下可见出血灶。肾脏肿大、淤血、出血。肺淤血、水肿，表面有出血点。膀胱积有红色或深黄色尿液。肠及肠系膜充血，肠系膜淋巴结、腹股沟淋巴结、颌下淋巴结肿大，呈灰白色。

2. 亚急性和慢性型

表现为身体各部位组织水肿，以头颈部、腹部、胸壁、四肢最明显。肾脏、肺脏、肝脏、心外膜出血明显。浆膜腔内常可见有过量的黄色液体和纤维蛋白。肝脏、脾脏、肾脏肿大。成年猪的慢性病例以肾脏病变最明显。

（五）诊断

本病需在临诊症状和病理剖检的基础上，结合微生物学和免疫学诊断才能确诊。

1. 微生物学诊断

病畜死前可采集血液、尿液。死后检查要在 1 h 内进行，最迟不得超过 3 h，否则组织中的菌体大部分会发生溶解。可以采集病死猪的肝、肾、脾和脑等组织，病料应立即处理，在暗视野显微镜下直接镜检，或用免疫荧光抗体法检查。病理组织中的菌体可用姬姆萨氏染色或镀银染色后检查。病料可用作病原体的分离培养。

2. 血清学诊断

主要有凝集溶解试验、微量补体结合试验、酶联免疫吸附试验（ELISA）、炭凝集试验、间接血凝试验、间接荧光抗体法以及乳胶凝集试验。

3. 动物试验

可将病料（血液、尿液、组织悬液）经腹腔或皮下接种幼龄豚鼠，如果钩端螺旋体毒力强，接种后动物于 3~5 d 可出现发热、黄疸、不吃、消瘦等典型症状，最后死亡。可在体温升高时取心血作培养检测病原体。

4. 分子生物学诊断技术

可用 DNA 探针技术、PCR 技术检测病料中的病原体。

鉴别诊断：猪的钩端螺旋体病应与猪附红细胞体病、新生仔猪溶血性贫血等相区别。

（六）综合防治

1. 治疗

发病猪群应及时隔离和治疗，对污染的环境、用具等应及时消毒。

可使用 10%氟甲砜霉素（每千克体重 0.2 mL，肌内注射，每天 1 次，连用 5 d）、磺胺类药物（磺胺-5-甲氧嘧啶，每千克体重 0.07 g，肌内注射，每天 2 次，连用 5 d）治疗发病猪；病情严重的猪可用维生素、葡萄糖进行输液治疗；链霉素、土霉素等四环素类抗生素也有一定的疗效。

感染猪群可用土霉素拌料（0.75~1.5 g/kg）连喂 7 d，可以预防和控制病情的蔓延。妊娠母猪产前 1 个月连续用土霉素拌料饲喂，可以防止流产。

2. 预防

猪钩端螺旋体病的预防必须采取综合措施，一是做好猪舍的环境卫生；二是及时发现、淘汰和处理带菌猪；三是搞好灭鼠工作，防止水源、饲料和环境受到污染；禁止养犬、鸡、鸭；四是存在本病的猪场可用灭活菌苗对猪群进行免疫。

三、猪痢疾

猪痢疾又称血痢、黑痢、黏液出血性下痢等，是由猪痢疾短螺旋体引起猪的一种严重的肠道传染病。其主要特征为大肠黏膜发生黏液性、渗出性（卡他性）、出血性、坏死性炎症。本病一旦侵入，不易根除，给养猪业造成很大的经济损失，已成为危害养猪业比较严重的传染病之一。

（一）病原

猪痢疾的病原是猪痢疾短螺旋体，最早是 1921 年在美国发现，但直到 1972 年才认定其病原为呈强 β-溶血的厌氧的肠道螺旋体，被命名为猪痢疾密螺旋体，1991 年将其归入蛇形螺旋体属，现将其归入短螺旋体属，为该属中对猪具有肠致病性的重要成员，对其他畜禽无致病性。

（二）流行病学

本病发生无季节性，各种年龄的猪都可发病，但以 2~3 月龄仔猪发病多，死亡率。病猪和带菌猪是主要传染源，康复猪带菌可长达数月，经常从粪便中排出大量菌体，污染周围环境。发病往往先在 1 个猪舍开始发生几头，以后逐渐蔓延。流行经过比较缓慢，持续时间较长，且可反复发病。在较大的猪群流行时，常常拖延几个月，直到出售时仍有猪只发病。大面积流行时，断奶猪的发病率一般 75%，高者可达 90%，经过合理治疗，病死率较低，一般 5%~30%。

（三）临床症状

主要症状为程度不等的腹泻。在污染的猪场，几乎每天都有新的病例出现。病程长短不一，一般分为最急性、急性和慢性 3 个类型。

1. 最急性型

此型病例偶尔可见。病程仅数小时，多有腹泻症状而突然死亡。有的先排带黏液的软便，随后迅速下痢，粪便色黄稀软或呈红褐色水样从肛门流出；重症者在 1~2 d 粪便充满血液和黏液。

2. 急性型

多数病猪为急性型，病程 1~2 周。初期，病猪精神沉郁，食欲减退，体温升高，排出黄色至灰红色的软便；继之，发生典型的腹泻，当持续下痢时，可见粪便中混有黏液、血液及纤维素碎片，使粪便呈油脂样或胶冻状，棕色、红色或黑红色。此时，病猪常弓背吊腹，出现明显的腹痛；极度消瘦，虚弱，显著脱水；体温降至常温，死亡前则低于常温。

3. 慢性型

病程一般在 1 个月以上。病猪表现时轻时重的黏液出血性下痢，粪呈黑色。病猪生长发育受阻，进行性消瘦。部分病猪可以自然康复，但经过一段时间后还可以复发。

（四）病理变化

病变局限于大肠、回盲肠结合处。大肠黏膜肿胀，发生黏液性和出血性炎症，并覆盖着黏液和带血块的纤维素。大肠内容物软至稀薄，并混有黏液、血液和组织碎片。当病情进一步发展时，主要表现为坏死性大肠炎，黏膜表面坏死，形成假膜，剥去假膜露出浅表糜烂面，有时黏膜上只有散在成片的薄而密集的纤维素，其他脏器无明显病变。

（五）诊断要点

根据本病的特征性流行规律、临床症状及病理变化可以作出初步诊断。一般取急性病例的猪粪便和肠黏膜制成涂片染色，在暗视野显微镜检查，每个视野下见有 3~5 条猪痢疾短螺旋体，可作为定性诊断依据。但确诊还需要从结肠黏膜和粪便中分离和鉴定出致病性猪痢疾短螺旋体。进一步鉴定，可做肠致病性试验（口服感染试验猪和结肠结扎试验），若有 50% 的感染猪发病，即表示该菌株有致病性。血清学诊断方法有凝集试验、间接荧光抗体试验、被动溶血试验、琼扩试验和 ELISA 等，比较实用的 ELISA 和凝集试验，主要用于猪群检疫和综合诊断。

（六）防治措施

坚持自繁自养，严禁从疫区引进生猪，严格落实消毒制度，加强猪群饲养管理，做好生物安全工作。

预防用药：对发病猪群的同栏无症状猪，可用硫酸新霉素，按每天 0.1 g/kg 体重，连服 3~5 d；也可用三甲氧苄氨嘧啶（TMP），按每天 0.02 g/kg 体重，连服 5 d。对假定健康群，可用痢菌净，按每天 5 mg/kg 体重，拌料饲喂，连喂 5 d。

治疗用药：0.5% 痢菌净注射液，按仔猪 5 mL、生长猪 10 mL、育肥猪 20 mL，每天两次肌肉注射，连用 2~3 d；或用庆大霉素注射液，按 2 000 IU/kg 体重，每天两次肌肉注射，连用 5 d，再用预防药物治疗。

药物治疗有较好效果，可以很快达到临床治愈，但停药 2~3 周后，又可复发，较难根治。

第四节　仔猪常见寄生虫病

一、猪疥螨病

猪疥螨病俗称癞、疥癣，由疥螨虫在猪的皮内寄生，使皮肤发痒和发炎为特征的一种接触性传染的慢性皮肤寄生虫病。

（一）病原

猪疥螨（穿孔疥虫），节肢动物蜘蛛纲、螨目。大小为 0.2~0.5 mm，呈淡黄色龟状，背面隆起，腹面扁平，腹面有 4 对短粗的圆锥形肢；虫体前端有一钝圆形口器。疥螨的口器为咀嚼型，在宿主表皮挖凿隧道，以皮肤组织和渗出的淋巴液为食，在隧道内发育和繁殖。疥螨全部发育过程都在宿主体内度过，包括卵、幼虫、若虫、成虫 4 个阶段，离开宿主体后，一般仅能存活 3 周左右。猪疥螨多寄生于耳郭内面，虫卵沉积于碎屑及耳道的分泌物内。在患猪耳郭刮取的病料中可镜检到大量螨虫，而在身体其他部位难以找到虫体。由此可见，疥螨感染的主要来源为患有慢性耳病变的动物，此种病变内含有大量螨虫，据报道，每克耳郭病变刮屑含螨卵多达 18 000 个。

（二）流行病学

各种年龄、品种的猪均可感染该病。主要是由于病猪与健康猪的直接接触，或通过被螨及其卵污染的圈舍、垫草和饲养管理用具间接接触等而引起感染。

（三）临床症状

猪疥螨病的唯一症状就是癣痒症，猪疥螨病的临床表现可分为皮肤过敏反应型和皮肤角化过渡型。

1. 皮肤过敏反应型

易感主体常见于乳猪和保育猪。主要临床症状是过度挠搔及擦痒使猪皮肤变红；组织液渗出，干涸后形成黑色痂皮。感染初期，从头部、眼周、颊部和耳根开始，后蔓延到背部、后肢内侧。螨虫在猪皮肤内打隧道并产卵、吸吮淋巴液、分泌毒素；3周后皮肤出现病变，常起自头部，特别是耳朵、眼、鼻周围出现小痂皮（黑色），随后蔓延至整个体表、尾部和四肢，出现红斑、丘疹、黑色痂皮，并引起迟发型和速发型过敏反应，造成强烈痒感。由于发痒，影响病猪的正常采食和休息，并使消化、吸收能力降低。病猪常在墙壁、猪栏、圈槽等处摩擦病变部位，造成局部脱毛。寒冷季节因脱毛裸露皮肤，体温大量散发，体内蓄积脂肪被大量消耗，导致消瘦，有时继发感染严重时，引起死亡。猪疥螨感染严重时，造成出血、结缔组织增生和皮肤增厚，造成猪皮肤的损坏，容易引起金色葡萄球菌综合感染，造成猪发生湿疹性渗出性皮炎，患部迅速向周围扩展到全身，并具有高度传染性，最终造成猪体质严重下降，衰竭而死亡。

2. 皮肤角化过渡型

皮肤角化过度型，有时称为猪慢性疥螨病，主要见于经产母猪、种公猪和成年猪。随着猪感染疥螨病程的发展和过敏反应的消退（一般是几个月后），出现皮肤过度角质化和结缔组织增生，可见猪皮肤变厚，形成大的皮肤皱褶、龟裂、脱毛，被毛粗糙多屑，耳郭内侧、颈部周围、四肢下部，尤其是踝关节处形成灰色、松动的厚痂，经常用蹄子瘙痒或在墙壁、栏栅上摩擦皮肤，造成脱毛和皮肤损坏开裂、出血。经产母猪及种公猪皮肤过度角化的耳部，是猪场内螨虫的主要传染源，仔猪常常在吃奶时受到母猪感染。剧痒、脱毛、结痂、皮肤皱褶和龟裂与金色葡萄球菌混合感染后形成湿疹性渗出性皮炎，患部逐渐向周围扩展和具有高度传染性。

（四）诊断

根据临床症状可初步怀疑此病，进一步确诊需通过螨检找到病原，最可靠的方法是检查耳部鲜痂，采集病料送实验室镜检可确诊。

（五）治疗方法

1. 药物喷洒治疗

20%杀灭菊酯（速灭杀丁）乳油300倍稀释，或用2%敌百虫稀释液或双甲脒稀释液，全身药浴或喷雾治疗，连续7~10 d。并用该药液喷洒圈舍地面、猪栏及附近地面、墙壁，以消灭散落的虫体。药浴或喷雾治疗后，在猪耳郭内侧涂擦灭虫软膏（杀灭菊酯与凡士林，1：100比例配制）。因为药物无杀灭虫卵作用，根据疥螨的生活史，在第1次用药7~10 d后，用相同的方法进行第2次治疗，以消灭孵化出的螨虫。

2. 饲料中添加药物治疗

饲料中添加"金维伊"（0.2%伊维菌素预混剂）或"鼎丰"（0.2%伊维菌素预混剂+

5%芬苯达唑预混剂合剂）治疗。

处方1："金伊维"每吨饲料添加量，育肥猪1~1.5 kg、种公猪和怀孕母猪4~5 kg、怀孕后期90 d至哺乳结束的母猪3 kg，彻底混合均匀后连用7 d。

处方2："鼎丰"每吨饲料添加量，育肥猪1 kg连用7 d，或0.5 kg连用14 d；种公猪和怀孕母猪4~5 kg，怀孕后期90 d至哺乳结束的母猪3 kg连用7 d。

3. 注射杀螨剂治疗

用1%伊维菌素注射液或1%多拉菌素注射液，每10 kg体重0.3 mL皮下注射。注射杀螨剂应注意以下事项。

（1）掌握好注射时间　妊娠母猪配种后30~90 d，分娩前20~25 d皮下注射1次；种公猪每年至少注射2次，或全场1a 2次注射（种公、母猪春秋各1次）；后备母猪转入种猪舍或配种前10~15 d注射1次；仔猪断奶后进入育肥舍前注射1次；生长育肥猪转栏前注射1次；外购的商品猪或种猪当日注射1次。

（2）注意应激反应　注射用药见效快、效果好，但操作有一定难度，有注射应激反应，应激反应严重者属于药物中毒，要及时抢救。

4. 对疥螨和金色葡萄球菌混合感染猪治疗方案

按照上述的方法治疗的同时，还要配合使用利巴韦林、青霉素粉剂与2%的水剂敌百虫混合均匀后进行全身患处的涂抹，每天1~2次，连用5~7 d。

（六）预防措施

螨病是一种具有高度接触传染性的体外寄生虫病，患病公猪通过交配传染给母猪，患病母猪又将其传染给哺乳仔猪，转群后断奶仔猪之间又互相接触传染，如此形成恶性循环。所以需要加强防控与净化相结合，对全场猪群同时杀虫。在对猪使用驱虫药7~10 d内必须对环境杀虫与净化。对环境的杀虫，可用1∶300的杀灭菊酯溶液或2%液体敌百虫稀释溶液，彻底喷洒猪舍、地面、墙壁、屋面、周围环境、栏舍周围杂草和用具，以彻底消灭散落的虫体。同时注意对粪便和排泄物等采用堆积发酵杀灭虫体。杀灭环境中的螨虫，也是预防猪疥螨最有效的、最重要的措施之一。

二、猪球虫病

猪球虫病是由球虫寄生于猪肠道的上皮细胞内引起的一种寄生虫病，主要引起仔猪腹泻、消瘦及发育受阻。成年猪多为隐性感染或带虫者，是本病的传染源。

（一）病原

猪球虫病由艾美耳属和等孢属球虫引起，其中以猪等孢属球虫致病性最强。猪球虫的生活史与其他动物一样，在宿主体内进行无性世代（裂殖生殖）和有性世代（配子生殖）两个世代繁殖，在外界环境中进行孢子生殖。

（二）流行病学

猪等孢球虫致病性较强，流行于初生仔猪，但一般多为数种球虫混合感染。虫体以未孢子化卵囊传播，但必须经过孢子化的发育过程，才具有感染力。仔猪感染后是否发病，取决于摄入的卵囊的数量和虫种。本病一年四季均可发生，以8—10月多发。在饲养密度高的条件下易发。

（三）临床症状

主要临诊症状是腹泻，持续 4~6 d，粪便呈水样或糊状，显黄色至白色，偶尔由于潜血而呈棕色，恶臭。有的病例腹泻受自身限制，主要临诊表现为消瘦及发育受阻。虽然发病率一般较高（50%~75%），但死亡率变化较大，有些病例低，有的则可高达 75%，死亡率的这种差异可能是由于猪吞食孢子化卵囊的数量和猪场环境条件的差别，以及同时存在其他疾病的问题所致。

（四）病理变化

尸体剖检所观察的特征是急性肠炎，局限于空肠和回肠，炎症反应较轻，仅黏膜出现浊样颗粒化，有的可见整个黏膜的严重坏死性肠炎。眼观特征是黄色纤维素坏死性假膜松弛地附着在充血的黏膜上。

（五）诊断

根据流行病学和临床症状可作出初诊，确诊可进行粪便虫卵检查和直肠刮取物涂片检查，但要注意的是，在腹泻期间卵囊可能不排出，因此粪便漂浮检查卵囊对于猪球虫病的诊断并无多大价值。确定性诊断必须从待检猪的空肠与回肠检查出球虫内生发育阶段的虫体。各种类型的虫体可以通过组织病理学检查，或通过空肠和回肠压片或涂片染色检查而发现，后一种方法对于临床兽医是一种快速而又实用的方法。虽然对腹泻粪便可用漂浮法检出卵囊，但最好的诊断方法是在小肠内查出内生发育阶段的虫体。球虫病必须区别于轮状病毒感染、地方性传染性胃肠炎、大肠杆菌病、梭菌性肠炎和类圆线虫病。由于这些病可能与球虫病同时发生，因此也要进行上述疾病的鉴别诊断。

（六）防治措施

1. 治疗

治疗上宜驱杀虫卵为原则，已发生球虫病的仔猪用磺胺类药物和氨丙啉等，可有效控制。

处方 1：磺胺二甲嘧啶，100 mg/kg 体重，1 次内服，每天 1 次，连用 3~7 d。

处方 2：氨丙啉，15~40 mg/kg 体重，1 次喂服，每天 1 次，连用 5~6 d。

处方 3：百球清（5%混悬液），20~30 mg/kg 体重，1 次喂服，每天 1 次，连用 2~3 d，可使仔猪腹泻减轻，粪便中卵囊减少，又能杀死有性阶段的虫体，也能杀死无性阶段的虫体。

2. 预防

良好的饲养管理条件有助于本病的控制，因此，最佳的预防办法是搞好环境卫生。首先要搞好产房的清洁和消毒。产仔前母猪的粪便必须清除，产房应用漂白粉（浓度至少为50%）或氨水消毒数小时或熏蒸。消毒时猪圈应是空的。其次，应限制饲养人员不消毒进入产房，以防止由鞋或衣服带入卵囊；严防宠物进入产房，因其爪子可携带卵囊而导致卵囊在产房中散布。大力灭鼠，以防鼠类机械性传播卵囊。在每次分娩后应再次消毒猪圈，以防新生仔猪感染球虫病。在加强饲养管理的条件下，还有可能发生猪球虫时，应使用抗球虫药物预防。母猪在产前 2 周和整个哺乳期内添加 250 mg/kg 体重的氨丙啉对等孢球虫病有效。

三、猪弓形体病

猪弓形体病，又称为弓浆虫病或弓形虫病，是由弓形体感染动物和人而引起人畜共患的寄生虫病。本病以高热、呼吸及神经系统症状、动物死亡和怀孕动物流产、死胎、胎儿畸形为主要特征。

（一）病原

弓形体病的病原是弓形虫，弓形虫属孢子虫纲、球虫亚纲、真球虫目、肉孢子科、弓形虫亚科、弓形虫属，虫体呈弓形或新月形，简称弓形虫。弓形虫在整个发育过程中具有5个不同的发育阶段，即滋养体、包囊、裂殖体、配子体和卵囊，其中滋养体和包囊是在中间宿主（人、猪、犬、猫等）体内形成的，裂殖体、配子体和卵囊是在终末宿主（猫）体内形成的。具有感染能力的是滋养体、包囊和卵囊。

（二）流行病学

本病多发于断奶后的仔猪，成年猪急性发病较少，多呈隐性感染；此病发生虽无明显季节性，也不受气候限制，但一些地方6—9月的夏秋炎热季节多发。病畜和带虫动物的分泌物、排泄物以及血液，特别是随粪排出卵囊污染的饲料和饮水成为主要的传染源。猪主要是吃了被卵囊或带虫动物的肉、内脏、分泌物等污染的饲料而感染发病。根据流行形式可分为暴发型、急性型、零星散发和隐性感染。本病暴发型是在一个短时间内，可使整个猪场的大部分生猪发病，死亡率可达60%以上。急性型则多以同一个圈的若干头几乎同时发病较多见。零星散发多表现为一个圈或几个圈在2~3周陆续发病，这个过程持续30多天，慢慢平息。

（三）临床症状

一般猪急性感染后，经3~7 d的潜伏期，呈现和猪瘟极相似的症状，体温升高40.5~42 ℃，稽留7~10 d，病猪精神沉郁，食欲减少至废绝，喜饮水，伴有便秘或下痢。呼吸困难，常呈腹式呼吸或犬坐呼吸。后肢无力，行走摇晃，喜卧。鼻镜干燥，被毛粗乱，结膜潮红。随着病程发展，耳、鼻、后肢股内侧和下腹部皮肤出现紫红色斑或间有出血点。病后期严重呼吸困难，后躯摇晃或卧地不起，病程10~15 d。耐过急性的病猪一般于2周后恢复，但往往遗留有咳嗽、呼吸困难及后躯麻痹、斜颈、癫痫样痉挛等神经症状。怀孕母猪若发生急性弓形虫病，表现为高热、不吃、精神萎顿和昏睡，此种症状持续数天后可产出死胎或流产，即使产出活仔也会发生急性死亡或发育不全，不会吃奶或畸形怪胎。母猪常在分娩后迅速自愈。

（四）病理变化

在病的后期，病猪体表，尤其是耳、下腹部、后肢和尾部等因淤血及皮下渗出性出血而呈紫红斑。内脏最特征的病变是肺、淋巴结和肝，其次是脾、肾、肠。肺呈大叶性肺炎，暗红色，间质增宽，含多量浆液而膨胀成为无气肺，切面流出多量带泡沫的浆液。全身淋巴结有大小不等的出血点和灰白色的坏死点，尤以鼠蹊部和肠系膜淋巴结最为显著。肝肿胀并有散在针尖至黄豆大的灰白或灰黄色的坏死灶。脾脏在病的早期显著肿胀，有少量出血点，后期萎缩。肾脏的表面和切面有针尖大出血点。肠黏膜肥厚、糜烂，从空肠至结肠有出血斑点。心包、胸腔和腹腔有积水。病理组织学变化为，肝脏局灶性坏死、淤血，全身淋巴结充血、出血，非化脓性脑炎，肺水肿和间质性肺炎等。在肝脏的坏死灶周围的肝细胞浆内、肺泡上皮细胞内和单核细胞内、淋巴窦内皮细胞内，常见有单个和成双的或3~5个数量不等的弓形虫，形状为圆形、卵圆形、弓形或新月形等不同形状。

（五）诊断

根据弓形虫病的临床症状、病理变化和流行病学特点，可作出初步诊断，确诊必须在实验室中查出病原体或特异性抗体。

1. 直接观察

将可疑病畜或死亡动物的组织或体液，做涂片、压片或切片，甲醇固定后，姬姆萨染色，显微镜下观察，如果为该病，可以发现有弓形虫的存在。

2. 动物接种

取肝、脾、淋巴结制成 1∶10 匀浆，小白鼠腹腔注射 0.5~1 mL，或脑内注射 0.03 mL，1 个月内小白鼠死亡，查腹水可见多量虫体。

3. 血清学诊断

间接荧光抗体试验、间接血凝抑制试验、酶联免疫吸附试验和补体结合试验。其中国内应用比较多的是间接血凝抑制试验。猪血清凝集价达 1∶64 以上可判为阳性，1∶256 表示新近感染，1∶1 024 表示活动性感染。

（六）防治措施

1. 治疗

治疗本病有效的药物是磺胺类药，而且在发病初期使用效果较好，抗生素类药物无效。

处方 1：对急性病例，磺胺嘧啶 70 mg/kg 体重，或甲氧苄胺嘧啶 14 mg/kg 体重口服，每天 2 次，连用 3~4 d。由于磺胺嘧啶溶解度较低，较易在尿中析出结晶，内服时应配合等量碳酸氢钠，并增加饮水。

处方 2：磺胺-6-甲氧嘧啶 20~25 mg/kg 体重，每天 1~2 次，肌内注射或口服，病初使用效果更佳。

处方 3：磺胺嘧啶（60 mg）和乙胺嘧啶（1 mg）合剂，分 4~6 次口服。

处方 4：磺胺嘧啶（70 mg/kg 体重）、二甲氧苄氨嘧啶（14 mg/kg 体重），每天 2 次肌内注射，连用 2~3 d。

处方 5：长效磺胺，60 mg/kg 体重，配成 10%溶液肌内注射，连用 7 d。

2. 预防

猪舍要定期消毒，一般消毒药如 1%来苏尔水、3%烧碱、5%草木灰都有效。防止猪捕食啮齿类动物，防止猫粪污染饲料和饮水。加强饲养管理，保持猪舍卫生。消灭鼠类，控制猪猫同养，防止猪与野生动物接触。

四、仔猪类圆线虫病

仔猪类圆线虫病是由小杆科类圆属的兰氏类圆线虫寄生于仔猪小肠内而引起的一种线虫病。

（一）病原

兰氏类圆线虫只有雌虫寄生于仔猪消化道，寄生于猪的小肠主要是十二指肠黏膜内。虫体细小、乳白色、口腔小、有两片唇、食道简单，阴门位于体后 1/3 与中 1/3 的交界处。虫卵卵壳薄而透明，内含有幼虫。

（二）流行病学

本病主要侵害仔猪。仔猪可通过胎内感染，出生后的仔猪可通过初乳、皮肤及口感染。

1月龄左右仔猪感染最严重，2~3月龄后逐渐减少。潮湿的环境有利于虫卵和感染性幼虫的生存，在夏季和雨季，当圈舍卫生状况不良、潮湿时，本病流行普遍。

（三）临床症状

当幼虫经皮肤感染时，可引起仔猪皮肤湿疹。当虫体移行到肺部时，可引起支气管炎、肺炎和胸膜炎，仔猪表现体温升高、咳嗽、呼吸困难。当有大量虫体寄生于小肠时，出现胃肠道症状，可引起仔猪营养障碍，肠黏膜充血、出血和溃疡，仔猪表现消瘦、贫血、呕吐、下痢和腹痛，最后多因极度衰弱而死。

（四）诊断

根据流行病学和临床症状可作出初诊，确诊需做虫卵检查或死后尸体剖检。检查虫卵必须采集新鲜粪样，用漂浮法检查，虫卵小，椭圆形，卵内含蜷曲的幼虫。病理剖检方法为对刚死亡的尸体解剖后，刮取十二指肠黏膜，于清水中仔细观察，可见到细小的虫体。

（五）防治措施

1. 治疗

治疗方案为驱杀虫体，具体处方如下。

处方一：甲苯咪唑，30 mg/kg 体重，一次口服。

处方二：噻苯唑，30~50 mg/kg 体重，一次口服。

处方三：丙硫苯咪，40 mg/kg 体重，一次口服。

2. 预防

保持圈舍和运动场干燥，防止虫卵和幼虫长期生存下来；粪便堆积发酵杀死虫卵和幼虫。

五、猪蛔虫病

猪蛔虫病是蛔虫科的猪蛔虫寄生于猪的小肠所引起的一种线虫病，主要侵害3~6月龄仔猪。仔猪通过食入感染阶段的虫卵而感染蛔虫。由于蛔虫卵对外界环境有较强的抵抗力，猪场饲养管理不良，会使仔猪的感染和发病率很高。患蛔虫病的仔猪生长发育不良，严重者生长发育停滞，甚至死亡，所以猪蛔虫病是给现代养猪生产造成较大经济损失的寄生虫病之一。

（一）病原

猪蛔虫是一种大型线虫，虫体长而圆，中间稍粗，两端较细，表面光滑。新鲜虫体呈粉红稍带黄白色，死后呈苍白色。雄虫虫体较小，长 12~25 cm，宽约 3 mm，尾端常蜷曲，有交合刺 1 对无引器；雌虫长 20~40 cm，宽约 5 mm，虫体较直，尾端稍钝。虫卵呈短椭圆形，黄褐色，表面有一层蜂窝状蛋白质膜。未受精的卵细长，形状不太规则。

（二）生活史

蛔虫的生活史较为简单，不需要中间宿主。雌虫在小肠中产卵，每条雌虫平均每天可产卵10万~20万枚，一生可产3 000万枚卵。虫卵随粪便排出后，在适宜的温度和湿度条件下经15~20 d 的发育、成熟，成为具有感染性的虫卵。感染性虫卵随饲料和饮水被猪吞食，在小肠中孵出幼虫，幼虫钻入肠壁进入血管，随血液循环经门静脉到肝脏，再由腔静脉进入右心房、右心室和肺动脉到肺毛细血管，再钻过血管壁和肺泡壁进入肺泡，顺着小支气管、气管，随黏液一起到达咽部，再次被咽下，经食道、胃返回小肠内逐渐发育为成虫。从感染性虫卵被猪吞食到发育为成虫需经 2~2.5 个月。

（三）流行病学

由于猪蛔虫卵具有 4 层膜，对外界环境和化学药品抵抗力强，在土壤中可存活很久，普通消毒药短时间内难以将其杀死；加上猪蛔虫的生活史简单，发育过程不需要中间宿主，而且还具有强大的繁殖力，因此，猪蛔虫病流行广泛，几乎所有的猪场均有蛔虫病发生。凡是带蛔虫猪的猪舍及运动场，必然有大量的蛔虫卵，成为猪蛔虫病感染和流行的疫源地。特别在卫生条件差营养不良的猪群中，感染率 50% 以上，尤其是仔猪最易感染，患病也较严重，且常常发生死亡。

（四）致病作用和症状

1. 致病作用

猪蛔虫病的致病作用在幼虫和成虫阶段有所不同。幼虫由肠道钻入肠壁损伤肠壁黏膜，易造成细菌的继发感染。幼虫随血液进入肝脏，滞留在毛细血管内造成小点出血和肝细胞的损伤。幼虫由肺毛细血管移行至肺泡，造成血管破裂，形成小点出血引起肺水肿，进而造成蛔虫性肺炎，主要症状表现为咳嗽、体温升高、食欲减退，严重感染可出现呼吸困难、心跳加快、精神沉郁、不愿走动，可能经 1~2 周好转或逐渐虚弱而导致死亡。一般肺炎症状因侵袭程度不同而持续 5~14 d，尤其是缺乏维生素 A 的仔猪，往往容易死亡。成虫发育到性成熟时，其致病性减弱。但成虫寄生在小肠时，机械性地刺激小肠黏膜，可出现肠炎症状，病猪出现拉稀、体温升高。蛔虫大量寄生时往往结合成团，如果堵塞肠腔，可引起阵发性痉挛性疝痛症状，甚至可使肠壁破裂而死亡。猪蛔虫往往由肠管侵入胆管，引起胆管炎、胆囊炎，甚至胆囊穿孔，引起胆汁性腹膜炎。成虫大量寄生时，自然要消耗宿主许多营养，造成猪营养障碍、生长发育不良，症状表现为营养不良、贫血、消瘦、被毛粗乱、食欲减退或时好时坏，或异嗜，生长极为缓慢，增重明显降低、甚至停滞成为僵猪。此外，猪蛔虫分泌的毒素和代谢产物可引起过敏症状，如阵发性痉挛、兴奋和麻痹等各种神经障碍。

2. 症状

猪蛔虫病主要发生于 3~6 个月的仔猪，成年猪一般不表现明显的症状，但却成为本病的传染源。仔猪在感染早期、幼虫移行期间可发生蛔虫性肺炎，症状明显，主要表现咳嗽、体温升高、食欲减退，此后病猪逐渐消瘦、贫血，被毛粗乱逆立、磨牙，生长发育缓慢甚至停滞而形成僵猪。严重感染时，呼吸困难、心跳加快、呕吐流涎和拉稀等症状。若无其他继发感染一般经 1~2 周好转，或逐渐衰弱可引起死亡。当蛔虫寄生量大时，易发生肠堵塞，病猪腹痛甚至肠破裂死亡。如虫体钻进胆管，病猪开始表现下痢、体温升高、食欲废绝、剧烈疼痛、烦躁不安，之后体温下降、卧地不起、四肢乱蹬，最后趴地不动而死亡。少数病猪出现神经症状。

（五）诊断

根据临床症状可作出初诊。确诊需做粪便虫卵检查或病理剖检。

1. 粪便检查法

对 2 个月以上的仔猪，可用饱和盐水漂浮法检查虫卵。一般每克粪便含有 1 000 个或以上的虫卵时，可诊断为猪蛔虫病。但蛔虫是否为直接的致病原因，必须根据虫卵数量、病变程度、生前症状和流行病学等综合诊断。

2. 病理剖检

蛔虫病初期仅见肺炎变化，肺表面呈斑点状，有时呈暗红色，肺内有大量猪蛔虫幼虫。因胆管蛔虫症死亡的病猪，可见有蛔虫钻入胆管内。小肠内可检出数量不等的蛔虫，并见肠黏膜卡他、出血和溃疡。当肠破裂或胆囊破裂时可见腹膜炎和腹腔内出血。

（六）防治措施

1. 治疗

治疗方案为驱杀虫体，可选用以下处方。

处方一：伊维菌素，0.3 mg/kg 体重，皮下注射，有良好的驱蛔虫效果。

处方二：左旋咪唑，10 mg/kg 体重，喂服。

处方三：驱蛔灵，0.11 g/kg 体重，喂服。

2. 预防

（1）定期驱虫　在蛔虫流行的猪场，每年定期驱虫 2 次。对 2~6 个月龄仔猪，在 3 和 5 月龄时各驱虫 1 次。

（2）搞好清洁卫生和定期消毒　一是保持饲料和水源清洁，防止粪便污染。二是保持圈舍和运动场的清洁卫生，并定期消毒。尤其是在母猪产仔前，要清理消毒母猪圈舍。

（3）无害化处理　粪便将清除的粪便等污染物堆积在储粪场使之发酵，利用生物热作用杀死蛔虫卵。

六、猪食道口线虫病

猪食道口线虫病是由圆形目、毛线科、食道口属的多种食道口线虫寄生于猪的结肠和盲肠而引起的一种线虫病。因其幼虫生于大肠肠壁里，使肠壁发生结节病变，故本病亦有结节病之称。

（一）病原

寄生于猪体内的食道口线虫有 4 种：齿食道口线虫、短尾食道口线虫、乔治亚食道口线虫和四棘食道口线虫。不同食道口线虫的食道形状、嗉宽度、尾及交合刺的长度均有差异。成虫虫体细小，肉眼几乎难以辨认。虫体粗大、白色，体稍弯曲，前端较细，后端较粗，肠管和生殖器官均在虫体较粗的后端。

（二）生活史

食道口线虫在发育过程中没有中间宿主，虫卵随粪便排出后在适当的外界条件下，经 10~17 h 孵出幼虫。幼虫经过 2 次蜕化，需 7~8 d 发育成感染性幼虫。潮湿的环境有利于其感染性幼虫的生存。猪经口感染，幼虫在肠内脱鞘，大部分集中于大肠中，钻入肠壁黏膜下层，幼虫在此蜷曲成小环，形成结节。感染后 38~50 d 发育为成虫。

（三）流行病学

本病在我国分布广泛，一年四季均可发生。此病主要是仔猪感染发病，成年猪被寄生的数量多，是主要的传染源。在通风不良的卫生条件较差的猪舍中，感染较多。感染性幼虫具有较强的耐低温的能力，可以越冬生存。干燥易使虫卵和幼虫死亡，虫卵在 60 ℃ 下迅速死亡。

（四）临床症状

主要危害是幼虫在大肠黏膜下形成结节病变。一般无明显临床症状，只有在严重感染时，大肠才出现大量结节，发生结节性肠炎。临诊常见患病猪食欲下降，顽固性下痢，排带有黏液或血液的稀粪，日渐消瘦，发育障碍。继发细菌性感染时，则发生化脓性结节性大肠炎。严重者可造成死亡。

（五）诊断

根据流行病学和临床症状可作出初诊。确诊需做粪便虫卵检查或尸体剖检。

用漂浮法检查粪便中虫卵。虫卵呈卵圆形，壳薄，为典型的圆线虫卵。当虫卵不易鉴别时，可培养检查幼虫。幼虫长约 500 μm，宽约 26 μm，尾部圆锥形，尾顶端呈圆形。

尸体剖检可见大肠壁黏膜下层发生结节病变。

（六）防治措施

1. 治疗

治疗方案为驱杀虫体，可选用以下处方。

处方一：敌百虫，0.1 g/kg 体重，拌入饲料中喂服。

处方二：伊维菌素或爱比菌素，0.3 mg/kg 体重，皮下注射。

处方三：丙硫咪唑，10 mg/kg 体重，拌入饲料中喂服。

2. 预防

搞好圈舍和运动场的清洁卫生，保持地面干燥，定期驱虫和消毒。

第五节　仔猪常见内科病

一、感冒

感冒是由寒冷刺激引起的以呼吸道黏膜炎症为主的全身性疾病，临诊特征为体温升高、咳嗽、羞明流泪、流鼻涕、精神沉郁、食欲下降。

（一）发病原因

因饲养管理不当，气候忽冷忽热，猪舍寒冷潮湿，贼风侵袭，风吹雨淋，过于拥挤，营养不良，长途运输等导致机体抵抗力下降，尤其是上呼吸道黏膜防御机能减退，致使呼吸道内常在菌大量繁殖而发病。

（二）临床症状

病猪精神沉郁，食欲减退，严重时食欲废绝，体温升高，病程一般 3~7 d；咳嗽，打喷嚏，流鼻液；皮温不整，鼻盘干燥，耳尖、四肢末梢发凉；结膜潮红、畏寒怕冷，弓腰战栗，呼吸用力，脉搏增数。本病若无继发感染，一般不会引起死亡。

（三）诊断

根据临床症状，综合气候、管理和应急等因素，可作出诊断。类症上要与猪流感区别。猪感冒在病因上与猪流感有着本质的区别，猪流感是由 A 型猪流感病毒引起的急性、高度接触性呼吸道疾病；而猪感冒主要是由于寒冷刺激所引起的、以上呼吸道黏膜的炎症为主要特征的急性全身性疾病，临床上表现体温突然升高，咳嗽和流鼻涕等，本病以个体发病，无传染性。因此从发病率和死亡率、临床症状，不难与猪流感相鉴别。

（四）治疗方法

本病一般无须治疗，3～7 d 可自愈。对重症和体质较差的病猪，以解热镇痛、补液治疗为原则。若有继发感染，要针对病因治疗。

内服阿司匹林或氨基比林每次 2～5 g 以解热镇痛，或肌内注射柴胡注射液 3～5 mL，30%安乃近或安痛定 5～10 mL，每日 1～2 次。配合使用抗生素或磺胺类药物，以防继发感染，如肌内注射氨苄青霉素 0.5 g，每日 2 次，连用 2～3 d。也可使用中草药治疗，如生姜 10 g、大蒜 5 g、葱 3 根，泡水后内服。穿心莲注射液 3～5 mL 肌内注射，或用金银花 40 g，连翘、荆芥、薄荷各 25 g，牛蒡子、淡豆豉各 20 g，竹叶、桔梗各 15 g，芦根 30 g，煎汤灌服。

（五）预防措施

加强饲养管理，注意防寒保暖，给予清洁新鲜饮水。根据季节和天气变化，提前采取预防措施。

二、新生仔猪溶血病

本病是母猪血清和初乳中存在抗仔猪红细胞抗原的特异血型抗体所致的新生仔猪急性血管内溶血，以贫血、血红蛋白尿和黄疸为其临床特征，属Ⅱ型超敏反应性免疫病。发病特点为新生仔猪出生时正常，吸吮初乳后就发病。

（一）发病原因

本病与遗传因素有关，可能因种公猪和母猪的血型不合而引起。

（二）临床症状

1. 最急性型

吸吮初乳后 12 h 内，整窝仔猪突然发病，停止吃奶，精神委顿，喂寒，震颤，急性贫血，很快陷入休克而死亡。

2. 急性型

吸吮初乳后，24 h 内显现黄疸，眼结膜、口膜和皮肤黄染，48 h 有明显的全身症状，多数在生后 5 d 内死亡。

3. 亚临床型

吸吮初乳后，临床症状不明显，有贫血表现，血液稀薄，不易凝固。尿检呈隐血强阳性，表明有血红蛋白尿；血检才能发现溶血。

（三）诊断

根据临床症状一般可作出诊断。剖检时可见全身感染。肝脏呈程度不一的肿胀；脾脏褐色，稍肿大；肾肿大，充血，膀胱内积贮暗红色尿液。根据病理变化可作出确诊。

（四）防治措施

1. 停止哺乳

全窝仔猪停止吸吮原母猪的奶，由其他母猪代哺乳，或人工哺乳。可使病情减轻，逐渐痊愈。

2. 药物治疗

重病仔猪，可选用皮质类固醇配合葡萄糖治疗，以抑制免疫反应和抗休克。为增强造血功能，可选用维生素 B_{12}、铁剂等治疗。为防止继发感染，可选用抗生素。

3. 预防

发生仔猪溶血病的母猪，下次配种时改换其他血统配种公猪，可防止再发此病。

三、新生仔猪低血糖症

新生仔猪低血糖症是以血糖含量大幅度减少，出现脑神经机能障碍为特征的一种新生仔猪营养代谢性疾病。

（一）发病原因

病因较复杂，一般认为主要是由母猪妊娠后期的饲料营养不均衡，或产后缺乳，以及仔猪本身不能吮乳等引起。

仔猪生后活动加强，体内耗糖量增多，在胎儿时期缺糖或生后不能充分获得糖的补充时，血糖即急剧下降。

脑组织机能活动所需的能量主要来自糖的氧化，但脑组织含糖元极少，需要不断地自血液中摄取糖，故当血糖含量降至一定水平时，就会严重影响脑的机能，出现脑神经兴奋或抑制的现象。

（二）临床症状

本病多发生于生后 1~3 d 的仔猪，往往在一窝仔猪内部分或全部相继发病。突然呈现不吮乳，毛色发暗，四肢绵软无力，卧地不起。有的迅速死亡，有的则呈现脑神经机能障碍，出现阵发性痉挛，角弓反张，四肢伸直或呈游泳状运动，眼球固定，口腔有少量白沫。有的表现肢体绵软，皮肤感觉迟钝或消失，对外界事物无反应，体温不高，症状显著阶段体温可降至 37 ℃以下，最后陷入昏迷状态而死亡。多数病猪在 24 h 左右死亡，如果治疗不及时或方法不当，可 100%死亡，有时可拖延 1~2 d 死亡。

（三）诊断

根据发病日龄、体温偏低、瘫软无力、出现神经症状、发出特殊叫声等症状表现及肝脏呈土黄色等病理变化，再结合母乳不足或无奶等情况，不难作出初步诊断。确诊需采血分离血清检查血糖含量，如果血糖低于 40 mg/100 mL（同日龄健康仔猪血糖为 120~170 mg/100 mL）；同时血液中的非蛋白氮和尿素含量增高，则可确诊为低血糖症。也可通过给病猪口服或腹腔注射 25%葡萄糖注射液（每头每次 15~20 mL）后，症状有所缓解甚至痊愈，即可作出治疗性诊断。

（四）治疗方法

本病治疗主要是尽快补糖，用 10%葡萄糖 5~10 mL 腹腔注射或前腔静脉注射，每隔 4~6 h 1 次，连续 2~3 d。或经口腔灌服葡萄糖，每次 3~5 g，每天 3~4 次，连用 3~5 d。如果温度降到正常体温以下时，可配合肌内注射庆大霉素、维生素 B_1 注射液及安钠咖注射液等。

（五）预防措施

加强妊娠后期母猪的饲养管理，给予全价饲料。对新生仔猪给予充足的母乳，如母猪缺乳，应进行人工哺乳。

四、仔猪缺铁性贫血

仔猪缺铁性贫血又称仔猪营养性贫血，是由于机体铁缺乏而引起的仔猪贫血和生长受阻的营养代谢性疾病，多发于 5~21 日龄的哺乳仔猪。临床上以红细胞数减少、血红蛋白含量降低、皮肤和可视黏膜苍白为主要特征。

（一）发病原因

母猪乳汁一般含铁较低，新生仔猪生长发育迅速，对铁的需要量急剧增加，在最初数周，铁的日需量约 15 mg，而通过母乳摄取的铁量每日平均仅有 1 mg，且新生仔猪体内存在的铁质也较少，因此仔猪发生缺铁性贫血较为常见。

（二）临床症状

最常发生在 5~21 日龄的仔猪，轻症经过，仔猪生长发育正常，但增重率比正常仔猪明显降低，食欲下降，容易诱发肠炎、呼吸道感染等疾病，轻度呼吸加快。病情严重时，头颈部水肿，白猪皮肤明显苍白且显出黄色，尤其是耳和鼻端周围的皮肤，嗜睡，精神不振，心跳加快，心音亢盛，呼吸加快且困难，尤其在哄赶奔跑后，急促呼吸和呼吸动作明显加强，而且需较长的时间才能缓慢地恢复平静。严重的贫血，可突然死于心率衰竭，但这种情况发生很少。

（三）病理变化

尸体苍白消瘦，血液稀薄，全身轻度或中度水肿，心脏扩张，肝脏肿大，呈斑驳状和由于脂肪浸润呈灰黄色。

（四）诊断

根据流行病学调查，贫血的临床症状及特异性治疗（用铁制剂）时疗效明显，可作出诊断。

（五）防治

由于在妊娠期和产后给母猪补充含铁的药物，不能提高新生仔猪肝铁的贮存水平，基本上也不能增加乳中铁的含量，因此，防治哺乳仔猪缺铁性贫血，通常是直接给仔猪补铁。补铁的方法有肌内注射和内服两种。

肌内注射：肌内注射生产上应用较普遍。右旋糖酐铁、山梨醇铁、牲血素、血多素、富血素、补铁王、血之源、右旋糖酐铁钴合剂、含糖氧化铁等，3~4 日龄仔猪每头注射 100~150 mg，10~14 日龄再用同等剂量注射 1 次。肌内注射时可引起局部疼痛，应深部肌内注射。

内服补铁：对水泥地面的猪舍，经常放入清洁的含铁量较高的红泥土，是缓解本病的有效方法；也可用铁铜合剂补饲，把 2.5 g 硫酸亚铁和 1 g 硫酸铜溶于 1 000 mL 水中，配成溶液，装在奶瓶中，于仔猪生后 3 日龄起开始补饲，每日 1~2 次，每头每日 10 mL。也可以制成含铁的淀粉糊剂，在产后第 3 d 开始，间隔数天，共 2~3 次向母猪乳房及乳房周围涂抹，最好在母猪临哺乳前涂抹。参考配方：硫酸亚铁 450 g，硫酸铜 75 g，水 2 000 mL，加适量的葡萄糖、淀粉等；或硫酸亚铁溶液配成滴剂，仔猪每次 0.1~0.3 g 内服。另外要让仔猪提早开食，一般在 7 日龄就可训练仔猪采食哺乳用全价配合的乳猪料，以获取饲料中的铁元素。在口服补铁时，要注意防止含钴、锌、铜、锰等元素过多，影响铁的吸收。

五、佝偻病

佝偻病是生长期的仔猪由于维生素 D 及钙、磷缺乏或饲料中钙、磷比例失调所致的一种骨营养不良性代谢病，特征是生长骨的钙化作用不足，并伴有持久性软骨肥大与骨骺增大。

（一）发病原因

日粮中钙或磷的绝对缺乏或继发于其他因素，主要是磷或钙的过量摄入，维生素 D 摄取绝对量减少或继发于其他因素，尤其是过量摄入胡萝卜素；仔猪缺乏阳光照射，从而不能生成维生素 D_2 和维生素 D_3。日粮组成中蛋白（或脂肪）性饲料过多，其产物与钙形成不溶性钙盐，大量排出体外而缺钙。

（二）临床症状

食欲减退，消化不良，出现异嗜癖，发育停滞，消瘦，出牙延长，齿形不规则，齿质钙化不足，面骨、躯干骨和四肢骨变形，站立困难，四肢呈 X 形或 O 形，肋骨与肋软骨处出现串珠状，贫血。先天性佝偻病，仔猪生后衰弱无力，经过数天仍不能自行站立。扶助站立时，腰背拱起，四肢弯曲不能伸直。后天性猪佝偻病发生慢，早期呈现食欲减退、消化不良、精神沉郁，然后出现异嗜癖。仔猪腕部弯曲，以腕关节爬行，后肢则以跗关节着地。病期延长则骨骼软化、变形。硬腭肿胀、突出，口腔不能闭合影响采食、咀嚼。行动迟缓，发育停滞，逐渐消瘦。随病情发展，病猪喜卧，不愿站立和走动，强迫站立时，拱背、屈腿、痛苦呻吟。肋骨与肋软骨结合部肿大呈球状，肋骨平直，胸骨突出，长肢骨弯曲，呈弧形或外展呈"X"形。

（三）诊断

根据猪发病日龄（佝偻病发生于幼龄猪，软骨症发生于成年猪）、饲养管理条件（日粮中维生素缺乏或不足，钙、磷比例不当，光照和户外活动不足）、病程经过（慢性经过）、生长迟缓、异嗜癖、运动困难以及牙齿和骨骼变化及治疗效果可做出诊断。必要时结合血液学检查、X 线检查、饲料成分分析等。

（四）治疗

处方 1：10%葡萄糖酸钙注射液 20~50 mL 一次静脉注射，每天 1 次，连用 5~7 d。

处方 2：维生素 A、D 合剂 2~4 mL 一次肌内注射，每天 1 次，连用 5~7 d。

处方 3：骨粉 70%、小麦麸 18%、仙灵脾 1.5%、五加皮 1.5%、茯苓 2.5%、白芍 2.5%、苍术 1.5%、大黄 2.5%，将中药混合研细，加入骨粉混匀，每天取 30~50 g，分 2 次拌料喂服，连喂 1 周。

（五）预防

一是补充哺乳母猪的维生素 D，确保冬季猪舍有足够日光照射和摄入经太阳晒过的青干草；二是饲料中补加鱼肝油或经紫外线照射过的酵母，补充骨粉、鱼粉、磷酸钙以平衡钙、磷。

六、咬嗜癖

猪只在内外环境条件和多种因素的影响下，为争夺利益或寻求刺激而热衷于对其他猪只或物品频繁啃咬称为咬嗜癖。咬嗜癖是猪只在舍饲特别是集约化饲养条件下，常见的一种异常行为。

（一）发病原因

1. 品种因素

长白猪、哈白猪咬尾咬耳症较多，地方猪种较少见，母猪比公猪要多。体重 18~80 kg 的猪最易发病。主要多发于每年的 1—3 月和 8—12 月。

2. 环境因素

猪舍内温度过高或过低，通风不良及有害气体蓄积；猪圈潮湿引起皮肤痒，使猪产生不适感或休息不好引起啃咬；光照过强，猪只长期处于兴奋状态而烦躁不安，引起咬尾。

3. 营养因素

一是饲料营养水平较低，蛋白质含量不足，氨基酸不平衡，维生素、矿物质、微量元素或纤维素缺乏等不能满足猪只生长发育的需要；二是饲料品种单一、搭配不合理、加工不当等造成营养物质的损失和营养不平衡。

4. 管理因素

饲养密度过大，活动空间过小，相互拥挤；猪舍内饲槽和水槽数量不足，设置位置和高度不合适，不利于猪只采食和饮水；合群不科学，猪群整齐度差，造成大欺小，强欺弱；猪舍卫生状况较差；猪只活动频繁、无法充分休息等均可造成猪咬尾。

5. 疾病因素

如猪伪狂犬病、腹泻、贫血，缺乏钙、磷、铁等引起的营养代谢疾病，均会诱发猪的互咬。猪患有疥癣、球虫病、蛔虫病等寄生虫病时，可引起猪体皮肤刺激而烦躁不安，在舍内摩擦而导致耳后、肋部等处出现渗出物，对其他猪产生吸引作用而诱发咬尾咬耳。偶尔出现的尾部、耳部损伤，也可能引起其他猪只的注意，易导致咬尾咬耳症。

（二）临床表现

受害猪的尾巴、耳朵被咬伤，伤口流血不止，严重者尾巴可能会被咬掉半截。受害猪惊恐不安，不敢与猪群一起采食饮水，严重影响生长发育。如果伤口不能得到及时处理，常会引发感染，轻者出现局部炎症和组织坏死，降低胴体品质，影响猪肉质量和食用性能；重者可能造成脊椎炎，甚至引起肺、肾、关节等部位的炎症，若不及时处理，可并发败血症等导致死亡。

（三）防治措施

1. 培育抗应激猪品种

不同猪的品种对应激的敏感性不同，这与遗传基因有关。因此，利用育种方法选育抗应激猪，建立抗应激猪种群，淘汰应激敏感猪，从根本上解决猪的应激问题。杜洛克猪、约克夏猪、汉普夏猪等与本地猪杂交的猪具有较强的抗应激性。

2. 加强饲料调配

合理调配饲料营养成分，尤其要注意补充维生素、微量元素和矿物质，适当提高日粮中蛋白质和粗纤维含量，特别是补充赖氨酸，食盐的用量要适当，做到饲料搭配多样化，保证营养物质的平衡而全面。饲料要科学加工调制，提高适口性。饲喂做到定时定量定位。严禁饲喂发霉变质的饲料，禁止使用各种违禁药物，饲料中不能长期添加抗生素药物。饮水新鲜洁净，温度适宜。

3. 合理分群饲养

尽量将来源、体重、日龄、毛色、性情等方面差异不大的猪组合在一起，最好将同窝仔猪放置在一个群体中饲养。猪群规模适度，一般母猪以 2~6 头为宜，育肥猪 10~20 头为宜；在工厂化养猪条件下每群不宜超过 50 头。同一群猪个体的体重相差不能过大，仔猪体重不宜超过 5 kg，架子猪不超过 10 kg。分群后要保持相对稳定，不应随便再分群。

4. 控制饲养密度

合理利用猪舍面积，有利于促进猪的生长发育，防止猪只拥挤争斗。体重在 30 kg 以下，每头猪占地面积为 0.5~0.6 m²；体重 60 kg 以下，0.6~0.8 m²；体重 90 kg 以上，为 1 m²。猪舍内饲槽和水槽数量适宜，设置高度合适，避免猪只抢食争斗。

5. 加强日常管理

猪舍冬暖夏凉，通风良好，及时清除粪便。控制猪舍内温度适宜，光照合理。饲养人员要固定，禁止无关人员参观，不允许其他动物进入猪舍，避免各种应激的发生。仔猪出生后 1~2 d 内断尾，可有效防止猪咬尾。据研究，向猪圈中投放 2 m 长的软水管，让猪咬动，或者在猪圈一侧放盐砖，分散猪只的注意力，对防猪咬尾咬耳有一定作用。平时要搞好猪群的行为监控，发现有咬尾咬耳现象时，要及时挑出猪只进行单独饲养。

6. 抓好防疫保健

及时给猪群驱虫，防止发生体内外寄生虫病。仔猪在 45~60 d 时第 1 次驱虫。在猪舍铺设稻草、麦秸等垫草，既有利于保证猪睡觉的舒适度，又能满足猪只的探究需求，分散注意力，减少咬尾咬耳症的发生。一旦发现猪咬尾咬耳，及时隔离饲养，对受伤部位立即用 0.1% 的高锰酸钾溶液清洗消毒，并涂上碘酊，同时对咬伤的猪肌内注射安痛定、青霉素等药物，镇静安神、抗菌消炎，防止局部化脓感染。对于猪咬尾咬耳较轻的，可用白酒或汽油稀释后喷雾猪群，每天 3~5 次，能有效控制猪咬尾综合征的发生。

七、肺炎

猪肺炎是肺组织受到病原微生物或异物的刺激引起的一种急性或慢性炎症变化的疾病。一般分为小叶性肺炎和大叶性肺炎。猪以卡他性肺炎较为常见。

（一）发病原因

肺炎的发病原因主要有以下几个方面，一是饲养管理不善，猪舍潮湿不洁，猪群拥挤无防寒设备，猪体抵抗力下降诱发肺炎。二是在气候突变以及酷暑或严寒季节进行运输。三是在灌药时，由于技术不熟练，药物经气管进入肺组织而发生异物性肺炎。四是某些传染病和寄生虫病。此外慢性支气管炎治疗不及时也能发展成肺炎。

（二）临床特征

病初精神沉郁，食欲明显减少或消失，脉搏增快，咳嗽，呼吸困难明显加剧。体温增高 40 ℃以上。呼吸音变粗，肺部听诊有啰音。鼻流出黏稠液体，呈白色。黄白色或铁锈色。病后期黏膜发绀，咳嗽加剧，呼吸极困难；脉搏快而弱；食欲废绝。异物性肺炎，病初咳嗽，体温常升高，继之咳嗽增剧。食欲不振，鼻腔有黏液流出，呼吸困难，精神沉郁，窒息而死。

（三）诊断

根据对病史的调查分析、临床症状观察、病理学变化及 X 射线检查等可作出诊断。

（四）治疗

处方 1：青霉素 80~100 万单位，氨基比林 5~10 mL 稀释，1 次肌内注射，连用 2~3 d；

或用20%磺胺嘧啶钠10~20 mL 1次肌内注射，连用2~3 d。

处方2：栀子、白芍、桑白皮、款冬、陈皮各13 g，黄芩、桔梗、枯矾、甘草各15 g，天冬、瓜蒌各10 g，水煎服。（此剂量适用于40 kg重的猪）。

处方3：枯矾、沙参、瓜蒌、兜铃、甘草、黄芩、栀子、杏仁、陈皮各10 g，水煎服。

（五）预防

预防猪肺炎首先要做好饲养管理，适当调剂饲料，做到营养充足，加强猪自身的免疫力和抵抗力。做到清洁卫生和保暖，避免猪感冒。在长途运输中不要过于疲劳和饥饿。给病猪灌药时，应固定好猪体，防止灌呛。

八、维生素A缺乏症

维生素A的主要功能是维持上皮细胞结构和功能的完整性、视网膜的视觉功能和生长。主要与具有分泌功能的上皮细胞有关。维生素A缺乏症是体内维生素A或胡萝卜素摄入不足或吸收障碍而引起的一种慢性营养缺乏症，可导致眼睛、呼吸、生殖、神经、消化道上皮功能失调，新生仔猪出现失明、无眼、弱小或畸形。该病的主要特征表现为生长发育不良，视觉障碍，器官黏膜损伤，繁殖机能障碍及神经症状，以仔猪和生长育肥猪发病较多。

（一）病因

所有维生素A都来源于植物。维生素A原在体内（主要是在肠上皮中）转化为维生素A，并贮存在肝脏中。维生素A缺乏分原发性和继发性两种。

原发性维生素A缺乏，其因较多，主要是日粮中维生素A原或维生素A含量不足，如日粮中含维生素A的青绿饲料供应不足，或长期饲喂含维生素A原极少的饲料，或饲料贮存时间过长，使维生素A被氧气破坏等一些原因，均可引起维生素A缺乏症。由于妊娠和泌乳母猪及处于快速生长发育仔猪对维生素A需要量增加，如果摄入不足，均可引起维生素A缺乏。

继发性维生素A缺乏，主要是有关疾病和环境不良引起。当猪患有胃肠、肝、胆慢性疾病时，引起胆汁生成减少和排泄障碍，不利于胡萝卜素的转化和维生素A的贮存，可引起维生素A缺乏。此外，猪舍日光照射不足、通风不良、猪缺乏运动，也促发维生素A缺乏。

（二）临床症状

仔猪表现皮炎，皮肤粗糙、皮屑增多；呼吸器官和消化器官黏膜常有不同程度的炎症，出现咳嗽、下痢，生长发育缓慢；严重时头向一侧歪，运动失调，走路摇晃，倒地尖叫，抽搐，角弓反张；后期出现后肢麻痹，神经机能紊乱，听觉迟钝，视力下降，有的可见夜盲症。存活仔猪生活力弱，腹泻，头偏向一侧，易继发肺炎、胃肠炎和佝偻病。缺乏维生素A的妊娠母猪产出弱仔、畸形胎儿，一只眼或一大一小或无眼、瞎眼，全身性水肿。

（三）病理变化

被毛脱落，皮肤角化层增厚，皮脂溢出。骨发育不良，长骨变短，颜面骨变形，颅骨、椎骨、视神经孔骨骼生长异常。眼神经变性坏死。

（四）诊断

根据临床症状、病史、饲养管理状况及维生素A治疗效果，可做出初步诊断。确诊需进行血液和肝脏中维生素 A 和胡萝卜素含量测定等，实验室检查可见血浆、肝脏、饲料中维生素 A 含量降低可判断为维生素 A 缺乏。

（五）防治措施

1. 治疗

治疗方案为补充维生素 A，可选用以下处方。

处方一：精制鱼肝油，5~10 mL，分点皮下注射。

处方二：维生素 A 注射液，50 万单位，一次肌内注射，隔日 1 次，连注 1 周。

处方三：维生素 A、D 合剂 2~5 mL，隔日肌内注射 1 次。

处方四：胡萝卜 150 g、韭菜 120 g，1 次混入饲料中饲喂，1 次/d。

2. 预防

饲料中要有充足的维生素 A 或胡萝卜素，保证猪每天每千克体重维生素 A 30 IU，消除破坏维生素 A 和影响吸收的因素。

九、维生素 E-硒缺乏症

硒和维生素 E 在维持猪健康中具有协同抗氧化作用，兽医临床上常表现二者同时缺乏，并通过相当典型的交叠的病变显示出来。维生素 E-硒缺乏症是指硒、维生素 E 或硒和维生素 E 同时缺乏和不足所引起的营养代谢障碍综合征，统称维生素 E-硒缺乏症。本病以仔猪多发，兽医临床上常表现猪白肌病（白色水肿的骨骼肌甚心肌）、仔猪桑葚心及仔猪肝营养不良。

（一）病因

维生素 E-硒缺乏多由饲料引起，维生素 E-硒的缺乏能促进细菌特别是肠道细菌的感染，或感染亦可加重维生素 E-硒的缺乏，补充维生素 E 具有抗感染作用。维生素 E 缺乏的原因较多，除饲料因素外，本身的化学性质不稳定，易被各种因素氧化。当饲料品质不良、加工贮存方法不当时，维生素 E 被氧化，造成饲料中维生素 E 含量不足。在早期的研究中，维生素 E-硒缺乏，尤其与饲喂不饱和脂肪酸、鱼类产品、霉变的谷物饲料有关。饲料中不饱和脂肪酸含量过高，或酸败的脂类及霉变的饲料，变质的鱼粉等，均可造成体内不饱和脂肪酸过多，易氧化为大量过氧化物，使机体对维生素 E 的需要量增加，对维生素 E-硒缺乏症的发生起关键作用。许多因素如湿度、温度、氧气和磨碎加工，都能促进谷物中脂肪酸的氧化、酸败。脂肪酸的酸败和过氧化可耗尽谷物中的维生素 E。饲料中含大量维生素 E 拮抗物质，或微量元素缺乏等均可导致维生素 E 缺乏。日粮中硒的缺乏，有明显的地区性和季节性，其主要原因是饲料或土壤硒含量不足。当饲料硒含量低于 0.05 mg/kg 时，则出现硒缺乏症。饲料中硒来源于土壤硒，当土壤硒低于 0.5 mg/kg 时，即为贫硒土壤。在我国的黑龙江、甘肃、云南等省缺硒面积大，为缺硒地区。硒的拮抗元素为锌、铜、砷、铅、镉、硫酸盐等，可使硒的吸收和利用受到抑制和干扰，引起猪相对性硒缺乏。此外，应激是硒缺乏的诱发因素，可使猪机体抵抗力降低，硒消耗增加。

（二）发病机制

维生素 E 和硒都具有抗氧化作用，保护细胞免受过氧化物的损害，但两者作用机理不同。硒是谷胱甘肽过氧化物酶的重要组成部分，该酶能消除在生物氧化过程中所产生的脂质过氧化物，而维生素 E 作为抗氧化剂，可抑制或降低生物膜类脂质产生过氧化物，保护细胞膜的生物活性。当维生素 E、硒缺乏时，谷胱甘肽过氧化酶活性降低，脂质过氧化物增多，从而损害生物膜结构，尤其是富含不饱和脂肪酸的生物膜易受损害。当饲料中缺硒时，特别是仔猪生长发育快、代谢旺盛、细胞增殖快，其氧化必然强烈，对产生的过氧化物的抵抗力和耐受力均低，过多的过氧化物，损害细胞膜的结构，当应激发生时，即可促使处于低硒水平的仔猪发病。

（三）临床症状

仔猪发病初期精神不振，喜卧，行走时步态强拘，站立困难，常呈前肢下跪或犬坐姿势。病程继续发展，四肢麻痹，心跳呼吸加快，食欲下降，严重者废绝，下痢。白毛猪病初皮肤可见粉红色，随病程进展逐渐转为紫红或苍白色，颈下、胸下、腹下及四肢内侧皮肤常发绀。依经过可分为急性、亚急性和慢性，依发生的器官可分为白肌病（骨骼肌型）、心肌型（仔猪桑葚心）、肝坏死型（仔猪肝营养不良）及仔猪水肿病。

1. 白肌病

白肌病即肌营养不良，其发病率和死亡率较高，以 1~3 月龄或断奶后的育成猪多发，多发于冬春气候骤变、青绿饲料缺乏之时。白肌病的病猪，病初行走时后躯摇晃或跛行；严重时后肢瘫痪，前肢跪地行走；强行起立时，见肌肉战栗，常发出嘶哑的尖叫声。急性病例，突然呼吸困难，心脏衰竭而死。病程稍长者，精神不振，食欲减退，运动无力。严重时站立困难，前肢跪下或呈犬卧姿势，或背腰拱起，或四肢叉开，肢体弯曲，肌肉震颤。仔猪常因不能站立吃不到母猪乳而饿死。

2. 心肌型

心肌型俗称仔猪桑葚心，是维生素 E-硒缺乏的最常见病之一，多发于仔猪和处于快速生长发育的猪，营养状况良好，饲以高能量饲料，但维生素 E 含量较低引起。一般病猪常在没有任何前驱征兆下突然死亡，存活者严重呼吸困难，可视黏膜发绀躺卧，强迫行走时易突然死亡。亚临床症状在应激刺激下可转为急性，不久即突然抽搐、嚎叫而死。心肌型的病猪心律加快、心律不齐。皮肤有不规则的紫红斑点，多在两腿内侧，有时遍及全身。渗出性素质的病猪，可见皮下水肿。

3. 仔猪肝营养不良

仔猪肝营养不良即肝坏死型，主要发生于 3 周龄至 4 月龄幼猪，尤其是断奶前后的仔猪，也是猪维生素 E-硒缺乏的常见病之一。急性病例者多为体况良好、生长发育较好的仔猪，预先无任何征兆便突然死亡。存活者呼吸困难、黏膜发绀、躺卧不起，强迫走动引起突然死亡。病程较长者可出现黄疸和发育不良等症。

4. 仔猪水肿病

在断奶仔猪和生长猪的皮下、胃肠黏膜发生水肿为特征的疾病，呈进行性运动不稳及四肢瘫痪，病死率较高。

（四）病理变化

1. 白肌病

白肌病以骨骼肌、心肌纤维及肝组织等发生变性、坏死为主要特征。皮肌、前肢、后肢、躯干部位的肌肉都可出现病变，初期肌肉颜色变淡、鱼肉样、灰白色肿胀，特别是初生仔猪和哺乳仔猪，有的全身骨骼肌全部呈灰白色，常见渗出性素质的变化。骨骼肌中以背腰、臀、腿肌变化最明显，且呈双侧对称。骨骼肌苍白，似熟肉或鱼肉状有灰白或黄白白色条纹块状浑浊的变性、坏死区，横切面有灰白色斑纹，质地变脆。整个肌群出现黄白色条纹状变性坏死灶。病变为对称性。

2. 心肌型

心肌型白肌病，主要特征为心脏增大，心肌横径增宽，横径增大呈圆球状，沿心肌纤维走向，发生多发性出血，心肌红斑密集于心外膜与心内膜下层，使心脏从外观呈桑葚样，故称桑葚心，有灰白色条纹状病灶。

3. 肝营养不良

肝营养不良的典型病变是肝高度肿胀、质极脆、似豆腐渣样，肝表面大面积变性、出血、坏死灶。由于病程和病变轻重不一，表面颜色不一，粗糙不平，红、黄、褐、灰白等颜色不一，形成花肝。

4. 仔猪水肿病

剖检可见肺间质水肿、充血、出血；胃黏膜水肿、出血；肠系膜淋巴结水肿、充血、出血；心包和腹腔积液。

（五）诊断

根据临床症状，结合病史、病理变化及疗效等可作出初步诊断。剖检时骨骼肌出现对称性变性坏死灶，应用亚硒酸钠-维生素 E 治疗有特效。确诊需作病理组织学检查，测定血液和组织器官硒和谷胱甘肽过氧化物酶活性。

（六）防治措施

1. 治疗

治疗以补充维生素 E 和硒为主，可选用以下处方。

处方一：亚硒酸钠-维生素 E 注射液每支 5 mL，每毫升含维生素 E 50 IU，含硒 1 mg，肌内注射，仔猪 1~2 mL/次。

处方二：维生素 E 注射液，100~300 mg，1 次肌内注射，隔日 1 次。

处方三：0.1%亚硒酸钠溶液，0.02~0.04 mL，1 次皮下注射，按 0.001~0.003 g 用药，隔日重复 1 次。亚硒酸钠的治疗量和中毒量非常接近，用药时一定慎重。

2. 预防

根据本地区土壤、饲料和血液含硒量，制订相应的预防措施，可分别采用注射和饲料添加方式。

（1）在饲料中投给添加含硒的微量元素，维生素 E 和硒建议的需要量分别为每千克饲料 11 IU 和 0.1~0.15 mg/kg。

（2）病区仔猪 1~10 日龄 0.5 mg，11~20 日龄 0.75 mg，20~30 日龄 1 mg，30 日龄以上哺乳仔猪/断奶仔猪，每间隔 15 d 定期补硒 1 次，用 0.1%的亚硒酸钠溶液，每次每头 1~2 mL。

3. 硒中毒解救方法

硒具有一定的毒性，剂量过大可发生急性中毒，其注射后 2 min 可出现呕吐、呆立不动或躺卧，步履蹒跚、结膜发绀、转圈运动、后肢瘫痪、呼吸困难、视力严重减退，最后由于呼吸衰竭而突然死亡。猪肌内注射致死量为每千克体重 1.2 mg。饲料中硒含量大于 5~8 mg/kg，长期饲喂可引起慢性中毒，主要症状为精神沉郁、消瘦、贫血、失明、关节僵硬、脱毛、蹄匣脱落。尸检主要为心、肝的病变。猪硒中毒时，可用少量的砷同肝中的硒结合形成无毒的化合物，常用少量三氧化二砷，并大量炊水；也可肌内注射二巯基丙醇每千克体重2.5~5 mg，能减轻硒的毒性，此外，饲喂含蛋白质丰富的饲料能减轻硒的毒性。

十、新生仔猪窒息

新生仔猪窒息指仔猪出生后，在短时间内（半分钟或稍长时间内）只有心跳而没有明显的自然呼吸，称为新生仔猪窒息或假死。

（一）病因

病因有三点：一是母猪分娩前患病引起，如高热性疾病、肺炎、贫血等；二是分娩时发生前置胎盘、子宫阵缩过强、脐带缠绕、胎膜早期分离、胎儿在骨盆腔卡置过长；三是胎儿早产或迟产等。

（二）临床症状

仔猪生后有轻微的活动力或者几乎不活动，口鼻内充满黏液，可视黏膜发绀或苍白，反射几乎消失，呼吸基本停止，但心跳尚有并且微弱。

（三）诊断

根据临床症状可以确诊，并立即确定抢救措施。

（四）治疗

治疗方案多种，可轮换使用，直到仔猪呼吸正常才算抢救成功。

1. 仔猪倒提呼吸法

立即将窒息仔猪倒提，拍打仔猪背部，将口腔、鼻腔中的黏液和羊水除净，并迅速擦干全身。然后再将仔猪倒提、抖动并轻轻有节律地用手压迫腹部，促使仔猪呼吸。

2. 刺激法

用酒精刺激仔猪鼻端，或用温水、冷水分别倒入桶内，将仔猪交替浸入（头在水上）水中，刺激呼吸。仔猪能呼吸后迅速擦干全身，立即放入保温箱内用保温灯照射十几分钟，再立即放在分娩母猪身边吃初乳。

3. 人工呼吸法

用几层纱布放在仔猪的口鼻，助产者隔着纱布对口鼻吹气（15~20 次/min），也可用氧气导管插入鼻腔实行输氧。

十一、新生仔猪便秘

新生仔猪出生后，超过1 d仍不排出胎粪，称新生仔猪便秘或胎粪停滞。

（一）病因

新生仔猪便秘病因有两点：一是仔猪出生后未能吃到初乳。因初乳中富含镁盐，有轻泻作用，而且初乳食入后可促进胃肠蠕动。二是母猪缺乳，仔猪未吃到母乳体弱引起。

（二）临床症状

仔猪出生后1~2 d不见排出胎粪，逐渐表现不安，食欲不振，弓背努责，回顾腹部。

（三）诊断

手指检查直肠，肛门处有浓稠蜡状黄褐色胎粪，并根据临床症状可以确诊。

（四）治疗

治疗方案为在吃足初乳的前提下，直肠灌注或灌服通便药物，可选用以下处方。

处方一：温肥皂水 100~300 mL，或用石蜡油 50~100 mL，直肠灌注，并轻揉肛门或热敷腹部。

处方二：食用油 10~50 mL，一次灌服。

第六节 仔猪常见外科病

一、脓肿

猪脓肿是猪由于感染致病菌引起的一类以组织或器官内形成的外有脓肿膜包囊，内有脓汁潴留的局限性脓腔为特征的疾病。猪常见有颌下、阴囊、腹股沟、耳后、乳房、脐部及四肢脓肿。

（一）发病原因

引起脓肿的致病菌依次是葡萄球菌、化脓性链球菌、大肠杆菌、绿脓杆菌和腐败性细菌，病菌侵入机体的途径是皮肤或黏膜的微细伤口如表皮擦伤等。静脉注射氯化钙、高渗盐水等刺激性强的化学药品漏注到血管外时，或注射时没有遵守无菌操作规程带致病菌所致。

（二）临床症状

脓肿常发生于皮下结缔组织、筋膜下及表层肌肉组织内。病初局部肿胀无明显的界限，稍高出皮肤表面，触诊局部温度增高、坚实、疼痛。以后肿胀的界限逐渐清晰，中间开始转化并出现波动。有时可自溃排脓。严重者出现全身症状。初期局部弥漫性红肿，后突起于表皮，几天后形成局限性球状肿块，中央逐渐软化、波动，当破损后即有大量脓汁流出。

（三）防治

对各种伤口应及时严格消毒，防止化脓和外伤。可采用药物或手术治疗。

1. 药物治疗

处方 1：鲜生地、天花粉各 20 g，金银花、大青叶、千里光、野菊花各 50 g，蒲公英 40 g，煎水一次内服。

处方 2：马齿苋、蒲公英各 100 g，或用鲜菊花连茎叶 100 g 煎水一次内服；对于尚未化脓的脓肿，鲜品尚可捣烂外敷。

处方 3：体表脓肿初期，可用 10%鱼石脂软膏或 5%碘酊涂布，以消炎退肿；后期已形成脓肿的，应待成熟后切开排脓。用 3%双氧水或 0.1%高锰酸钾冲洗干净，再敷上消炎粉。有全身症状的，可内服磺胺类药物。

2. 手术治疗

脓肿尚未成熟，可涂抹鱼石脂软膏，或做局部热敷，待成熟后手术切开，彻底排除脓汁，清除污血及坏死组织。选用 3%过氧化氢、0.1%新洁尔灭或 5%氯化钠溶液洗涤，抽净腔中的脓液，最后灌注青霉素溶液。若伤口较深，可用 0.2%雷佛奴尔纱布条引流，以利于排脓。

若脓肿较大，数量较多，并出现脓液转移或组织坏死，病猪体温升高，发生全身症状时，则要全身用药，抗菌消炎。

二、蜂窝织炎

猪蜂窝织炎是皮下、筋膜下及肌间等处的疏松组织发生了急性的进行性化脓性炎症。由金黄色葡萄球菌、溶血性链球菌或腐生性细菌引起的皮肤和皮下组织广泛性、弥漫性、化脓性炎症，并出现明显的全身性反应。

（一）发病原因

该病多系皮肤或结膜有微小创口感染发炎，并可继发脓肿或化脓疮。致病菌多为溶血性链球菌、葡萄球菌，有时混有某些厌氧性或腐败性细菌。可原发于皮肤或软组织损伤后的感染，也可继发于局部化脓性感染，如引流不畅的创口、疔、痈、脓肿、急性淋巴结炎、骨髓炎等的扩散，或经淋巴、血流传播而来。蜂窝织炎的发展，也可引起急性淋巴管炎、淋巴结炎、血栓性静脉炎、败血症。

（二）临床症状

蜂窝织炎是皮下、筋膜下、肌间隙等处或深入疏松结缔组织的急性化脓性炎症。其特点是疏松结缔组织中形成浆液性、化脓性或腐败性渗出物，病变不易局限，扩散迅速，与正常组织无明显界限，能向深部组织蔓延，并伴有明显的全身性反应。

（三）治疗

将患处剪毛清洗，用5%碘酊涂布。早期可用抗生素或磺胺类药消除炎症，同时，在患部局部涂敷以醋调制的复方醋酸铅散；肿胀处可用鱼石脂软膏外敷，局部可用0.5%盐酸普鲁卡因10~20 mL，加入青霉素20万~40万单位作患部周围封闭注射。为防止酸中毒，可静脉注射5%碳酸氢钠50~80 mL，每天1次，连用3~5次，可防止病变部的蔓延。

三、疝

疝又称赫尔尼亚，是指腹腔的内脏器官通过体壁的自然孔或创伤孔脱至皮下称为疝。典型的非创伤性疝包括脐疝、腹股沟疝、阴囊疝。疝又分成先天性疝和后天性疝，先天性疝多见于猪（如某些脐疝和阴囊疝），后天性疝如大多数腹壁疝和膈疝。

疝由疝孔、疝囊、疝环和内容物所构成。疝分为可复性疝和不可复性疝。可复性疝一般是非炎性肿胀，无疼痛，柔软有弹性，大小可变，用手挤压或猪处于适当位置时，肿胀可消失。不可复性疝，因内容物发生粘连或疝孔太小或肠管出现膨胀而无法回复腹腔，形成嵌闭，而称为嵌顿性疝。兽医临床上主要是脐疝和腹股沟疝（阴囊疝）。

（一）脐疝

1. 病因

脐疝是肠管或网膜经脐孔进入皮下而致，多见于仔猪，一般是先天性的，有一定的遗传性。胎儿过大、脐带的牵拉，或出生后断脐太近、脐带感染后脐孔不能在出生后迅速正常闭合，脐孔过大或感染扩展至脐周围腹壁后，可引起脐疝。此外，因仔猪便秘或激烈跳跃使腹压剧增，可能引起后天性脐疝，或使原有不明显的脐疝加剧而明显化。脐疝要与脐带脓肿、血肿相区别。

2. 症状

病猪精神、食欲及大小便表现正常，但若疝孔发生不可复性，还纳困难时，则会表现严重的症状，如食欲差、呕吐、腹痛、无大小便等。

3. 治疗

修复脐疝主要采用外科手术，术前停食 1~2 顿，仰卧保定，患部剪毛、洗净、清毒。术部用 1% 普鲁卡因 10~20 mL 作浸润麻醉。按无菌操作要求，适用于小猪疝较小的可复性疝，先切开疝囊，但不切开腹膜，将腹膜与疝内容物还纳入腹后，对疝孔进行闭合式缝合法，即钮孔状缝合法和袋孔状缝合法，对皮肤作结节缝合。当疝内容物与疝囊粘连时，若疝孔小或粘连面积大，或发生脓肿不易还纳内容物时，要小心切开疝囊，仔细剥离，分离粘连部分，或切除脓肿，要防止损伤肠管，还纳内容物于腹腔中。严重粘连时，要切除一段肠管，分离粘连，再吻合肠管，还纳内容物。此外，还要切除多余的腹膜和增生组织、疝囊皮肤。最后缝合疝孔，闭合皮肤。手术结束，病猪应保持清洁卫生，加强术后护理，1~2 d 不要饲喂得太饱，尽量少活动，不要剧烈驱赶。术后 7~10 d 拆线。

(二) 腹股沟疝

1. 病因

可分为先天性和后天性。先天性是由于腹股沟管先天过大，并有遗传性，在仔猪出生时即可见到肿疝。先天性的疝常呈还纳性，机体状况相对正常。后天性的疝主要由于腹压剧增而引起，如剧烈跳跃、堆挤、暴食，发生比较突然，情况常较严重。腹股沟疝也多因去势引起。

2. 症状

腹股沟疝发生的部位和程度不同，其症状也不同。疝内容物发生阻塞时，其全身症状加剧，如无大小便，腹痛等。腹股沟疝可单侧发生，也可双侧发生，其疝的体积小到难以发现或大到很大，不严重时可还纳入腹腔，此时全身症状不明显，其疝的表面质地柔软，不胀满，无粘连的感觉。严重时则无法还纳，全身症状明显，不吃食、呕吐、无大小便、腹痛等，其疝表面胀满，并且十分坚硬，想推动寻找疝孔都困难。

3. 治疗

一般采取手术治疗，但若疝环特大，根本不会影响疝内容物的流通，再考虑到猪饲养时间短，有时也可不作手术。当有可能危及生命或有潜在威胁时常采用手术根治。对非因去势引起的腹股沟疝，修复时切开腹股沟环，钝性分离总鞘膜，使之与周围组织分离，把完好的总鞘膜连同睾丸一起拉出阴囊，扭转总鞘膜，使肠管回复到腹腔，但要摘除睾丸。若不易整复还纳，可切开疝囊，扩大腹股沟管，还纳入腹腔，剪除多余疝囊，摘除睾丸，结节缝合切开的腹股沟外环和腹壁（或疝孔）。为使疝闭锁，在疝环脆弱的情况下，可在腹股沟韧带、腹直肌或腹内斜肌上进行密闭性缝合，最后闭合皮下组织和皮肤。术后要保持创口卫生，每天坚持消毒，内服或注射磺胺药物或抗生素，减少运动，不要喂得太饱，注射护理，7~10 d 拆线。

四、仔猪直肠脱

仔猪直肠脱也称为脱垂症，是直肠末端黏膜或直肠后段全层肠壁脱出于肛门外而不能自行缩回，严重病例可同时发生肠套叠、直肠疝。正常情况下，直肠是由肌肉、筋膜、胶原纤维和腹膜共同松散地固定着。但当生理功能和环境因素导致腹压过大，直肠及其支撑组织水肿等，使直肠的固定能力下降或相对下降后，便可出现脱垂症。6~12 周龄的幼猪易发直肠脱，发病率 0.5%～1%，个别达 8.9%，便秘情况下也易发生。

（一）病因

脱垂症的病因较多。体质衰弱、运动不足、肛门括约肌松弛，加之腹泻、便秘、腹压过大、灌注刺激性药物及直肠剧烈刺激性炎症等易发。仔猪在受到病毒、细菌、寄生虫或真菌的感染，引发小肠炎、结肠炎时，刺激直肠引起痢疾后，导致直肠脱。猪瘟引起的腹泻，有0.1%可发生直肠脱。此外，饲料霉变引起中毒、近亲交配的后代也易发生脱垂症。环境因素不良，气候寒冷下，引起咳嗽和卷腹，使腹压增加也可发生脱垂症。

（二）临床症状

轻者在卧地时或排粪尿后，直肠黏膜脱出肛门外，起立后可缩回。严重者直肠脱出呈半球状或圆柱状，暗红色，表面水肿污秽，若伴有直肠或结肠套叠时，脱出的肠管较厚且硬，向一侧弯曲。病猪频频努责，全身症状明显。

（三）诊断

根据临床症状便可确诊，并制订治疗方案。

（四）治疗

主要采用手术整复和固定，并结合全身疗法改善机体衰弱状况。手术整复时，先用收敛剂（3%明矾水）冲洗脱出的直肠，消毒，再涂上食用油整复。也可用 0.1%温高锰酸钾水溶液 500 mL 或 1%温明矾水，清洗脱出的黏膜，保持患者前低后高，然后整入腹腔。必要时，可进行适当的整复肛门缝合（烟包缝合），避免复发。术后要加强护理，防止便秘和腹泻，保持舍内的环境卫生。

第七节　仔猪主要中毒性疾病

一、猪肉毒梭菌毒素中毒

肉毒梭菌中毒是由肉毒梭菌所产出的毒素引起的人兽（畜）共患的一种高度致死性疾病。此病以运动中枢神经、延脑麻痹为特征而表现为运动器官迅速麻痹。猪肉毒梭菌中毒是由于猪摄入含有肉毒梭菌毒素的饲料或饮水，而引起的一种急性致死性的中毒性疾病。

（一）病原

肉毒杆菌是一种生长在缺氧环境下的细菌，它是一种致命病菌，在繁殖过程中分泌毒素，是目前毒性最强的毒素之一。本菌为革兰阳性、两端钝圆的粗大梭菌，有周身鞭毛，能运动，能形成芽孢。芽孢为卵圆形，比菌体稍大，单个或成对排列。

（二）流行病学

肉毒梭菌毒素中毒是由肉毒梭菌所产出的毒素引起的一种高度致死性疾病，本菌在弱碱性和厌氧动物腐败尸体和霉烂饲料中繁殖，只要食入（舔食）有肉毒梭菌的动物尸体或腐烂饲料，或由其污染的饲料和饮水即可发病。猪采食有肉毒梭菌的动物性饲料或腐烂饲料，或由其污染的饲料和饮水即可发病，病猪与健康猪之间不传染，因此，本病没有传染性。由于饲料中毒素分布不均，因此并非采食了同批饲料的猪都会发生中毒，临床上一般以膘肥体壮、食欲良好的猪多发。

（三）发病机制

肉毒梭菌是一种腐生菌，所产外毒素毒性强，经消化道吸收由血液、淋巴运送全身，主要作用于中枢神经的颅神经与神经肌肉接头处，对运动和副交感神经有选择作用，抑制乙酰胆碱的释放和合成，使肌肉不收缩，引起弛缓性瘫痪，以运动器官迅速麻痹为特征；还能引起血管的痉挛性收缩和变性，毒素进入各器官组织，使组织细胞变性。

（四）临床症状

猪食入肉毒梭菌毒素后，多在 3~10 h 发病。一般体温始终不高，但也有少数病猪体温有变化。表现为精神萎靡，呆立，食欲废绝，吞咽困难，唾液外流，两耳下垂，视觉障碍，反应迟缓。前肢软弱无力，行走困难，继而后肢发生麻痹，倒地伏卧，不能起立。呼吸困难，心率不齐，可视黏膜发紫，少数病猪皮肤发绀非常严重，最后由于呼吸麻痹，窒息而死。少数不死的病猪，经数周甚至数月才能康复。

（五）诊断

根据流行病学、临床症状可作出初步诊断，确诊须实验室检查，要与霉玉米中毒、猪传染性脑脊髓炎鉴别。

1. 病理学诊断

肝肿大，呈黄褐色；肾呈暗紫色，有出血点；肺充血、水肿；气管黏膜充血，支气管有泡沫状液体；咽喉、胃肠黏膜及心内外膜有出血点；脑和脊髓有广泛变性，全身淋巴结水肿。尤其胸、腹、四肢骨骼肌色淡，如煮过一样，且松软易断。

2. 动物试验诊断

取标本离心，将上清液分为 3 份，第 1 份加等量稀释剂煮沸 10 min，第 2 份加等量各型毒素诊断血清于 37 ℃作用 30 min，第 3 份不作任何处理。将 3 份分别于腹腔注射 15~20 g 的小白鼠 5 只，每只 0.5 mL，观察时间为 4 d。如前 2 份注射的小鼠均健活，而第 3 份注射的小鼠呈现典型的麻痹症状，1~2 d 死于呼吸衰竭，可表明标本含有肉毒梭菌毒素，可判断为肉毒梭菌毒素中毒。

3. 类证鉴别

（1）与霉变玉米中毒的鉴别　临床上两者均表现神经症状，不同点为霉变玉米中毒的猪食欲减退，消化不良，日渐消瘦，怀孕母猪流产。中毒严重的腹泻，呼吸困难，最后导致死亡。而肉毒梭菌中毒则主要表现后肢麻痹，伏卧不起，吞咽困难，最后窒息死亡。

（2）与猪传染性脑脊髓炎的鉴别　两者虽然均表现为神经症状，但猪传染性脑脊髓炎主要表现为共济失调，肌肉抽搐，肢体麻痹。而肉毒梭菌中毒则表现为后肢麻痹，吞咽困难，最后窒息死亡。

（六）治疗与预防

1. 治疗

猪肉毒梭菌毒素中毒后，其细菌和毒素在猪体内存留时间较长，致使病猪反复发病，在没有临床表现的情况下，应持续用药才能达到理想的治疗效果，尤其是体温变化不大的病猪。

处方 1：

① 静脉注射或肌内注射多价抗毒素血清（视中毒轻重）30 万~100 万 IU/（头·次），

1~2 次/d，以中和体内的游离毒素，连用 3~5 d。早期应用可获得较好效果。

② 用 5%碳酸氢钠或 0.1%高锰酸钾洗胃和灌肠，内服硫酸镁或硫酸钠等盐类泻药 20~50 g/（头·次）。

③ 静脉注射 10%葡萄糖生理盐水及 10%氯化钾溶液 100~200 mL，并补充 B 族维生素和维生素 C。

④ 肌内注射甲硫酸新斯的明 2~5 mg/（头·次），1~2 次/d，疗程依据病情确定。

处方 2：

① 双氢氯噻嗪 2~3 mg/kg 体重·次，肌内注射，1~2 次/d，疗程依据病情确定。

② 林格尔液 250~1 500 mL/次、10%维生素 C 5~10 mL/次，静脉注射，1~2 次/d，连用 2~3 d。

③ 用 5%碳酸氨钠或 0.1%高锰酸钾洗胃和灌肠。

处方 3：

以头孢青霉素为主，加黄芪多糖、安基比林（或板蓝根）注射液，按规定剂量肌内注射，病程长者间断更换使用磺胺六甲+地塞米松，按规定剂量肌内注射，同时用 B 族维生素和维生素 C 辅以治疗。

2. 预防

平时加强猪场的卫生与消毒工作，注意保管饲料，凡霉变饲料及变质的动物性饲料禁止喂猪。

二、食盐中毒

食盐中毒又称为钠离子中毒或缺水症，猪食入过多的食盐或钠离子且饮水不足时，则会发生以神经症状和消化功能紊乱为特征的食盐中毒，中毒以消化道炎症和脑组织水肿、变性，脑膜和脑实质的嗜酸性粒细胞浸润性脑膜脑炎为病理基础。

（一）病因

猪对食盐的耐受性较差，其中毒剂量和致死剂量分别为每千克体重 1.5 g 和 3 g，正常饮水受到限制的情况下，饲料中即使含 0.25%的食盐就可引起钠离子中毒；但是，如果给予充足的清洁饮用水，饲料中 13%的食盐含量一般不会引起中毒。食盐中毒原因多因饮水供应不足，采食过多的高盐饲料，饲料中添加不合格的鱼粉，不正确饲喂食品加工后的酱渣，机体代谢失衡、维生素 E 和含硫氨基酸缺乏，炎热季节失水过多等引起。此外，投服较多的人工盐、碳酸氢钠、碳酸钠、乳酸钠、硫酸钠等钠离子，尤其缺乏足量的饮水是引起发病的主要原因之一。

（二）临床症状

临床上以神经症状为主，最初的临床症状是口渴和便秘，随后出现中枢神经系统机能障碍。摄盐过多的中毒，有呕吐和腹泻症状。最急性表现为肌肉震颤，阵发性惊厥，昏迷，倒地，病程数小时至数天不等而死亡。急性性表现为食欲减少，口渴，不断咀嚼流涎，口角有少量白沫；视力减退，头碰撞物体；步态不稳，转圈运动；肌肉痉挛，呈犬座姿势；张口呼吸，呈间歇性癫痫样神经症状；角弓反张，四肢呈游泳动作，继而衰竭昏迷死亡。

（三）病理剖检

死猪可视黏膜发绀，皮肤干燥、脱水，肌肉呈暗红色；实质器官充血、出血，肝肿大增厚，肾脏呈紫色，肠系膜淋巴结充血和出血，胃肠黏膜充血和出血；软脑膜和大脑实质可见不同程度的充血、水肿，脑组织中发现嗜酸性颗粒白细胞浸润。

（四）临床诊断

根据临床症状和病死猪的病理剖检及管理因素，可作出初步诊断。在病史不明或症状不典型时，可将胃内容物连同黏膜一起取出，加适量的水使食盐浸出后过滤，将滤液蒸发至干，可残留呈强碱性的残渣，其中有立方形的食盐结晶。此外，也可分析饲料中的食盐含量，但分析饲料中的食盐含量往往不能完全作出正确的诊断，这是在临床诊断中要注意的问题。因为饲料中正常的含盐量也有引起中毒的病例报道，而高含盐量的饲料，机体对钠离子的耐受性升高时，也有可能不会引起中毒。类症还要与传染性脑脊髓炎、猪乙型脑炎鉴别。不同点是传染性脑脊髓炎有传染性，四肢僵硬，而渴欲不强；猪乙型脑炎发病有季节性，母猪表现流产，公猪表现睾丸炎，无采食大量食盐的病史。

（五）治疗

以解毒、强心、利尿、镇痉、调整神经系统机能，降低脑内压为治疗原则。采取辅助治疗和对症治疗的方法促使食盐排出，恢复阳离子平衡。对中毒猪群要立即停喂含盐量高的饲料或不合格的动物性饲料。治疗中严格控制饮水，采取逐渐增加供水量的措施，少量多次，促进钠离子快速排出，缓解组织进一步脱水。但要注意不能一次饮水太多，否则会加重脑水肿，使神经症状更严重，促使病猪死亡。

处方1：静脉或腹腔注射 25%山梨醇注射液 100~250 mL、20%甘露醇 100~250 mL 或50%葡萄糖注射液 20~100 mL，可减轻脑水肿，降低颅内压。

处方2：5%葡萄糖注射液 300~500 mL，5%维生素 C 注射液 5~10 mL，20%安钠咖注射液 2~10 mL，一次静脉注射，1~2 次/d，连用 2~3 d。

处方3：一次性投服 8%硫酸钠溶液 500~1 000 mL，以排除胃肠道内毒物。

处方4：用 25%硫酸镁注射液 20~40 mL 或 5%溴化钠注射液 10~30 mL，静脉注射，以解痉镇静。

处方5：50%葡萄糖注射液 80 mL、10%维生素 C 5 mL/支×2 支共 1 次静脉注射；用维生素 B$_1$ 100 mg/支×3 支、速尿注射液 20 mg/支×5 支、硫酸镁 20 mL/支×1 支分别肌内注射；用 5%葡萄糖溶液深部灌肠。每天 1~2 次，连用 2 d。

处方6：食盐中毒严重的猪每头用 50%葡萄糖注射液 60 mL、10%维生素 C 5 mL×1 支，静脉注射；维生素 B$_1$ 100 mg×2 支，速尿 20 mg×3 支、硫酸镁 20 mL×0.5 支，分别肌内注射并用 5%葡萄糖溶液灌肠；神经症状明显者，静脉注射 2.5%盐酸氯丙嗪针剂 3 mL，8 h 后重复用药 1 次。

（六）预防

严格按照猪的营养需要量在日粮中添加食盐，使用鱼粉时要考虑其含盐量，用泔水或酱渣作为饲料喂猪，要注意长期使用很容易发生食盐中毒。在饲养管理方面，要保证给猪群供给充足的清洁饮水。

三、猪霉菌毒素中毒

霉菌是丝状真菌，意即"发霉的真菌"。霉菌毒素是指存在于自然界的产毒真菌所产生的有毒二次代谢产物，全球的谷物有 25%以上受到霉菌污染，饲料及原料霉变现象更为普遍，猪吃进污染霉菌毒素饲料所引起的疾病，称为猪霉菌毒素中毒病。

（一）霉菌毒素的来源及危害

霉菌毒素是谷物或饲料中霉菌生长产生的次级代谢产物，普遍存在于饲料原料中，毒素在谷物田间生长、收获、饲料加工、仓储及运输过程皆可产生。目前饲料检测到的毒素已超过350种，其中黄曲霉毒素、玉米赤霉烯酮（F-2毒素）、呕吐毒素、T-2毒素、赭曲霉毒素、烟曲霉毒素在猪饲料常见。

霉菌毒素除降低饲料营养价值、损害饲料适口性外，可能直接导致猪只急、慢性中毒，少量毒素会降低免疫力，降低生产性能，增加猪只发病概率；最严重情况会导致猪只死亡。霉菌毒素通常对猪只中枢神经系统、肝、肾、免疫系统或繁殖机能造成损害。

（二）霉菌毒素中毒机制

霉菌毒素中毒原因是易感动物摄入了被污染的谷物。日粮中缺少蛋白质、硒和维生素是霉菌毒素中毒的易感因素。通常饲料中霉菌毒素并不是单一存在，可能以一种或数种毒素，当不同毒素同时存在时，霉菌毒素的毒性有累加效应（如黄曲霉毒素和赭曲霉毒素的联合），但并非绝对相加或相乘关系。饲料中各种霉菌毒素之间有协同作用，几种霉菌毒素协同作用对动物健康和生产性能的副作用比任何一种霉菌毒素单独作用的副作用都要大，而饲料原料和全价配合饲料中经常同时存在几种霉菌毒素，已成为现代养猪生产猪群健康的第一杀手。

（三）霉菌毒素中毒的诊断要点

1. 临床症状

（1）急性中毒　病猪精神不振，食欲废绝，体温一般正常，有的体温可达40℃。粪便干燥，垂头弓背，行走步态不稳。有的呆立不动；有的兴奋不安；口腔流涎，皮肤表面出现紫斑；角弓反张，死前有神经症状。

（2）慢性中毒　病猪精神沉郁，食欲下降，体温正常。机体消瘦，被毛粗乱，皮肤发紫，行走无力。结膜苍白或黄染，眼睑肿胀。有的异食、呕吐、拉稀。病后期不能站立、嗜睡、抽搐。

（3）种猪中毒特征　空怀母猪不发情，屡配不孕。妊娠母猪阴户、阴道水肿，严重时阴道脱出，乳房肿大，早产、流产、产死胎或弱仔等。种公猪乳腺肿大，包皮水肿，睾丸萎缩，性欲减退等。

2. 病理变化

病理变化主要在肝脏，肝肿大，切面上呈土黄色，不见肝小叶结构，质脆有出血点；黄疸；胃黏膜糜烂；肾脏高度肿大、黑红色，质地脆弱，轻压即破；胆囊中度肿大，胆汁浓稠；脾肿大且呈黑红色；皮下和肌肉出血；急性中毒血液凝固不良；慢性中毒淋巴结水肿、充血。

3. 实验室诊断

临床上可根据发病特点，结合临床症状和病理变化可作出初步诊断，确诊需要实验室检查，做霉菌分离培养、测定饲料中毒素含量，并鉴定毒素。可采用紫外分光光度法、质谱法、酶联免疫吸附试验等方法确诊。

（四）治疗

霉菌毒素中毒无特效药治疗，中毒后动物肝脏和肾脏损伤最大，以提高机体免疫力，中和毒素，保肝解毒、排毒，维护电解质平衡，恢复胃肠道功能为治疗原则。根据情况可采用中药疗法、支持疗法与对症治疗等综合救治措施。

1. 立即停止饲喂发霉变质饲料

发现猪群有中毒症状后，要立即停喂发霉变质的饲料，更换饲料，供给青绿饲料和维生素 A、维生素 C 缓解中毒，并适当地在饲料中增加蛋白质、维生素和硒的含量。

2. 导泻排毒

处方 1：硫酸钠 25～50 g、液体石蜡 50～100 mL，加水 500～1 000 mL 灌服，以保护肠道黏膜，尽快排除肠内毒素；同时用 0.1% 高锰酸钾水溶液+2% 碳酸氢钠溶液混合灌肠，每日上、下午各 1 次。

处方 2：10% 葡萄糖注射液 200～300 mL、25% 维生素 C 5～8 mL、40% 乌洛托品 20～60 mL、10% 樟脑磺酸钠溶液 5～8 mL 混合静脉注射，每日 1 次，连用 3 d，以解毒排毒、强心利尿、保护肝脏与肾脏功能。

处方 3：病猪兴奋不安、神经症状明显时，可用苯巴比妥 0.25～1 g，以注射用水稀释后肌内注射，每日 1 次，连用 2 d；或用氯丙嗪注射液，每千克体重肌内注射 2～4 mL，每日 1 次，连用 2 d。

3. 种母猪发生霉菌中毒治疗方法

生产母猪发生霉菌毒素中毒，可采用以上治疗方法，治愈或流产后，要加强饲养管理，并在饮水中添加电解质多维、维生素 C、甘草粉、葡萄糖粉等，连续饮用 2 周。1 月内母猪发情，不要急于配种，可推迟 1 个发情期配种，这样有利于母猪保持其生产性能与产健康仔猪。

（五）预防

1. 严格控制饲料原料质量和水分

防霉应从饲料原料的采购、贮存、运输和加工配制等环节加以注意，不能采购霉变、湿润和虫蛀的原料，采购玉米时，其水分含量应控制在 12% 左右。加强饲料原料及成品饲料的保管，严防受潮霉变；搞好饲料仓库杀虫灭鼠工作，防止虫蛀和鼠害，减少霉菌传播，避免毒素危害。严禁使用霉变的原料加工饲料，不使用霉变的饲料喂猪。

2. 选择有效的防霉剂及毒素吸附剂

防霉剂能防止饲料霉变，毒素吸附剂可吸附饲料中原有的毒素及储备中产生的毒素。虽然目前这些产品较多，但在饲料中添加除霉剂或脱霉剂时，最好不要使用化学合成制剂，因其对动物机体免疫细胞有损害与抑制作用，可能对妊娠母猪和胎儿发育有影响，不使用单一的除霉剂或脱霉剂，因为单方制剂只具有吸附毒素从肠道排出的功能，吸附毒素的能力也有限，没有中和毒素、降解毒素、保护肝脏及提高免疫力、改善肠道功能的作用。因此，使用时最好选用复合型除霉剂或脱霉剂，其安全除去毒素的功能强，作用效果好。

3. 保健预防

可在保育仔猪、育肥猪与后备种猪的饲料中添加复合型生物除霉剂，防止其发生霉菌毒素中毒。种公猪与怀孕母猪，为了以防万一，可选用下列保健预防方案，每月 1 次、每次连用 7～12 d。

方案一：甘草粉 200～300 g、黄芪多糖粉 1 000～1 500 g、转移因子 800～1 000 g、溶菌酶 400 g，拌入 1 t 饲料中，连续饲喂 7～12 d。

方案二：每吨饲料添加大蒜素 200～250 g，能有效减轻霉菌毒素的毒害，具有保健作用。

四、猪有机磷制剂中毒

有机磷制剂中毒是由于猪接触、吸入或误食有机磷制剂所致。临床上猪有机磷制剂中毒以神经功能紊乱为特征。

（一）病因

有机磷制剂较多，常见的有有机磷农药，如剧毒类有甲拌磷（3911）、对硫磷（1605）等，强毒类有乐果、敌敌畏等，低毒类有敌百虫、蝇毒磷等。有机磷制剂可经消化道、呼吸道黏膜及皮肤进入动物机体而引起中毒。猪有机磷制剂中毒一般是猪误食含有有机磷农药的饲料（蔬菜、牧草等）或饮水，以及临床应用驱虫药时剂量过大，导致中毒。

（二）临床症状

由于有机磷制剂中毒因其摄入数量、毒性、途径及猪体状况不同，临床症状表现也不相同。最急性中毒型猪，往往来不及抢救即死亡。多数中毒猪病症很急，表现为口吐白沫，流涎、流泪及水样鼻涕，眼结膜高度充血，瞳孔缩小，肌肉震颤，兴奋不安，狂奔乱走。肠蠕动亢进，呕吐，不时腹泻。体温上升 40 ℃以上，心跳微弱，呼吸促迫。病情严重者，卧地不起，四肢呈游泳动作，阵发性抽搐，最后昏迷不醒，常因伴发肺水肿窒息或衰竭死亡。慢性中毒者则表现四肢软弱，不能起立，食欲不振，病程 5～7 d 而死亡。

（三）病理变化

肺脏水肿，肝脏充血肿大，肾脏肿大、质脆，呈土黄色。气管及支气管内有大量泡沫样液体，胃肠黏膜呈弥漫性出血，胃内容物有大蒜味。

（四）诊断

根据临床症状，了解有机磷制剂的接触史，剖检肺脏水肿和胃肠炎变化，采用阿托品、解磷定等有疗效，依此可作出诊断。

（五）治疗

治疗原则为尽快除去毒物，及早使用特效解毒药。对于严重的病猪，可配合强心补液、镇静等辅助支持疗法。

处方1：硫酸阿托品，按每千克体重 0.5～1 mg，皮下注射，每隔 2～3 h 再注射 1 次，直至瞳孔散大、口腔干燥等康复症状出现。

处方2：解磷定，按每千克体重 20～50 mg，用生理盐水配成 2.5%～5% 注射液，缓慢静脉注射、腹腔注射或皮下分点注射。注意禁止与碱性药物配伍，以防产生剧毒药物。

处方3：经内服中毒者，应立即采取催吐、洗胃、灌肠等措施；经皮肤中毒者，应用清水或肥皂水洗刷皮肤，但敌百虫中毒者，禁止用肥皂水，因其在碱性溶液中可生成毒性更强的敌敌畏。

（六）预防

严格防止有机磷制剂污染饲料、饮水及环境，严禁用 6 周内有机磷制剂喷洒过的蔬菜、牧草等青饲料喂猪；应用有机磷制剂驱杀体内、外寄生虫病时，严格操作规程及用药剂量，以防中毒。

参考文献

［1］ 印遇龙，等．猪营养需要（2012，第十一次修改版）［M］．北京：科学出版社，2014.

［2］ 赴书广．中国养猪大成（第二版）［M］．北京：中国农业出版社，2013.

［3］ 陈清明等．现代养猪生产［M］．北京：中国农业大学出版社，1997.

［4］ 杨凤．动物营养学（第二版）［M］．北京：中国农业出版社，2002.

［5］ 芮荣．猪病诊疗与处方手册（第二版）［M］．北京：化学工业出版社，2012.

［6］ 李观题，李娟．现代养猪技术与模式［M］．北京：中国农业科学技术出版社，2015.

［7］ 李观题，等．现代猪病诊疗与兽药使用技术［M］．北京：中国农业科学技术出版社，2016.

［8］ 徐奇友，等．早期隔离断奶仔猪的营养与饲料［J］．饲料工业，2005（16）：53-56.

［9］ 方俊，等．早期隔离断奶（SEW）对仔猪的影响［J］．饲料博览，2003（1）：29-31.

［10］ 邓志欢，等．仔猪早期隔离断奶技术研究初报［J］．养猪，2003（6）：8-11.

［11］ 纪孙瑞，等．仔猪采用超早隔离断奶技术效果的研究［J］．养猪，2005（4）：9-11.

［12］ 陈吉红，等．仔猪隔离早期（SEW）的研究进展［J］．中国饲料添加剂，2004（1）：14-17.

［13］ 曹广芝，等．仔猪早期隔离断奶的优点与关键技术［J］．湖北养猪，2010（1）：29-31.

［14］ 李峰，等．哺乳仔猪及早期断奶仔猪的饲养管理措施与注意事项［J］．湖北养猪，2009（3）：25-28.

［15］ 冯志华，等．早期断奶仔猪的营养调控［J］．饲料博览，2003（7）：22-24.

［16］ 李家骅，等．保育猪的饲养管理［J］．养猪，2003（2）：11-14.

［17］ 汪善锋，等．自由采食与限制采食对断奶仔猪生长性能的影响［J］．养猪，2012（1）：34-35.

［18］ 赴自力，等．猪全漏缝产床与半漏缝产床饲养效果观察［J］．湖北养猪，2014（4）：79-80.

［19］ 刘青林．南方现代化猪场保育舍饲养管理要点［J］．猪业科学，2010（3）：104-105.

[20]　张宏福，等．断奶仔猪日粮酸度调控［J］．饲料工业，2001（1）：7-10.

[21]　葛文霞，等．复合微生态制剂对断奶仔猪生产性能的影响［J］．中国饲料，2013（19）：39-41.

[22]　刘景云，等．早期断奶仔猪的生理特点及营养对策［J］．猪业科学，2008（2）：52-54.

[23]　周晓情，等．断奶仔猪蛋白营养的研究进展［J］．猪业科学，2008（11）：56-59.

[24]　李凯年，等．当前对仔猪营养的认识与研究进展［J］．猪业科学，2010（8）：67-69.

[25]　吴永德，等．早期断奶仔猪分阶段饲养研究［J］．中国饲料，2000（17）：9-10.

[26]　施辉毕，等．仔猪均匀度研究进展［J］．养猪，2015（1）：35-39.

[27]　郑永祥．早期断奶仔猪饲养新策略［J］．养殖与饲养，2005（10）：28-32.

[28]　肖俊峰，等．仔猪断奶日龄对母猪繁殖性能影响的探讨［J］．中国畜牧，2012（8）：47-49.

[29]　李凯年，等．关于对仔猪最佳断奶日龄的再认识［J］．猪业科学，2010（11）：97-99.

[30]　房祥军．断奶仔猪肠道营养研究进展［J］．饲料博览，2006（1）：42-46.

[31]　蒋宗勇，等．早期断奶仔猪营养与教槽料配制技术研究新进展［J］．养猪，2005（4）：1-5.

[32]　王继强，等．断奶仔猪的生理特点及优质蛋白原料的选择［J］．饲料博览，2008（2）：35-38.

[33]　黄伟杰，等．加强产房保温对哺乳仔猪生长性能的影响［J］．猪业科学，2010（12）：86-87.

[34]　司马博锋．冬季仔猪保温的技术措施［J］．养猪，2012（11）：47-48.

[35]　李迎旭，等．提高仔猪断奶全窝重的技术措施［J］．中国猪业，2008（10）：48-49.

[36]　刘变红．降低仔猪死亡率及提高断奶体重的有效措施［J］．湖北畜牧兽医，2011（8）：16-18.

[37]　张勇．提高仔猪成活率的技术和管理措施［J］．养猪，2012（3）：39-40.

[38]　苏建青，等．三种免疫增强剂对断奶仔猪免疫机能和生长性能的影响［J］．养猪，2012（6）：41-43.

[39]　周荣艳．谷氨酰胺与早期断奶仔猪的营养［J］．饲料研究，2006（3）：16-18.

[40]　刘化伟，等．色氨酸对仔猪应激行为的影响［J］．饲料博览，2010（11）：14-15.